依据我国有关法律法规的规定和要求，进口木材入境后首先要进行检验检疫。检验工作，一般是依据合同约定的出口国木材检验标准实施，得出的检验结果对外是结汇、理赔和维权等的重要依据，对内用于办理通关、出港手续等；同时，进口木材一般也要按照中国木材国家标准实施检验，得出的结果用于市场销售和运输等费用的结汇等。因此，木材检验结果直接关系到国内外多方的利益，长期以来受到贸易相关方和消费者的高度关注。

进口木材
贸易 检验 监管和维权

—— 36年实录 ——

黄卫国 ◎ 著

中国林业出版社

编 委 会

编委会主任：季火江

编委会副主任：黄为民　王加磊　傅海宁　唐宇　陈颖
　　　　　　　　周静　殷十斤　季祥　钟勇　缪斌

主　要　著　者：黄卫国

其 他 著 者：张慧　黄欣　黄庚　何旭　耿倩倩
　　　　　　　涂嘉　黄晓敏　周瑜龙　孙小莉　邓俊梅
　　　　　　　周霄　黄钦

编委会委员：（按姓氏笔画排序）
　　　　　　　王祥峰　王晓军　王守群　曲波　许星
　　　　　　　李义元　李荣华　何华梅　季立平　崔建国
　　　　　　　樊建军

专家推荐

我国木材对外的依存度已达到60%,作为全球最大的木材消费国和进口国,如何保障木材资源持续稳定供给,不仅关系到我国木材工业及其所带动的相关上下游产业绿色可持续发展问题,而且更关系到保障我国木材安全的战略问题。本书主要著者黄卫国及其团队历经三十余载,围绕木材贸易、检验、监管和维权四个维度,从大到国际国内法律法规、方针政策,小到检尺算法、木材微观特征,全面、系统科学地浓缩、提炼并升华在进口木材领域丰富的实际工作经验,撰写出了这部拥有近100万字及1000余幅精美图片的鸿篇巨作。该专著图文并茂、深入浅出,既有丰富的木材学相关基础理论知识的普及,还有国际木材贸易特别是维权方面成功和失败经典案例的分析。因此,该书是一部贴近实战而并非纸上谈兵的工具书。不仅能为从事木材贸易、检验检疫等一线人员提供实操指导,而且还可以为国际贸易、林业工程等学科专业的广大师生和科研技术人员提供重要的学习参考。

——吴义强 中国工程院院士,中南林业科技大学副校长大约十年前，我从朋友处受赠一方进口木材标本盒，如获至宝。盒子不大，却装有228片木材标本，分量很重。我一直放在身边，写文章、查资料、搞鉴定……非常实用。闲时把玩一下，那纹路、色泽、味道，真让人流连忘返！黄卫国先生积淀36年而成的大作，竟有约100万字、1000幅图片，皇皇巨著，心血凝聚，沉甸甸的。作为初读者之一，我为即将拥其而藏心驰神往！我期盼着：这部书籍与那个标本盒子比肩而立，木书辉映，香气四溢……一个多么美妙的愿景！

——王满　中国林产工业协会执行会长，
国家林业和草原局林产品国际贸易研究中心专家委员会主任委员

木材贸易与流通状况，关系到相关企业的发展。自从国家提出"一带一路"建设、双循环发展战略，我国木材贸易与流通迎来新的发展机遇：不仅能扩大我国木制品产业规模，而且有助于消除贸易壁垒，使企业做大做强。期待广大企业从书中了解我国木材贸易、流通、检验检疫中存在的问题和面临的新机遇，结合我国木材贸易与流通发展现状，探讨新发展格局下我国木材贸易与流通的发展思路，进而提出有利于国家和企业的木材贸易与流通的发展对策。

——李佳峰　中国木材与木制品流通协会会长

前 言

三十六年，在历史长河中很短，但是对于一个人来说，时间很长但却是人生中最重要的时间段。三十六年里发生的大量真实案例，经手的大量见证材料，提炼为本书的主旋律。通过这本书，你可以看到木材贸易这艘大海里的轮船，面对的水有多深、浪有多大，而你应该如何防范、怎样应对，才能不迷航、不翻船，顺利到达成功彼岸。

木材贸易从起点到终点，主客观因素决定了诸多节点、拐点和关键点。这在本书第六篇"木材贸易的核心环节和证据材料"中用了九章的篇幅作了详述。也许你的成功离失败只差一步，也许你的失败离成功只差一步，在本书上你会找到答案，告诉你如何把控好这关键的一步。

木材贸易，一个永恒的主题是数量的多少、质量的高低、规格的大小和树种的种类，因为这无不与采购价和销售价相关、无不与检验鉴定和维权相关。如何提前预防问题的出现和掌握主动、提前决策？在书中第六篇第五章"超前预测、提前掌控、盈利秘诀"中也给出了科学而可行的方式与方法。

木材贸易中质量严重不合格的木材如病腐木，往往是携带有害生物（如害虫）的载体和保护伞。通过检验索赔和对外维权工作的开展，质量严重不合格的木材会越来越少，有害生物的传播、扩散风险也就会随之减少，从而更有效维护我国生态安全和生态健康。

木材贸易的最高境界应该是彼此诚信和公平公正的双赢格局。因为，唯有健康，才能长久。为此，我们创新"诚信小档案"溯源监管模式，普遍获得外商认可，在维护贸易有关方合法权益和推动诚信体系建设上，成效极其显著。

如果说追求利润是商人的天性，那么少数不法商人就是贸易蛀虫。一味忍让只能喂壮蛀虫继续损害自身、坑害公平。书中也给出了如何使用"利刃"和技术手段挖出蛀虫，保护自身合法权益、力挺守法商人、维护公平贸易。

在过去的三十多年里，原江苏国检局为规范木材检尺市场、培养检尺队伍和促进木材交易市场繁荣上作出了巨大贡献。

自 2004 年起，原太仓国检局采取一手抓多种形式，持续培训和考核检尺员，培养出全国公认一流的检尺队伍；一手抓创新监管模式和机制，取得了十多项全国首创的好成绩；搭平台唱响监管主旋律，获助力持续创新监管，持续提升社会公信度；将技术优势发挥到极致，推动和帮助对外维权，取得了巨大的直接或间接的经济成效，正如第五篇所述的那样"科技和监管是实现腾飞的两翼"。原太仓国检局等有关单位既分工明确又密切协作、共同努力推动了太仓港进口木材诚信经营、和谐交易的环境建设，吸引了越来越多的国内外客户，至 2017 年已突破千万立方米大关而跃居为全国最大的海运进口针叶树木材交易市场，为落实我国进口木材安全战略做出了有益的探索和应有的贡献。

本书近百万字、近千幅插图，最终汇聚在：使命重在担当、作为重在创新、品牌重在打造！汇聚在：精鉴明察、修善为民、守土有责的拳拳爱国之心！

这本书最珍贵的特点：它是大家团结一心、实实在在干出来的！近两亿美元的索赔案例中，隐藏着木材贸易有关方交出的部分"学费"，蕴藏着诸多成功的经验，若不好好总结提炼，岂不是浪费社会公共资源。

尊重事实、尊重历史和注重经验传承是本书的写作特点，但由于水平和时间有限，书中不足之处在所难免，恳请读者给予谅解和批评指正。在此，本人及编委会对为本书提供宝贵资料和建议的单位和个人，表示衷心的感谢！对中国林业出版社为本书付出的辛勤劳动表示由衷的谢意！愿本书的出版能对构建木材贸易的"双赢"格局有所裨益，能对木材贸易和检尺行业的发展壮大有所裨益！

2022 年 3 月

> 💡 本书内容力求涵盖作者毕生的经历与经验，内容全面、真实、详尽，但是，为了绿色环保、减轻图书重量，本书顺应潮流，将部分内容转化为数字内容，即，标星号（*）的章节，采用手机扫描阅读，也非常方便，仅为尝试，还望广大读者能够接受。欢迎大家批评指正！

目 录

第一篇　木材与人类 ... 1

第一章　感知木材 ... 3
第二章　主要进口木材的资源概况 ... 8

第二篇　进口木材贸易必备知识 ... 11

第一章　木材的保质期和天然防腐木 ... 13
第二章　购货环节的把控 ... 16

第三篇　进口木材检验标准和技术 ... 35

第一章　俄罗斯针叶和阔叶原木 ... 37
第二章　美国针叶原木 ... 50
第三章　加拿大针叶原木 ... 77
第四章　加拿大针叶原木内陆分级标准 ... 94
第五章　北美洲扒皮针叶原木检验方法和技术 ... 99
第六章　新西兰、澳大利亚和智利辐射松原木 ... 103

数字内容

★第七章　热带阔叶原木分等规则

★第八章　巴布亚新几内亚阔叶原木

★第九章　马来西亚阔叶原木

★第十章　欧洲山毛榉原木

- ★ 第十一章　印度尼西亚阔叶原木
- ★ 第十二章　其他国家或地区原木检验标准和技术
- ★ 第十三章　针叶材原木五大检尺法的相互比较
- ★ 第十四章　阔叶材原木四大检尺法

第四篇　常见进口针叶树原木的宏观和微观特征识别鉴定和最佳用途 …… 111

- 第一章　南洋杉科 Araucariaceae …… 113
- 第二章　松科 Pinaceae …… 115
- 第三章　杉科 Taxodiaceae …… 152
- 第四章　柏科 Cupressaceae …… 155

第五篇　科技和监管创新是实现腾飞的两翼 …… 163

- 第一章　创建检管分离机制　释放监管"六性"潜质 …… 165
- 第二章　风险管控着力于强化监管工作的针对性和助推力 …… 173
- 第三章　用科技构筑起检验监管和维权的坚实大坝 …… 178
- 第四章　磨砺维权利剑，推助木材贸易"双赢"格局 …… 192
- 第五章　太仓港进口木材检验技术水平验证实例 …… 201
- 第六章　与时俱进持续创新检验监管模式 …… 203

第六篇　木材贸易的核心环节和证据材料 …… 213

- 第一章　进口原木短少的十大类型和发货方确认材料 …… 215
- 第二章　如何遏制材积短少或质量问题 …… 230
- 第三章　进口原木大数据统计分析得出的结论 …… 239
- 第四章　影响国标检尺材积升溢率的主要因素 …… 244
- 第五章　超前预测　提前掌控　盈利秘诀 …… 247
- 第六章　"诚信小档案"记载的全过程问题类型及外商的回复 …… 255

第七章　创新诚信溯源监管模式　提升工作绩效和国际影响力 ………………… 272

第八章　进口木材在国内销售环节上的不当行为和防控措施 …………………… 276

第九章　二维码钉牌检尺在对外维权和对内销售环节中发挥的作用 …………… 280

第七篇　对外开展索赔和维权的方式、方法与成效 …………………… 283

第一章　提前掌控及时检验出证 …………………………………………………… 285

第二章　以"诚信小档案"为载体及时沟通表达诉求 …………………………… 288

第三章　扣船后协商解决　挽回损失 16.5 万美元 ………………………………… 290

第四章　木材货物发生货损或短少时的应急处置方案 …………………………… 291

数字内容

★第五章　以财产保全（扣船）为手段维护自身合法利益

第八篇　守土有责　敢于担当　打造品牌 ……………………………… 293
——对外索赔谈判经典案例纪实

第一章　从"1 英里"到"0" ……………………………………………………… 295

第二章　中美两家木材检验官员的首次交锋 ……………………………………… 305

第三章　"西方虎"轮运来的智利辐射松 ………………………………………… 314

第四章　俄罗斯两个代表团的"满意＋放心" …………………………………… 319

第五章　同一船的"两次索赔案" ………………………………………………… 324

第六章　华"三"论"剑"，谁与争"锋" ……………………………………… 326

第七章　二十五年后的"对弈" …………………………………………………… 344

第八章　技术谈判推动了技术进步 ………………………………………………… 351

第九章　一份价超 40 万美元的中方检验证书 …………………………………… 355

第十章　寻因之旅　诚信之举 ……………………………………………………… 365

第十一章　人物小传 ………………………………………………………………… 371

数字内容

★第十二章　"海翠"轮的"最后通牒"

★第十三章　精鉴明察　修善为民

★第十四章　一次务实寻因　认真细致的复验交流

★第十五章　诚信的价值超过 27 万美元

第九篇　进口木材索赔谈判和技术交流中英对照 ……… 377

第一章　与美商的技术谈判要点 ……… 379

第二章　关于木材干缩与材积短少的关系与美国木材检验局等检验机构的首次技术谈判 … 384

第三章　与美国 PR 木材检验局局长及其他检验机构的技术谈判 ……… 387

数字内容

★第四章　关于辐射松原木遭受白腐菌感染与智利树木生理学家的技术谈判

★第五章　进口加拿大原木首次技术谈判要点

★第六章　与加拿大"双料检验机构"的技术谈判

★第七章　加拿大某发货商对原木短少的全过程调查报告

★第八章　与美国和加拿大官方及发货商的技术交流

★第九章　加拿大某大型发货商对我方诚信档案的三次回复

第十篇　国际贸易主要业务中英对照 ……… 393

数字内容

★第一章　谈判策略

★第二章　贸易术语

★第三章　提　单

★第四章　海运保险

★第五章　国际贸易中的付款

★第六章　信用证

参考文献 ……… 394

附　录 ……… 395

第一篇

木材与人类

导读

第一章 感知木材 3
  第一节 木材对人体健康的功效 4
  数字内容
  ★ 第二节 保健功效明显的针叶树材
  ★ 第三节 保健功效明显的阔叶树材
  ★ 第四节 木材文化

第二章 主要进口木材的资源概况 8
  第一节 北美材 8
  第二节 俄罗斯材 9
  第三节 新西兰、澳大利亚和智利材 9
  第四节 巴新材和所罗门材 9
  第五节 非洲材 9
  第六节 南美材 10
  第七节 东南亚材 10
  第八节 欧洲材 10

第一章

感知木材

自然界的生物体经过数十亿年的物竞天择、优胜劣汰，其结构与功能已趋至完美，实现了宏观性能与微观结构的有机统一。

木材是一种天然的有机复合材料，由各种不同的组织结构、细胞形态、孔隙结构和化学组分构成，是一类结构层次分明、构造有序的天然复合材料。从米级的树干，分米、厘米级的木纤维，毫米级的年轮，微米级的木材细胞，直到纳米级的纤维素分子，具有层次分明、复杂有序的多尺度分级结构。

木材天生是一种自然智能响应性生物材料，像其他生物系统一样，具备感知、驱动和控制3个基本要素，具有生物系统独有的3大自律机制：结构自组织、损伤自修复和环境自适应。而木材由于自身的生物结构和形成物质，又具有它某些独特的智能性调节作用的性质。一是木材的智能性调湿调温功能：具有智能的调温功能，即"冬暖夏凉"。二是木材的智能性生物调节功能：木材的视感与人的心理生理学反应遵循和符合1/f涨落自然规律。木材所具有的1/f波谱涨落与人体中所存在的生物节律（节奏）之涨落一致时，人们就产生平静、愉快的心情而有舒适之感。三是木材的智能性调磁功能：木材具有调节"磁气"和减少辐射的智能性功能。在木质环境中，因木材不能屏蔽地球磁力作用，所以，生物体可以保持正常、安定的生活节奏。木材对于人体不足的磁气又具有自然补充的机能，所以可以促进自律神经活动，适宜的磁气对减少高血压、风湿症、肾病等多种疾病的发生有一定影响。四是木材具有天然的美学性质：从远古到现代乃至将来，人们对木材情有独钟，这皆因木材具有其他任何材料无可比拟的质感和美感。木材之美乃天然之美，符合现代人"亲近自然"的追求，主要体现在木材的质地、纹理和丰富多彩的花纹图案，它能带给人们非常美好的视觉、触觉和嗅觉感受。

木材来源于树木，树木生长于高山峻岭之上、绿水青山之中。因此木材不同于其他材料，它是一种生物质材料，具有生物的生气与灵性。木材的这种生气与灵性正是木材之美的真谛所在。

第一节　木材对人体健康的功效

20世纪以来，世界各国科技进步，经济腾飞，人民生活水平不断提高，但环境污染加剧，新兴的各种传染病不断出现，造成大量人员死亡。因此，各国政府和人民对健康的保护越来越关注。

木材为古老而又年轻的绿色环保材料，用途小到牙签、筷子，大到家具、建筑及室内装饰，这些产品贴近生活，贴近工作，我国现年耗木材在1亿 m^3 以上，对人体健康有着直接的重要影响。当人们明白了木材对人体健康的有益功效后，必将更加珍视木材，热爱森林，因而对林业的可持续发展产生积极的推动作用。

一、木材对人体健康的主要功效

此处所指"木材"为不带树皮的木材，也包括竹材；所称"保健功效"为大多数木材应用时对人体健康的直接功效，而非加工为制品后的功效；"保健"则指木材对人体健康产生的保护与素质的提高，而非如药物对疾病的治疗，也就无须经过医院的临床验证，两者之间有明显区别。当然，木材的保健功效还是需要有科学根据与实践检验的。有关木材对人体健康的保健功效，20世纪中叶后，美国、日本、中国台湾均进行了一些研究，取得了一定成果，但树种范围较窄，实际应用更少，而我们迄今甚少研究，其他有关信息多散见在有关中外文献和资料中，有的则属于民间传说。兹就初步收集的资料，经分析整理，归纳如下，供选择应用，并为今后进一步深入研究提供参考。

（一）具有优异的住室功效，可以创造舒适的生活和工作环境

木材为生物材料，较常用的砖、石、水泥、金属、塑料，木材有如下的主要优异的住室功效：

（1）视觉功效。木材纹理美观，色泽多样，又能有效地吸收对人体眼睛有害的紫外线，因此，使人视觉舒服、健康。

（2）触觉功效。人与木材接触时，四季温度相近，在木地板上行走时，软硬适当，又富弹性，木材均给人以良好的触觉。

（3）听觉功效。木材为天然的多孔性材料，吸声、隔音性能良好。因此，用木质材料装饰的住宅，回声小，隔音效果佳，给人以舒适的安静感。

（4）嗅觉功效。多种木材经常散发出特殊且令人欢快的芳香气，俗称"芬多精（pytoncides）"。经试验，这些气体有的可以杀菌、杀虫，有的可以振奋精神，有的可以镇静神经，有益于人体健康。

（5）调节功效。由于木材有一定的吸湿和解湿性能，所以室内在用干燥木材装修后，如果空气湿度过大，则木材从空气中吸收部分水分，反之，则释放水分，从而对室内的相对湿度产生一定的调节作用，给人创造较舒适的环境。据测定，在用木材内装的住宅内，夏季较凉爽，冬季则较暖和。此外，木材是氡辐射的良好屏蔽材料，日本中小学教室大多选用实木地板，以保护青少年的健康。

由于木质住室具有上述很多优异功效，使人感到温馨、自然、安宁、舒适。据日本学者调查，大多数木造住宅居住者的平均寿命较钢筋混凝土造住宅居住者高 9～11 岁。但木材住室的效果与室内木材的树种和拥有量密切相关，不适的树种和过少的木材用量，其效果自然不会显著。美国一般住宅所用材料的 90% 为木材，芬兰木屋驰名世界。

（二）富有独特的香气，为人体健康提供了多种功效

（1）木材香气。香气（aroma，fragrance，scent，odor）是指某种挥发性物质通过刺激嗅觉神经让人感受到的具有快感的气息。反之，给予不快的气息，称为臭气。香味则是由味觉和嗅觉共同感知的。香气的功能不仅在于飘香，而且在防病、保健等方面也起着重要的作用。香料（香气）用于医药，在我国具有悠久历史的《本草纲目》中即有记载。人的嗅觉感度与某些功能相比极为迟钝，但对香气却很敏感。据说，人类可以分辨 3000～10000 种气味。某些极微量的有香物质经口服或注射，其作用微不足道，但飘逸出的香气，能强有力地刺激人的呼吸中枢，经嗅觉器官吸入或与皮肤接触，都能产生明显的生理反应。相形之下，外用比内服疗效高，外用能直接影响各种脏腑功能，改变气血运行状态，以达到防病保健的目的。

（2）木材香气的功效。木材除含有纤维素、半纤维素和木质素外，还含有一定类型和数量的浸提物质。其中最重要的有挥发油（volatile oil），经提炼浓缩后为"精油"（essential oil），因富有香气，又称香精，商业上称为"芳香油"。多种针阔叶树材中，均含有挥发油。挥发油非均一化合物，而是由多种化学性质不同的成分组成的混合物，除含有脂肪族和芳香族、烃类及其含氧衍生物外，主要由萜类化合物组成，其中又以单萜类（$C_{10}H_{16}$）、倍半萜类（$C_{15}H_{24}$）及其含氧衍生物为多。单萜类及倍半萜类化合物，通常具有高挥发性和特殊香气。不同树种木材中挥发油的含量和成分差别很大，即同一树种的木材，也常因部位不同，生长环境不同有异。挥发油系一类在常温下多数是油状液体，极少数为固体状态（如樟脑），能逐渐挥发的物质，并且在挥发过程中产生不同香气，香气经人的鼻腔内的嗅觉神经与大脑联系，再由边缘系统解读所有刺激信息，从而对人们的行为产生不同的影响，如改善情绪、调节体力、增强记忆、抵御菌、虫侵袭等有利人体健康的功能。

为了证实木材直接释放的香气对人体健康能否产生保健功效，日本研究人员曾开展了相关的实验。科研人员将雪松的刨屑铺于老鼠笼子的下面，但老鼠接触不到刨屑，然后给老鼠注射安眠药，结果发现与没有放刨屑的相比，能使老鼠提早苏醒。这说明雪松刨屑发出的香气，激活了老鼠的肝脏破解安眠药的功能。另外，通过对老鼠在木材香气下睡眠的脑波测定，也发现老鼠的安静、深睡的脑波量增多。因此，在当今世界出现有专门从事研究香味对人体和精神状态作用的"香味学"，并进而以其对人体开展芳香疗法（aromatherapy）。现日本街头原有的"氧吧"多增设有香气吸入项目，把氧气和芳香疗法结合起来，名为"香气氧吧"，每 10 分钟收费 500 日元（约合人民币 30 元），成为日本人的时尚保健。由于现在香味品种纷呈，各有特点，为了帮助人们选择个人最适合的香气，日本的凯兰布琪店还最新推出"香味咨询服务"，并在全球逐渐展开。我国市场最新出现的"香木珠"即以普通木材经干燥、旋成桂圆形状大小的木珠，再浸泡以各种不同天然香料而成。该"香木珠"日常散发出多种天然香气，可用于空气除臭、增香，有的还可防虫、防蛀。

（三）具有抵抗对人体健康的生物危害的功效

研究表明，多种木材有抵抗不利于人体健康的多种生物危害，主要如下：

（1）抗菌害。抗菌害一般包括灭菌、杀菌、抑菌、防菌、消毒等含义。木材具有抗菌功效的树种较多，如我国熟知的樟木，由于其有抗菌功效，以之制作木屐、地板可防脚癣，制成箱柜可防虫菌危害衣物。檀香木经燃点后，为皇宫、寺庙传统用空气洁净剂，现我国民间亦多制成盘香，供杀菌和清洁空气。日本桧木抗菌力强，为日本室内装饰的重要建材。我国红松和杉木均具有抗菌、消毒的功效，为室内装修传统用材。日本抗菌制品技术协会现已将桧木、松木、杉木和樟木列为居住环境中的传统抗菌材料。

（2）抗虫害。人类生活中对健康不利的最常见害虫是螨虫。螨虫系一类微小的寄生小虫。据知，全世界的螨虫类现约有2万种。与人类生活有直接密切关系的是生存于室内尘埃的螨虫（mite）。螨虫经常吸食人体皮屑等残屑，由于现代居室经常采用空调，有利于螨虫繁殖，室内螨虫尸体、粪便飞扬，人们吸入之后，极易引起支气管哮喘等过敏病症，同时传染其他疾病。据日本学者高冈氏等人的实验表明：日本柳杉、美洲松、扁柏、雪松等木材均具有抑制螨虫繁殖的作用。我国黄洛华等人的研究表明：侧柏（Oriental arbor-vitae, *Platycladus orientalis*）的精油香气亦有同样效果，还有驱赶蟑螂的作用。檀香木点燃后可避蚊虫危害，据称，巴西产香脂苏木（Copaibe, *Copaifera duckei*），亦有同样功效。

（3）抗动物危害。柚木（Teak, *Tectona grandis*）含有拉帕醇（lapachol, $C_{15}H_{14}O_3$）和脱氧拉帕醇（deoxylapachol）等活性物质，有驱蛇等功能，并已在某些驰名建筑地板工程应用。

二、保健木材的应用问题和展望

根据保健木材的特性、民间应用的经验和科学技术的发展，关于保健木材的应用问题，兹提出如下建议：

（1）由于保健木材是一种生物资源，因树种、部位、性质有异，即使是同一树种，也因产地和生长季节有别。因此，在使用前，必须用嗅觉辨察其是否具有对人体有保健作用的功能，如芳香气等特征，并宜择其显著者使用。

（2）为了保持保健木材的特种挥发精油的香气，木材干燥时应尽量避免采用高温干燥，进行除湿干燥会是较佳选择。

（3）保健木材的最终应用，可根据产品性能的要求和保健木材的特征加以设计。如在室内装饰中，可用于壁板、地板、门扇、楼梯扶手和线条；在家具中，可用于床头板、书柜、壁柜和椅类扶手；在各类手柄中，可用于手杖、伞把、高级工具柄；在生活日用品中，可用于桑拿浴桶、箱盒、菜板；在小商品中，可用于精美折扇、书签、压尺、笔杆、保健球、棋子和香木珠等。

（4）加工为白榉的保健木材制品后，为了保护和提高其表面的质量，宜采用透气的微孔涂料（micro-paint），并借以延长其保健时间。

（5）为了保持或增强保健木材制品的保健效果，在林木伐倒时，可试用便携式树干注射机或树干根端"灌注法"将保健药液注入木材中。在制品上，可试用保健药液注射措施。

（6）为了从根本上扩大和提高保健木材的功效，可考虑以下几方面：①加强对现有树种资源保健材的鉴别、效能与机理以及应用的调查与研究。②从保健材中提取保健药液或合成新型保健药剂。③应用林木遗传育种新科技，提高林木在培育时的保健功能，并大量推广繁殖造林，扩大有效供应。

综观木材与人体保健的关系，古代人们即知燃烧香木以清洁空气，经过多年的实践，逐步发现很多木材有抗菌抗虫的功能，做成多种保健制品。随着科技的进步，又进而开始了解到木材产生保健的机理，并提取其精华，为人类的保健服务。

随着科技的高速发展，人类必将培育出保健专用材林木，同时提取或合成新型保健药剂，在学术上努力构建"木材保健学"，以便从理论上促进其正确发展，使木材为人类的健康作出新的巨大贡献。

数字内容

★ 第二节　保健功效明显的针叶树材

★ 第三节　保健功效明显的阔叶树材

★ 第四节　木材文化

扫码阅读

第二章

主要进口木材的资源概况

第一节 北美材

北美材主要是指美国和加拿大的木材。这两个国家的主要材种及其主要特性基本相同。

由于美国砍伐、出口原木的历史较长，出于对森林资源的保护和主要满足其国内市场需求，近年来的砍伐量、出口量都不大，反而要从其他国家（主要是加拿大）进口一部分，以填补国内供给的缺口。因此，现阶段的北美出口材主要是指加拿大原木和板材。

加拿大森林覆盖率达40%以上，林木资源极其丰富，但其过少的劳动力，特别是铁路、公路的运输能力，严重制约了木材的砍伐和出口。100多年前修建的横贯太平洋和大西洋的东西方向铁路，主要承担着繁忙的石油和粮食运输，也是当时加拿大的唯一铁路；另一条同样横跨两大洋的高速公路，也同样几乎无暇顾及木材运输。其他地区的高等级长距离公路乏善可陈。目前东部大西洋沿岸已基本不出产木材。木材的主要产地为中西部的卑诗省、阿尔伯塔省、安大略省和魁北克省。而阿尔伯塔、安大略和魁北克三省因为交通制约，基本只能出口板材，无法出口原木。所以现阶段加拿大木材出口的主力军为卑诗省。因日照、雨水和土地肥沃程度不同，从最南部的美加边界到最北部邻近阿拉斯加地区，加拿大树木由高大、粗壮、浓密到低矮、瘦小、稀疏。但无论是南部、中部、北部，除寒带木质密度略差以外，木材材种和主要特性大同小异。

加拿大针叶材主要有花旗松、铁杉、冷杉、云杉、西部白松、红雪松和黄雪松等。但因黄雪松和红雪松产量低，有较强的防腐防虫能力，被认为是珍贵木材，绝大部分在加拿大国内市场销售，原木不允许出口到中国，只有限额板材可以出口。

北美阔叶材主要有红橡、白橡、水曲柳、黑胡桃、红樱桃、枫木、黄杨、赤杨、黑樱桃、枫木（槭木）等。因阔叶材资源越来越少，一般不允许出口，主要满足其国内需求。

由于多年树叶落地后形成了厚厚的肥沃覆盖层，加上雨雪充沛，日照充分，所以在加拿大树木很容易生长。从政府官员到普通民众，加拿大人普遍认为采伐树木就像割韭菜一样，木材是一种可再生的普通资源，所以从联邦政府到地方政府，都鼓励砍伐出口。

从2009年开始，加拿大原木正式对华出口。

第二节　俄罗斯材

俄罗斯地域辽阔,森林覆盖率很高,但同样受到交通运输、人力资源匮乏的制约,内陆纵深地区采伐成本过大。一年的采伐时间受气候、运输的限制,采伐期相对北美材时间更短。

俄罗斯的主要材种及其主要特性与中国大兴安岭、小兴安岭以及长白山林区的材种大同小异。其木材产地位于与中国毗邻的远东地区。相对于北美材,因气候更加寒冷,俄罗斯木材密度更大,木质更细腻,物理性能更好,但树木更加低矮、直径较小。

俄罗斯原木按长度定尺造材出口,使得船舶的积载率高,因距离中国较近,所以运费也较北美材便宜。俄罗斯是对中国木材出口历史最长的国家,苏联时期就开始了。

俄罗斯针叶材主要有落叶松、樟子松、鱼鳞云杉（鱼鳞松）等;阔叶材主要有杨木、桦木、柞木、栎木、水曲柳、水青冈等。其中柞木、栎木、水曲柳、水青冈等因产量有限,近年来出口到中国的数量不大。

第三节　新西兰、澳大利亚和智利材

新西兰、澳大利亚、智利均处于太平洋沿岸,雨量充沛,日照旺盛,木材较易生长,而且生长期较短,以人工林为主,树木的高度、直径适中;木材的质地较为粗糙,密度较小,物理性能相对较差。出口时一般按长度定尺制材,增加了船舶的积载率。该地主要材种有辐射松、花旗松、桉木等,澳大利亚檀香木价值较高。

第四节　巴新材和所罗门材

巴布亚新几内亚和所罗门地处热带,是太平洋中岛国,雨水、日照特别充沛,所生长木材除人工林木材外,一般高大挺拔粗壮;生长期长,一般要几十年到百年左右;木材品种繁多,多达100余种,木材一般物理性能较好,如密度大、坚硬、不易折断,但易开裂。而人工林木材一般细而短,质地粗糙,强度较差,只能作为普通用材。

第五节　非洲材

非洲材主要集中在中非西部几内亚湾沿岸的热带雨林中,其中以刚果、几内亚、加蓬、科拉迪瓦为林木主产国。非洲树木高大挺拔粗壮,生长期很长,一般百年左右甚至更长时间。一般木材物理性能优异,如密度大、坚固且不易折断和开裂,木纹优美,木质细腻。树种主要有沙比利、红樱桃木、奥古曼、圆盘豆、黑紫檀、非洲紫檀、乌金木等。

非洲材是所有出口国木材中最高大上的品种，一般都是名贵家具、高档装饰、高端工艺品的首选用材。因为珍贵，所以昂贵。东非的小叶红檀、皮灰、小鸡翅、高棉花梨、黑檀、非洲酸枝、檀香、大叶紫檀等是制作古典红木家具的好材料，中非的加蓬、喀麦隆、刚果、扎伊尔地区的巴花、大鸡翅、红花梨、沙比利、柚木王、塔利等大口径原木，源源不断进到中国。近几年，西非各国的亚花梨（刺猬紫檀）更是掀起了一阵旋风，作为新晋红木木种，以极高的性价比迅速充斥红木家具市场。但随着开发难度越来越大，可供资源越来越少，以及人们森林保护意识的增强，砍伐量有越来越少的趋势，价格也越来越让人高攀不起。

非洲材一般以原木出口为主。

第六节　南美材

南美洲有世界上最大的热带雨林，盛产各种木材，有红檀香、龙凤檀、铁线子、依贝、贾托巴、陶阿里等，这些大多都是地板坯料出口到中国，产地是巴西、玻利维亚、秘鲁等，阿根廷、巴拉圭的绿檀香是红木家具的好材料，苏里南和圭亚那是目前南美洲仅有的能大量出口原木到中国的国家，这几年，中、北美洲的墨西哥、巴拿马、哥斯达黎加、尼加拉瓜等国出产的柚木和微凹黄檀、伯利兹黄檀、中美洲黄檀等表现不俗，得到市场认可和青睐，特别是微凹黄檀，众多商家认为具有进一步升值潜力。

第七节　东南亚材

东南亚林木开发相对较早，自二十世纪七八十年代，造就了一批暴发户。该地区以产红木著称，有紫檀、酸枝、花枝、白枝、花梨、鸡翅、黑檀等，造船材有坤甸、梢木，户外园林防腐木有菠萝格、柳桉、山樟、巴劳等，家具木门装修材有金丝柚、克隆、拐枣、白木、黑胡桃、红胡桃、西南桦、水冬瓜等，橡胶木锯材大量出口中国，缅甸柚木更是以其优良的品质而闻名。

近年出口中国的原木越来越少了，印尼材就更少了。主要原因是交通制约、砍伐成本过高、森林保护政策的限制等，严重制约了林木的砍伐出口。但也有一部分东南亚板材活跃于中国市场。

第八节　欧洲材

欧洲材中的榉木进口是最成熟的。此外欧洲橡木、水曲柳这几年也在慢慢打开市场。

欧洲软木，如樟子松、云杉、赤松等，相比加松和新西兰松，价格稍高。中国进口主要依赖集装箱运输，进口量一直不大。

第二篇
进口木材贸易必备知识

导读

第一章 木材的保质期和天然防腐木 ······ 13
  第一节 木材自然抗腐性 ······ 13
  第二节 天然防腐木与天然耐久性等级之间的关系 ······ 14

第二章 购货环节的把控 ······ 16
  第一节 如何选择供应商 ······ 16
  第二节 了解供货商的类型 ······ 19
  第三节 签约和履约环节的把控 ······ 22

第一章

木材的保质期和天然防腐木

木材的保质期主要是指木材在自然状况下的耐久性能，即木材抵抗物理、化学以及生物等因素的破坏，并在长时间内保持其自身天然的物理、力学性质的能力。

木材接触土壤或暴露在空气中受破坏的主要因素是真菌腐朽，因此通常把木材的保质期（天然耐久性能）仅看作对腐朽的抗力。

第一节 木材自然抗腐性

各国对木材抗腐等级（天然耐腐性）的划分多为4级或5级，其中以区分为4级的最普遍。

一、中国林业科学研究院对木材抗腐性能的测试结果（表1-1）

表1-1

针叶材		阔叶材	
对真菌的抗腐性能等级	四个月内腐朽试样的重量损失率	对真菌的抗腐性能等级	四个月内腐朽试样的重量损失率
I级：耐腐性强	0～10%	I级：耐腐性强	0～10%
II级：耐腐	11%～20%	II级：耐腐	11%～30%
III级：稍耐腐	21%～30%	III级：稍耐腐	31%～50%
IV级：不耐腐	＞30%	IV级：不耐腐	＞50%

二、美国材料与试验协会标准（ASTM-D2017-81）中对木材抗腐等级的划分（不分针阔叶材）

（1）Ⅰ级：耐腐性强，0～10%。
（2）Ⅱ级：耐腐，11%～24%。
（3）Ⅲ级：稍耐腐，25%～44%。
（4）Ⅳ级：不耐腐，45%或以上。

三、木材自然抗腐性等级划分的含义

（1）极耐腐：木材对真菌侵蚀有高的抗性。应用在非常适合真菌繁衍的处所，仍具有较长的使用寿命。此类木材表面可不受处理就用作铁路枕木、埋入地下的桩和柱。此等级的试样在实验室中重量损失无或不明显。

（2）耐腐性强：木材对真菌侵蚀有抗性。有中等使用年限（一般为10～15年）。这个等级的木材适合在只施一层油漆的状况下作室外不接触土壤的用途，如窗框、门、造船等。

（3）中等耐腐：只要暴露在潮湿条件下，木材就易于腐朽。因此，未经防腐处理就不能用在与土壤接触的用途，但可安全地用在偶尔或短时间暴露在潮湿条件下的场所。这种木材适合用作地板梁和地板等。

（4）不耐腐：在潮湿条件下，木材对真菌几乎无抗力。因此，它必须在使用中长期保持干燥，或使用木材防腐剂彻底处理。这种未处理的木材可用作建筑物框架材、屋檐、细木工和家具等。

（5）易腐：此类木材仅适合用于受到保护的处所，用防腐剂加以处理。

第二节　天然防腐木与天然耐久性等级之间的关系

天然防腐木要求木材达到一定的天然耐久性，它包括天然耐腐性和天然抗白蚁性两个方面。

一、天然耐腐性（表1-2）

表1-2

天然耐腐性等级	天然耐腐性描述	树种举例
1	强耐腐	柚木、非洲紫檀
2	耐腐	红雪松、菠萝格、巴劳木
3	中等耐腐	花旗松
4	稍耐腐	欧洲云杉、南方松、奥古曼
5	不耐腐	马尾松、山毛榉

二、天然抗白蚁性（表1-3）

表1-3

天然抗白蚁性等级	天然抗白蚁性描述	树种举例
1	耐蚁蛀	非洲紫檀、巴劳木
2	中等耐蚁蛀	菠萝格、柚木
3	不耐蚁蛀	红雪松、南方松、花旗松、奥古曼、马尾松、山毛榉

注：①不同产地的树种在天然耐腐性和天然抗白蚁性方面有一定差异；②执行标准：欧洲标准 BS EN 350-1-1994。

三、不同使用环境的防腐等级分类（表1-4）

表1-4

使用分类	使用条件	应用环境	主要生物败坏因子	典型用途
C1	户内，且不接触土壤	在室内干燥环境中使用，但不受气候和水分的影响	蛀虫	建筑内部及装饰、家具
C2	户内，且不接触土壤	在室内环境中使用，有时受潮湿和水分的影响，但不受气候的影响	蛀虫、白蚁、木腐菌	建筑内部及装饰、家具、地下室、卫生间
C3	户外，但不接触土壤	在室外环境中使用，暴露在各种气候中，包括淋湿，但不长期浸泡在水中	蛀虫、白蚁、木腐菌	（平台、步道、栈道）的甲板、户外家具、（建筑）外门窗
C4A	户外，且接触土壤或浸在淡水中	在室外环境中使用，暴露在各种气候中，且与地面接触或长期浸泡在淡水中	蛀虫、白蚁、木腐菌	围栏支柱、支架、木屋基础、冷却水塔、电杆、矿柱（坑木）
C4B	户外，且接触土壤或浸在淡水中	在室外环境中使用，暴露在各种气候中，且与地面接触或长期浸泡在淡水中，难于更换或关键结构部件	蛀虫、白蚁、木腐菌	（淡水）码头护木、桩木、矿柱（坑木）
C5	浸在海水（咸水）中	长期浸泡在海水（咸水）中	海生钻孔动物	海水（咸水）码头护木、桩木、木质船舶

注：在 GB 50206—2012《木结构工程施工质量验收规范》中，对木结构构件的不同使用环境进行了分级，以 HJ I、HJ II 和 HJ III 来表示。

四、注意点

（1）防腐木的材质等级是指木材本身的外观等级，可以根据国家标准 GB/T 153—1995《针叶树锯材》、GB/T 4817—1995《阔叶树锯材》和 GB/T 4822—1999《锯材检验》，将锯材分为特等、一等、二等和三等。可以根据建筑物的档次和经济承受能力选择相应材质等级的防腐木。

（2）在选用天然防腐木时，应注意天然耐腐性好的木材并非等同于天然耐久性好，因为在有白蚁危害的地区同时需要考虑木材的天然抗白蚁性，有些树种（如红雪松等）虽然具有很好的天然耐腐性，但其天然抗白蚁性却很差。

（3）防腐等级是衡量防腐木防腐性能的一个综合指标，由 C1、C2、C3、C4A、C4B 到 C5 级是防腐能力越来越强的，对应着不同的使用的环境。对于天然防腐木，一般天然耐腐性和天然抗白蚁性两个方面决定着它的综合防腐等级，值得注意的是天然耐腐性和天然抗白蚁性的等级是 1、2……防腐能力依次逐渐降低的，即 1 级最强，这和防腐等级（C1、C2、C3、C4A、C4B、C5）相反。

第二章

购货环节的把控

木材贸易由于具有跨国别、跨地区、多渠道、多环节等特征，对其中的主要环节和要素不做全面的了解和掌控就谈不上是精明的贸易商，或者充其量只是一名上交学费的学生罢了。本节是一名长期在国外采购木材的中方代表的实际经验的总结和感受，可有效帮助了解木材贸易的环节特征。

第一节　如何选择供应商

毋庸置疑，供货商、中间商的信誉，可供货源的数量与质量、品种规格，供货的相对稳定性，价格优势，货源位置、运输、仓储、检尺情况，单证制作质量，报关报检水平，与所在国政府主管部门、海关、商检、港口等单位的关系协调能力，所供木材短少情况和材积升溢率以及租船能力等指标，都是进口商在选择供货商、中间商时必须考虑的综合因素。

一个好的供货商或中间商，可以让进口商事半功倍，否则麻烦多多。以下仅以供货商为例进行介绍。

一、了解供货商的信誉

作为进口商，你在确定与某一供货商合作前，必须全方位、多渠道调查考证供货商的口碑信誉情况。比如，要对其公司的口头介绍认真倾听，对其宣传资料仔细研读，去粗取精，去伪存真；对其公司的管理层，特别是高层人员的综合素质进行评估；争取查看到该公司历年特别是近几年的财务报告表，并加以分析；向该公司人员咨询，去其公司的林场仓库进行实地考察，查看工商税务等相关资质情况；向其同行调查了解，澄清有关事宜等。

针对中小供货商，特别要对其资产大小、资产负债率、有无恶意欺诈等影响其信誉的商业案件有最起码的了解和警惕，防患于未然。

一般而言，大型供货商因其经营得当，信誉良好才称其为大型供应商，因此对其进行一般的信誉调查就可以了。

中国商检机构逐年检验情况统计（区分不同发货商）以及出具的诚信溯源小档案，对供货商的信誉甄别有相当大的参考价值。

二、了解供货商的供货能力及稳定性

总体来说，大型供货商的木材砍伐量大，可供货源数量亦大。特别是进口商对其可供货源的数量、质量、品种、规格的选择余地也较大。同时，大型供货商一般供货也相对稳定。

由于人力、物力、财力的限制等原因，中小型供货商竞标林地时，中标机会小，采伐量小，可供货源（指直供货源）数量较小，进口商对其包括数量、质量、品种、规格在内的可选择余地相对也较小。但中小型供货商中也有不少头脑灵活、经营有方者，他们可以通过以下方式，增加他们认为有利可图的可供货源。如与中标商合作，取得砍伐相应一部分货源的机会；平时注意收集物美价廉的散货，积少成多；向其他供货商协商购买或砍伐部分木材等。

对进口商而言，特别是中小型进口商而言，要认真甄别，筛选中小供货商。虽然他们的供货量大小相对不稳定，但他们中的一些优秀者，仍然可能成为将来相当长时间内的理想合作伙伴。

三、比较价格优势

木材价格从来都不是一个独立的单纯因素，它与木材的树种类型、质量状况、规格大小和等级高低等紧密相关。俗话说，一分价钱一分货，就是指的这个道理。

无论你是大型进口商，还是中小型进口商，也不管你将来实际合作对象是大型供应商还是中小型供应商，你平时要注意，不能在一棵树上吊死，应该经常保持与几个供应商的联系沟通，维持与他们的关系，并分别了解清楚他们各自的优势与劣势。比如，你与大型供应商 A 开始合作，作为你的基本供货商，你必须同时还要与大型供应商 B、C 等保持良好的沟通和关系维护。这在货源供应紧张的卖方市场时尤为重要。

具体如何操作，示例如下：

第一，你想拿 A 的货，因为其采伐的木材规格质量都比较理想，但价格较高，且不肯轻易让步，此时你可以说，你的木材是不错，但 B 的货也挺好，价格比你略低，能否让点价？

总体而言，大型供货商乐于与资金实力雄厚，经营稳定的大型进口商进行长期稳定、门当户对的合作，不会为一点短期利益轻易放弃一个好的合作伙伴。所以，此时聪明的 A 会回答说，好吧，适当让点吧，然后你愉快地拿货了，并说，希望长期合作愉快！

但偶尔，你可能会碰到一个直率人，他说，现在市场上，货紧俏得很，买家有的是，我根本不愁卖，价格是没有余地的，那你就去 B 处拿货吧，此时你当然心里很不爽，你可以真的到 B 那里拿货，既可以让 B 心理平衡一下，也为以后与 B 的更多合作打下基础，也可以借机打击一下 A 的嚣张气焰，让他吸取点教训，你并不是吓他，尽管你的内心还是想与他长期合作的。

一般来说，资本家都是自私的，为了各自的利益，A、B、C之间是互相竞争的，但不会是不知变通，互相之间也保持交流。而且如果你与聪明的A保持一段时间稳定的贸易且合作愉快，国内检尺时发现材积短少了或国内市场不景气时亏了，在以后的合作时，对方会给你一定的补偿。

第二，当供货方提供的木材质量、树种或规格有欠缺时（哪怕是其中一个因素），你可以拿此来说事，也可以拿B的货说事，作为价格谈判的筹码。

第三，当A提供的货的质量、树种、规格等有欠缺，而要价又高时，你可以哈哈一笑说："看来你还没有正确认识自己、了解他人，是不是我们以后再找机会合作？"如果A明白了、知己知彼了，他会降价的。

第四，如果你资金实力雄厚，国内又不愁卖时，你可以通知A、B两家的货，也许他们为了你这个大客户会互相竞争"打架"，让你坐收渔翁之利呢。

第五，当你预测到会出现卖方市场时，最好早点下手订货，比如，付给A一定数量的订金或定金作为保证金。当货源供应宽松，处于买方市场时，价格游戏就简单多了！此时进口商一般有支配性的话语权，加上资金的吸引，一般都可以拿到有理想价格和质量、品种、规格有保障的货源。

中小型进口商与中小型供应商的价格游戏策略，基本同上。

四、了解货源位置、运输、仓储和检尺情况

供应商的货源位置好，特别是林区地理位置好，不仅意味着进口商看货方便，也往往意味着木材质量一般相对较好，运输也比较方便。

仓储保管得当与否，对木材质量的影响也不容小觑。

国外检尺人员一般比较守规矩，但在某种程度上也意味着死板、教条、灵活度不够。检尺人员的素质高低不等，所以检尺的质量、结果的公正性和准确性不尽相同。作为进口商，最好让自己熟知检尺规则的留驻人员深入检尺现场，在一线跟踪监督检查，一旦发现问题，耐心与对方检尺人员和供应商沟通交流，及时予以纠正。这样做能一定程度地确保检尺结果不偏向于卖方，达到基本合规、公正的效果。

五、了解单证制作质量、报关报检水平和与主管部门的协调能力

成熟的供货商，其相关业务人员素质较高，单证制作质量优良，文件资料完备，报关报检数据准确，偶尔出现问题或偏差，可以与出口国政府有关部门、海关商检、港方等进行良好的沟通，及时纠偏、补漏，解决问题。但也有一些不太成熟的供货商，制作的单证质量低下。比如，笔者就遇到一个加拿大供货商，拿的全部是别人的二手、三手货再转卖给我们。其中一票货，由包含20多块木排的一帮排组成，材积500多立方米。在加拿大，检尺码单上只有这一帮排的总材积并没有其中每根木排的材积，也就是说，这票货是不可分割的，只能卖给一家。但最终却被笔者发现，被卖给了两家，而且两家总材积之和变成了700多立方米。笔者至今都没有搞清楚，这家供应商是怎么分割数量以及制作单证的，又是怎么通过报关报检等程序的。

港方是在出口国负责装船的港务公司。木材装船时对其进行监装是很有必要的。比如，港务公司的野蛮作业，有可能造成木材的折断。特别是当供应商提供的木材长短不齐时，即时与港方沟通，让木材的堆放位置尽量摆放合理，慢装慢放，才能避免折断和仓容浪费。在加拿大原木都是扎成水排再运到船边吊装上船的，监装者要注意有没有散排，如果有，要让仓储公司、港务公司找到所有散失木材，重新捆扎装船。如果仓储公司和港方不能找到全部散失木材，要让供货商现场验看，对装船数据作相应的减扣，重新按实制作单证和有关文件资料；装船接近尾声时，监装者要与理货公司、港方核对数据，是否所有木排都已全部装上船。否则，如果有漏装，不仅会造成进口商实装木材的短少，还会造成空舱，多付运费和国内外关税；在港口装船繁忙的高峰期，大家都在排队等待装船，如果与港方沟通良好，关系顺畅，港方也可以找出让其他待装者无话可说的理由，让你提前装船。

当进口商与港方、仓储公司等不熟或不能进行良好沟通时，装船时，必须让供货商派人一起现场监装。发现问题及时沟通解决，合格的供货商是经常与港方、仓储公司等打交道的，他们之间的关系应该是良好的，否则，你可能不愿意与这样的供货商合作。

六、了解其租船能力

总体而言，大型供货商长期租船，与船务公司互利共赢，租船能力强。这些能力包括：船舶运装性好、运费相对便宜、租船的时效性和装货的及时性好等。

中小型供货商在租船能力方面倍显逊色！但有些中小供货商也与租船公司、租船中间人有着不错的关系和合作历史。这些供货商也是进口商选择合作伙伴时的重要参考因素之一。

第二节　了解供货商的类型

供货商有诸多类型。选择供货商原则上要奉行知己知彼、门当户对的原则。下面就供货商的大致分类，各自的优缺点，以及如何选择供货商做介绍。

一、地主式自助供货商

地主式自助供货商俗称"买山头"，进口商就是自己的供货商。

当出口国法规和政府土地资源主管部门允许时，进口商可买断某个地块。一般程序是，出口国土地主管部门发布招标公告，公布出卖地块区域位置、面积、林木和矿产等资源大致情况、出售年限（大都永久出售），标出底价、投标书送交截止日，竞标者参与资格（一般规定进口商必须在该国注册有实体公司）等，然后让国内外买家竞标，价高者中标。

作为进口商，你必须对自己的经济实力，林木矿产等资源的评估能力，资源开发和经营管理能力以及资源开发后的环保能力，林木复种能力等有充分的信心和保障，而且必须做好长期经营，甚至传给后代长期经营的思想准备。

就单纯木材这一资源而言，进口商首先必须进行收入和成本预估核算。收入预估大致程序为：带着内行专家去林地实际评估测算林木密度、各树种单独出材率和总出材率；与政府公布的资源数据进行对比；必须在该国和第三国销售的木材价值、能运回国内的木材价值、复种林的收获价值等。成本预估程序大致为：需要缴纳给所在国政府的相关税费，林区修路架桥、砍伐、仓储、检尺、运输、扎排的费用，港口仓储、装船、租船、报关、报检等的费用；砍伐后的垃圾处理费用（主要指树根、枝叶，生产、生活垃圾的处理）；反复多次循环的再造林费用；生活交通等后勤保障费用等。

收入和支出预估结果相抵后，如果短期和长期都是有利可图的，那么你就可以决定参加投标了。此时你要对投标对手的情况，尽可能作出分析预判，定出自己富有竞争力的投标价格，这个价格应尽量争取做到不高不低，因为你的投标价若高出对手许多，虽然最终以中标获得了这块林地，但你的利润空间小了。但你的投标价低了就肯定不能中标。

在规定的截止日期前送交投标书后，你就耐心等待结果吧。如果中标了，那么恭喜你，你就是这块林地的"地主"了，交纳了相关的政府税费，取得了土地林木主管部门的相关文件和法律手续，你就进入了对这块林地的实质采伐和经营管理阶段了。

在实质操作阶段，你可以将上面所说的从林区修路架桥，开始到最后再造林结束的所有环节，转包给各种各样的分包商，与他们分别签订分包合同，合同中详细写明质量、进度、付费、惩罚等条款。然后你只要定期或不定期的去林区查看、监督、协调，进行跟踪管理就行了。

"买山头"的缺点是：收益具有一定的不确定性。你的眼光必须狠毒，能看准短期，特别是长期的收益；资金占用量一般很大，而且是超长时间占用；如果你没有很强的经营管理和协调能力，也难以收到预期的效果；山头往往地处偏远地区，交通生活等方面诸多不便，你和你的子孙后代要有吃苦耐劳的品格（当然你不想亲力亲为，可以请代理人经营管理）。

"买山头"的优点是：你是地主，对资源有绝对的支配权，什么时候开发、开发多少，你绝对作主；装船、销售时间，你可以根据市场需求和价格高低灵活安排。

一般而言，当地政府鼓励这种出售方式，你所得到的收益也往往是不错的。

二、半地主式自助供货商

半地主式自动供货商俗称"包山头"，进口商也是自己的供货商。

这种方式下的招标投标程序和方法、收入成本的评估内容、林木的实质采伐和管理操作，基本与"买山头"相同。所异之处是，作为进口商一般你必须在该国注册有实体经营的公司，或者也可以借用该国的某一家实体公司进行投标；中标后，你仅有在标书规定期限内对该林地的木材采伐权，没有对其他资源的开发权和处置权，该林地的所有权仍然是该国政府的；采伐时，你要应付出口国政府土地、林木、环保主管等部门定期或不定期的检查；采伐结束后，如果你没有能力和兴趣栽种树苗，你得付一笔树苗和栽种费给政府部门，以便其请人复种再造林。

"包山头"的缺点是：收益也具有一定的不确定性，你必须评估准确；资金的占用量较大，占用的时间贯穿整个砍伐期的几年时间；你必须有很强的经营管理和协调能力，否则收益会受影响；山头一般地处偏远地区，交通生活诸多不便。

"包山头"的优点是：在规定的年限内，你就是这块林地的林木地主，想什么时候砍伐，砍伐多少你说了算；砍伐扎排后放入水库，什么时候装船和销售，以及装多少、销多少，你可以根据国内外市场情况灵活安排。

三、大型供货商

大型供货商，顾名思义就是在出口国可提供的木材货源数量大、树种、规格齐全，信誉优良，与出口国各方面关系融洽，有着以定价权为主的话语权，在出口国处于支配和主导地位。

以加拿大为例，大型供货商也就三四家，他们不断竞标拿地，每一家都有自己的大型林地，区域位置一般相对固定，其他公司一般很难进入他们的传统区域，即使进入了，一般也知难而退。大型供货商从采伐初期的修路造桥到最后的租船运输，基本都是独立操作，一般提供成本保险加运费（CIF）或成本加运费（CFR）成交价货源。当木材处于卖方市场时，他们比较强势，此时一般不会与我国的中、小型进口商合作；当处于买方市场时，他们能作出一定的让步和妥协，此时我国的中、小型进口商也有与他们临时合作的机会。

大型供货商乐于与我国的大型进口商进行长期稳定的合作，当彼此愉快合作一段时间后，双方互相信赖，话语权相对平等。

当然，偶尔当市场行情特别好，大型供货商的直供货源不够卖时，他们也会向其他供货商临时调货以弥补供应缺口。

作为中国进口商，你若想与大型供货商合作，你要掂量你口袋里银子有多少、进口量大小、是否长期相对稳定拿货、判断是买方市场还是卖方市场、你在谈判和贸易中的话语权大小等，综合考虑，谋定而动。

四、中小型供货商

中小型供货商，就是在出口国，可提供的货源数量小到中等，有一定的市场份额，但以定价权为主的话语权在出口国供应商中是处于次要甚至被支配或服从地位的。

中小型供应商参与竞标，有时能拿到一些中小林地，但采伐一般交给分包商进行。当没有林地时，他们向其他供货商购买或在市场收购散货，然后转手倒卖，此时他们实际上扮演了中间商的角色。

中小型供货商信誉良莠不齐，可供货源相对不太稳定，树种和规格有时也不太齐全。

当木材处于卖方市场时，中小型供货商比较活跃，如果货源数量、质量得当，他们获利不错；但当处于买方市场时，他们面临与其他供货商的竞争压力，还要应付包括中国在内的买家的挑剔，所以此时经营往往压力山大，利润空间较小，甚至为了保住市场份额，维系与买家的关系，有时不得不赔钱赚吆喝。

一般而言，中国中小型进口商乐于与中小型供货商进行门当户对的合作，合作时话语权基本平等。特别是信誉良好、有一定相对稳定货源的中小型供货商，中国进口商往往能与其进行较长时间的相对和谐的合作。但当中国市场需求旺盛时，某一中国进口商往往需要与几个这样的中小供货商合作拿货，才能满足需求，所以，这就需要中小型进口商平时要注重准供应商的储备。

总之，选择供应商就与谈对象一样。如果好高骛远，不切实际地盲目攀高，或将就降低，因价值观、文化差异、身高长相、经济收入、家庭背景等不相匹配，往往很难谈成；即使谈成了，婚姻也很难长久维持，难成正果。当然也有逆势成功的，但那毕竟是少之又少的另类。所以还是知己知彼，方能百战不殆。

第三节 签约和履约环节的把控

中国进口商分别和出口国木材供应商、采伐分包商、保险公司（进口商在中国国内投保的情况除外）、船东或船东的代理人等签订合同，约定合同各方的责任、权利和义务范围，使地处不同国家的合约当事人达成一致协议。

协议是合约方各自履行约定义务的依据，也是一旦发生违约行为时进行补救、处理争议的依据，其重要性是不言而喻的。

一、合约要素、流程和注意事项

进口商应尽量自己起草合同。因为，一般来讲，合同文本谁起草，谁掌握主动。口头商议的东西要形成文字，尚需一个过程。有时仅仅一字之差，意思就有很大区别。还有时，即使认真审议了合同中的各项条款，但由于文化上的差异，对词义的理解不同，难以发现于己不利之处。有时，外商开始就给出一个完整的合同文本，迫使进口商按此文本内容被动地讨论每项条款，这种做法容易让出商塞进一些对进口商不利的条款或遗漏一些对方应尽义务的条款，限制进口商在谈判桌上策略和技巧的发挥，很难对合同进行比较大的修改和补充。

合同文字要严谨、含义明确，内容要尽可能详尽地规定合同各方的应尽的义务和责任。

因部分出口商是自己租船订舱、投保和在出口国报关报检，所以有关这部分的内容，将在下面章节中单独列出。本章仅以加拿大供货商和中国进口商签订的双方原木贸易合同为例，将合约要素及其注意事项略做剖析。

（一）合同内容细分

进口原木合同一般名称为原木购销合同、原木购销协议、原木买卖契约等。名称不同，但意思一样，都是原木买卖双方的合约。一方为中国进口商，另一方为国外供货商或代理商。

1 合同号　一般由起草方给出，当然，双方也可以商定一个合同号。

2 合同日期　指合同写出的日期。这和合同最后部分的签订日期是两个概念。签订日期指的是进口商和供货商最终的合同签字日期。

3 合同签订地点　指进口商和供货商的合约签订地。当双方面对面地实地签约时，地点相同；但当远程网签或以其他方式异地分签时，合约中可以不写签约地点，也可以一方迁就另一方，约定相同地点作为签约地。特别要注意的是，要争取以进口商所在地作为签约地。因为，根据国际法一般原则，合同执行中发生争执时，法院或仲裁庭可以根据合同缔约地所在国家的法律，作出判决和仲裁。

4 合同方　包括原木进口商和供应商各自的公司名称、详细地址、传真、电话、邮箱、邮编等。俗话说：只有错买，没有错卖。中国进口商要有强烈的自我保护意识。签订合同前要通过各种渠道，多方面了解对方公司的正规性、合法性、经营基本情况、债权债务情况、公司架构及其关联性等背景资料，以免与债务、官司缠身的供货商签订合同。如果非要与信誉不太好的小公司或自然人签约，为约束他们认真履行合同，最好让其提供担保。这样，即使他无力偿还或赔付损失，可以要求担保人代为承担责任或以担保财产抵偿。比如，我们在最初几次，都是与供货商H公司签订合约。但后来一次，对方弄了个H（2005）公司作为合同方。经我们调查了解，发现这个H（2005）公司其实是H公司的分公司，债务缠身。我们随即要求H公司要么提供担保，要么像以前一样，H总公司直接与我方签约。对方最终不得不同意我方要求，从而避免了我司后续可能的麻烦和风险。

5 合同引文 一般格式大致为：甲乙双方本着XX原则，经过平等友好协商，就XXX木材购销事宜达成一致，签订本合同。具体条款如下（引入正文）。所谓"和气生财"，一般而言，除非恶意欺诈，供货商也不想走到以后扯皮甚至仲裁的地步。所以签订合同前，对合同中所列各项条款，双方必须良好沟通、充分协商、了解清晰，力求避免霸王条款和懦弱条款，使合同公正合理，以便日后易于执行。

6 原木名称、树种、等级、长度、直径、规格材积、总材积、根数、单价、总价、计价货币等

6.1 原木笼统名称、树种、等级 笼统名称一般为"加拿大软木"。这个"软木"，其实指的是加拿大针叶材，包括的树种主要为：花旗松、铁杉、冷杉、白松、云杉等（一般来说，黄雪松、红雪松等珍贵针叶材和阔叶材不在其内）。

因为加拿大销往中国的原木大部分是三级统货材，所以一般不分树种去单列价格，而是供货商将所有树种混在一起以统货价销售。但在合同中，买卖双方仍然可以约定各树种比例，即：花旗松、铁杉、冷杉、白松、云杉等在总材积中各占多少百分比。

近年来，随着中国进口商经济实力的增强和国内对高等级的加拿大木材需求增长，进口商也开始购买大直径、高质量的一级、二级加拿大原木。因各树种的用途有所不同，国外售价也不一样，所以在合同中也就要分树种单独计价了。但本章节仅以普通统货价为例，加以介绍。

6.2 质量 一般在合同中的质量描述为：新鲜砍伐的带皮原木，无腐朽、无虫眼的健全材（sound log）。

"新鲜砍伐"，其实是一个含糊的、没有明确时间限制的概念。有时，有些原木实际是去年甚至更早年份砍伐的，但原木外表不一定能看出是旧伐材，少数奸猾的供货商将其夹在真正的新伐材中，鱼目混珠。所以，精明的进口商应要求在合同中具体写上：今年X月至X月新鲜砍伐的原木。

有腐朽的原木，不管腐朽实际大小，加拿大官方名义上是不允许出口的。一旦给加拿大植物检验部门发现，供货商会非常"难过"。要么勒令发现腐朽的这一帮木排（一般包括几十块木排）全部不准出口，要么清除出腐朽材后再重新扎排出口。但是往往由于造材过程中的疏忽以及扎排时的"艺术处理"（将腐朽材夹压在木排下部，闷在水中）等原因，到中国港口卸货后，还是会发现少量的腐朽材。这就要求在合同中必须写明对腐朽材的制约处理条款。比如：在目的港发现腐朽后，一律退回；或者两个月内供货商派人处理，双倍赔偿；所有由此引起的相关费用、损失由供货商承担。这仅是手段，其目的是尽量减少甚至杜绝腐朽原木出口到中国的情况发生。

"无虫眼"实际上也是一个含糊的概念。带皮原木的皮中，或多或少有虫眼；原木边材部位的浅表层通常也有小而浅的虫眼。这两种情况基本不会影响木材的使用价值。但是合同中应列明针对木质部深或大的虫眼的限制条款（包括注明虫眼直径、深度、密度等相对和绝对量的限制要求）、经济处罚措施和处理期限等。

如果进口商拿的是去皮原木，必须在合同中写明去皮达到标准规定，以免运回国内后还要熏蒸处理，徒增费用开支和麻烦。

对"sound log"的概念理解，其本意应该是指"完好、健全的原木"。即没有内腐、边腐、腐朽节、严重虫蛀、开裂等严重影响原木出材率或质量等级缺陷的原木或非新鲜砍伐的原木，如枯死木、困山木、火烧木等。

这里尚要关注所谓的"尖削材"，俗称"大屁股材"或"喇叭筒材"。即一根原木，根部特别肥大，从根部往上，直径变小异常，梢部特细小。这种原木如果数量较多，一是会造成检尺不准确（加方原发货检尺往往偏大）材积虚大；二是港方装船时积载放置又不当，会产生空舱和亏舱；三是原木在装车、卸车、装船、卸船作业时很容易造成折断。所以在合同中应写上：尽量杜绝尖削材。实际操作时，如果是少量几根，就不要与供货商计较了，否则，一定要剔除。

如何在合同中根据具体情况限制这些缺陷木材，只能是"仁者见仁智者见智"了。

6.3 长度、直径、每种规格的材积、公英制标准、单价、总价和计价货币 订合同时需要根据具体情况罗列各相关要素和数据。长度、直径、材积、单价、总价是相互关联的变量。下面分别对各要素加以说明。

6.3.1 长度 加拿大原木在造材时，如果去弯去腐，1根30m左右的树干，要造成几段，每段长度不尽相同，短的仅4m左右，长的可达10多米。所以，中国进口商最好在造材前，让供货商按要求长度，定尺制材。如果拿的是已经造材成型的原木，必须根据国内市场需求的适用理想长度进行选材，尽量减少和避免无谓的浪费。一般而言，供货商定价时，长材价高，短材价廉。

6.3.2 直径 直径是定价的关键指标。现在加拿大能供应的特大直径原木越来越少了，因为特大径材大多是产自原生林，而原生林基本都位于难以开发的偏远地区或不让开发的森林公园等观赏林区。而二代林、三代林等再生林出产的原木，大直径材比例较小，以中径材和小径材为主。

有经验的进口商都知道我国标准检尺材积与加拿大标准检尺材积对比产生的材积升溢率，知道什么样规格的原木材积升溢率最高。材积升溢率高低对进口商来讲，是关键中的关键。越来越多的供应商，也熟谙其中奥秘。因此，加拿大材有越做越精明的趋势。

6.3.3 每种规格材积和公英制标准 在签订合同时，一般对每种规格的材积，都有一个"约"限制，即：约多少立方米或千板尺；对总材积有一个正负值范围，比如±5%。这是因为签订合同时，供货商可能由于没有造好材、配好货或没有检尺准确数等原因。加上船舶实装时，不一定能将计划数全部装上或者计划数原木不够装船等原因，所以才有了"约"和正负值范围限制，以体现合同的严谨性。

对于超出这个约定数量范围的情况，合同中要有一个说法和约定。比如：如果计划数不够装船时，要求供货商事先预备好一部分货以供不时之需；当计划数不能全部装上船时，多出的这部分下次装船带走或直接作退货处理。

当然，无论谁订舱，对能装上船的材积要做到心中有数，即基本差不多，绝对不能离谱。在合同中，有时有平均材积条款，即平均 XXX m³/根，这是为了约束、界定某种规格的材积大小。

表格数据一种是以长度米、直径厘米、材积立方米为单位的公制标准；另一种是以长度英尺、直径英寸、材积千板尺为单位的英制标准。加拿大检尺时，一般习惯用公制标准；如果进口商要求，也可以用英制标准检尺。但要注意对方不是玩的数字游戏，即把公制尺寸换算成英制尺寸，而是实实在在地用英制标准去检尺，避免换算造成的材积较大误差。

6.3.4 单价、总价和计价货币　上表所列的是以立方米为基数的单价、总价计价法，另一种是以千板尺为基数的单价、总价计价法。

加拿大木材计价货币目前有加元和美元两种。几年前，人民币对这两种货币的兑换汇率几乎相同，进口木材时选取哪一种计价都可以。后来，当这两种外币汇率略有差异时，供货商和船公司都无所谓，即哪种都接受。但机智的进口商都选择对己有利的那一种外币，用人民币兑换后支付购货款和运费等，从而节省了小笔开支，也就是赚了一笔小钱。未来，随着人民币作为世界结算货币的趋势越来越强，相信对木材进口利好的情况会越来越多，人民币直接购买木材的可能性也越来越大。

7 价格条款　下面介绍和剖析在原木买卖合同中常用的几种价格条款。

7.1 FOB 条款　即传统说法的离岸价，也就是供货商在装货港的船上交货价。在规定的期限内，供货商在指定的装货港将原木装上进口商指定的船舶，并承担原木越过船舷为止前的一切费用和风险，取得原木出口许可证，办理出口手续，并提供给进口商一切装运单据或相等的电子数据资料。这种价格条款下，进口商必须自己租船订舱、投保、承担原木上船后的一切费用和风险。其中特别指出，当国内卸货港处于原木卸货高峰期或港口原木库存量太大时，进口商的原木船舶可能不得不排队等候进港。最极端时，曾有船只排队等候在长江口锚地近两个月的情况，致使进口商不得不付给船东高昂的滞期费和待港费，还耽误了原木在国内销售的黄金季节。

国外港口装船也有高峰期，但一般只需等待几天即可。尽管如此，供货商的智慧和能力还是决定了能否尽量早点装船。

7.2 CIF 条款　即传统说法的到岸价。供货商租船订舱，将原木装上船，支付到目的港为止的运费和承担相应保险。供货商办理出口手续、取得原木出口许可证和其他出口国官方批准文件、办理海关通关手续等；同时，取得并提供给进口商一切装运单据或相等的电子数据资料，并承担原木到目的港前的一切费用和风险。

这种价格条款下，进口商非常省心，即使发生了上述船舶排队等候进港卸货的情况，费用和风险由供货商承担。较不利的情况是，进口商不能自己租船、投保，有可能会增加一定的开支。

7.3 CFR/C&F 条款　即传统意义上的不含保险费的到岸价。该条款下，除保险手续和保险费用由进口商办理和承担外，其余同 CIF 条款。

以上价格条款的选择，进口商要根据自己的租船能力、风险偏好和风险承担能力等因素，扬长避短，综合考虑，谋定而后断。

8 装运港　合同中，装运港的名称要详细、准确。如果是两港甚至多港装货，合同中要写清楚装港先后顺序。此时，隔舱隔票、防止混淆尤为重要。

9 目的港（卸货港） 合同中要写明目的港的详细、准确名称。如果多港卸货，同样在合同中列明卸货港先后顺序。一定要严格按隔舱、隔票的情况卸货，既不多吃多占，拿人家的货，也不能让自家的货蒙受损失，即被其他人把自己的货错卸了。

10 装运条款 一般包括可否分批、可否转运、交货时间、装船时间、卸船时间、装船通知、卸船通知、装运文件、装卸货率、滞期费和速遣费等。分别简单剖析如下：

10.1 可否分批、可否转运 如果进口商一批购买的原木数量很大，一船不能装完时，合同中应写明可以分批装运；当购买数量较小时，一般就无须分批了。当碰到特殊情况，比如实际装船时舱位不够，原计划数没装完时，要与供货商协商解决，比如写一份补充合同，列明下次再装，或将未装完部分直接作废。原木是大宗散货，如果转运，装卸成本太大，所以一般都在合同中列明：不可转运。

10.2 交货时间 合同中应清楚写明供货商的交货时间。一般不能写 X 月 X 日左右，而是写明最迟于 X 月 X 日前交货。当然，这个交货时间必须在装船时间之前。同时，合同中要写明推迟交货的具体递增惩罚制约措施，即根据推迟时间的长短，预先约定赔偿金额，时间拖得越长，罚款越多。比如，在规定的最迟交货日，每推迟 1 天交货，货款扣减 0.5 美元/天；推迟 1 周开始，货款每天扣减 1 美元/天；推迟 20 天开始，货款每天扣减 2 美元/天；若推迟 1 个月交货，则可视为合同作废，除没收供货商的保证金或定金外，按合同中其他条款的有关规定，收取供货商双倍于保证金或定金数额的罚金。总之，制约惩罚措施要达到让供货商不敢轻易推迟交货的效果。

10.3 装船时间 合同中列定的装船时间往往是一个大概期限，如 X 月 X 日，它与实际装船时间经常是不吻合的。如果实际装船时间略有提前或推迟，则问题不大。但略有提前时，要催促供货商备货时间往前赶一赶。一般不会出现装船时间大大提前的情况。实际装船时间大大推迟时，如果是进口商租的船，一般与供货商打个招呼，多付点木材保管费就行了；如果是供货商租的船，一般要在合同中列明制约惩罚措施，包括供货商要承担一切由此引起的费用和损失（含可能引起的空舱费和滞期费）。

供货商、进口商除了要在装船前与船东、港方密切沟通外，还要在船到港前，踏踏实实做好货源准备的各项工作，以求高效装船。这些工作包括：巡查每块待装木排，有无散排、沉排、短少情况，如果有，要敦促供货商和木排仓储保管公司采取相应措施进行补救；办理商检、出口许可证、报关等一切手续；提供给港方、船方装船资料；将木排拖到港口待装水域并围排成型等。

10.4 装船通知 如果是进口商自己租船，一般做法是：供货商在装船前 30 天内，将合同号、原木名称、材积、货值、木排抵达装运港日期通知进口商，以便进口商租船订舱；船东和进口商确定一家船代，船代在船抵达装运港前，分别多次将租船合同号、船名、船舶预计抵达装运港时间等内容通知进口商，以便进口商通知供货商备货、做装船前的各项准备工作；进口商要和船代密切沟通，当需要更换船舶、船舶推迟或提前抵港时，应立即告知供货商。若船舶在租船合同列明的最后时间后，XX 天内仍未抵港的，则 XX 天后的木排仓储保管费、相关保险费等由进口商承担。如果船舶如期抵港，而供货商未能备妥货或文件耽误而不能装船时，由此引起的一切费用和损失，由供货商承担（包括空舱费和滞期费等），直至取消合同。

如果是供货商租的船，则合同中要写明制约惩罚措施。

10.5 卸船时间和卸船通知 合同中列明的卸船时间实际上是指船舶抵达目的港的时间。这个时间往往与实际抵港时间不吻合。船舶实际到达目的港时间，如果略有提前或略有推迟，倒也问题不大。但当实际抵港时间推迟很多时，如果是进口商租的船，则进口商自行承担相关费用和损失即可，合同中一般无须写明；如果是供货商租的船，则合同中必须写明供货商承担由此引起的一切风险和损失（包括滞期费抵达）。当供货商租船时，船东和供货商一般指定一家公司作为卸货港船代。船代和供货商、进口商也要密切沟通，在船舶抵港前多次发送船舶到达预报并于船舶到达长江口后，让船方发送卸货准备通知书，以便进口商、港方做好卸货准备。当进口商自己租船时，目的港的船代一般由进口商指定。船代和船方要密切联系，并及时准确地将船舶动态、信息反馈给进口商。具体操作同上。

10.6 装运文件 即使是进口商租船，因装船时进口商不一定派人现场监装，对装船前后和装船过程中的具体情况不清楚。所以，无论是谁租船，在合同中要列明：在装船结束后，供货商立即通过电子邮件、传真等方式，将买卖合同号、原木名称、等级、规格、材积、发票价值、租船合同号、船名、装船时间、开航时间、船舶预抵目的港时间等文件资料，发送给进口商。由于未及时发送相关文件资料而造成的损失和风险，均由卖方承担。可以在合同中设定一定数额的违约金或保证金加以制约。

10.7 装卸速率 这是供货商或进口商与船东之间，为保证原木装船、卸船合理高效进行而约定的每天装船和卸船的材积数量。装港的装货速率和卸港的卸货速率一般是相同的。如果装卸率定得很高，即每天要求的装卸材积数量过大，意味着每天的装卸任务完不成，租船方就要承担滞期费；反之，如果定得过低，意味着每天要求完成的原木装卸数量过小，港方轻飘飘地就能完成指标，并能和租船人分享速遣费，这就造成了船方因为装卸率低、可能停船时间长而增加了费用和损失。在实际操作中，船公司经过多年的经验积累，已熟知各个港口和各种木材的有效装载和卸货速率，因此，这个装卸速率指标，一般是在租船合同中由船东给出，总体而言比较合理，供货商和进口商在签订租船合同时，一般对此没有异议。

顺便提一下，国外港口特别是美国、加拿大港口，大多是只在白天作业，而中国港口每天几乎 24 小时不停歇卸船，同一条船同一航次货的装船时间和卸船时间很接近，所以，相对而言，船东感觉，装船速度快，卸船速度慢。

10.8 滞期费和速遣费 这两个指标和装卸率紧密相关。一批原木的总材积除以每天要求的装卸率，得出的商就是该批原木的装卸时间。这个时间除天数、小时外，可以精确到分钟。实际装卸时间少于这个时间，就可以拿到船东给付的速遣费；反之，实际装卸时间大于这个时间，就得以滞期费的方式赔付船东。

速遣费的数额一般是滞期费的一半。滞期费和速遣费是船东对租船人装卸效率高低的奖惩，其目的是为了尽快装船和卸船，尽量减少船舶在港停留时间，提高船舶的运输周转率。虽然滞期费、速遣费是在船东和租船人之间支付结算的，但实际上，因港方负责具体的装卸作业，所以，如果有速遣费，供货商或进口商一般与港方分享；如果产生了滞期费，视具体情况而定，一般来说，租船人和港方就此协商，灵活处理。

11 支付条款（付款方式） 原木购销中，付款方式有多种，但不管采用哪种方式，都牵涉到必须向银行提交相关的文件。这些文件一般包括但不限于：合同、发票、装箱单、原产地证，有时还要提交提单、保险单、质量品质证书、熏蒸消毒证明等。一般在合同中需列明，由供货商在何时提供这些文件。原木购销合同中的支付条款，主要和常用的有以下三种方式。

11.1 汇付　即付现款。合同中要列出具体汇付方式、汇付时间和金额。一般表述为：进口商在收到供货商装运文件 XX 天内，以电汇或航邮等方式向供货商支付货款。

这里主要讲一下电汇。电汇（T/T），指汇出行应进口商申请，汇款人将一定款项交存汇款银行，汇款银行通过电报或电传给目的地的分行或代理行(汇入行)，指示汇入行向收款人支付一定金额的一种汇款方式；又或者通过 SWIFT 给国外汇入行指令，指示其解付一定金额给供货商的一种汇款结算方式。SWIFT 是交换行，交换行有交换号，即 SWIFT 号。在业务上，电汇分为前 T/T（预付货款）和后 T/T（装船或收货后付款）。电汇较之信用证风险高，但向银行缴纳的费用比信用证低得多。办理电汇时，因时效性要求较高，最好找业务精通的银行和营业员办理。

作为进口商，你必须对供货商的信用有充分的把握，即你能掌控供货商或你所购买的原木，并且你的流动资金充裕时，一般才可用汇付方式付款。采用汇付方式谈判时，你可以要求供货商适当降低价格，一般情况下，供货商能小小满足进口商的要求。

11.2 托收　即汇票结算。以即期汇付为例，一般而言，原木装船后，供货商出具即期汇票，连同装运文件，通过供货商所在地银行和进口商指定的买方银行，提供给进口商进行托收。采用这种方式付款时，合同中要列明交货条件、方式、进口商付款或承兑责任以及付款期限。

11.3 信用证　信用证种类较多，而且有即期和远期等之分。在合同中，一般要明确收益人、开证时间、所用信用证类型、金额、有效期和到期时间、地点等方面的内容。例如：进口商收到供货商交货通知后，应在原木交货日前 XX 天，由 XX 银行（中方进口商所在地开证行）开出以供货商为收益人的与装运货物金额相同的不可撤销信用证。供货商需向开证行出具 100% 发票金额的即期汇票并附装运单据。开证行在收到上述汇票和单据后即给予支付（以电汇或航邮方式汇付），信用证在装船日期后 XX 内有效。对进口商而言，信用证的好处是：对其资金占用有一个缓冲期。但一般来说，供货商在价格谈判中让步的余地较小。

以上几种付款方式，究竟选择哪一种，要视具体的木材贸易情况、进口商流动资金情况以及供需双方的喜好等因素，综合考虑而定，也是"仁者见仁、智者见智"。

12 违约制约条款和索赔　如前面章节所述，合同中除了列明一定数额的定金或保证金（例如收到定金方违约时，依法双倍返还守约方）和违约金（约定的数额必须具体明确。例如违约方支付货款的 10% 的违约金）外，还必须在合同中写明：一方违约，另一方有权提出索赔；同时写明索赔的依据（即索赔必备的证据和出证机构）和期限。

如果进口商提交的索赔证据不充足、不齐备，或索赔理由不清晰，或出证机构未经对方同意，均可能遭到供货商的拒赔。

例如：原木抵达目的港后 90 天内，若发现质量、数量、规格等与合同规定不符，除保险公司、运输方和装卸方承担的责任外，根据中华人民共和国进出口商品检验检疫局的检验鉴定，进口商有权要求对原木进行替换或补偿。所有一切由此引起的相关费用和损失（含商检费、替换木材来回运费、关税、保险费、仓储费、木材装卸费等），均由供货方承担。供货商收到索赔通知后，有责任立即予以解决。如果提出索赔一个月后，供货方未做答复，即视为该索赔已被接受。

目前，在进口原木中，加拿大的短少现象最为严重。这种短少，有根数短少，但最主要的还是材积短少。短少的原因主要有：装船前木排散失、铁杉沉排、加方检尺人员违规检尺、供货商管理混乱、单证制作问题、装船时分舱隔票不严、多港卸货引起混乱、装船和运输途中偶尔短少的发生、两国对加拿大原木检验标准的认知存在分歧、大小头直径之比超 1.3 倍的问题等。当然，也不能排除个别供货商故意少发，特别是进口商恶意竞争货源时，给加方供货商搞贸易欺诈提供可乘之机的可能性。

下面以笔者亲身经历的一个事件，来说明一点问题。在一次订合同谈到索赔依据和出证机构时，我方提出以中国商检（CIQ）出证为准。但供货商固执地认为，CIQ是中国的，只会偏袒中国进口商，不可能公正鉴定出证，要求以SGS的出证为依据。我方怎么解释也无济于事。不过，我们也想开开眼界，见识一下全球有名的SGS检验、鉴定原木的程序和本领，就对供应商妥协了。但我方要求：SGS人员在卸船时全程陪同中方检验人员一起检验，如果有分歧当场讨论解决，以体现现场检验的客观公正性，同时尽量不耽误卸船。卸船时，SGS的老几位来了，也陪同了中方检尺人员。但这几位只能点点根数，根本不懂如何按加标检尺，更加谈不上能跟上中方的检尺节奏了。无可奈何之下，3天后，供货商紧急派来了其公司的行家，监督中方检尺（此时已将SGS的老几位晾在一边了），并了解和查看中方理货程序和相关情况，后来又应CIQ邀请，一起参与了中方的复检和CIQ的抽检，了解查看了中方的码单汇总程序和情况，参观见识了港口的海关监管程序和堆垛、木材出港放行手续和程序等。所有这一切，都没有找到中方的任何瑕疵。此后会谈时，我方老板再向供货商人员和SGS人员说明CIQ检验出证的科学性、公正性和世界范围广泛认可性时，他们只有说"YES"的份了。当然，他们点头"YES"，也与港区到处是监控探头、卸船进场有条不紊、翻堆再检尺费用太大等也有一定的关系。

结果，CIQ出证后，供货商如数赔付我方提出的材积短少索赔要求，并在以后的原木合同中，一直用CIQ作为检验鉴定出证机构。

13 不可抗力条款 不可抗力一般包括：自然力量引起的，如地震、台风、海啸、暴风雪、火灾、旱灾、水灾、大面积病虫害等；社会力量引起的，如战争、罢工、政府禁令等。有些不可抗力，其实对原木购销合同的执行几乎是没有影响的。比如：旱灾时，木材照样可以陆路运输、港口交货、装船；水灾时，水排也同样可以运输、交货、装船；民航罢工、铁路罢工等，只要不是原木采伐、运输等相关行业的罢工，木材贸易也照样可以进行。

所以，当供货商提出不可抗力时，你要分清原因，去伪存真，让他们及时通知并提供确实影响合同执行的当地官方或商会证明。此时，可以采取解除合同、部分解除合同（指解除双方部分权利和义务）或延期履行合同等。

14 仲裁 合同中一般表述为：买卖双方如果发生合同纠纷，应尽量友好协商解决。一旦诉诸仲裁，仲裁裁决是终局，对双方都有约束力，所有费用由败诉方承担。作为进口商，要注意以下几点：合同缔约地最好为进口商所在地。仲裁也可以在双方都能接受的第三国进行。仲裁一般费钱费力，而且耗费时间一般很长，所以不要轻易诉诸仲裁。仲裁是一把双刃剑，可能对己、对供货商都有伤害，对自己的名声有或好或坏的影响，对后续的木材贸易的影响同样如此。

15 中英文条款 合同通常表述为：本合同中的中英文条款，具有同样的法律约束力。如果双方对中英文条款内容理解有歧义，以英文条款为准。

16 附加条款 合同中一般表述为：本合同原件贰份，经双方签字确认后，各执壹份。贰份合同具有同样的法律效力。

17 补充合同 合同中通常表述为：本合同未尽事宜，可以用补充合同形式完善。补充合同在双方签字确认后，是本合同不可分割的组成部分，与主合同具有同样的法律约束力。

18 供货商、进口商签字 作为进口商，要注意供货商签字人的签约资格，防止签订无效合同。在签字前，要调查对方签约人的资信情况，要求对方提供有关文件，以便核实其签约资格。不要轻易相信对方名片。一般来讲，重要合同的签约人应该是董事长或总经理，否则，其他人代签时，要求签约人提供其法人开具的正式书面授权证明，列明对方的合法身份和权限范围。同时，不能只看供货商母公司的信誉和资产情况，因为母公司对其子公司有时是不负连带责任的。

19 签字时间　一般而言，如果木材买卖双方面对面实签，则签约时间为同一天；但如果异地分签时，因时差、节假日、办事及时性等原因，签字时间可能不相同。但这并不影响合同的法律效力。此时也可以一方迁就另一方，约定某天为合同签字日。

（二）其他条款

1 原产地证和制造商　一般原产地证为加拿大 BC 省（即卑诗省，British Columbia 首字母的缩写）。如果拿的是一手货，制造商一般即为供货商。进口商必须要向供货商索要原产地证，因为国内外办理银行手续、报关、报检可能都需要此文件。

2 原木装运标志　除非进口商仅仅拿一家出口商的货并包船运输，N/M（即无装运标志）的情况越来越少。但即使是 N/M，因国内卸货时分多堆放置在港区内，为避免与其他货主混票，最好也要有装运标志。装运标志通常由一个简单的几何图形和一些简单的文字组成，以便装卸、运输、保管过程中容易识别，防止错发错运。常见的原木装运标志，一般是在原木端面打钢印、刷油漆、订牌。它们各自优劣如下：钢印标志一般较为牢固，但因字符较小，或敲打时用力过小，往往难以看清；油漆醒目而耐久，但你的字符必须与众不同，特别是多家拼船、多港装卸、或在目的港分堆存放时，你的油漆字符独具一格显得尤为重要；订牌是目前最好的方法，简单易行，费用也不大，但必须粘贴牢固，尽量减少掉落率。

二、租船订舱、保险、运输和装运文件、报关报检和监装等

前面章节对这部分内容已有涉及，本章节只是作进一步补充和详细说明。

（一）租船订舱

租船分期租和航次租船。期租就是在某段时间内长期租用一条船舶。中国木材进口商很少用期租方式租船，所以，本章节仅以航次租船合同为例，对租船订舱作浅层次的剖析。

航次租船合同就是原木适装船某个航次的租船运输合同。船东作为出租人，租出船舶，但仍保持对船舶的控制权，负责配备船长和船员，并组织营运。

航次租船的特点是：装卸费、运费由租船人承担；船舶的其他全部开支由出租人负责；运费按实装材积计算或拟定一个包干费（实装材积计算为主）；有滞期费和速遣费条款；出租人的运货责任，通常按波罗的海和国际航运协会制定的金康（Gencon）合同以及北美粮谷租船合同为准。

租船的一般程序是：进口商询价（可以直接向船的公司咨询，也可以向租船中间人咨询），提出货名、数量、规格、装卸港等。

出租人报价，提出船名、船舶载重吨、净吨、载货容积、积载率、受载日期、租金和运价、滞期和速遣费等；进口商根据对方报价，结合市场情况还价；出租人报实盘。在双方关于租船合同的条款洽谈接近一致时，出租人明确各主要条款，要求进口商（租船人）在一定期限内确认；制订送交租船合同。即由出租人根据双方达成一致的内容，制订租船合同，送交进口商审核

签署。

为加快速度，洽谈时，以标准租船合同格式作为基础，再根据原木运输的具体要求，结合市场行情，做必要的修改和补充。因此，合同实际由以下两部分组成：第一部分是经修改的某一种标准租船合同格式；第二部分是补充或附加条款。这部分往往才是合同的实质性内容。

标准的租船合同书一般较厚，内容繁多。由于过长，本章节仅以一个虚拟的简化租船合同为例，重点说明补充和附加条款，顺便介绍进口商注意事项。

原木航次租船合同示例如下：

合同当事人：

甲方——中国 NT 公司，原木进口商，也是租船方

乙方——PB 公司，船东，也是船舶出租方

注意点：尽量找真正的船东或其授权租船中间人签订合同；尽量避免与二船东、三船东等资质较差的公司签订合同，以免不必要的麻烦和损失。

1 船舶描述　包括船名、船籍、建造时间、总吨、净吨、载重吨、夏吃水深度、冬吃水深度、舱口数、吊杆数、吊杆的吊臂长度和最大允许吊装吨位等。

注意点：你的原木，此船是否适装？舱容够否？要注意研究舱图和舱口尺寸；国外许多情况下是不靠码头的抛江或抛海作业，船上吊杆的吊装能力非常重要，因为你无岸吊可用；而且国内靠码头作业时，有时也要用船吊。

2 货物描述　29000m^3 加拿大原木（±5%，进口商选择）。

注意点：为了配载科学合理、提高舱容积载率和保证装船时的重量平衡性，在实际装船前，船东、港方要求进口商提供详细的木材规格清单，特别是长度清单以及铁杉和其他树种的各自材积，有时还要询问木材何时采伐、在水中浸泡了多长时间等细节性问题。进口商必须提供齐备的资料。此时，实际上是在订舱，为实际装载打基础。铁杉较重，一般需要放置在舱底；新伐木材和水中浸泡时间太长的木材，一般也需要尽量放置在舱底。

3 装货港　船抵装货港前，要备好货，准备好所有的文件资料。

有时是两港甚至多港装货，一般情况下，船东按地理位置，顺序装船。例如，在加拿大，没有特殊情况时，先在南部的温哥华港装船，再到北部的鲁伯特王子港装船，然后，船舶沿着西太平洋驶往中国。在合同中，要列明装货港先后顺序，以便出口商事先适时备货和仓储。

4 装船时间　进口商要与船东和船代保持联系，特别是船舶临港前 10 天左右开始，要密切沟通。

5 装卸货率　例如，星期日和节假日除外，每个晴天工作日 4000m^3。

注意点：船代在装船、卸船结束后，会出具一份《装卸时间事实记录》，有以下几种情况需要从装货和卸货时间中予以扣除：星期日、节假日如果作业了，不计入装货、卸货时间；在船上的熏蒸时间，不作为卸货时间；遇到大风、大雪、大雨等恶劣天气，港口作业停止的时间，要从装卸货时间中予以扣除。进口商对《装卸时间事实记录》要认真核对，因为这牵涉到滞期费、速遣费的计算。

6 滞期费/速遣费　例如，滞期费 3500 美元/天，速遣费 1750 美元/天（滞期费的一半）。

7 海运费　例如，46 美元/m^3，一港装，一港卸。总体而言，当木材运输市场需求旺盛、国际油价高昂时，运费会很高；反之，则运费会相对便宜很多。进口商对运输行情要有清醒的了

解，才能对船东的运费报价灵活应对。该低头时就低头，该杀价时绝不手软，千万别当冤大头。

8 运费支付条款 一般而言，装船结束前，最迟于船舶开航前，供货商必须付清运费。因为提单和开航权掌握在船东手上。

9 船舶装货港待港处理 例如，如果因为租船人和收货人原因，造成木材、相关文件没有准备好，致使船舶到港后无法装船，船东则向租船人收取5000美元/天的船舶待港费。待港费必须在装船结束后15天内解决。由上例可知，备货、文件准备工作的重要性。

10 船舶卸货港待港处理 随着船舶公司对中国港口原木卸货高峰期、船舶待港情况越来越熟悉，在签订租船合同时，他们似乎已经不满足于以滞期费的方式加以制约，而是倾向于用更具惩罚性的船舶待港费的方式，解决待港时间过长的问题。中国进口商对此也无可奈何。如何系统地解决这一难题，目前似乎无解。

10.1 船代条款 船东一般在租船合同中指定一家对港口情况熟悉、业务能力优良、与船东合作关系良好的公司做船代。尽管装货港船代通常由船东指定，进口商一般无法更改，但进口商可以与船东协商，争取自己满意的公司做卸货港的船代。船代费用一般由船东支付。对进口商而言，不可忽视船代的作用。装卸时间事实记录、滞期费或速遣费的计算、国内外登轮手续的办理等，都是船代在具体操作。所以，进口商要尽量搞好与船代的关系。

10.2 装卸费用的划分 租船合同中通常表述为：在装货港和卸货港产生的任何税费和码头费用，如果是与货物相关的，由租船人承担；如果是与船舶相关的，由船东承担。这就清楚规定了，如果在木材装卸过程中，损坏了船舶和船上设施，费用和损失由进口商承担。当然，因为实际装卸操作是由港方进行的，进口商可以依据实际的客观情况，部分或全部要求港方承担此类费用和责任。如果不是因为木材装卸作业而发生的船舶和船上设施损失，与进口商无关。

10.3 理货费用的划分 合同中一般表述为：船边理货费用由船东承担，岸上理货费用由租船人承担。

10.4 短驳费或过驳费处理 如果产生了短驳费或过驳费，由租船人承担。

10.5 扣留船舶 例如，在卸货港木材短少，在船东已作赔付处理的情况下，租船人或收货人不得扣留船舶；否则，租船人要赔付船东6000美元/天，直到所扣船舶获释。船在目的港卸货一般只有不到10天的时间，理货数据在卸船结束后，马上就能反映出根数是否短少；而材积是否短少，一般还得推迟数日，等检尺结果出来后，才能见分晓。而且在理货文件上，船方大副一般给予反备注，承认可能根数短少了，但船方不承担任何根数或材积短少的责任。笔者曾就此事咨询过几位船长和大副，他们给出的理由大致是：短少的原因较多，比如，可能国外发货数就少了；也可能港口理货数不准，而船方并不参与装货港和卸货港的理货。装船结束后，船方对舱面原木进行了加固捆绑处理，万一运输途中遭遇恶劣天气如风暴等，一般不会有原木掉落水中，即使偶尔有少量掉落，保险公司会给予赔付；船舶航行路途中，没有特殊情况发生，不会挂靠中途的任何港口，除非碰到极端恶劣天气或船舶损坏无法正常航行。即使中途挂靠港口避风或修船，均与船上木材无涉。原木在装货港已作隔舱隔票处理；如果多港装货、卸货，港口都有理货，一般也不会混票胡乱装卸。而船方并不参与隔舱隔票处理和理货的具体操作，因此，即使偶尔有可能因为多港装卸而导致的短少情况发生，船方也无责任。对于以上船长、大副给出的理由，笔者至今不置可否。

进口商不要轻易扣留船舶。一是因为你扣船的理由不一定充分；二是，如果你无故或无理扣留了船舶，你的公司有可能会上国际航运协会和国际航运公会的黑名单，那对你以后的租船订舱会有很大的不利。当然，如果你理直气壮地扣船，则另当别论。

10.6 其他未尽事宜的处理　按 Gencon1994（金康 1994 条款）处理。注意点之一，这其中包括仲裁处理。一般规定在有权海事法院仲裁。中国进口商争取在租船合同中列明，一旦发生纠纷，在中国有权海事法院进行仲裁；注意点之二，如果最终有少量的原木没能装载上船，可以在租船合同中列明处理方式。一般而言，船东会在以后的航次中免费捎带装走。

10.7 租船中间人佣金　例如，租船中间人佣金为运费的 1.75%。佣金由船东支付。租船中间人（broker）一般由船东授权，负责某一区域的租船事宜，特别是在拼船中比较常见。如：PB 公司指定 M 先生作为西太平洋大温哥华地区的租船中间人，统一负责木材拼船和少量的航次租船事宜。租船中间人必须在船东和进口商之间反复多次做工作，以求得双方对合同各项条款的逐步趋同，才能促使租船合同最终达成。租船中间人和二船东、三船东等不同，虽然他们手中都无船可以直接出租，但前者一般与授权船公司长期合作，业务相对稳定；而后者往往打一枪换一个地方，像游击队一样，形式各种各样；有的是昙花一现，做完一票、两票就关门停业或销声匿迹。

（二）保险

原木保险分装船前的水库仓储保险和装船后的运输保险两种。装船前，当原木存储于待装水库或其他水域时，一般由供货商投保，负责原木安全。但当进口商租船，实际装船时间推迟于原木购销合同中规定的装船时间较多时，供货商往往要求进口商进行超期投保并自行负责原木安全；装船后的运输投保，其实还是挺重要的。曾经发生过原木船航运途中沉没事故，中途原木受损事件也偶有发生。

进口商投保时，要搞清保险公司的承保范围和免责条款，比较几家保险公司的费率高低和服务质量优劣，然后花小钱（保费）以求得木材运输过程中的安心。

（三）运输和运输文件

与船东签订租船合同、木材装船和投保后，海上运输就是船公司的事了，即运输途中的操作、风险、损失已经转嫁给船东和保险公司了，进口商也就应该高枕无忧了。但在装船前后，进口商须要求船方提供以下运输文件：积载计划和积载图、舱单和实际积载图、海运提单等重要资料和单据。

1 积载计划和积载图　积载计划和积载图是船公司在收到所有该航次订舱原木资料后，在装船前制作的配载计划文件。进口商收到这两份文件资料后，必须认真查看自己的原木是否配载计划合理；如果不合理，要通知船东及时更正。

2 舱单和实际积载图　舱单和实际积载图是装船全部结束后，船方根据实际装载情况而制作的实配文件。实装时，因种种原因需要更改原配载计划。例如，计划要装的被甩货了或仅部分装载上船；原计划没有的货突然加装进来了；为保持船舶重量平衡而调整了原计划的配载位置等。同样，进口商收到这两份资料后，必须认真查看自己的原木实配位置，做到心中有数后，在卸货港才能从容应对。

3 海运提单　海运提单是船东或其代理人在收到承运原木即原木装载上船后，签发给供货商的原木收据，是船东和供货商之间的运输契约证明，也是处理索赔和理赔以及向银行结算货款或进行议付的重要单据，法律上它有物权证书的效用。进口商在目的港卸货前，必须要提交正本提单给船方，才能开始卸货。船东或其代理人制作的全套海运提单，必须洁净，标明运费已付或运费预付，并作空白背书加注目的港进口商公司名称。一般来说，如果进口商租船，必须付清全部运费并支付全部购货款后，才能拿到提单；提单从国外寄往国内时，要小心谨慎，防止折叠和损坏（一般要从大的信誉优良的航空邮递公司或快递公司寄出）。

（四）出口国报关报检

与国内相似，原木在国外报关报检，可以是供货商自己申报；如果供货商不具备资质，也可以委托报关报检代理公司进行申报。报关报检所需文件资料，与国内也大同小异。一般包括木材购销合同、木材明细单、装船清单、发票、出口许可证、质量检验证书、报关报检委托书等。如果是熏蒸处理过的原木，要提供熏蒸证明；如果是去皮原木，要提供去皮证明等。与国内不同的是，有的国家的海关、商检是合二为一的。国外海关主要是看申报单位所申报的出口木材，是否手续齐备、证证相符、证货相符，重点是查看有否少报漏报，以防止偷逃关税的情况发生。另外，有时现场查验，看有无违禁品夹在原木中偷运出境。国外商检部门主要是看供货商的申报资料是否齐全，现场查验有无腐朽材和不允许出口的原木夹带出境，去皮是否达标，对带皮木材进行熏蒸处理、出证等（加拿大因为不具备熏蒸处理条件，所有带皮原木基本都是出口到目的国后，由目的港商检部门进行熏蒸处理）。

国外海关和商检现场查验，一般都在原木装船前进行。但偶尔在装船时，也突击检查一下。在加拿大，水排是用钢丝捆扎的；装船时，每个吊杆每次吊装一块木排装舱后，再剪断钢丝，让整捆木材散开。此时，海关国检现场查验人员可以基本看清该捆中每根原木的情况。比如，海关人员查看原木中有无违禁品，商检人员查看有无腐朽材和不允许出口的阔叶材和珍贵的红雪松、黄雪松等原木混杂其中。一旦发现情况，海关商检人员可以勒令停止装船，按规定程序进行处理。所以，作为供货商，平时要敦促采伐商在砍伐、造材、检尺时，细加关注，剔除隐患，以免日后麻烦。

顺便提一下原木出口许可证的办理。按规定程序提交相关的申请资料，供货商要在加拿大林木主管部门和出口主管部门审核批准后，才能拿到出口许可证。在加拿大，需要联邦政府和省政府这两个部门的双重认可才行。

（五）监装

监装就是进口商派人到装货港，监督装船前的货源准备和文件资料准备，并对装船过程和装船结束后的善后工作进行监督。它是防止木材短少或质量差的重要环节之一。

在装船时，要和供货商、装船公司、理货公司、仓储保管公司相互验证数据，查看并保证装船木材汇总表上的木材全部吊装上船。如果发现漏装情况，要与相关方及时沟通，找出原因，立即采取相应的补救和处理措施；要密切关注每吊木材的进舱放置是否合理、安全，防止港方的野蛮操作对木材造成的折断等伤害，尽量节省舱容。装船全部结束后，要监督船方人员对舱面木材进行捆绑，保证钢丝、钢绳的捆绑，结实牢固，并拍照存证，以便船舶到达目的港卸货前，对舱面木材进行比对。

第三篇

进口木材检验标准和技术

导读

第一章	俄罗斯针叶和阔叶原木	37
	第一节　俄罗斯针叶原木	37
	第二节　俄罗斯阔叶原木	45
第二章	美国针叶原木	50
	第一节　尺寸检量和材积计算	50
	第二节　缺陷检尺	53
	第三节　缺陷扣尺的原则	60
	第四节　等级评定	62
	第五节　质量等级的重点	71
	第六节　重要概念	72
	第七节　实践中得出的出材率规则	74
	第八节　重要验证	75
第三章	加拿大针叶原木	77
	第一节　尺寸检量和材积计算	77
	第二节　等级评定	81
第四章	加拿大针叶原木内陆分级标准	94
	第一节　实木等外级——等级代码Z（称重检尺，树种代码R）	94
	第二节　小规格原木等级——等级代码6	95

第三节　特级锯材——等级代码1 ……………………………………………… 95
　　第四节　锯材原木——等级代码2 ……………………………………………… 96
　　第五节　等外级板材——等级代码4 …………………………………………… 98

第五章　北美洲扒皮针叶原木检验方法和技术 …………………………………… 99
　　第一节　直径检量方法 …………………………………………………………… 99
　　第二节　损伤缺陷的扣尺方法 …………………………………………………… 100

第六章　新西兰、澳大利亚和智利辐射松原木 ………………………………… 103
　　第一节　尺寸检量和材积计算 …………………………………………………… 103
　　第二节　小、中、大材等级评定 ………………………………………………… 104
　　第三节　澳大利亚辐射松等级评定 ……………………………………………… 106

数字内容

★第七章　热带阔叶原木分等规则
　　第一节　尺寸检量方法和要素
　　第二节　缺陷的扣分、分级和检验要素
　　第三节　缺陷的识别和扣分图解
　　第四节　"特殊条款"的检验要素

★第八章　巴布亚新几内亚阔叶原木
　　第一节　尺寸检量和材积计算
　　第二节　缺陷检量和扣尺

★第九章　马来西亚阔叶原木
　　第一节　沙巴原木
　　第二节　沙捞越原木

★第十章　欧洲山毛榉原木
　　第一节　尺寸检量和材积计算
　　第二节　质量分级标准
　　第三节　欧洲山毛榉的有关特性

★第十一章　印度尼西亚阔叶原木
　　第一节　规格检量和材积计算
　　第二节　等级评定

★第十二章　其他国家或地区原木检验标准和技术
　　第一节　亚洲热带阔叶原木分等规则
　　第二节　东南亚阔叶原木分等规则
　　第三节　菲律宾阔叶原木分等规则
　　第四节　南美洲原木
　　第五节　缅甸原木
　　第六节　圭亚那阔叶原木

★第十三章　针叶材原木五大检尺法的相互比较
　　第一节　长度检量方法的比较
　　第二节　长度检量进位方法的比较
　　第三节　直径检量方法的比较
　　第四节　直径检量进位方法的比较
　　第五节　材积计算方法的比较

★第十四章　阔叶材原木四大检尺法
　　第一节　霍普斯检尺法
　　第二节　勃莱尔登检尺法
　　第三节　威廉克莱米检尺法
　　第四节　道莱规则

扫码阅读

第一章

俄罗斯针叶和阔叶原木

进口俄罗斯原木主要是使用俄罗斯国家标准《锯用的针叶类原木：对出口产品的技术要求》（ГОСТ 22298-1976Э）；俄罗斯国家标准《锯用的阔叶类原木：对出口产品的技术要求》（ГОСТ 22299-1976Э）实施原木尺寸检量和质量等级评定的。材积计算是查取《原木：材积表》（ГОСТ 2708-1975）。

在所有进口针叶材原木的检验中，当属对进口俄罗斯原木检验历史最悠久。

在36年的检验监管工作中，国内收货人接待过很多俄罗斯林场主、发货商或经销商来我国现场复验谈判和技术交流，笔者也经常被应邀参加。在一次次的外商复验和索赔谈判中，我们对俄罗斯木材的检验技术也越来越成熟，越来越获得外商的认可。

下述的检验方法和技术是在掌握了俄罗斯木材检验标准的基础之上，结合我们的实践经验总结出来并被证明为行之有效的。

我们结合30多年的检验、对外索赔谈判成功经验等，总结出下述既符合原标准，又实用、全面和可操作性强的检验标准、检验技术和程序等。

第一节　俄罗斯针叶原木

一、长度检量

（一）检量部位

在原木大、小头断面之间相距最短处，取直线检量，所量出的长度为原木的实际长度，或称为毛长度。但原木的材积是以检尺径和检尺长来计算的。

（二）进位方法

原木检尺长是在上述检量得出的实际长度的基础上，先保留5～10cm的后备余量后，以

25cm 为一个增进单位而得出的数值（也称为记录长度）。原木最小径级为 14cm，规格长度为 4～7m；特殊长度为 3.8m、7.6m、8m，实际长度、长度后备余量和检尺长度（记录长度）之间的关系见表 1-1。

表 1-1

实际长度 /m	后备余量 /cm	记录长度 /m
3.85	5	3.80
3.84	5	3.75
7.79	5	7.60
7.80	5	7.75
8.25	5	8.00
8.30	5	8.25

（三）检量要素

（1）对根部膨大具有树干形状缺陷的原木，应注意沿原木纵轴线并与之平行检量，不得沿材身检量。（图 1-1）

（2）原木截面偏斜的，应按两端的最小距离检量。凡属对方造成的折断，应从能反映原木完整端面处为起点检量长度。（图 1-2）

（3）对弯曲原木，应注意沿弯曲原木内曲面、拉直检量，不得贴着材身外曲面或内曲面检量。（图 1-3）

图 1-1

图 1-2

图 1-3

二、直径检量

（一）检量部位

在原木的小头不带树皮，与材长方向相垂直的断面（不得顺斜面），通过该断面中心先检量最长直径 d_1，再交叉量取短径 d_2，位数保留至毫米。

（二）计算方法

检尺径的计算方法是取长、短径 d_1 和 d_2 的平均值，即：$d=(d_1+d_2)\div 2$。

（三）进位方法

（1）实际直径在 14cm 以下的原木，以奇数进级。按四舍五入的方法进舍，在 0.5cm 和 0.5cm 以上的进级，0.4cm 和 0.4cm 以下的舍去不计。如实际直径在 12.5～13.4cm 的，其记录直径（检尺径）为 13cm；实际直径在 11.5～12.4cm 的，其记录直径（检尺径）为 12cm，以下类推。

（2）实际直径在 13.5～14.9cm 的为过渡直径，其记录直径（检尺径）按 14cm 计。

（3）实际直径在 14cm 以上的原木，以偶数进级，即以每 2cm 为一个增进单位，足 1cm 和 1cm 以上的进位至相邻的偶数级，不足 1cm 的舍去不计。如实际直径在 15～16.9cm 的，则其记录直径（检尺径）为 16cm，实际直径在 17～18.9cm 的，则其记录直径（检尺径）计为 18cm。

（四）检量要素

（1）先要找准最长直径，长径与短径交叉时（不需要垂直）一定要通过小头断面的几何中心，以减少不正形断面对检尺准确性的影响。（图 1-4）

（2）确保所检量出的直径能代表整根原木。

（3）检量直径通过断面处的裂缝时，应扣除裂缝宽度。

（4）双心材或三心材应在正常部位检量直径。

（5）连生材应当成两根原木，分别检量直径和计算材积。

（6）计算原木直径时应采取"先平均后进舍"的方法，而不能采取"先进舍后平均"的方法。如：一原木的长短径分别为 17.8cm 和 16.2cm，则：17.8+16.2=34cm，34÷2=17cm，计为 18cm。又如：一原木的长短径分别为 17.8cm 和 16cm，则：17.8+16=33.8cm，33.8÷2=16.9cm，计为 16cm。所以，仅相差 2mm，则检尺径相差了 2cm。

图 1-4

三、等级构成和评定要素

原木等级的评定和划分是依据缺陷的种类及分布状况、所在位置、存在数量和严重性程度来综合评定，将原木分成锯材 1 级、锯材 2 级和锯材 3 级。一般来说，原木的缺陷越少，其等级就越高。

（一）连生节与不连生节

（1）连生节：节子年轮与周围木材连生部分不小于其圆周的 1/3。（图 1-5）

（2）不连生节：节子年轮与周围木材不连生或其连生部分小于 1/4。（图 1-6）

（二）节子的检量方法

根据节子生长原理来检量确定，即节子的上半部年轮严而且密，下半部的年轮宽而松，并且，节子的直径为横断面没有弦向纹理，即年轮均为曲率差不多的圆。所以，要检量与原木纵轴线相平行的两条节周切线之间的距离作为节子的直径。节子的年轮不清楚时则以检量颜色较深、质地较硬部分的直径作为该节子的直径。（图 1-7）

图 1-5

图 1-6

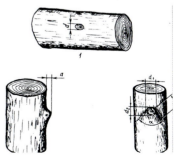

图 1-7

(三)缺陷的允许限度

(1)节子在1、2级锯材中的限度:2~5cm的连生节,平均每米原木长不允许超过4个。其含义为,超过4个的或有一个超过5cm的节子,该根原木即可以评定为下一个等级。(图1-8)

(2)节子在3级锯材中的限度:4~8cm的连生节,平均每米原木长不允许超过5个。其含义为,超过5个的或有一个超过8cm的节子,该根原木即可以评定为下一个等级。(图1-9)

图1-8

图1-9

(3)节子在3级锯材中的限度:4~6cm的不连生节,平均每米原木长不允许超过5个。其含义为超过5个的或有1个超过6cm的不连生节,该根原木即可以评定为等外级。

(4)节子的高度:从树皮起测量,要求与表面一般平。(图1-10)

(5)腐朽节:1、2级材不允许;3级:1m内3.5cm直径的腐朽节不多于2个。(图1-11)

(6)隐生节:指突出原木表面但尚未显示出来的树枝、树包。其高度限制为1、2级材不允许大于4cm;3级材不允许大于6cm。(图1-12)

图1-10

图1-11

图1-12

(7)树瘤:指由于寄生真菌、细菌的活动在树干上产生的隆起或凹陷。1、2级不允许有;3级允许有。(图1-13)

(8)双心材和岔节:1、2级材不允许有;3级材允许有。(图1-14、图1-15)

(9)冻裂:指从材边至材心的径向开裂,并沿材长方向延伸很长。(图1-16)

(10)干裂:指伐倒木在干燥中,受内应力作用而产生的径向裂纹。与径裂和冻裂所不同的是,干裂沿材长方向的长度较短(通常不超过1m),深度也较浅。(图1-17)

(11)径裂:指在心材和成熟材内部,由髓心沿半径方向的开裂,一般在材长方向延伸很

长。(图1-18)

（12）径裂、冻裂、轮裂和夹皮的厚度不得大于该端直径：1、2级材为1/3；3级材则允许有。

（13）断面干裂：指分布在木材断面（在其侧面未出现）的裂纹。各等级允许有断面干裂，但其范围应在原木的长度余量以内。(图1-19)

（14）夹皮：指结疤或者是丛状外伤，伴随辐射状缝裂型孔穴，通常挤满了类似麻疹的斑痕和坏死组织。外夹皮和外侧面干裂允许深度为：1、2级材不超过该端断面直径的1/20；3级材不超过1/10。(图1-20)

图1-13　　　　　　　图1-14　　　　　　　图1-15

图1-16　　　　　　　图1-17　　　　　　　图1-18

图1-19　　　　　　　图1-20　　　　　　　图1-21

（15）偏枯：指立木树干外部一侧因碰伤、烧伤、砍伤等损伤而形成的枯死，通常没有树皮，沿树干长向伸展并向其余带树皮部分深陷进去。在偏枯部分的边缘常有圆棱状突起。靠近偏枯的部分木材，常带有树脂漏、变色边材，也有严重影响木材外层的心材菌斑、条或心腐。偏枯允许深度：1、2、3级材都不超过原木直径的20%，或不超过6cm。（图1-21）

（16）机械损伤和木材碳化等损伤部位的深度，所占原木直径：1、2级不超过10%；3级不超过20%。绝对深度不超过4cm。（图1-22～图1-24）

图1-22

图1-23

图1-24

（17）锯口偏斜占端面直径的比例：1、2、3级材均为1/10。（图1-25）

（18）青变允许深度不大于该端直径的：1、2级材为1/10；3级材为1/4。（图1-26）

（19）真菌性心材斑和条状斑：立木中受木材腐朽菌侵害所形成的心材不正常变色的部分，常见于木材端面上，呈褐色、浅红色、灰色和灰紫色，大小不一，形状不同（如月牙形、环状或由于树干中心部分全部感染，有时扩大到边材）；在纵切面上，呈上述颜色的长条斑不降低木材的硬度。

真菌性心材斑的厚度和长度占原木直径：1、2级材不大于1/3；3级材不作限制。（图1-27）

图1-25

图1-26

图1-27

（20）腐朽：由木材腐朽菌引起，常出现颜色和质地的改变。检量腐朽部位的最小厚度，计算所占相应断面直径的比例。对不规则的腐朽，按填充补圆的方法计算；"铁眼""空心"按心腐处理。

①小头心腐和空洞：1、2级材不允许有；3级原木的允许有，但宽度不大于与原木直径的比例为30cm以下者为1/5；超过30cm者（32cm以上）为1/3。（图1-28）

②大头心腐和空洞：1、2、3级材允许有，但宽度不大于大头直径的1/3。（图1-29）

③外部粉状腐朽：指在长期保管不善的过程中，主要是木材的外表，如边材部位发生裂隙状的棕褐色腐朽，极少腐朽到心材。在受害木材的表面常常看到菌丝束和子实体。这种缺陷是任何等级都不允许有。（图1-30）

图1-28

图1-29

图1-30

④白色纤维腐：指降低硬度和呈浅黄色或近似白色纤维状的结构。受害木材常具有类似大理石花纹的杂色，淡色的地方常由波浪状细黑线条隔开。破坏严重时木质变软，容易剥落成纤维或易于粉碎。见于阔叶树种，如杨木、桦木。（图1-31、图1-32）

案例：关于白色纤维腐的检验出证实例

检验情况：经去现场实施逐垛外观检查并随机抽取63根原木在锯木厂剖开检验，发现该批原木已普遍遭受真菌侵染、侵害，其症状和程度详见原证书所附照片。

参照中国林业科学研究院对木材抗腐性能的测试结果和美国材料与试验协会标准（ASTM-D2017-81）中对木材抗腐等级的划分：

桦木是属于上述等级中的Ⅳ级，即不耐腐的木材，其定义为：在潮湿条件下，木材对真菌几乎无抗力，必须保持干燥，或使用木材防腐剂彻底处理。

8—10月正是各类真菌最适宜的繁殖和生长季节，美国密歇根大学试验147种真菌的最佳生长温度是24.4～30℃，在木材上最适宜的生长含水率范围为30%～60%。

综上所述，我们认为该批原木由于长时间露天堆放，恰逢各类真菌最适宜的繁殖和生长环境，加之桦木本身又是抗菌力差的木材。所以，该批原木已遭受真菌的侵染侵害，降低了原木的使用性能和物理力学性质。

图1-31

图1-32

图1-33

⑤边材腐朽占端面直径的比例：1、2、3级材均为1/10（单侧）；1/20（环状）。（图1-33）

备注：对于腐朽，一般不允许同时在原木断面的一端存在心腐而在另一端存在真菌性心材斑或条状斑。一般在木材上只允许有一种腐朽——心腐或边材腐朽，而不允许两种或两种以上的腐朽同时存在。

（21）弯曲：因树干偏离直线，使木材轴线弯曲。检量拱高与弦长之比，得出弯曲度。

①单弯：指原木上只出现一个弯曲。

②复弯：指原木出现多个弯曲。

③弯曲度：1、2、3级材均不得超过原木长的1.5%（复弯为单弯的一半即0.75%）。（图1-34、图1-35）

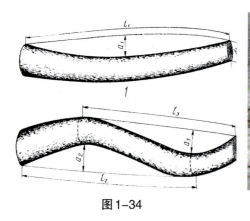

图1-34

图1-35

（22）纤维偏斜：指木材纤维方向偏离木材纵轴线的现象。其检量方法是在自小头断面1m处，检量纤维偏离木材纵轴线程度的弧度与原木小头断面直径之比。

允许材长1m的纹理倾斜度不大于小头断面直径的：1、2、3级材均为20%。（图1-36～图1-38）

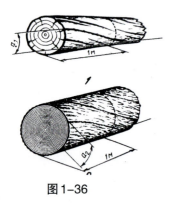

图1-36

图1-37

图1-38

（23）表面虫沟：透入木材的深度不超过3mm的，各级材都允许有。（图1-39）

①浅虫眼：透入木材中的深度不超过15mm。

②深虫眼：透入木材深度超过15mm。1、2级材都不允许有；3级材：在平均1m原木上允许有3个深或浅的虫孔。（图1-40）

图1-39

图1-40

四、检验结果的分解与汇总

树种种类、规格大小和等级高低是决定一根原木价值多少的三要素。同一树种，但规格和等级不一样,其价值、价格也不同。因而,要统计汇总整批货物的总值用于结汇或对外索赔,必须要设计出一张能反映全批货物检验要素和分类结果的统计表格,见表1-2。

表 1-2

直径范围	原发货检验情况					实收情况		溢短情况		索赔金额
	树种	等级	长度	根数	材积	根数	材积	根数	材积	
			合计							
			合计							
			合计							
			总计							

检验结果评定:1. □数量溢短在允许范围内　□数量短少,已出检验证书(检验明细单留存备查)
　　　　　　　2. □品质与合同规定相符　　　□品质与合同规定不符,已出检验证书
　　　　　　　3. □树种与合同规定相符　　　□树种与合同规定不符,已出检验证书

第二节　俄罗斯阔叶原木

一、原木规格和进位

从3~6.5m,以25cm进位;长度余量为5~10cm;原木最小径级为14cm。

二、长度和直径的检量

与第一节针叶材部分相同。

三、等级的构成和评定要素

根据原木上出现的缺陷状况,将原木分成锯材1级和锯材2级。

(1)节子:在1级锯材中的限度:2~3cm的节子,平均每米原木长不允许超过4个。其含义为,超过4个的

图1-41

或有 1 个超过 3cm 的节子，该根原木即可以评定为下一个等级。（图 1-41）

（2）在 2 级锯材中的限度：3.5～5cm 的节子，平均每米原木长不允许超过 4 个。其含义为，超过 4 个的或有 1 个超过 5cm 的节子，该根原木即可以评定为下一个等级。（图 1-42）

（3）腐朽节：1、2 级材都不允许有。（图 1-43、图 1-44）

图 1-42　　　　　　　　　　　图 1-43　　　　　　　　　　　图 1-44

（4）心腐和空洞：

① 1 级材小头不允许有；2 级原木的小头允许有，但宽度不大于端面直径的 1/5。

② 1 级材大头允许宽度不大于端面的 1/5；2 级材大头不大于端面的 1/3。（图 1-45、图 1-46）

（5）青变：不允许有（表面青变除外）。（图 1-47）

图 1-45　　　　　　　　　　　图 1-46　　　　　　　　　　　图 1-47

（6）端面褐色深度：1、2 级材不超过 1cm。（图 1-48、图 1-49）

（7）侧面褐色：1、2 级材都不允许。（图 1-50、图 1-51）

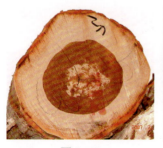

图 1-48　　　　　图 1-49　　　　　图 1-50　　　　　图 1-51

（8）径裂、冻裂、轮裂和夹皮的厚度不大于端面直径：1 级材为 1/5；2 级材为 1/3。（图 1-52～图 1-58）

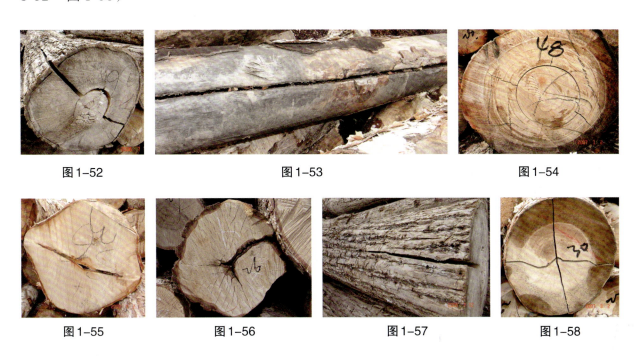

| 图 1-52 | 图 1-53 | 图 1-54 |

| 图 1-55 | 图 1-56 | 图 1-57 | 图 1-58 |

（9）虫孔：1、2 级材均不允许深或浅的虫孔。（图 1-59）
（10）弯曲度：1 级材不得超过原木长的 1%（复弯为 0.5%）；2 级材为 2%（复弯为 1%）。（图 1-60、图 1-61）

| 图 1-59 | 图 1-60 | 图 1-61 |

（11）材长 1m 的纹理倾斜度不大于小头断面直径的：1 级材为 1/3；2 级材为 1/2。（图 1-62）
（12）双心、树瘤和树岔：1、2 级材均不允许。（图 1-63～图 1-66）

| 图 1-62 | 图 1-63 | 图 1-64 |

（13）机械损伤、炭化、外夹皮和偏枯深度，占原木直径：1、2 级材均不超过 10%。（图 1-67～图 1-70）

图 1-65　　　　　　　　　图 1-66　　　　　　　　　图 1-67

图 1-68　　　　　　　　　图 1-69　　　　　　　　　图 1-70

（14）节子的高度：从树皮起测量，1、2 级材均要求与表面一般平。（图 1-71、图 1-72）

图 1-71　　　　　　　　　　　　　图 1-72

（15）锯口偏斜占端面直径的比例：1、2 级材均为 1/10。（图 1-73）

（16）外侧干裂深度：1、2 级材均不超过端面直径的 5%。（图 1-74）

（17）端面干裂深度：不许超过余量长度。（图 1-75）

图1-73

图1-74

图1-75

附 件

附件1-1

附件1-2

第二章

美国针叶原木

进口美国针叶原木一般都是使用《美国官方标准原木检验和评等》(*Official Rules for Log Scaling and Grading*)(2011年),实施原木尺寸检量、缺陷扣尺和等级评定的。

其检验和质量等级评定技术细节可以按照《原木检尺和评等补遗》(*Supplement to Official Log Scaling and Grading Rules*)进行。

材积计算是按照《斯克莱布诺材积表》(*Scribner Volume Table*)(1972年)。

美国木材检验局制定的检验标准,遵循着"世界上找不到两个完全一样的原木"准则,强调具体情况具体对待的原则,强调检尺员的经验和判断,特别是缺陷扣尺技术。

在36年的检验监管工作中,国内收货人接待过几乎所有的美国木材大型发货商、经销商来我国进行现场复验谈判和技术交流,笔者也经常被应邀参加。在一起起的外商复验和索赔谈判中,我们对美国木材的检验技术也越来越成熟,越来越获得外商、特别是美国木材检验局的认可。

下述的检验方法和技术是在吃透了美国木材官方检验标准精神实质的基础之上,结合我们的实践经验总结出来并被证明为行之有效的。

第一节 尺寸检量和材积计算

美国原木的材积计量单位为板英尺(BF),也称为斯克莱布诺板英尺(scribner BF)。斯克莱布诺规则是一种"绘图规则",它是以任何一根原木所给定的小头英寸直径的板英尺材积为基础的,在原木小头断面上,实际地、按比例地画出厚为1in,宽不小于4in,除去边皮、各板块间允许有1/4in锯缝的若干块板条。把所有的板条宽度加起来除以12便得到长为1ft的原木板英尺数。用原木长度的英尺数乘此数即为原木的毛板板英尺材积数。即1BF=厚1in×宽1ft×长1ft。(图2-1)

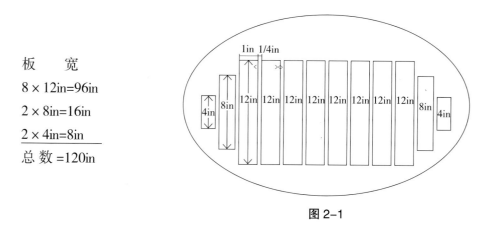

板　宽
$8 \times 12\text{in} = 96\text{in}$
$2 \times 8\text{in} = 16\text{in}$
$2 \times 4\text{in} = 8\text{in}$
总　数 $=120\text{in}$

图 2-1

小头直径为 16in，厚为 1in 的板的总宽度为 120in，120in÷12=10ft（即每英尺长检尺圆柱体所含的板英尺数）。按斯克莱布诺体系长度 32ft、直径 16in 的材积为 32×10BF=320BF。

一、长度检量

（一）检量部位

原木毛长度应从原木检尺圆柱体短的一侧检量。当原木一端或两端呈破碎状，且较整齐，应该在能显示出原直径的一端或两端最近处的两点检量。如果原木的一端劈成边皮状，那么，毛长度应从原木 1/2 完整断面处检量（即从能显示出原木直径的地方量起）。（图 2-2～图 2-6）

弯曲原木应延原木内曲面取直检量。（图 2-7）

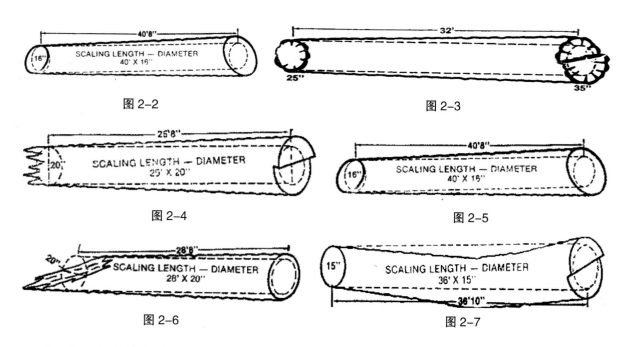

图 2-2　　　　　　图 2-3

图 2-4　　　　　　图 2-5

图 2-6　　　　　　图 2-7

（二）后备余量和进位方法

（1）检尺长为 41ft 以内的原木（不包括 41ft）至少应有 8in 的后备余量（最大后备余量 12in）。（图 2-8）

(2)检尺长为 41ft 以上的原木长度每增加 10ft 或不足 10ft 的,后备余量增加 2in。

(3)原木留足后备余量后,以 1ft 为增进单位,不足 1ft 的尾数舍去不计,以进舍后的英尺数作为检尺长。(图 2-9)

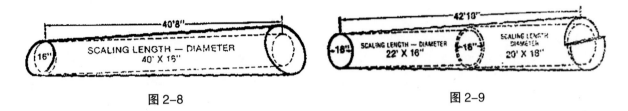

图 2-8　　　　　　　　　　　　　　图 2-9

(三)长原木分段

(1)长原木是指那些毛检尺长超过 40ft 的原木。长原木任何一段的检尺和评等完全依据该段范围内必须考虑的优缺点。任何一段缺陷部分的材积扣尺超过毛材积 $66\frac{2}{3}\%$ 者应列为等外材。

(2)长原木应按段(两段或多段)来检尺和评等。这些段的检尺只能以顶端段(小头)的端面直径为基础。第 2、第 3、第 4 段则随长度每增加 10ft,小头断面直径增加 1in。

(3)从 41～80ft 的长原木检尺,应尽可能地分成两个相等偶数毛长度的原木段。倘若这两段的长度并不完全相等,那么小头应落在两者中较长的一段上。

(4)从 81～120ft 的长原木检尺,方法同上,只不过是把它们分成 3 段检尺和评等。

二、直径检量

(一)检量部位和进位方法

在小头断面不带树皮检量。原则为:所量取的直径应能够真实地代表整根原木的直径。方法为:先量取通过小头断面几何中心的短径,再通过该中心的短径量取与短径垂直的长径,求取平均径。

短径、长径与平均径均以 1in 进级,不足 1in 的尾数舍去不计,以进舍后的英寸数作为检尺径。(图 2-10、图 2-11)

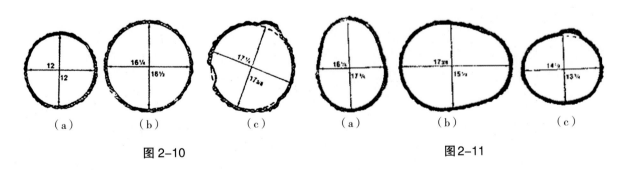

图 2-10　　　　　　　　　　　　　　图 2-11

(二)检量注意事项

(1)在用二次垂直交叉的方法测算原木平均直径时,应留心那些膨大、折断、顶端炸裂、树瘤、节子、凹兜和丫杈或畸形木。遇到以上这些情况,应将因缺陷而突出的部分扣除后再测量直径。

（2）在测量直径或计算平均直径时，以英寸为单位，舍去任何不足 1in 的小数。但是当 1in 刻度正好压在原木断面边缘时，要特别注意这 1in 不能舍去。

（3）如果待测原木是劈开材，且其劈开的程度正好是原来圆木的一半，并能得出圆木的近似直径，那么该根剖开材的直径即为：按该根剖开材直径算出的毛材积应等于原来圆木材积的一半（注：在斯克莱布诺材积表上找出原圆木的 1/2 材积，与该材积最接近的相应直径数即为剖开材直径）。

（4）如果待测原木的劈开段正好成正方形，那么就以对角线长度作为圆木的检尺径，计算出来的材积接近于这块正方形材所含的毛板材积。

（5）对于那些不呈正方形或半圆形劈开的原木，把其平均厚度和平均宽度相加，被 2 除后，其商即作为该根圆木的直径。边皮材的宽度应在其厚度不小于 4in 的地方测量。

第二节 缺陷检尺

为提高原木等级，任何原木在检尺中都不应减少尺寸。每根原木应首先检尺以确定材积，再按其特征评定等级。检尺中所做的缺陷扣尺是为了抵消原木初次加工成单板或板材时因这些缺陷而造成的材积损失，对于检量圆柱体以外的缺陷不应扣尺。缺陷扣尺要首先区分长度和直径缺陷。

一、长度缺陷

（一）长度缺陷的定义

将那些集中在原木某一段上、易于做长度扣除的缺陷定义为长度缺陷。由于长度缺陷是属于区域性的、对原木局部产生影响的缺陷，因而易于做"外科手术"式处理，即长度扣尺。如腐蚀（rot）、弯曲（crooks）、子实体腐朽（conk rot）、劈裂（splits）、抽芯（stump shot）等。

（二）长度缺陷的扣尺方法

在确定了是属长度缺陷后，即可以运用"四分象限法""断面三分法""材长三分法"等方法做出准确的扣尺。

（1）弯曲原木的扣尺方法：在检尺圆柱体改变方向的部位扣 1～2ft，若剩余部分不足 8ft 的，也一并扣除。（图 2-12～图 2-17）

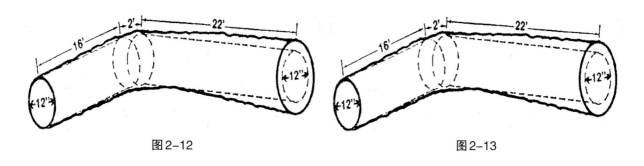

图 2-12　　　　　　　　　　　　　图 2-13

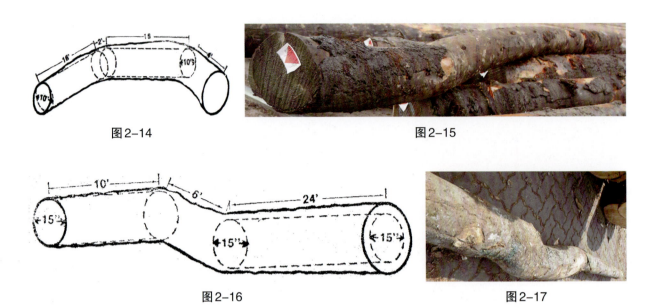

图 2-14　　　　　　　　　　　　图 2-15

图 2-16　　　　　　　　　　　　图 2-17

（2）折断和摔裂：因折断而将原木分为 2 段或数段的，首先扣除折断部分全长。对其中不足 8ft 的应一并扣除。（图 2-18 ～图 2-21）

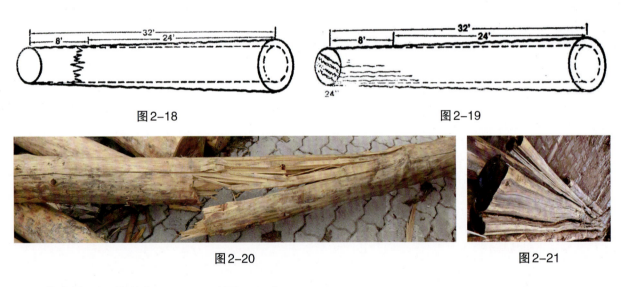

图 2-18　　　　　　　　　　　　图 2-19

图 2-20　　　　　　　　　　　　图 2-21

①在端面心部的扣 1 ～ 4ft。（图 2-22）
②在中部的扣 4 ～ 8ft。（图 2-23 ～图 2-25）

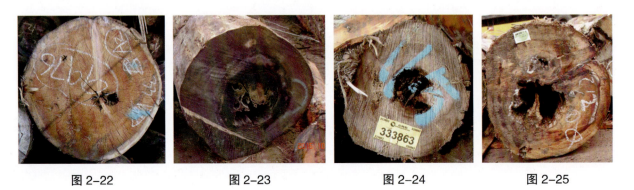

图 2-22　　　　图 2-23　　　　图 2-24　　　　图 2-25

③在外部的扣 8～12ft。（图 2-26、图 2-27）

（3）干腐（小头腐朽）：可参照根腐的上限值扣尺。

（4）边腐：如果原木的边材腐朽、表面深度裂纹，或两者的组合超过原木直径 10%，则扣除缺陷后检量直径。（图 2-28）

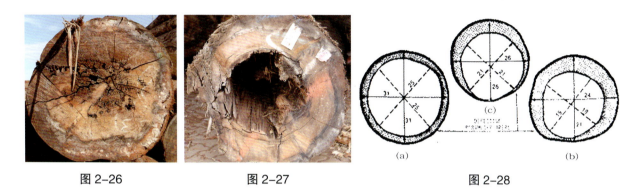

图 2-26　　　　　　　图 2-27　　　　　　　　　图 2-28

（5）子实体腐朽的尺方法：初期端头表现为菌丝或变色，但木质尚健全，一般不扣尺（图 2-29、图 2-30）。中、后期端头表现为蜂巢状或褐色发软（图 2-31、图 2-32）；一是根据腐朽节在材身上的位置，确定子实体腐朽的长度（图 2-33、图 2-34）；二是根据端头的表现位置或面积大小，确定所占据象限的多少（图 2-35、图 2-36）。如仅占有 1/4 象限面的，扣腐朽长度的 1/4；占据有 2 个以上象限面的，扣 1/2 腐朽长度；不仅占据有 2 个以上象限面且占据有 2 个 1/3 以上材长的，扣原木全长。

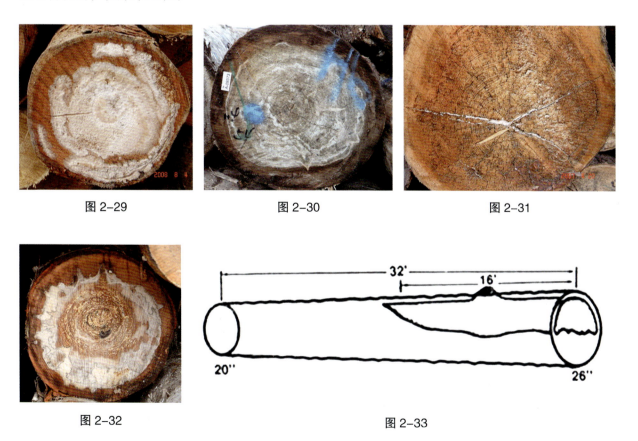

图 2-29　　　　　　　图 2-30　　　　　　　　　图 2-31

图 2-32　　　　　　　图 2-33

图 2-34　　　　　　　　　图 2-35　　　　　　　　　图 2-36

（6）轮裂：通常发生在原木根端，由于自然应力作用而在年轮间或木射线间产生的环状裂纹。应根据其所在的部位和影响程度做长度扣尺。一般指导性规则如下：

①位于心部：扣 1～2ft；（图 2-37）

②位于中部：扣 2～3ft；（图 2-38）

③位于外部：扣 3～4ft。（图 2-39）

（7）树瘤：视其是否侵入检尺圆柱体内，对侵入的每个扣 1/2ft，计算累计扣尺数。图中所示的为扣 1ft。（图 2-40、图 2-41）

图 2-37　　　　　　　　　图 2-38　　　　　　　　　图 2-39

 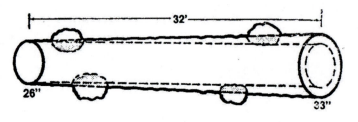

图 2-40　　　　　　　　　　　　　　图 2-41

（8）抽芯：视其影响深度，一般扣长度 1～2ft。（图 2-42、图 2-43）

（9）偏枯（猫脸斑）：视其所占据象限材面的多少扣尺。如占据 1/4 象限的，扣偏枯长度的 1/4。（图 2-44、图 2-45）

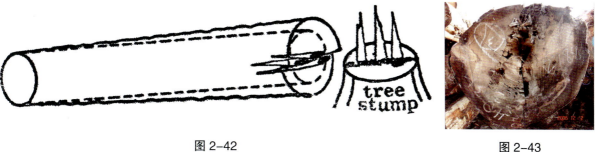

图 2-42　　　　　　　　　　　　　　　图 2-43

图 2-44　　　　　　　　　　　　　　　图 2-45

（10）夹皮：视其所占据象限材面的多少扣 1/4～1/2 夹皮长。如夹皮贯通全材长并占据 4 个象限材面的，按边腐的扣尺方法扣除直径。（图 2-46、图 2-47）

（11）烧伤：段头烧伤的，视其程度，扣烧伤长度的 1/4～1/2 直至全部；材身侧面烧伤和由其引起的裂纹，参照边材腐朽处理。下图所示的损伤长度为 18ft，深度为原木直径的一半，扣长度 10ft；端头火烧裂纹扣直径 1in。（图 2-48～图 2-50）

图 2-46　　　　　　图 2-47　　　　　　图 2-48

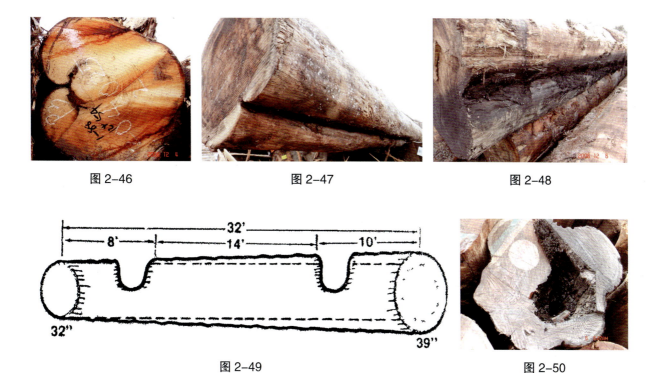

图 2-49　　　　　　　　　　　　　　　图 2-50

二、直径缺陷

（一）直径缺陷的定义

在原木上的分布较分散，对原木的大部分产生影响的缺陷应定义为直径缺陷。由于直径缺陷具有分散性分布、整体性影响的特点，因而不便于做长度扣尺，应做直径扣尺。如扭转纹（twist）、粗糙材（rough）、树脂环（pitch rings）等。

（二）直径缺陷的扣尺方法

在确定了是属直径缺陷后，即可以运用"断面三分法"等方法做出准确的扣尺。

1. 心裂

（1）在心部内的心裂，两端均有扣直径 1in。（图 2-51）

（2）当心裂延伸到原木木质区域时，在原木一端的扣 1in，两端均有的扣 2in。（图 2-52）

（3）当心裂延伸到原木边材区域时，在原木一端的扣 2in，两端均有的扣 4in。（图 2-53、图 2-54）

图 2-51　　　　图 2-52　　　　图 2-53　　　　图 2-54

2. 环裂

（1）半环或不足半环的，只在原木一端的扣直径 1in，两端都有的扣 2in。（图 2-55）

（2）成整环的，只在原木一端的扣 2in，两端都有的扣 4in。（图 2-56）

（3）由裂开的树脂环而造成的材积损失其扣尺方法为：位于原木外三分之一直径时，按照检尺员的判断，在原木一端的加扣直径 1in；两端均有的，加扣 2in。（图 2-57）

图 2-55　　　　图 2-56　　　　图 2-57

3. 严重的木纹斜率

当该原木的纹理倾斜度大于相应树种锯材 2 级所允许的限度时，每超过最大允许限度 1in 的，从直径上扣减 1in。如果在检验员的判断下，严重的斜纹因其影响范围造成了或大或小的损失，可做相应的扣尺。同样，在评等原木中会遇到这样的情况：虽然某些原木的木纹斜率超过了所允许的限度，但它们却能达到较高一级的出材率要求。为对这些例外的优质的原木作出符合实际的等级评定，检尺人员也必须做出自己的判断。（图2-58、图2-59）

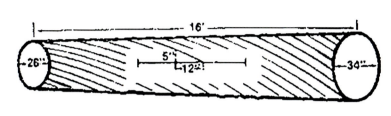

图2-58　　　　　　　　　　　　　　图2-59

12～20in 的原木，每英尺不得超过 2in；
21～35in 的原木，每英尺不得超过 3in；
36～50in 的原木，每英尺不得超过 4in；
≥51in 以上的原木，每英尺不得超过 5in。

图中表明的为按逆时针方向旋转的严重木质斜纹，其偏离率为每英尺 5in，此数超过了锯切2级所允许的最大斜率（3in）范围 2in，所以扣直径 2in（或降为锯切3级）。

4. 粗糙木

粗糙木是指等外材以上的任何原木含有其等级所不允许有的节子，这些节子按检尺员的判断直径超过 3in 并侵入了原木检量圆柱体内。如果一个至几个这样过大的节子集中在原木某一块上，可扣减长度 1～4ft。（图2-60～图2-62）

图2-60　　　　　　　　图2-61　　　　　　　　图2-62

但当原木含有大量的过大节子，应扣除直径，做法如下面所述：（表2-1）

表2-1

原木直径 /in	直径扣尺 /in
6～15	1
16～25	2
26～35	3
36～45	4
≥46	按检尺员的判断

图2-63、图2-64所示的粗糙木，如检尺员所见，有大量的直径超过3in的节子并侵入检量圆柱体内。扣直径4in。

图2-63

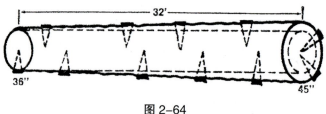

图2-64

第三节　缺陷扣尺的原则

树木属于自然生长物，在其漫长的生长过程中，由于遭受外界或其自身病理因素的影响，会在其"身体"内部或外部形成各种缺陷，而这些缺陷会对原木的出材率及品质产生一定的影响。美国原木检尺规则中规定，要对这些缺陷做必要的材积扣尺，以弥补原木在加工成各种用材时因这些缺陷所造成的材积损失，或作为等级缺陷而降低该原木的等级。由于各种缺陷本身特性的差异和在原木上分布的部位、侵害的范围和程度的不同，原木出材率或等级的受影响程度也不一样。对这些复杂的多变性，规则很难——作出具体的规定，而只强调"凭检验员的判断"。这虽然避免了硬性规定的局限性，但难免可操作性差、不易于掌握。为此，我们基于多年的实践经验，总结出以下重要的基本规则。

一、明确前提与基准

检尺圆柱体：这是一个设想的圆柱体，以原木小头树皮内的直径作为圆柱体的直径，并以它延伸到整根原木的长度作为圆柱体长。板材的出材即是建立在此基础之上的。因而，无论是检量原木的长度、直径或是缺陷扣尺都是以检尺圆柱体为基准的。（图2-65）

图2-65

二、明确缺陷扣尺的目的和原则

对原木缺陷做长度扣尺或直径扣尺只是方法或手段，其目的是要铲除该缺陷对原木出材率的影响。因而缺陷扣尺的核心是要判定该缺陷到底对原木的出材率能产生多大的影响。所以要视实际情况，灵活地理解和执行"标准"。为此，在做缺陷扣尺时必须掌握以下原则：

1. 统筹考虑、具体对待

首先要考虑缺陷是否影响到检尺圆柱体内，以确定是否要扣尺；二要根据原木直径的大小、缺陷所在的部位、缺陷面积的大小、缺陷的分布状况、缺陷的发展程度来确定扣尺量。如根据节子的大小、分布状况（分散性分布、零散分布、集中分布）而采取扣直径、扣长度、合并扣长度、降低等级的处理方法。

2. 要一杆秤、一把尺

即明确扣1ft或扣1in对不同规格原木的材积下降幅度。（表2-2）

表2-2

原木直径 /in	材积减少 /BF	
	扣 1ft	扣 1in
6～11	0	10～30
12～17	10	50
18～23	20	100
24～29	30	100
30～35	50	150

例如，对一根长度相同的、直径范围为18～23in的原木，因缺陷扣去1ft原木长度，则材积减少20BF；若扣去1in直径，则材积减少100BF。材积扣减量相差80BF。所以，要做出准确、合理的缺陷扣尺，就必须要首先区分是长度缺陷还是直径缺陷。

3. 同种缺陷的等量扣尺，对不同规格的原木出材率影响不同

如有一个完全一样的缺陷（节子），同时出现在以下两根大小不同的原木上：

第一根是：长度×直径为40ft×45in的材积为3800BF（板英尺材积）。

第二根是：长度×直径为40ft×18in的材积为530BF（板英尺材积）。

按"规则"规定均可分别扣去1ft长度，则分别变为：

第一根是：长度×直径为39ft×45in的材积为3700BF，材积扣减量为2.6%。

第二根是：长度×直径为39ft×18in的材积为520BF，材积扣减量为1.9%。

同样的缺陷、同为扣减1in长度，但材积减少量却有如此大的差别，显然是不合理的。对第二根原木来说，显然是材积扣减量过大。因而，缺陷扣尺要考虑到等量扣尺如扣1in或1ft，对不同规格大小原木出材率的影响程度。

4. 同种缺陷出现在同根原木的不同部位上对原木出材率影响不同

例如：同样大小的"干腐"缺陷出现在原木断面的外部区域或内部区域，对原木出材率的影响是不一样的。这从下面的两个关系式中不难找出根源。①原木外部1/6D厚度＝原木材积的50%；②原木外部1/10D厚度＝原木材积的35%（D为原木直径）。所以同种缺陷越接近原木外部对原木的出材率的影响越大，扣尺时应适当多扣。

5. 多种缺陷的扣尺原则

在原木同一端或同一断面上的多种缺陷，应挑选最严重缺陷予以扣尺，所扣去的最严重缺陷应能弥补其他次要缺陷所造成的材积损失，而不能简单相加累计扣尺。

表现在原木不同端的缺陷，在无法替补的情况下，应分别扣尺，累加计算扣尺量。

6. 内外有别

对于外界因素造成缺陷，如劈裂（split）、折断（bucker's break）和气候因素形成的缺陷，如裂纹（checks），要分清是在国外形成的还是在国内形成的。对在国外形成的，可扣一定量的

长度，但因在国内形成的，一般不予扣尺。

三、明确缺陷扣尺的方式方法

1. 断面三分法（one third end）

指以原木 1/3 半径和 2/3 半径分别划圆而得出的 3 个环形区域部分。分内部 1/3、中部 1/3 和外部 1/3。适用与根部腐朽、轮裂、心裂、树脂环的扣尺。（图 2-66）

2. 材长三分法（one third length）

木材长度的 1/3 部分。适用与根腐缺陷的扣尺、等级评定。一般根部腐朽的深度很难超过原木长度的 1/3。

3. 四分象限法（quadrant）

如原木表面 1/4 或原木的 1/4。适用与子实体腐朽、外夹皮、偏枯等原木材身上出现的缺陷扣尺；以及木材等级评定中判定材身的光滑度比例。（图 2-67、图 2-68）

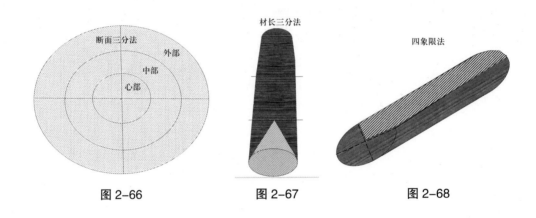

图 2-66　　　　　图 2-67　　　　　图 2-68

第四节　等级评定

美国原木主要是根据树种、原木本身的规格和外观品质状况一般分为旋切级、刨切级和锯材级。

一、锯材特级（除北美红崖柏外的所有树种）

（一）出材率要求

原木应适应于：①生产优质商用材和较高等级的板材，其数量不少于净材积的 65%；②旋切单板的中心芯板、横芯板、背单板和较高等级的板，其数量不少于净材积的 100%。

（二）规格和质量要求

锯材特级原木至少应具备下列外部特征：

（1）毛直径——16in。
（2）毛长度——17ft；黄松和糖松为16ft。
（3）材面——健全节和节痕直径不得超过3/2in，其数量平均每英尺长不得超过一个。节痕直径为1/2in和1/2in以下的不考虑。这种等级不允许一根原木上具有两个以上的较大的节子。
（4）年轮数——每英寸6个。
（5）木纹斜率——不超过：直径16～20in的原木，每英尺2in；直径21in和21in以上的原木，每英尺3in。

二、花旗松（*Psuedotsuga menziesii*）的分级

（一）花旗松旋切单板级

各等级的规格和质量要求见表2-3。

表2-3

指标要求		旋切一级	旋切二级	旋切三级
旋切板出材率要求		光滑、色泽均匀、数量不少于净材积50%	光滑、色泽均匀、数量不少于净材积35%	旋切单板的中心芯板，横芯板，背单板或更好的板，其数量为净材积100%
最低限度的外部特征要求	毛直径	30in	30in	24in
	毛长度	17ft	17ft	17ft
	材表	90%光滑	75%光滑	节痕直径不得超过3/2in。节痕最大数量平均每英尺不得超过一个。节痕直径为1/2in和1/2in以下的，不作为考虑因子。这种等级不允许一根原木上有两个以上的节子
	年轮数	每英寸8个	每英寸8个	每英寸6个
	木纹斜度	每英尺不超过3in	每英尺不超过3in	每英尺不超过3in
	髓心偏离中心	容许范围以确保所要求的出材率为准	允许范围以确保所要求的出材率不受影响为准	允许范围内以确保出材率要求为准

（二）花旗松刨切单板级

对于长度在17ft以下，但不短于4ft的可用于旋切的原木，应在其检尺的基础上，按其材积的大小将其评为刨切单板级。刨切一级、二级和三级必须符合旋切单板的相应等级对最小直径，年轮数，木纹斜度、出材率的要求。

（三）花旗松锯切单板级

各等级的规格和质量要求见表2-4。

表 2-4

指标要求		锯切一级	锯切二级	锯切三级	锯切四级
锯切板出材率要求		适合于生产 B 级和较好级板材，其数量不少于净材积的 50%	适合于生产建筑和较好级板材，其数量不少于净材积的 65%；B 级和较好级或相当等级的板材，其数量不少于净材积的 25%	适合于生产标准及较好级板材，其数量应不少于毛材积 $33\frac{1}{3}$%	毛直径小于最低限度要求和（或）净材积低于 3 级锯材要求。但其净材积不少于毛材积的 $33\frac{1}{3}$%，材积亦不少于 10BF
最低限度的外部特征要求	毛直径	30in	12in	16in	
	毛长度	16ft	12ft	12ft	
	外表	90% 光滑	健全节直径不得超过 2.5in。任何较大的节子、簇生节及树瘤的分布，以不影响出材率要求为准	健全节直径不得超过 3in，任何较大的节子、簇生节及树瘤的分布以不影响出材率要求为准	
	年轮数	每英寸 8 个			
	木纹斜度	每英尺不超过 3in	12～20in 的原木，每英尺不超过 2in；21～35in 的原木，每英尺不超过 3in；36～50in 的原木，每英尺不超过 4in；51in 和 51in 以上的原木，每英尺不超过 5in	可包括做了适当扣尺的、有"严重木纹斜度"的原木	
	最小材积		60BF 净材积	50BF 净材积	

（四）速生花旗松锯切级

如需要，仅使用 1982 年 7 月 1 日起生效的速生材规则。该规则包括在特殊服务栏内。

所有速生锯切原木的年轮数每英寸小于 6 个，在其他特征上，这种原木应与相对应的正常的花旗松锯切原木 2、3、4 等级的规格和出材率的要求相同。

三、西加云杉（*Picea sitchensis*）的分级

各等级的规格和质量要求见表 2-5。

表 2-5

指标要求	特选级	锯切一级	锯切二级	锯切三级	锯切四级	速生西加云杉锯切等级
出材率要求	适合于生产 B 级及较好级板材，其数量不少于净材积的 50%	适合于生产不少于净材积 25% 的 B 级及较好级板材	适合于生产不少于净材积 65% 的建筑用材和较好级板材	适合于生产不少于毛材积 $33\frac{1}{3}$% 的标准和较好级板材	指那些毛直径低于最低限度要求和/或净材积低于 3 级锯材要求的原木。但这种原木的净材积应不低于毛材积的 $33\frac{1}{3}$%，材积亦不少于 10BF	所有速生锯切原木的年轮每英寸少于 6 个。其他特征应与相应的西加云杉锯切 2、3、4 级的规格及出材率要求相同

续表

指标要求		特选级	锯切一级	锯切二级	锯切三级	锯切四级	速生西加云杉锯切等级
最低限度的外部特征要求	毛直径	30in	24in	12in	6in	—	所有速生锯切原木的年轮每英寸少于6个。其他特征应与相应的西加云杉锯切2、3、4级的规格及出材率要求相同
	毛长度	16ft	12ft	12ft	12ft	—	
	材表	90%光滑	—	健全节直径不得超过2.5in。任何较大的节、簇生节以及树瘤的分布以不影响出材率要求为准	健全节直径不得超过3in。任何较大节、簇生节和树瘤的分布以不影响出材率要求为准		
	年轮数	每英寸8个	每英寸8个	—	—	—	
	木纹斜度	每英尺不超过3in	每英尺不超过3in	12~20in的原木，每英尺不超过2in；21~35in的原木，每英尺不超过3in；36~50in的原木，每英尺不超过4in；51in及51in以上的原木，每英尺不超过5in	可包括那些具有"严重木纹斜率"并做了适当扣尺的原木		
	最小材积	—	—	60BF 净材积	50BF 净材积	—	

四、西部铁杉（*Tsuga heterophylla*）的分级

各等级的规格和质量要求见表2-6。

表2-6

指标要求	旋切级	锯切一级	锯切二级	锯切三级	锯切四级
出材率要求	适合于旋切，并能生产不少于净材积50%的光滑、色泽一致的面板；或生产不少于净材积50%的B级和较好级色泽均匀的板材	适合于生产不少于净材积35%的B级和较好级板材	适合于生产其数量不少于净材积50%的建筑和较好级板材	适合于生产数量不少于毛材积$33\frac{1}{3}$%的标准和较好级板材	这类原木的毛直径小于所要求的最低量或净材积小于锯切三级，但其净材积不低于毛材积的$33\frac{1}{3}$%，亦不小于10BF

续表

指标要求		旋切级	锯切一级	锯切二级	锯切三级	锯切四级
最低限度的外部特征要求	毛直径	24in	24in	12in	6in	这类原木的毛直径小于所要求的最低量或净材积小于锯切三级，但其净材积不低于毛材积的 $33\frac{1}{3}$ %，亦不小于10BF
	毛长度	17ft	16ft	12ft	12ft	
	材表			健全节直径不得超过2.5in。任何较大的节子、簇生节痕及树瘤的分布以不影响出材率要求为准	健全节直径不得超过3in。任何较大节子、簇生节和树瘤的分布以不影响出材率要求为准	
	木纹斜度	每英尺不超过3in	每英尺不超过3in	12～20in的原木，每英尺不超过2in；21～35in的原木，每英尺不超过3in；35～50in的原木，每英尺不超过4in；51in和51in以上的，每英尺不超过5in	允许有"严重木纹斜度"但已做了适当扣尺的原木存在	
	最小材积			60BF 净材积	50BF 净材积	

五、红崖柏（*Thuja plicata*）的分级

各等级的规格和质量要求见表2-7。

表2-7

指标要求		锯切一级	锯切二级	锯切三级	锯切四级
出材率要求		适合于生产数量不少于净材积50%的B级和较好级板材	适合于生产数量不少于净材积50%的1级和2级的16in木瓦。最小净材积出材率要求是以10块1000BF的直径范围为2.5in～16in的1级和2级木瓦为基础，其中至少50%为1级木瓦	适合于生产不少毛材积 $33\frac{1}{3}$ %的标准和较好级板材	这类原木的毛直径低于最低限度要求或净材积低于锯切3级，但其净材积不少于毛材积的 $33\frac{1}{3}$ %，也不少于10BF
最低限度的外部特征要求	毛直径	原木28in；方形板材不小于12in	原木12in；方形板材不少于4in	6in	
	毛长度	16ft	12ft	12ft	
	材表	90% 光滑	节子间的分布要求为：纵向24in，横向10in为光滑区，以满足出材率要求	健全节直径不得超过3in。任何较大的节子、簇生节和节瘤的分布以不影响出材率要求为准	
	木纹斜度	每英尺不超过3in	20～35in的原木，每英尺不超过3in；36～50in的原木，每英尺不超过4in；51in和51in以上的，每英尺不超过5in	允许严重木纹斜率，但已做了适当扣尺的原木存在	
	最小材积	500BF 净材积	原木为210BF 净材积；板材为60BF 净材积	50BF 净材积	

检验红崖柏的一般规则如下：

（1）红崖柏原木，其直径变异范围为4in或4in以上，在水中检尺时，必须求出平均毛直径。

（2）多虫孔红崖柏原木：在其他方面符合4级或较好级红崖柏原木的要求，检尺时对于虫孔不予扣尺，但应在检尺单或证书中单独列出"虫害红崖柏原木"。

（3）多虫孔的红崖等外材：该类原木因过分的虫孔而不符合4级或较高级红崖柏原木要求，并要在检尺单或证书中列出中列明"多虫孔红崖柏原木"。

注：木瓦是指短而薄的长方形木材，通常厚度顺纹渐薄，如同瓦一样，用来盖屋顶和建筑物的侧壁。

六、阿拉斯加扁柏（*Chamaecyparis nootkatensis*）的分级

各等级的规格和质量要求见表2-8。

表 2-8

指标要求		旋切级	锯切一级	锯切二级	锯切三级	锯切四级
出材率要求		适于旋切并能生产不少于50%净材积的2级光滑和较好级色泽一致的板材	适于生产数量不少于净材积25%的"C"级光滑和较好级板材	适宜于生产数量不少于65%净材积的实用和较好级板材	适于生产数量不少于毛材积$33\frac{1}{3}$%的标准和较好级板材	这类原木的毛直径小于最低量要求或净材积低于锯切3级，但其净材积不应少于毛材积的$33\frac{1}{3}$%，也不低于10BF
最低限度的外部特征要求	毛直径	24in	24in	12in	6in	
	毛长度	17ft	17ft	12ft	12ft	
	材表			健全节直径不超过2.5in。任何较大的节子，簇生节和树瘤的分布以不影响出材率要求为准	健全节直径不得超过3in。任何较大的节子、簇生节和树瘤的分布以不影响出材率要求为准	
	木纹斜度	每英尺不超过3in	每英尺不得超过3in	12~20in的原木，每英尺不超过2in；21~35in的原木，每英尺不超过3in；36~50in的原木，每英尺不超过4in；51in和51in以上的，每英尺不超过5in	允许具有"严重木纹斜率"但已做了适当扣尺的原木存在	
	最小材积				50BF净材积	

七、黄松（*Pinus ponderosa*）和糖松（*Pinus lambertiana*）的分级

（一）黄松和糖松旋切级

原木应是老生材，适合旋切光滑、颜色一致的面板，其数量不少于净材积的50%。这样的原木应符合下列最低限度的外部特征：

(1) 毛直径——30in；毛长度——17ft；材面——100%光滑；年轮数——每英寸8个。
(2) 木纹斜度：直径30～50in的原木，每英尺不超过2.5in。
(3) 直径51in和51in以上的，每英尺2.5in。

（二）黄松和糖松锯切级（表2-9）

表2-9

指标要求		锯切一级	锯切二级	锯切三级（商用级）	锯切四级	锯切五级	锯切六级
出材率要求		原木应是老生材，适合于生产D特选级和较好级板材，其数量不少于净材积的50%	原木应是老生材，适合于生产D特选和较好级板材，其数量不少于净材积的35%	原木应是老生材，适合于生产2级商用和较好级板材，其数量不少于净材积的50%	原木应适合与生产2级普通（实用）及较好级板材，其数量不少于净材积的50%	适合于生产3级普通（标准）和较好级板材，其数量不少于净材积的50%	这些原木的毛直径低于最低限度要求或其净材积小于锯材五级。但其净材积不得低于毛材积的$33\frac{1}{3}$%，亦不少于10BF
最低限度的外部特征要求	毛直径	30in	24in	24in	12in	6in	
	毛长度	16ft	12ft	12ft	12ft	12ft	
	材表	90%光滑	75%光滑	50%光滑（集中），节子间应有6ft长的光滑区域	健全节直径不得超过2.5in。任何较大节子的分布要求与锯材三级（商用级）相同		
	年轮数	每英寸8个	每英寸8个	每英寸8个			
	木纹斜度	30～50in的原木，每英尺不超过1 1/2in 51in和51in以上的，每英尺不超过2.5in	每英尺不得超过3in	不过大			

长度在17ft以下具有旋切质量的原木，应在对其检尺的基础上，按其材积的多少而评定刨切级。刨切级应符合旋切级原木其他所有最低限度的规格要求。

八、加州山松（*Pinus monticola*）的分级

各等级的规格和质量要求见表2-10。

表2-10

指标要求	旋切级	锯切一级	锯切二级	锯切三级	锯切四级
出材率要求	原木为老生材，适宜于旋切光滑、颜色一致的面板或生产优等（B级和较好）板材，其数量不少于净材积的50%	适宜于生产特级（C特选）和较好级板材，其数量不得少于净材积的25%	适宜于生产优质和较好级板材，数量不少于净材积的65%，或生产数量不少于净材积50%的商用板材	适宜于生产标准和较好级板材，数量不少于毛材$33\frac{1}{3}$%	

续表

指标要求		旋切级	锯切一级	锯切二级	锯切三级	锯切四级
最低限度的外部特征要求	毛直径	24in	20in	12in	6in	这些原木的直径小于最低限度的毛直径要求和（或）净材积低于锯切3级，但其净材积不低于毛材积的 $33\frac{1}{3}$ %，也不少于10BF
	毛长度	17ft	16ft	12ft	12ft	
	材表	90% 光滑	75% 光滑	有50%为集中无缺陷区域。对于板材实用级，其他区域可允许有直径不超过2.5in的健全节子存在；或对于商用级的，其他区域可适当允许有较大的节子存在		
	年轮数	每英寸8个	每英寸8个			
	木纹斜度	每英尺不超过3in	每英尺不得超过3in	12～20in的原木，每英尺不超过2in；21～35in的，每英尺不超过3in；36～50in的，每英尺不超过4in；51in和51in以上的原木，每英尺不超过5in	可允许有"严重木纹斜度"的原木存在，但已做了适当扣尺	
	最小材积				50BF 净材积	

九、美国黑白杨（*Populus trichocarpa*）

见美国原木检尺规则中"特殊服务"条款里的以2ft为增进单位的检尺以及与其相对应的截齐允许量要求。（表2-11）

表2-11

指标要求		旋切级	锯切一级	锯切二级	锯切三级
出材率要求		适宜于旋切单半板	适于锯切板材	适于锯切板材	这些原木的直径低于最低的毛直径要求或其净材积不少于毛材积的 $33\frac{1}{3}$ %，也不少于10BF
最低限度的外部特征要求	毛直径	24in	10in	6in	
	毛长度	8ft	8ft	8ft	
	材表		每根原木不超过4个节子		

十、红桤木（*Alnus rubra*）的分级

见美国原木检尺规则中"特殊服务"条款里的以2ft为增进单位的检尺以及与其对应的截齐量要求。（表2-12）

表 2-12

指标要求		锯切一级	锯切二级	锯切三级	锯切四级
出材率要求		适于生产 1 级商用和较好级板材。其数量不少于净材积的 50%	适于生产 1 级商用和较好级板材，其数量不少于净材积的 $33\frac{1}{3}$ %	适于生产 2 级商用和较好级板材。其数量不少于净材积的 $33\frac{1}{3}$ %	这些原木的直径小于最低的毛直径要求，（或）其净材积小于锯切三级，但其净材积应不低于毛材积的 $33\frac{1}{3}$ %，亦不少于 10BF
最低限度的外部特征要求	毛直径	16in	12in	10in	
	毛长度	8ft	8ft	8ft	
	材表	75% 光滑	50% 光滑		

十一、其他树种

有一部分树种的原木没有相应的检尺和评等规则即按下列的"主要树种"（表 2-13）所述的规则进行：

表 2-13

主要树种规则	其他树种	
花旗松 Douglas fir（*Psuedotsugan menziesii*）	美洲扁柏 Port orford cedar（*Chamaecy paris Lawsoniana*）	
美国西加云杉 Sitka spruce（*Picea sitchensis*）	无其他树种	
加州铁杉 Western hemlock（*Tsuga heterophylla*）	银冷杉 White fir（*Abies concolor*）	加州冷杉 Shasta red fir（*Abies magnifica*）
	毛果冷杉 Alpine fir（*Abies Lasiocarpa*）	美丽冷杉 Pacific silver fir（*Abies amabalis*）
	北美冷杉 Grand fir（*Abies Grandis*）	壮丽红冷杉 Noble fir（*Abies Procera*）
	粗皮落叶松 Western larch（*Larix Occidentalis*）	黑铁杉 Mountain hemlock（*Tsuga mertensiana*）
北美红崖柏 Western red cedar（*Thuja Plicata*）	无其他树种	
阿拉斯加黄扁柏 Alaska（yellow）cedar（*Chamaecy paris nootkatensis*）	无其他树种	
黄松和糖松 Ponderosa pine & Sugar pine（*Pinus Ponderosa & Pinus Lambertiana*）	黑材松 Jeffrey pine（*Pinus jeffreyi*）	香肖楠 Incense cedar（*Libocedrus decurrens*）
加州山松 Western white pine（*Pinus monticola*）	瘤果松 Knob cone pine（*Pinus attenuata*）	扭叶松 Lodge pole pine（*Pinus Contorta*）
	恩氏云杉 Engelman spruce（*Picea engelmanni*）	布鲁尔云杉 Brewer spruce（*Picea breweriana*）

续表

主要树种规则	其他树种	
美国黑白杨 Cotton wood （*Populus trichocarpa*）	无其他树种	
红桤木 Red alder （*Alnus rubra*）	大叶槭 Maple （*Acea macrophyllum*）	太平洋杜鹃木 Madrone （*Arbutus menziesii*）
	短叶红豆杉 Yew （*Taxus brevi olia*）	密花石栎 Tanoak （*Lithocarpus densi orus*）
	俄勒冈州白蜡木 Oregon ash （*Fraxinus Oregona*）	栎属 Oaks （*Quercus* spp.）
	黄叶锥 Golden chinguapin （*Castanois chrysophylla*）	加州伞花桂 Oregon myrtle （*Umbellularia Californica*）
	桦木属 Birches （*Betula* spp.）	

仅限于商用的各无名的杂阔叶材可用本规则检尺。

第五节 质量等级的重点

原木等级主要是由原木本身规格和外观品质状况决定的。在外观品质相同的条件下，原木的规格越大，则等级越高。所以，决定原木等级高低的主要因素是：本身规格的大小和等级缺陷状况。笔者提出的等级缺陷是指那些在绝对量上虽不能做长度或直径扣尺，但对原木的外观品质或力学强度能产生一定影响的缺陷；或是做缺陷扣尺，难以弥补损失的缺陷。共同点是：这些缺陷的影响不是局部性的、浅区域的，而是通常延伸原木的大部分直至整根原木，因而是对原木的长度和直径均发生影响的缺陷。进口美国原木，三级锯材一般只允许一定比例，四级锯材和等外材一般是不允许的。

一、三级锯材

原木本身必须同时具备下列三个条件才能被评为三级锯材（No.3 sawmill）：
（1）毛直径 6～12in。
（2）毛长度至少 12ft。
（3）最小净材积 50BF。

由于品质问题，原木由二级锯材降到三级锯材的。即从规格上分，原木虽可定为二级锯材（即原木虽符合毛长度至少 12ft，毛直径 12～29in，最小净材积 60BF 的二级锯材条件），但有下列任一情况的，可降为三级锯材。
（1）原木上含有较多的、散布材身的直径大于 2.5in 的节子（健全节）。
（2）含有大量的、散布材身的直径大于 1.5in 的节子、节痕或树瘤。

（3）纹理倾斜度超过"规则"中所规定的限度。

二、四级锯材

原木本身具备下列条件之一者应评为四级锯材（No.4 sawmill）：
（1）毛直径小于6in。
（2）毛长度小于12ft。
（3）净材积小于50BF。

由于品质问题由三级锯材降为四级锯材的：即从规格上分，原木虽可定为三级锯材（毛长度至少12ft、毛直径6～11in，最小净材积50BF），但有下列任一情况的可降为四级锯材：
（1）含有较多的、散布材身的直径超过3in的节子（健全节）。
（2）含有大量的、散布材身的直径大于1.5in的节子、节痕或树瘤。

三、等外材

原木由于缺陷扣尺，其净材积与毛材积之比小于1/3者可评定为等外材（即废材）（cull）。如一原木的规格为：长度40ft、直径40in的材积为3010BF，因缺陷扣尺而变为：长度20ft、直径34in的材积为1000BF，则1000/3010＜1/3，应定为等外材。

四、等级评定注意事项

（1）在小径级原木上，如含有直径缺陷，按"规则"规定的扣尺幅度扣尺，不足以弥补损失的，可采取降等级处理。如一根规格为长度40ft、直径12in、材积为200BF的原木，因含有较多的节子而被视为"粗糙材"。按"规则"规定扣1in，但材积只下降10BF，事实上不足以弥补损失，则可考虑降为四级锯材。

（2）所谓的"降等不扣尺，扣尺不降等"，笔者认为：这只是指同一缺陷已做降等处理，就不能再作扣尺缺陷，而已作扣尺缺陷处理过的，即不能再作等级缺陷评定。对不同种缺陷应区分对等，原木上同时存在等级缺陷和扣尺缺陷的，可扣尺后再降等，直至降到废材。

第六节　重要概念

1. 旋切级

旋切级是原木的最高等级，且只有花旗松才有这种能分成三类的等级，即旋切一级、旋切二级和旋切三级。而以旋切级为最高等级的其他任何材种，其最高级只有一级，即旋切级。即其他材种的旋切级不能分成旋切一级、二级和三级。

2. 出材率

对每个等级的板材或单板所规定的出材率见规格说明的第一段。它规定了原木要达到的等级要求，必须出符合规定质量的板材或单板的最小净材积比例。

3. 最小净材积和毛材积比率

旋切级：50%；锯切特级：50%；锯切级：33%；等外级：少于33%。

4. 材表光滑

材表光滑是指某根原木或原木段的整个外表区域中的某一部分，根据原木的一定等级要求，没有任何节子、节痕和树瘤等。材表象限法是确定原木材表光滑程度的最好方法，或表示为占原木长度的百分比。即材表光滑所占的比例可通过分别检验原木的4个象限最确切地确定。例如，沿原木1/4象限材表，如果每隔一定的间隔便出现几个节子和少量节痕，则该根原木可定位为75%材表光滑。如果节子或节痕分布在一根长32ft的原木顶端的8ft范围内，材表75%光滑仍成立。另一个例子是，如果原木长40ft，在顶端8ft范围1/2象限内有些节子或节痕，那么，该根原木为90%光滑。

5. 检量圆柱体，最大检尺长

检量圆柱体是一个设想的圆柱体，它以原木小头树皮内的直径作为圆柱体的直径，并以它延伸到整根原木的长度为圆柱体长。

最大检尺长是指原木的最大的名义长度，这种原木具有单一直径的检量圆柱体。在现行规则中，最大的检尺长度规定为40ft。

6. 节痕

必须是已经长出来显示在原木表面的节痕。可测出节痕的心部区域来表示其大小。

7. 虫眼

针孔状虫眼：直径不超过1/16in。

小虫眼：直径不超过1/4in。

大虫眼：直径在1/4in以上。

在检量有虫眼的原木时，检尺员应该记住各种板材等级对虫眼的允许限度。

8. 节子

针节：直径不超过1/2in。

小节：直径在1/2in以上，但不超过3/4in。

中等节：直径在3/4in以上，但不超过3/2in。

大节：直径超过3/2in。

健全节：是指还未发生腐朽，与周围木质紧密相连的节子。

松节或死节：与周围木质的连接不坚固，在作为建筑级用材的所有树种（松木除外）中，其大小的允许限度是活节的1/2。

簇生节：是指原木上的两个或两个以上的挤在一起的节子。

节子首先是等级缺陷，其次才是检尺问题，且只有当节子是如此之大且多，以至影响到了检量圆柱体时才予以考虑。

9. 正常变色

正常变色是指健全材区内的变色，尚未变到须扣尺的程度。这只属于一种评等缺陷，而不作为材积检量缺陷。

10. 木纹斜率、年轮

木纹斜率应在离原木两端等距离的、纵向长为 6ft 范围内测量。量得的尺寸就代表整根原木的木纹斜度。

年轮数的测定应在原木大小头外部，占相当于 50% 毛材积的范围内查定。

第七节　实践中得出的出材率规则

1. 原木端面环形区划

外部 = 原木 1/3 直径外部，中部 = 原木 1/3 直径中部，内部（心部）= 原木 1/3 直径内部

2. 板材出材率和长度

由于直径扣尺，其相应扣掉的净材积可从下列各公式中近似地得出：6/10D= 该原木材积的 1/3，7/10D+1in= 该原木材积的 1/2，8/10D+1in= 该原木材积的 2/3，上式中 D 为直径。

板材长度：板材长度除经特殊服务里规定检尺长可在 8ft 以下，板材的出材率是以长度为 8ft 或 8ft 以上为基础的。

3. 胶合板的出材率

原木外部，1/6 原木直径厚度约占总材积的 50%。原木外部，1/10 直径厚度约占总材积的 35%。

在运用这一重要的规则时，要了解原木周边 1/6 直径厚度等于原木总直径的 1/3，同样，原木周边 1/10 直径等于 1/5 原木总直径。

4. 原木材积的估算、斯克莱布诺公式（近似）

按下列公式可以近似地算出一根原木的斯克莱布诺检尺材积：

$$V = \frac{D^2 - 3D}{10} \times \frac{L}{2}$$

式中：D——直径，in；

　　　L——长度，ft；

　　　V——材积，BF。

5.7 种直径原木的毛材积速算

（1）直径 12in：$V = \frac{1}{2} L\star \times 10$，$ME$= 无。（★：从非偶数长度中去掉 1ft）

（2）直径 16in：$V = L \times 10=$，ME= 无。

（3）直径 19in：$V = 1\frac{1}{2} L \times 10$，$ME$= 无。

（4）直径 24in：$V = \frac{1}{4} L \times 100$，$ME$=10BF。

（5）直径 34in：$V = \frac{1}{2} L \times 100$，$ME$= 无。

（6）直径 39in：$V=7L\times 10$，$ME=$ 无
（7）直径 46in：$V=L\times 100$，$ME=40BF$。

式中：L——原木长度；

V——板英尺材积；

ME——最大误差。

上述 7 种原木直径的毛材积的速算，是检尺人员在还未得出精确的检尺尺寸之前，就能知道大多数原木的近似板英尺材积。并且这些公式将有助于检尺员记住斯克莱布诺材积表中常用的材积数。

6. 计算木纹斜率的扭转纹长

$$1SL = \left(\frac{SD+LD}{2}\times \pi\right)\div SOG$$

式中：SD——小头直径；

LD——大头直径；

π——3.14；

SOG——木纹斜度；

$1SL$——1 个扭转纹长。

第八节　重要验证

早在 20 世纪 80 年代，美国 SR 公司和 KB 公司在西安和徐州，对上述检验方法做了解剖试验后，予以肯定。

美国最大的木材检验局（PS）曾派主任检验员来华与国检局举行联合复验 654 根原木，结果见表 2-14：

表 2-14

645 根原木	缺陷扣尺率
美方原检验结果	2.4%
中方验收结果	3.4%
联合复验结果	3.2%

因联合复验与我方验收结果误差只有 0.2%，从而接受了我方的检验方法与结果。

美国最大的木材出口商 WY 公司，在上海举办了检验技术交流会，来自全国商检和木材系统的 60 多名技术骨干参加了交流会，美方精心挑选了 50 根含有各种缺陷的原木，将于会人员分成 4 组分别检验这 50 根原木，并将检验结果与美方进行比较，结果见表 2-15。从表中可以看出，仅国检局所在的第二组按照本文所规定的方法实施检验所得出的缺陷扣尺率与美方的相差 +0.8%，而其他 3 个组的扣尺率分别比美方的少扣 3%、2%、2.6%，超过了美国检验局规定的缺陷扣尺率最大误差不超过 ±1.5% 的规定。

表 2-15

检验结果	美方	一组	二组	三组	四组
毛板英尺 /BF	20250	19570	20380	19640	19940
净板英尺 /BF	18980	18930	18930	18790	19210
扣尺数 /ft	1270	640	1450	850	730
扣尺率 /%	6.3	3.3	7.1	4.3	3.7

附 件

附件 2-1　　　　　　　　　　　　附件 2-2

附件 2-3

第三章

加拿大针叶原木

进口加拿大针叶原木一般使用的标准是《大不列颠哥伦比亚公制检验规则》(*The British Columbia Metric Scale*)，该规则是官方制定的检尺法。其检验技术细节是按照2011年11月1日版的《检尺手册》(*Scaling Manual*)进行的。

在加拿大由于出口原木涉及交税、森林更新、砍伐审批等监管需要，所以发货人必须向政府林业主管部门提交按照上述标准检验得出的原木的材积（单位：m^3）结果供政府主管部门核查核销、收取税收、批准出口等。

进口加拿大原木国内进口商也有按照美国官方检验标准实施进口检验的。

第一节 尺寸检量和材积计算

一、长度检量

（一）检量部位

长度检量以米为单位。检量与中轴线相垂直的2个面之间的距离，该面以原木大小头两端面的几何中心为着落点。（图3-1）

（二）检量和进位方法

长度检量以0.1m进位，精确到0.05m。对带有0.05m的尾数，应进位到最近的偶数。如检量一根原木的长度为12.34m，应计为12.3m；如在12.35m则计为12.4m；12.25m应计为12.2m。

（1）长度检量应舍去小头直径不足10cm的部分（破开材厚度不足10cm部分）。（图3-2）

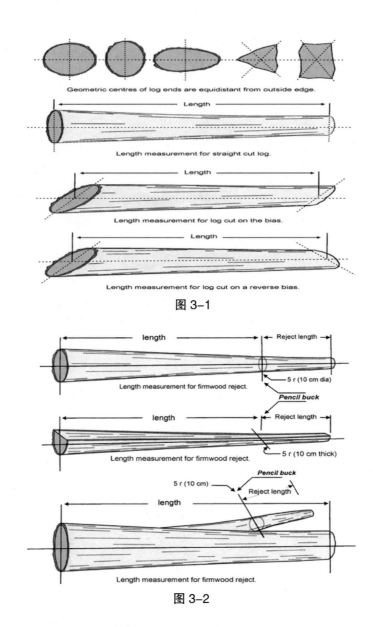

图 3-1

图 3-2

（2）端头破碎应该从中间处开始检量长度。（图 3-3）

（3）端头劈开的应该从直径（厚度）10cm 处开始检量长度。（图 3-4）

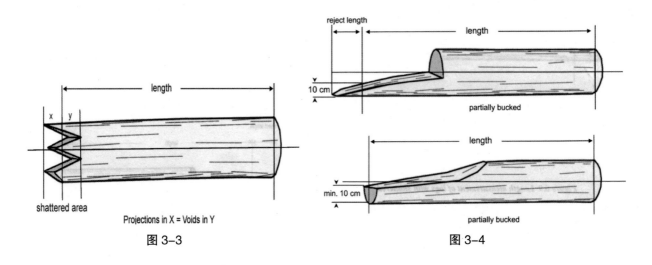

图 3-3

图 3-4

（4）叉枝材的检量。（图3-5）

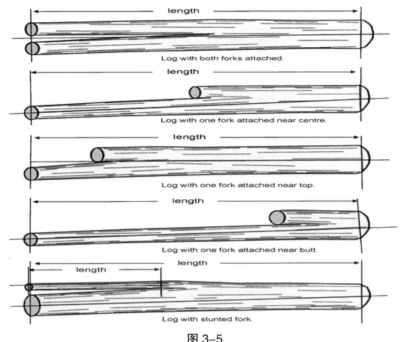

图3-5

①具有2个等长度的叉枝材，只检量一个（次）长度。
②有一个叉枝且靠近中部的，只检量主干长度。
③有一个叉枝且靠近小头部位的，只检量主干长度。
④有一个叉枝且靠近根部的，只检量主干长度。
（5）弯曲原木延材身检量长度。（图3-6、图3-7）

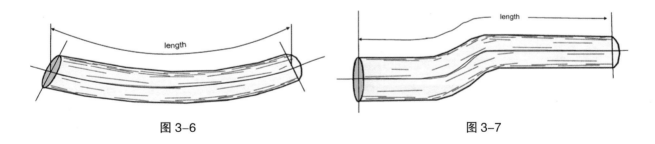

图3-6　　　　　　　　　　　　　　图3-7

二、直径检量

（一）检量部位
在原木的两端以及在与中轴线相垂直的面上检量通过端面几何中心、垂直、不带皮检量。

（二）检量和进位方法
（1）如果原木不成圆形，例如椭圆形，则垂直检量原木一端的短径和长径，以厘米（cm）计、取其平均值，当平均值正好带有0.5cm的小数时，应进位到最近的偶数。如24.5m计为24m；25.5m计为26m。

（2）检量时应该避开端面的凹陷、凸出等不正常部位。（图3-8）

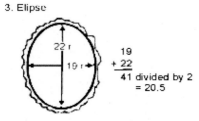
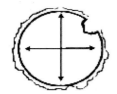
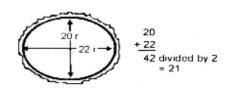
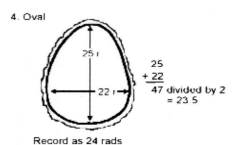

图3-8

（3）如果原木端面不规则、不成型，应多检量几次直径，取其平均值。

（4）当检验有根肿的原木时，应根据原木本身的锥度来决定原木大头的直径，将根肿除去。（图3-9）

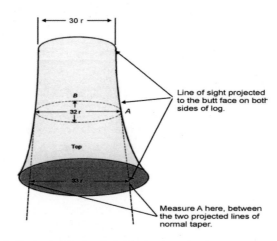

图3-9

三、材积计算

（一）斯马林公式

大不列颠哥伦比亚原木检验标准（公制）用于计算原木的材积公式是来自于斯马林公式，即原木的材积等于原木的小头面积与大头面积之和除以2，并乘以原木的长度。

$$V = \frac{A_1 + A_2}{2} \times L$$

式中：V——原木的材积，m^3；
　　　A_1——原木小头的面积，m^2；
　　　A_2——原木大头的面积，m^2；
　　　L——原木的长度，m。

注：原木的材积保留3位小数。

具体的计算方法如下：

（1）测量原木的长度以米（m）为单位，并需分别测量原木两头的平均直径。测量尺的读数是厘米（cm），测出的结果应是半径，而不是直径。

（2）计算原木两端面积的单位为平方米（m^2），见下列公式：

$$A = \frac{r\pi^2}{10000}$$

式中：A——面积，m^2；
　　　r——半径，cm；
　　　π——3.14；

（3）把两端的面积相加除以2。

（4）最后乘以长度，得出立方米。

（二）斯马林材积计算公式

$$V = \left(r_1^2 + r_2^2\right) \times L \times 0.0001570796$$

式中：V——原木的体积，m^3；
　　　r_1——原木小头的半径，m；
　　　r_2——原木大头的半径，cm；
　　　L——原木的长度，m；

例：一根原木的长度为10.0m，小头半径为9cm，大头半径为11cm，则材积为：

$$V = (9^2 + 11^2) \times 10.0 \times 0.0001570796 = 0.317 m^3$$

第二节　等级评定

原木等级标准是依据其规格的大小、出材率的多少以及材表光滑度、纹理倾斜度、年轮的多少等品质指标来检验评定的。现将各等级中相同、相似及不同部分整合如下，便于对比记忆。

一、加拿大铁杉、冷杉等级检验标准

原木必须同时符合下列规格和质量要求,才能被评为相应的等级:

1. 长度 5m 及以上、半径 33cm 及以上;毛材积至少 75% 可出商用级板材,其中净材出材率至少 50% ································· 铁杉、冷杉 1 级板材(D)

1. 长度 5m 以上、半径 25cm 及以上;毛材积至少 75% 可出商用级板材,其中净材出材率至少 25% ································· 铁杉、冷杉 2 级板材(F)

1. 长度 5m 及以上、半径 19cm 及以上;毛材积 75% 可出成材,其中商用级出材率至少 65% ································· 铁杉、冷杉 2 级锯材(H)

另外,D、F 级或半径 25cm 及以上,毛材积至少 50% 可出商用级板材,并且净材出材率至少 25% ································· 云杉、铁杉锯材 2 级(H)

1. 长度 3.8m 及以上、半径 19cm 及以上;毛材积至少 75% 可出板材,其中商用级板材出材率至少 50% ································· 铁杉、冷杉 3 级锯材(I)

另外,H 级,长度 5m 及以上,半径 19cm 及以上,低于 75% 但不少于 50% 的毛材积能生产板材,并且商用级板材出材率不少于 65% ································· 铁杉、冷杉 3 级锯材(I)

1. 长度 5m 及以上、半径 8～18cm,毛材积至少 75% 可出板材,其中商用级板材出材率至少 50% ································· 铁杉、冷杉 4 级锯材(J)

1. 长度 5m 及以上,半径 5～7cm,毛材积至少 75% 能生产板材;或长度 5m 及以上,半径 8～18cm,毛材积 $66\frac{2}{3}$% 能生产板材;或长度 3.8m 及以上,半径 19cm 及以上,但不少于 50% 的毛材积能生产板材,并且商用级板材出材率不少于 35% ································· 铁杉、冷杉纸浆级(U)

2. 不允许子实体或子实体变色 ································· D、F

3. 年轮数每 2cm 不少于 6 个 ································· D、F

3. 年轮数每 2cm 不少于 5 个 ································· H

4. 半径 33～37cm 的原木,至少 90% 的材表是光滑的,在小头部位允许 10% 材面(2 边)或 20% 材面(1 边)允许出现少量分布合理的节子或节痕 ································· 铁杉、冷杉 1 级板材(D)

半径 38cm 及以上的原木,至少 80% 的材表是光滑的,在小头部位允许 20% 材面(2 边)或 40% 材面(1 边)允许出现少量分布合理的节子或节痕 ································· 铁杉、冷杉 1 级板材(D)

4. 半径 25～32cm 的原木至少 75% 的材表是光滑的,在小头部位允许 25% 材面(2 边)或 50%(1 边)上出现少量分布合理的节子或节痕 ································· 铁杉、冷杉 2 级板材(F)

4. 半径 33cm 及以上的原木至少 50% 的材表是光滑的,在小头部位允许 50% 材面(2 边)或 75%(1 边)上出现节子或节痕 ································· 铁杉、冷杉 2 级板材(F)

4. 半径 19～24cm 的原木,在小头部位 50% 材面上,允许出现直径不超过 5cm 的分布合理的节子;或全材身出现分布合理的、直径不超过 4cm 的节子 ································· 铁杉、冷杉 2 级锯材(H)

半径 25cm 及以上的原木上,在小头部位 50% 材面上,允许偶尔出现直径不超过 8cm 的节子;或在小头部位 $66\frac{2}{3}$% 材面上,允许出现分布合理、直径不超过 5cm 的节子;或全材身出现分布合理的、直径不超过 4cm 的节子 ································· 铁杉、冷杉 2 级锯材(H)

4. 根据原木半径大小，最大节子直径不超过：

半径 19～24cm，节子直径不超过 8cm ···**I**

半径 25～37cm，节子直径不超过 9cm ···**I**

半径 ≥38cm，节子直径不超过 10cm ···**I**

半径 8～13cm，节子直径不超过 4cm ···**J**

半径 14～18cm，节子直径不超过 6cm ··**J**

半径 5～7cm，节子直径不超过 4cm ··**U**

半径 8～13cm，节子直径不超过 6cm ···**U**

半径 14～18cm，节子直径不超过 8cm ··**U**

半径 19～24cm，节子直径不超过 10cm ···**U**

半径 25～37cm，节子直径不超过 12cm ···**U**

半径 ≥38cm 节子直径不超过 14 cm ··**U**

5. 最大扭转纹：在超过 30cm 长度上，最大允许不超过直径的 4%，最大偏差不超过 6cm ·············**D、F**

5. 最大扭转纹：在超过 30cm 长度上，最大允许不超过直径的 7%，最大偏差不超过 8cm ················**H**

5. 最大扭转纹：在超过 30cm 长度上，最大允许不超过直径的 10%，最大偏差不超过 9cm ················**I**

5. 最大扭转纹：在超过 30cm 长度上，不得超过直径的 10%；···**J**

5. 最大扭转纹：在超过 30cm 长度上，不得超过直径的 13%，最大偏差不超过 13cm ······················**U**

6. 囊腐是允许的，但是在冷杉中囊腐只限于在心部 1/3 半径范围内 ···**D、F**

7. 甲虫虫沟、树瘤、根腐、根裂、裂纹、弯曲、根肿、心腐、囊腐、边腐、开裂、劈裂、轮裂等其他缺陷，只要不含这些缺陷的原木段能满足等级要求，是允许的 ····································**D、F**

7. 根腐、根裂、裂纹、子实体、子实体变色、树瘤、心腐、松节、超大节、囊腐、腐朽节、边腐、开裂、劈裂、弯曲等缺陷，只要不含这些缺陷的原木段能满足等级要求，就是允许的 ················**H、I、J、U**

二、加拿大红崖柏等级检验标准

下列等级检验标准适用于加拿大红崖柏原木。

（一）板材和锯材等级标准

1. 长度 5m 及以上、半径 30cm 及以上的原木，或板料长度 5m 及以上、半径 25cm 及以上、厚度 38cm 及以上，毛材积至少 75% 可出商用级板材，其中净材出材率至少 50% ····················**红崖柏 1 级板材（D）**

1. 长度 5m 以上、半径 60cm 以上的原木；毛材积至少 $66\frac{2}{3}$ % 可出商用级板材，其中净材出材率至少 50% ··**红崖柏 1 级板材（D）**

1. 长度 5m 及以上、半径 25cm 及以上的原木，或板料长度 5m 及以上、半径 25cm 及以上、厚度 38cm 及以上，毛材积至少 75% 可出商用级板材，其中净材出材率至少 25% ················**红崖柏 2 级板材（F）**

1. 长度 5m 及以上、半径 19cm 及以上的原木；毛材积至少 75% 可出板材，其中商用级出材率至少 65% ··**红崖柏 2 级锯材（H）**

1. 长度 3.8m 及以上、半径 19cm 及以上的原木；毛材积至少 75% 可出成材，其中商用级出材率至少 50% ··**红崖柏 3 级锯材（I）**

1. 长度 9.8m 及以上、半径 25cm 及以上的原木；毛材积至少 50% 可出板材，其中商用级出材率至少 50%··**红崖柏 3 级锯材（I）**

另外，H 级，长度 9.8m 及以上、半径 19cm 及以上原木，毛材积至少 50% 可出商用级板材，其中商用级板材出材率至少 65%··**红崖柏 3 级锯材（I）**

1. 长度 5m 及以上、半径 8～18cm 以上的原木，毛材积至少 75% 可出板材，其中商用级出材率至少 50%··**红崖柏 4 级锯材（J）**

2. 不允许粉末状虫蛀··**D、F、H**

2. 半径 30～37cm 的原木，至少 75% 的材表是光滑的，在小头部位允许 25% 材面（2 边）或 50% 材面（1 边）上出现节子或节痕··**D**

2. 半径 38cm 及以上的原木，至少 $66\frac{2}{3}$% 的材表是光滑的，在小头部位允许 $33\frac{1}{3}$% 材面（2 边）或 $66\frac{2}{3}$%（1 边）上出现节子或节痕··**D**

2. 半径 25～29cm 的原木，不允许出现节子或节痕··**F**

2. 半径 30～37cm 以上的原木，至少 $66\frac{2}{3}$% 的材表是光滑的，在小头部位允许 $33\frac{1}{3}$% 材面（2 边）或 $66\frac{2}{3}$%（1 边）上出节子或节痕··**F**

2. 半径 38cm 及以上的原木，至少 50% 的材表是光滑的，在小头部位允许 50% 材面（2 边）或 75% 材面（1 边）上出现节子或节痕半径··**F**

2. 半径 19～24cm 的原木，在小头部位 50% 材面上，允许出现直径不超过 5cm、分布合理的节子；或全材身分布合理的、直径不超过 4cm 的节子··**H**

2. 半径 25cm 及以上的原木上，在小头部位 50% 材面上，允许偶尔出现直径不超过 8cm 的节子；或在小头部位 $66\frac{2}{3}$% 材面上、允许分布合理、直径不超过 5cm 的节子；或全材身分布合理的、直径不超过 4cm 的节子··**H**

2. 根据原木半径大小，最大节子直径不超过：

半径 8～13cm，节子直径不超过 4cm··**J**

半径 14～18cm，节子直径不超过 6cm··**J**

半径 19～24cm，节子直径不超过 8cm··**I**

半径 25～37cm，节子直径不超过 9cm··**I**

半径 ≥38cm，节子直径不超过 10cm··**I**

3. 最大扭转纹：在超过 30cm 长度上允许直径的 4%，最大偏差不超过 6cm··**D、F**

3. 最大扭转纹：在超过 30cm 长度上允许直径的 7%，最大偏差不超过 8cm··**H**

3. 最大扭转纹：在超过 30cm 长度上允许直径的 10%，最大偏差不超过 9cm··**I**

3. 最大扭转纹：在超过 30cm 长度上允许直径的 10%··**J**

4. 不定节、树瘤、夹皮、根腐、猫脸斑、裂纹、弯曲、冻裂、心腐、超大节、囊腐、边腐、开裂、劈裂等其他缺陷，只要不含这些缺陷的原木段能满足等级要求，是允许的··**D、F**

4. 夹皮、树瘤、根腐、猫脸斑、裂纹、心腐、超大节、囊腐、边腐、开裂、劈裂等其他缺陷，只要不含这些缺陷的原木段能满足等级要求，是允许的 ·· H

　　4. 粉末状虫蛀、夹皮、树瘤、根腐、猫脸斑、裂纹、心腐、超大节、松节、腐朽节、囊腐、边腐、开裂、劈裂等其他缺陷，只要不含这些缺陷的原木段能满足等级要求，是允许的 ································ I

　　4. 子实体、子实体变色、根肿、夹皮、树瘤、根腐、猫脸斑、裂纹、心腐、超大节、松节、腐朽节、囊腐、边腐、开裂、劈裂等其他缺陷，只要不含这些缺陷的原木段能满足等级要求，是允许的 ············ J

　　5. 粉末状虫蛀只允许在原木的一端出现，且其长度不超过原木长度的一半，而另外一半长度不允许出现明显的粉末迹象，如节子、或带有幼虫虫沟的材身裂 ·· I、J

（二）木瓦级标准

　　木瓦级原木是指含有少量的比锯材级原木大的节子，其节子的分布适合加工木瓦块。木瓦级原木一般不是生产板材的首选，因为其所含有的节子的性质确定的或由于其形状的不规则，如根部膨大、心腐、夹皮、开裂、腐朽节或这些缺陷的组合。①木瓦级的规则是不需要考虑板材出材率。检尺员是根据生产木瓦的需要判断出材率比例。②一些存在严重缺陷的柏木应该纳入木瓦级遮板级。③D级品质的原木，其板材出材率低于75%的，列为K级。此外，半径为60cm或以上的，如果板材出材率低于$66\frac{2}{3}$%的，也列为K级。④F级品质的原木，其板材出材率低于75%的，列为L级。此外，半径为25～29cm的，如果板材出材率低于75%的，列为K级。

　　其他应该考虑的因素是指，有缺陷的原木既可以评为锯材级，也可以评为木瓦级。但下列类型的原木应该首先考虑评为木瓦级：①长度小于7.8m的、一端有破损的原木。②长度小于9.8m的、两端有破损的原木。③长度9.8m、含有50%～74%的板材出材率的原木是最适合木瓦级的，能满足L级的要求。④长度小于12.8m、低于75%板材出材率、两端含有严重缺陷的原木。

　　1. 原木长度3.8m及以上、半径25cm及以上，或板料3.8m及以上、半径25cm及以上、厚度38cm及以上，毛材积至少50%能生产木瓦或遮板，其中75%的木瓦或遮板为净板 ············ **红崖柏木瓦1级（K）**

　　1. 原木长度3.8m及以上、半径19cm及以上，或板料3.8m及以上、半径19cm及以上、厚度26cm及以上，毛材积至少50%能生产木瓦或遮板，其中50%的木瓦或遮板为净板 ············ **红崖柏木瓦2级（L）**

　　1. 原木长度3.8m及以上、半径19cm及以上，或板料3.8m及以上、半径13cm及以上、厚度16cm及以上，毛材积至少50%能生产木瓦或遮板，其中25%的木瓦或遮板为净板 ············ **红崖柏木瓦3级（M）**

　　2. 半径25～29cm的原木，不允许出现节子或节痕 ·· K

　　2. 半径30～37cm以上的原木，至少75%的材表是光滑的，在小头部位允许25%材面（2边）或25%材面（1边）上出现节子或节痕 ·· K

　　2. 半径38cm及以上的原木，至少$66\frac{2}{3}$%的材表是光滑的，在小头部位允许$33\frac{1}{3}$%材面（2边）或$66\frac{2}{3}$%（1边）上出节子或节痕 ·· K

　　2. 原木至少50%的材表是光滑的，在小头部位允许50%材面（2边）或全材长（1边）上出现节子或节痕半径 ·· L

　　2. 60cm（30rads）以上的原木或板料允许大节存在，但节间距要充足、能确保生产出符合等级要求的净瓦块。大节节间距要有60cm，确保能生产瓦块，瓦块必须是1/4 ································ L

2. 原木至少 25% 的材表是光滑的，在小头部位允许 75% 材面（2 边）或全材长（1 边）和小头部位 50% 另一边上出现节子或节痕半径 ⋯⋯⋯⋯⋯⋯⋯⋯⋯⋯⋯⋯⋯⋯⋯⋯⋯⋯⋯⋯⋯⋯⋯⋯⋯⋯⋯⋯⋯⋯⋯⋯⋯⋯ **M**

2. 50cm（25rads）以上的原木或板料允许大节存在，但节间距要充足、能确保生产出符合等级要求的净瓦块。大节节间距要有 60cm，确保能生产瓦块，瓦块必须是 1/4 ⋯⋯⋯⋯⋯⋯⋯⋯⋯⋯⋯⋯⋯⋯⋯ **M**

3. 不允许粉末状虫蛀 ⋯⋯⋯⋯⋯⋯⋯⋯⋯⋯⋯⋯⋯⋯⋯⋯⋯⋯⋯⋯⋯⋯⋯⋯⋯⋯⋯⋯⋯⋯⋯⋯⋯⋯⋯⋯ **K、L、M**

4. 最大扭转纹：在超过 30cm 长度上允许直径的 4%，最大偏差不超过 6cm ⋯⋯⋯⋯⋯⋯⋯⋯⋯⋯⋯⋯ **K**

4. 最大扭转纹：在超过 30cm 长度上允许直径的 7%，最大偏差不超过 8cm ⋯⋯⋯⋯⋯⋯⋯⋯⋯⋯⋯ **L、M**

5. 夹皮、树瘤、根腐、猫脸斑、裂纹、心腐、超大节、囊腐、边腐、开裂、劈裂弯曲等其他缺陷，只要不含这些缺陷的原木段能满足等级要求，是允许的 ⋯⋯⋯⋯⋯⋯⋯⋯⋯⋯⋯⋯⋯⋯⋯⋯⋯⋯⋯⋯⋯⋯⋯⋯⋯⋯⋯⋯⋯ **K、L、M**

三、加拿大黄扁柏等级检验标准

下列等级检验标准适用于加拿大黄扁柏原木。

1. 长度 4m 及以上、半径 30cm 及以上的原木，毛材积至少 75% 可出商用级板材，其中净材出材率至少 50% ⋯⋯⋯⋯⋯⋯⋯⋯⋯⋯⋯⋯⋯⋯⋯⋯⋯⋯⋯⋯⋯⋯⋯⋯⋯⋯⋯⋯⋯⋯⋯⋯⋯⋯⋯⋯⋯ **黄扁柏 1 级板材（D）**

1. 长度 4m 及以上、半径 25cm 及以上的原木，毛材积至少 75% 可出商用级板材，其中净材出材率至少 25% ⋯⋯⋯⋯⋯⋯⋯⋯⋯⋯⋯⋯⋯⋯⋯⋯⋯⋯⋯⋯⋯⋯⋯⋯⋯⋯⋯⋯⋯⋯⋯⋯⋯⋯⋯⋯⋯ **黄扁柏 2 级板材（F）**

另外，D 级，长度 6.2m 及以上、半径 30cm 及以上的原木，毛材积少于 75% 但不少于 50% 可出商用级板材，并且净材出材率至少 50% ⋯⋯⋯⋯⋯⋯⋯⋯⋯⋯⋯⋯⋯⋯⋯⋯⋯⋯⋯⋯⋯⋯⋯ **黄扁柏 2 级板材（F）**

1. 长度 4m 及以上、半径 19cm 及以上的原木，毛材积至少 75% 可出板材，其中商用级出材率至少 65% ⋯⋯ **黄扁柏 2 级锯材（H）**

1. 长度 4m 及以上、半径 19cm 及以上的原木，毛材积至少 75% 可出板材，其中商用级出材率至少 50% ⋯⋯ **黄扁柏 3 级锯材（I）**

2. 半径 30～37cm 的原木，至少 75% 的材表是光滑的，在小头部位允许 25% 材面（2 边）或 50% 材面（1 边）上出现节子或节痕 ⋯⋯⋯⋯⋯⋯⋯⋯⋯⋯⋯⋯⋯⋯⋯⋯⋯⋯⋯⋯⋯⋯⋯⋯⋯⋯⋯⋯⋯⋯⋯ **D**

2. 半径 38cm 及以上的原木，至少 $66\frac{2}{3}$% 的材表是光滑的，在小头部位允许 $33\frac{1}{3}$% 材面（2 边）或 $66\frac{2}{3}$%（1 边）上出节子或节痕 ⋯⋯⋯⋯⋯⋯⋯⋯⋯⋯⋯⋯⋯⋯⋯⋯⋯⋯⋯⋯⋯⋯⋯⋯⋯⋯⋯⋯⋯⋯⋯⋯⋯⋯⋯ **D**

2. 半径 25～29cm 的原木，至少 75% 的材表是光滑的，在小头部位允许 25% 材面（2 边）或 50% 材面（1 边）上出现节子或节痕 ⋯⋯⋯⋯⋯⋯⋯⋯⋯⋯⋯⋯⋯⋯⋯⋯⋯⋯⋯⋯⋯⋯⋯⋯⋯⋯⋯⋯⋯⋯⋯ **F**

2. 半径 30cm 及以上的原木，至少 50% 的材表是光滑的，在小头部位允许 50% 材面（2 边）或 75%（1 边）上出节子或节痕 ⋯⋯⋯⋯⋯⋯⋯⋯⋯⋯⋯⋯⋯⋯⋯⋯⋯⋯⋯⋯⋯⋯⋯⋯⋯⋯⋯⋯⋯⋯⋯⋯⋯⋯ **F**

2. 半径 19～24cm 的原木，在小头部位 50% 材面上，允许出现直径不超过 5cm 的、分布合理的节子；或全材身分布合理的、直径不超过 4cm 的节子 ⋯⋯⋯⋯⋯⋯⋯⋯⋯⋯⋯⋯⋯⋯⋯⋯⋯⋯⋯⋯⋯⋯ **H**

2. 半径 25cm 及以上的原木，在小头部位 50% 材面上，允许偶尔出现直径不超过 8cm 的节子；或在小头部位 $66\frac{2}{3}$% 材面上、允许分布合理、直径不超过 5cm 的节子；或全材身分布合理的、直径不超过 4cm

的节子 ·· **H**

 3. 最大扭转纹：在超过 30cm 长度上允许直径的 4%，最大偏差不超过 6cm ················· **D、F**

 3. 最大扭转纹：在超过 30cm 长度上允许直径的 7%，最大偏差不超过 8cm ······················ **H**

 3. 最大扭转纹：在超过 30cm 长度上允许直径的 10%，最大偏差不超过 9cm ······················ **I**

 4. 不定节、树瘤、夹皮、根腐、猫脸斑、裂纹、弯曲、冻裂、心腐、超大节、囊腐、边腐、开裂、劈裂等其他缺陷，只要不含这些缺陷的原木段能满足等级要求，是允许的 ·············· **D、F**

 4. 夹皮、树瘤、根腐、猫脸斑、裂纹、冻裂、心腐、超大节、松节、腐朽节、囊腐、边腐、开裂、劈裂等其他缺陷，只要不含这些缺陷的原木段能满足等级要求，是允许的 ················ **H、I**

 5. 根据原木半径大小，最大节子直径不超过：

 半径 19～24cm，节子直径不超过 8cm ··· **I**

 半径 25～37cm，节子直径不超过 9cm ··· **I**

 半径 ≥ 38cm，节子直径不超过 10cm ·· **I**

四、加拿大冷杉、松木等级检验标准

 松属没有旋切级。冷杉属、松属的分级标准是相同的，适用于加拿大卑诗省（BC 省）所有的松属树种。

 1. 长度 5m 及以上、半径 38cm 及以上，至少 75% 的毛材积可出商用级板材，其中净板出材率至少 50% ··· **冷杉、松木 1 级板材（D）**

 1. 长度 5m 及以上、半径 30cm 及以上，至少 75% 的毛材积可出商用级板材，其中净板出材率至少 25% ··· **冷杉、松木 2 级板材（F）**

 1. 长度 5.2m 及以上、半径 30cm 及以上，至少 80% 的毛材积可旋切单板 ········· **冷杉旋切 2 级（B）**

 1. 长度 5.2m 及以上、半径 19cm 及以上，至少 80% 的毛材积可旋切单板 ········· **冷杉旋切 3 级（C）**

 1. 长度 5m 及以上，半径 19cm 及以上，至少 75% 的毛材积可出板材；或半径 25cm 及以上，毛材积至少 50% 可出板材，其中至少 65% 可出商用级板材 ························· **冷杉、松木 2 级锯材（H）**

 1. 长度 3.8m 及以上，半径 19cm 及以上，至少 75% 的毛材积能生产板材；或半径 25cm 及以上，至少 50% 的毛材积能生产板材；其中商用级板材出材率不少于 50% ·········· **冷杉、松木 3 级锯材（I）**

 另外，H 级，长度 5m 及以上，半径 19～24cm 少于 75% 但至少 50% 的毛材积可出板材，其中商用级板材出材率不少于 65% ·· **冷杉、松木 3 级锯材（I）**

 2. 原木至少 90% 的材表是光滑的，允许小头部位 10% 材面（2 边）或 20% 材面（1 边）上出现少量分布合理的节子或节痕 ·· **冷杉、松木 1 级板材（D）**

 2. 半径 38cm 及以上的原木至少 80% 的材表是光滑的，允许在小头 20% 材面（2 边）或 40% 材面（1 边）上出现少量分布合理的节子或节痕 ··· **D**

 2. 半径 30～37cm 的原木，至少 75% 的材表是光滑的，允许小头部位 25% 材面（2 边）或 50%（1 边）上出现少量分布合理的节子或节痕 ······························· **冷杉、松木 2 级板材（F）**

 2. 半径 38cm 及以上的原木，至少 50% 的材表是光滑的，允许小头部位 50% 材面（2 边）或 75%（1 边）上出现少量分布合理的节子或节痕 ··· **F**

2. 半径 30～37cm 的原木，在根部 2.6m 内不得有节子或节痕 ········ **B**

2. 半径 38cm 及以上的原木，在根部 2.6m 以内不得有节子或节痕 ········ **B**

允许直径在 4cm 范围的束节 ········ **C**

2. 半径 19～24cm，在小头部位 50% 材面上不允许有直径超过 5cm 的节子，也不允许直径不超过 4cm 的合理分布在全材表的节子 ········ **H**

2. 半径 25cm 及以上，在小头部位 50% 材面上不允许有偶尔存在的直径超过 8cm 的节子，也不允许合理分布在小头部位 $66\frac{2}{3}$% 材表、直径不超过 5cm 的节子，或全材身分布合理的直径不超过 4cm 的节子 ········ **H**

3. 不允许出现子实体或子实体变色 ········ **D、F**

3. 囊腐（袋腐）允许在 1/3 半径心部 ········ **D、F**

3. 不允许心腐、子实体、子实体变色或囊腐 ········ **B、C**

4. 年轮数：每 2cm 不少于 6 个 ········ **D、F、B、C**

4. 年轮数：每 2cm 不少于 5 个 ········ **H**

5. 最大扭转纹：在超过 30cm 长度上最大允许直径的 4%，最大偏差不超过 6cm ········ **D、F**

5. 最大扭转纹：在超过 30cm 长度上最大允许直径的 7%，最大偏差不超过 8cm ········ **B、C、H**

5. 最大扭转纹：在超过 30cm 长度上最大允许直径的 10%，最大偏差不超过 9cm ········ **I**

6. 在半径 38cm 的原木端面上允许有 3 个小树脂囊，在半径 76cm 及以上的原木上允许有 6 个小树脂囊 ········ **D**

6. 在半径 30cm 的原木端面上允许有 2 个小树脂囊，在半径 76cm 及以上的原木端面上允许有 6 个小树脂囊 ········ **F**

6. 在半径 30cm 的原木端面上允许有 3 个小树脂囊，在半径 76cm 及以上的原木端面上允许有 7 个小树脂囊 ········ **B**

6. 在半径 19cm 的原木端面上允许有 2 个小树脂囊，在半径 76cm 及以上的原木端面上允许有 7 个小树脂囊 ········ **C**

7. 在树皮 8～20cm（4～10rads）之间不允许有环裂（整环或非整环）········ **D**

7. 允许环裂在树皮 8cm（4rads）内，但前提是环裂内的原木至少是 76cm（38rads）并且符合等级的其他要求 ········ **D**

7. 在树皮 8～20cm（4～10rads）之间不允许有环裂（半环及以上）；允许环裂在树皮 8cm（4rads）内但前提是环裂内的原木至少是 60cm（33rads）并且符合等级的其他要求 ········ **F**

7. 有一个半环但没有垂直于该半环的裂纹，或有一个整环但其直径不超过原木直径的 $33\frac{1}{3}$%，是允许的；在原木一端 $66\frac{2}{3}$% 直径外部允许一条裂纹；在原木两端 $33\frac{1}{3}$% 直径内部允许一条裂纹存在 ········ **B、C**

8. 除了甲虫外，其他虫孔不能超过边材部位 ········ **D、F、B、C、H**

9. 甲虫虫沟、根腐、树瘤、裂纹、弯曲、心腐、环裂、边腐、开裂、劈裂等其他缺陷，只要不含这些缺陷的原木段能满足等级要求，是允许的 ········ **D、F**

9. 根腐、裂纹、子实体、子实体变色、心腐、超大节、树脂囊、囊腐、环裂、边腐、开裂、劈裂、弯曲等缺陷，只要不含这些缺陷的原木段能满足等级要求，是允许的 ········ **H**

9. 叉节、根腐、裂纹、子实体、子实体变色、心腐、虫洞、脱落节、超大节、树脂囊、囊腐、环裂、腐朽节、边腐、开裂、劈裂、弯曲等缺陷，只要不含这些缺陷的原木段能满足等级要求，是允许的·········I

10. 长度小于 8m 的原木不允许出现根腐··B、C

10. 原木长度 8～10.4m，根腐直径不能超出去除根肿后根部直径的 $33\frac{1}{3}$%············B、C

10. 原木长度 10.4m 及以上，根腐直径不能超出去除根肿后根部直径的 50%···········B、C

11. 根部星状裂纹长度不能超过原木小头直径的一半··B、C

11. 在原木的任一端面，不允许有一个以上的心裂或劈裂，且不影响到半径外部的 25%。在原木两端各出现的一条裂纹被视为同条裂纹，是允许的···B

11. 在原木的任一端面，不允许有一个以上的心裂或劈裂，且不影响到半径外部的 25%；范围·········C

11. 一条不超过 45°的斜裂是允许的，但不能影响到半径外部 25% 范围·······················B、C

11. 带有一条裂纹的环裂是允许的，但必须是集中在原木的心部且不超过原木直径的 1/3···········B、C

11. 原木允许有边腐或晒裂，但深度不允许超过小头直径 4% 和最大深度不超过 5cm·······················B

11. 原木半径小于 25cm 的，不允许有边腐或晒裂；原木半径 25cm 及以上的，允许有边腐或晒裂，但深度不允许超过小头直径 4% 和最大深度不超过 5cm·······································C

12. 在原木的小头，偏心是允许的，但偏心的距离不得超过小头直径的 10%···········B、C

13. 不超过下列限度的单向弯曲（缓弯）是允许的：

原木长度 5.2～8m 以内允许 0.6m，长度小于 8m 的旋切级不必费心考虑缓弯造成的损伤·········B、C

原木长度 8～10.4m 以内允许 1.2m，对原木长度为 8～12.8m 的，要考虑一次缓弯造成的损失·········B、C

原木长度 10.4m 及以上的允许 2m，对原木长度 12.8m 以上的，要考虑 2 次缓弯造成的损失·········B、C

13. 不超过下列限度的陡弯和手枪型弯曲（靠近根肿原木大头的突然弯曲）是允许的：

在长度为 5.2～8m 的原木是不允许的··B、C

在长度为 8～10.4m 的原木上，允许 1.2m··B、C

在长度为 10.4m 及以上允许 2m··B、C

14. 原木长度 10.4m 及以上，允许加工裂、劈裂和端头破损，但这些缺陷能被消除、其长度相等于小直径···B、C

15. 每 2.6m 原木长度允许存在一个中等或大尺寸的树瘤··B、C

15. 不允许有直径超过 4cm 的节子，直径 4cm 以下的节子或节痕必须分布合理，允许直径 4cm 的叉节···B

15. 根据原木半径大小，最大节子直径不超过：

半径 19～24cm，节子直径不超过 8cm··I

半径 25～37cm，节子直径不超过 9cm··I

半径≥38cm，节子直径不超过 10cm··I

五、加拿大云杉等级检验标准

波浪纹或"马鬃纹"是云杉特有的一种纹理缺陷。如果原木上出现了一定量的波浪纹或是与螺旋纹相组合，原木就要降低等级。云杉 D、E、F 级允许轻微的波浪纹。G 级允许在大规格原木上出现略微严重的波浪纹。

1. 原木纹理好；长度 4m 及以上、半径 50cm 及以上；毛材积至少 75% 可出商用级板材，其中净板出材率至少 50%··云杉特 1 级（D）

1. 原木纹理好；长度 4m 及以上、半径 38cm 及以上；毛材积至少 75% 可出商用级板材，其中净板出材率至少 25%··云杉特 2 级（E）

另外，长度 6.2m 及以上、半径 50cm 及以上的 D 级材，毛材积低于 75% 但不低于 $66\frac{2}{3}$% 可出商用级板材，其中 50% 为净材··云杉特 2 级（E）

1. 长度 4m 及以上、半径 38cm 及以上的原木；毛材积至少 75% 可出商用级板材，其中净板出材率至少 50%···云杉 1 级板材（F）

1. 长度 4m 及以上、半径 30cm 及以上的原木；毛材积至少 75% 可出商用级板材，其中净板出材率至少 25%···云杉 2 级板材（G）

1. 长度 4m 及以上、半径 19cm 及以上的原木；毛材积至少 75% 可出板材，其中商用级出材率至少 65%···云杉锯材 2 级（H）

或者，D、E、F、G 级长度 4m 及以上，半径 30cm 及以上，低于 75%，但不少于 50% 的毛材积能生产商用级板材，并且净板出材率不少于 25%···H

1. 长度 4m 及以上、半径 19cm 及以上；毛材积至少 75% 可出板材，其中商用级出材率至少 50%···云杉锯材 3 级（I）

或者，H 级，低于 75%，但不少于 50% 的毛材积能生产板材，并且商用级板材出材率不少于 65%······I

或者，半径 25cm 及以上，至少 50% 的毛材积能生产板材，并且商用级板材出材率不少于 50%·········I

1. 黄扁柏和云杉长度 4m 及以上，所有其他针叶材树种长度 5m 及以上，半径 8～18cm，毛材积至少 75% 可出板材，并且商用级板材出材率不少于 50%··云杉锯材 4 级（J）

2. 不允许有子实体或子实体变色··D、E、F、G

3. 囊腐允许在 1/3 半径心部··D、E、F、G

4. 年轮数直径每 2cm 不少于 12 个···D、E

4. 年轮数直径每 2cm 不少于 6 个···F、G

4. 年轮数直径每 2cm 不少于 5 个··H

5. 半径 50～59cm 的原木，至少 90% 的材表是光滑的，在小头部位允许 10% 材面（2 边）或 20% 材面（1 边）上出现少量分布合理的节子或节痕··D

5. 半径 60cm 及以上的原木，至少 80% 的材表是光滑的，允许在小头部位 20% 材面（2 边）或 40% 材面（1 边）上出现少量分布合理的节子或节痕··D

5. 半径 38～49cm 的原木，至少 75% 的材表是光滑的，在小头部位允许 25% 材面（2 边）或 50% 材面（1 边）上出现少量分布合理的节子或节痕··E

5. 半径 50cm 及以上的原木，允许在小头部位 50% 材面（2 边）或 75% 材面（1 边）上出现少量分布合理的节子或节痕··E

5. 原木至少 90% 的材表是光滑的，在小头部位允许 10% 材面（2 边）或 20%（1 边）上出现少量分布合理的节子或节痕··F

5. 半径30～37cm的原木，至少75%的材表是光滑的，在小头部位允许25%材面（2边）或50%（1边）上出现少量分布合理的节子或节痕 ·· G

5. 半径38cm及以上的原木，至少50%的材表是光滑的，在小头允许50%材面（2边）或75%（1边）上出现少量分布合理的节子或节痕；或允许大的节子存在，但至少在75%材面上、大的节子之间能生产2.5m长的净板和工厂级板材 ·· G

5. 半径50cm及以上的原木，允许大的节子存在，但至少在50%材面上、大的节子之间能生产2.5m长的净板和工厂级板材 ·· G

5. 半径19～24cm的原木，在小头50%材面上，允许出现直径不超过5cm的、分布合理的节子；或全材身分布合理的、直径不超过4cm的节子 ·· H

5. 半径25cm以上的原木，在小头部位50%材面上，允许偶尔出现直径不超过8cm的节子；或在小头部位$66\frac{2}{3}$%材面上、允许分布合理、直径不超过5cm的节子；或全材身分布合理的、直径不超过4cm的节子 ·· H

6. 最大扭转纹：在超过30cm长度上允许直径的4%，最大偏差不超过6cm ·············· D、E、F、G

6. 最大扭转纹：在超过30cm长度上允许直径的7%，最大偏差不超过8cm ······························· H

6. 最大扭转纹：在超过30cm长度上允许直径的10%，最大偏差不超过9cm ······························ I

6. 最大扭转纹：在超过30cm长度上允许直径的10% ··· J

7. 小的树脂囊，在半径为50cm的原木上，允许有3个；在半径为76cm及以上的原木上，允许有6个 ·· D

7. 小的树脂囊，在半径为38cm的原木上，允许有2个；在半径为76cm及以上的原木上，允许有6个 ·· E

7. 小的树脂囊，在半径为38cm的原木上，允许有3个；在半径为76cm及以上的原木上，允许有6个 ·· F

7. 小的树脂囊，在半径为30cm的原木上，允许有2个；在半径为76cm及以上的原木上，允许有6个 ·· G

8. 除了甲虫虫沟，虫空不得超过边材部位 ·· D、E、F、G、H

9. 甲虫虫沟、树瘤、波浪纹理、根腐、心腐、边腐、裂纹、开裂、劈裂、弯曲、根肿等其他缺陷，只要不含这些缺陷的原木段能满足等级要求，是允许的 ·· D、E、F、G

9. 根腐、裂纹、子实体、子实体变色、心腐、超大节、树脂囊、囊腐、环裂、边腐、开裂、劈裂、弯曲等缺陷，只要不含这些缺陷的原木段能满足等级要求，就是允许的 ····································· H

9. 叉节、根腐、裂纹、子实体、子实体变色、心腐、虫洞、脱落节、超大节、腐朽节、树脂囊、囊腐、环裂、腐节、边腐、开裂、劈裂、弯曲等缺陷，只要不含这些缺陷的原木段能满足等级要求，是允许的 ·· I

9. 根腐、根裂、裂纹、子实体、子实体变色、根瘤、心腐、脱落节、超大节、腐朽节、囊腐、腐节、边腐、开裂、劈裂、弯曲等缺陷，只要不含这些缺陷的原木段能满足等级要求，就是允许的 ················ J

10. 根据原木半径大小，最大节子直径不超过：

半径8～13cm，节子直径不超过4cm ··· J

半径14～18cm，节子直径不超过6cm ·· J

六、实用级标准（除了冷杉和铁杉外，适用于所有针叶材树种）

1. 长度 5m 及以上，半径 5～7cm，毛材积至少 75% 可出板材；或半径 8～18cm，毛材积 $66\frac{2}{3}$ % 可出板材；或长度 3.8m 及以上、半径 19cm 及以上，毛材积至少 50% 可出板材，其中至少 35% 为商用级板材 ·················· **5 级实用级（U）**

1. 长度 3m 及以上，半径 5cm 及以上，毛材积至少 $33\frac{1}{3}$ % 可出板材，其中至少 35% 可出商用级板材 ·················· **6 级实用级（X）**

2. 根据原木半径大小，最大节子直径不超过：

半径 5～7cm，节子直径不超过 4cm ·················· **U、X**
半径 8～13cm，节子直径不超过 6cm ·················· **U、X**
半径 14～18cm，节子直径不超过 8cm ·················· **U、X**
半径 19～24cm，节子直径不超过 10cm ·················· **U、X**
半径 25～37cm，节子直径不超过 12cm ·················· **U、X**
半径 38～49cm，节子直径不超过 14 cm ·················· **U、X**
半径 50cm 以上，节子直径不超过 16 cm ·················· **U、X**

2. 半径 25cm 及以上的原木允许超大节的个数，每 3m 不超过 2 个 ·················· **X**

3. 最大扭转纹：在超过 30cm 长度上允许直径的 13%，最大偏差不超过 13cm ·················· **U、X**

4. 根腐、根裂、裂纹、子实体、子实体变色、扭曲、根瘤、心腐、脱落节、超大节、囊腐、腐节、边腐、开裂、劈裂、单向弯曲等缺陷，只要不含这些缺陷的原木段能满足等级要求，是允许的 ·················· **U、X**

七、实木等外级（适用于所有树种，等级代码 Z、树种代码 R）

符合下列条件之一的，即评为实木等外材：
（1）心腐或空洞贯穿原木全长、剩余实木材积小于原木毛材积的 50%。
（2）检尺员判断原木存在腐朽，其剩余净长度少于 1.2m。
（3）原木存在边腐或碳化，剩余实木大头直径不足 10cm。
（4）直径小于 10cm 的原木段或厚度小于 10cm 板料。

八、纸浆材标准（适用于所有针叶材树种）

原木等级标准低于上述实用级但高于实木等外级 ·················· **7 级纸浆材（Y）**

九、阔叶材树种和短叶红豆杉

下列标准条款适用于产自沿海的所有阔叶材树种和紫杉
1. 原木长度 2.6m 及以上、半径 5cm 及以上，毛材积至少 50% 能生产商用级板材。
2. 依据原木半径，影响板材等级生产的节子尺寸如下：

半径 5～7cm，节子直径不超过 4cm .... **锯材级（W）**
半径 8～13cm，节子直径不超过 6cm .... **锯材级（W）**
半径 14～18cm，节子直径不超过 8cm .... **锯材级（W）**
半径 19～24cm，节子直径不超过 10cm .... **锯材级（W）**
半径 25～37cm，节子直径不超过 12cm .... **锯材级（W）**
半径≥38cm，节子直径不超过 14cm .... **锯材级（W）**

3. 最大扭转纹：在超过 30cm 长度上允许直径的 10%，最大偏差不超过 9cm .... **W**

4. 不定节、叉节、根腐、根裂、裂纹、子实体、子实体变色、树瘤、心腐、脱落节、腐朽节、超大节、囊腐、边腐、开裂、劈裂、弯曲等缺陷，只要不含这些缺陷的原木段能满足等级要求，是允许的…… **W**

十、阔叶材纸浆材标准

原木等级标准低于上述锯材等级标准 W 但高于实木等外级 .... **Y 级纸浆材（Y）**

第四章

加拿大针叶原木内陆分级标准

第一节 实木等外级——等级代码 Z（称重检尺，树种代码 R）

实木等外级规则适用于所有树种。当称重抽样检尺时，等级代码 Z 原木可以通过树种或字母 R 来识别。树种代码也用于件数的检尺中。

一、等级规则

原木特征要求如下：
（1）心腐或空洞贯穿原木全材长，剩余的实木材积不足原木毛材积的 50%。
（2）心腐导致原木净长度不足 1.2m。
（3）边腐或炭化导致剩余实木部分在原木大头部位的直径小于 10cm。
（4）直径小于 10cm 的原木段或板材的厚度小于 10cm。

二、等级规则的运用

（1）小于 10cm 的原木段或者板材的记录必须与原木的分开，并被评定为实木等外级。
（2）正确的树种输入总是针对件数检尺的全部等级，也可以录入称重检尺。对于称重检尺，字母 R 也可以用于样本。

第二节　小规格原木等级——等级代码 6

一、等级规则

原木等级高于实木等外级，该原木是砍伐直径小于最小直径要求、带有树皮的伐根原木。

二、等级要求

《大不列颠哥伦比亚公制检尺手册》第 9.2.2 节概述的标准必须严格遵守，例如：

（1）原木砍伐于小规格树木的判定：原木必须有明显的特征和症状，如有下砍伐口、根伐、伐木联合机砍伐的，以及其他带有大头的特征，不包括从大树上砍伐的顶端或中间段的原木。

（2）如果原木经过截齐、去除了根肿和下砍伐口，该原木就不再被评为小规格原木等级。

（3）外皮的检量必须在离大头面 15cm 处进行。对黑松原木，其外皮的最小直径必须小于 15cm，对其他树种则必须小于 20cm。

第三节　特级锯材——等级代码 1

一、等级规则

原木长度 2.5m 及以上，半径 10cm 及以上；或板料长度 2.5m 及以上，厚度和宽度 20cm 及以上（与年轮成直角检量）的规则如下：

（1）铁杉、柏木或冷杉原木或板料，至少 90% 的毛材积能加工成板材。

（2）其他树种，至少 75% 的毛材积能加工成板材，或 75% 的板材可用作商用级。

二、等级要求

（1）柏木板料不允许出现内腐或空洞缺陷。

（2）边腐、烧伤或炭化木（不含树皮）合计不允许超过原木圆周的 25% 或原木长度的 10%。

（3）不允许原木段上出现 5 个及以上贯穿边材或心材的虫孔。

（4）甲虫孔和材表虫沟是允许的。

（5）材表裂深段 4cm 或以上是不允许的。

（6）原木段上有长、宽、深为 2cm 的猫脸斑，列为降等级缺陷。

（7）髓心偏离原木几何中心 20% 以上是作为等级缺陷来考虑的。应原木缺陷对干形的影响长度达 2cm，列为等级缺陷。

（8）原木段上的扭转纹超过以下限度的列为等级缺陷。30cm 材长上最大扭转纹超过原木直径的 7%，从最小偏离 2cm 到最大偏离 6cm。

（9）根据原木半径，不影响该等级加工出商用级板材要求的最大节子直径见表 4-1。

表 4-1

原木半径 /cm	节子直径 /cm
5～7	2
8～13	3
14～18	4
19～24	5
25～37	6
≥38	7

（10）原木段上纵向测量节间距小于 30cm 的节子和从边上测量节心之间距离小于 10cm 的节子，作为等级缺陷，每 2.5m 长的原木允许 1 个节间距小于 30cm，或 1 个从边上测量的节心距离 10cm 的节子。这适用于所有 3cm 或超过 3cm 的节子。受节间距影响的原木段列为等级因素考虑。

（11）检尺手册上规定的其他缺陷，只要无缺陷的原木段能满足等级要求，是允许的。

第四节　锯材原木——等级代码 2

一、等级规则

原木长度 2.5m 及以上，半径 5cm 及以上，或板料长度 2.5m 及以上，厚度和宽度 15cm 及以上（与年轮成直角检量）的规则如下：

（1）对铁杉或柏木原木或板料，至少 75% 的毛材积能加工成板材。

（2）对冷杉原木，至少 67% 的毛材积能加工成板材。

（3）对其他所有的树种，至少 50% 的毛材积能加工成板材。

（4）对所有树种，至少 50% 的板材可用作商用级。

二、等级要求

（1）原木带皮率小于 50%（视觉估计误差 ±10%），且带有蓝变或甲虫虫沟，适用于下列条款：

①对半径为 5～7cm 的原木段，有 1 条或多条材表裂纹（深度 4cm 及以上），列为降等缺陷。

②对半径为 8cm 的原木段，含有 2 条或多条材表裂纹（深度 4cm 及以上），或有 1 条扭转裂纹（4cm 及以上深度）影响超过原木一个象限，列为降等缺陷。

③对半径为 9cm 的原木段，含有 3 条或以上的材表裂纹（4cm 及以上深度），或有 1 条扭转裂纹（4cm 及以上深度）影响到原木一个象限以上，列为降等缺陷。

④对半径等于和大于 10cm 的原木段，从直径中扣除 2cm 半径作为登记扣减。对半径等于或大于 10cm 的原木，如果仅存在有材表裂纹，是不能降等级的，必须出现检尺手册第 8 章中的其他缺陷，才能作为降等级缺陷。

（2）原木带皮率大于 50%（视觉评估误差 ±10%），且带有蓝变或甲虫虫沟，适用于下列条款：

①对半径为 5～7cm 的原木段，有一条或多条材表裂纹（深度 4cm 及以上），列为降等缺陷。

②对半径 8cm 及以上的原木段，含有 3 条及多条材表裂纹（深度 4cm 及以上）或含有 2 条扭转裂纹（4cm 及以上深度），影响范围超过 2 个象限，列为降等缺陷。

③对半径为 9cm 的原木段，含有 4 条及以上材表裂纹（深度超过 4cm）或 2 条扭转裂纹（4cm 及以上深度），影响范围超过 2 个象限，列为降等缺陷。

④对半径等于或大于 10cm 的原木段，材表裂纹是不能作为降等级缺陷的，除非出现了检尺手册第 8 章中规定的其他缺陷。

（3）原木段上的扭转纹超过以下限度的列为等级缺陷：30cm 材表上最大扭转纹超过原木直径的 15%，从最小偏离 4cm 到最大偏离 9cm。

（4）根据原木半径，不影响该等级加工出商用级板材要求的最大节子直径见表 4-2。

表 4-2

原木半径 /cm	节子直径 /cm
5～7	4
8～13	6
14～18	8
19～24	10
25～37	12
≥ 38	14

（5）半径 5～7cm 的原木段上，不允许任何超大的节子。

（6）检尺手册上规定的其他缺陷，只要无缺陷的原木段能满足等级要求，是允许的。

第五节　等外级板材——等级代码4

一、等级规则

原木或板料比锯材级低但比实木等外级高。

二、等级要求

不符合锯材2级（代码2）要求的原木或板材，列为本等级。但下列2种情况除外：
（1）符合实木等外级的定义和要求。
（2）砍伐出小规格原木等级的树木。

第五章

北美洲扒皮针叶原木检验方法和技术

进口北美带皮原木，由于涉及到货后需要在中国指定港口的检疫熏蒸处理，所以有些进口商选择了扒皮原木进口。

扒皮原木只要检疫合格就可以避免在港口熏蒸处理。但原木经在扒皮过程中，无论扒皮设备多先进，对原木的损伤是不可避免的，特别是对原木材表的损伤。这种机械损伤一是造成一定的材积损伤，二是对原木的保护和销售都带来了一定程度的影响。

出口前原发检尺通常是在扒皮前进行的，而货到中国后的验收检尺是在扒皮后进行的，常常带来了双方检尺上的较大误差，平均在 5% 左右。

如何对扒皮原木进行准确的检尺，目前尚没有检验标准可用。下述对扒皮原木的检尺方法是我们在实践中总结出来的，既符合相关检验标准的要求，也符合实际情况，被国外检验机构和发货人普遍认可。

第一节 直径检量方法

检量总原则：尽可能准确地检量原木完整的检尺圆柱体的直径。

一、避开法

避开法指在检量长、短直径时，尽量避开不正常部位检量，如避开毛边、凹陷、凸起部位。（图 5-1）

图 5-1

二、复圆法

复圆法指补齐法和去除法，即恢复到检尺圆柱体的正常直径检量。对凹陷、缺边的部位给予补齐。（图 5-2、图 5-3）

（1）扣除法：对毛边、喇叭口状、凸起的部位给予去除后检。（图 5-4、图 5-5）

（2）对检量直径时无法避开的裂缝，需要扣除裂缝宽度。（图 5-6）

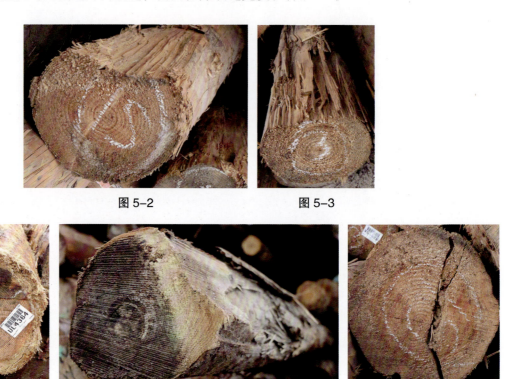

图 5-2　　　　　图 5-3

图 5-4　　　　　图 5-5　　　　　图 5-6

第二节　损伤缺陷的扣尺方法

一、直径扣尺

不影响检尺圆柱体的损伤、缺损等一般不给予扣尺。越靠近原木材身外表的缺陷对木材出材率的影响越大。

（1）原木直径外围 1/10 的厚度占据该根原木 35% 材积。

（2）原木直径外围 1/6 直径厚度等于 50% 的材积。

（3）扣直径：缺陷或损伤占据原木材表的一半以上或分散分布在材身，特别是分散在原木小头部位的，给予扣直径。（图 5-7、图 5-8）

图 5-7　　　　　　　　　　　　　　　　图 5-8

（4）直径扣尺方法可参照下面的端面五分法。（图 5-9）

下面举例说明实际运用：

例：一根 40ft×20in=700BF 的原木，如果扣直径 1in，则材积下降 122.5BF。即：

原木直径外围 1/10 的厚度：1/10×20in=2in

原木直径外围 1/10 的厚度占据该根原木 35% 材积：1/10=2in=35%×700=245BF

如果因为扒皮损伤扣 1in，原木就变成 40ft×19in=600BF；即材积下降 100BF。

所以，扣 1in 就相当于 1/20×20=1in=17.5%×700=122.5BF；即原木直径 1/20 外围。

但如果是扣长度，则材积下降如下：

扣长度 1ft：680BF，下降 20BF

扣长度 2ft：660BF，下降 40BF

图 5-9　　　　　　　　　　图 5-10

扣长度 3ft：650BF，下降 50BF

（5）扣直径或扣长度可参照下面的端面三分法。（图 5-10）

例：40ft×12in=200BF 的原木

1/6 =2in=50%×200=100BF

扣 1in：40ft×11in=180BF；下降 20BF

1/12 =1in= 25%×200=50BF

如果是扣长度，则材积分别下降如下：

扣长度 1～2ft：190BF，下降 10BF

扣长度 2～3ft：190BF，下降 10BF

扣长度 3～4ft：180BF，下降 20BF

（6）要明确扣原木直径 1ft 或长度对不同规格原木材积的影响大小是不同的。（表 5-1）

（7）可参照粗糙材的直径扣尺方法。（表 5-2）

表 5-1

原木直径范围 /in	扣 1ft/BF	扣 1in/BF
6～11	0	10～30
12～17	10	50
18～23	20	100
24～29	30	100
30～35	50	150

表 5-2

原木直径（包括）/in	直径扣尺 /in
6～15	1
16～25	2
26～35	3
36～45	4
46 及以上	按检尺员的判断扣尺

二、扣长度或降等级

（1）扣长度：扒皮造成的局部损伤、缺损并集中在原木材身的一段部位，特别是在大头部位，但其他大部分部位是完整的，可适当扣减长度。（图 5-11、图 5-12）

图 5-11

图 5-12

（2）降等级：一般可由锯材三级下降为四级、四级下降为等外材。（图 5-13、图 5-14）

图 5-13

图 5-14

第六章

新西兰、澳大利亚和智利辐射松原木

进口辐射松原木（新西兰、澳大利亚和智利等）一般是使用日本农林标准（Japnese Agriculture And Forestry Standard，JAS）进行原木的尺寸检量、材积计算。

但对原木等级的检验划分，现在越来越使用本章第三节中的澳大利亚辐射松等级评定方法（这是笔者根据日常检验实际经验归纳、分类而来）。该方法其实是企业内部标准，大家都这样延用下来、约定俗成。

第一节　尺寸检量和材积计算

一、长度检量

以 20cm 为一个增进单位，不满一个增进单位的尾数不计，但是对 1.8～3.6m 的，保留 1.9m、2.7m、3.3m。如 3.3～3.39m，计为 3.3m。

对 3.6～12.6m 的，保留 3.65m、3.8m、4.3m。如 4.3～4.39m，计为 4.3m；3.65～3.79m 的，计为 3.65m；3.8～3.99m 的，计为 3.8m。

二、直径检量

检量小头的最小直径，小径材以 1cm 为一个增进单位，其他木材以 2cm 为一个增进单位，不满一个单位的尾数舍去不计。但是，最小直径自 14cm 以上的原木，与其相垂直的另一条直径的差自 6cm 以上的（最小直径在 40cm 以上的原木，长、短径之差自 8cm 起），则每差 6cm、8cm，就将最小直径加 2cm 作为原木直径。

三、材积计算

原木材积用下列公式求得：
（1）长度不足 6m 的原木：

$$V = D^2 \times L \times 1/10000$$

式中：D——原木直径，cm；
　　　L——原木长度，m。

（2）长度自 6m 以上的原木：

$$V = [D + (L' - 4)/2]^2 \times L \times 1/10000$$

式中：D、L——上式相同；
　　　L'——除去不足 1m 尾数的原木长度，m。

（3）木材材积

以立方米（m³）为单位。当其数值在小数点第 3 位有尾数时，可在小数第 4 位四舍五入。但是，当小数在第 3 位无有效数字时，应将小数第 5 位四舍五入到第 4 位。

四、空心体积

空心体积（以空洞为标准，包括腐朽）从木材的材积中扣除。但是，空洞直径小于横断面直径 20% 的原木以及小径原木的空心，不予扣除。

空心的直径：指空洞的平均直径（即最大直径和与其成直角的另一直径的平均值）。空心延伸到根肿部分时，应扣除根肿部分测定平均径。

空心的体积，采用下面的公式求得：
（1）空心只在原木的一端时：

$$V = d^2 \times L \times 1/10000$$

式中：d——空心直径，cm，按前述规定的方法求得，以 2cm 进位，不足 2cm 的尾数舍去；
　　　L——木材长度，m。

（2）空心在原木的两端时：

$$V = d'^2 \times L \times 1/10000$$

式中：d'^2——木材两端空心直径的平均值，以 2cm 进位，不足 2cm 的尾数舍去；
　　　L——木材长度，m。

第二节　小、中、大材等级评定

一、小材

小材（直径不足 14cm 的）分为一等材和二等材。
（1）一等材：弯曲不超过 25%；其他缺陷不显著。

(2)二等材:超过一等材限度的。(表6-1)

表6-1

缺陷	等级要求	
	一等	二等
弯曲	不超过25%	超过一等限度的
其他缺陷	不显著的	超过一等限度的

二、中材

中材(直径不足30cm的)分为3个等级。(表6-2)

表6-2

缺陷	等级要求		
	一等	二等	三等
节子(长径不足1cm的节子除外)	符合下列各项中1项:①在3面以上的材面没有节子;②相邻两材面存在节子,长径在5cm以下	符合下列各项中1项:①在2材面存在节子;②在3面以上存在节子,长径在10cm以下	超过二等限度的
弯曲	一个弯曲,不超过10%	不超过30%	超过二等限度的
横断面裂缝或拔裂	不超过10%,但裂缝的深度应小于其横断面直径(粗制材为厚度)的1/3	不超过30%	超过二等限度的
轮裂(从横断面中心至材边9/10处以外的轮裂除外)	不超过10%	不超过30%,若存在重叠轮裂,其重叠部分限制在通过横断面中心直线一边	超过二等限度的
腐朽(仅限日本鱼鳞松、库页冷杉、日本花柏) 材面	无	在2面以下的材面存在,轻微的	超过二等限度的
雪松的树心部分各端20%以下的(腐朽除外)、虫眼或空洞 横断面	无	不超过30%	超过二等限度的
冻伤痕	无节子的材面没有,其他材面不超过5%	无节子的材面没有,其他材面不超过15%	超过二等限度的
其他缺陷	轻微的	不显著的	超过二等限度的

三、大材

大材(直径30cm以上)分为4个等级。(表6-3)

表 6-3

缺陷	等级要求			
	一等	二等	三等	四等
节子（长径不足 1cm 的除外）	在 3 面以上的材面没有节子	相邻 2 材面（雪松 2 个材面）存在节子	符合下列各项中 1 项：①2 或 3 材面（雪松 3 个材面）存在节子；②4 材面存在节子，长径在 15cm（扁柏是 10cm）以下；③4 材面存在；其中 2 或 3 个材面有长径在 10cm（扁柏 5cm）以下节子	超过三等限度的
弯曲	一个弯曲，不超过 5%（扁柏不超过 10%）	一个弯曲，不超过 10%（扁柏不超过 20%）	不超过 20%（扁柏不超过 30%）	超过三等限度的
横断面裂缝或拔裂	不超过 10%，其深度应小于横断面直径（粗制材为厚度）的 1/3	不超过 20%，其深度应小于横断面直径（粗制材为厚度）的 1/3	不超过 40%	超过三等限度的
轮裂（从横断面中心至材边 9/10 处以外的轮裂除外）	不超过 10%	不超过 20%	不超过 30%，若存在重叠轮裂，其重叠部分限制在通过横断面中心直线一边	超过三等限度的
腐朽（仅限鱼鳞松、库页冷杉、日本花柏）	材面 无	在 1 材面存在，轻微的	轻微的	超过三等限度的
雪松的树心部分各端 20% 以下的（腐朽除外）、虫眼或空洞	横断面 无	不超过 30%	不超过 50%	超过三等限度的
冻伤痕	无节子的材面没有，其他材面不超过 5%	无节子的材面没有，其他材面不超过 15%	不超过 30%	超过三等限度的
其他缺陷	极其轻微的	轻微的	不显著的	超过三等限度的

注：①没有弯曲、腐朽或空心的，而其他缺陷在 2 种以下，其缺陷程度都近于最小限度的，除相当于一等的以外，各提升 1 个等级。
②有 4 种以上缺陷，其缺陷程度近于最大限度的，除相当于四等的以外，各降低 1 个等级。

第三节 澳大利亚辐射松等级评定

澳大利亚辐射松等级评定见表 6-4。

表 6-4

指标要求		A 级	A40 级	K 级	KI 级	KM 级	KIS 级
规格要求		出口级大径级锯材原木；后备长度 10cm；最小平均直径 34cm，最小小头直径 30cm	属于出口大径级锯材原木，长度要求 10cm 后备余量；最小直径 40cm，最小平均直径 42cm	最小直径 20cm；长度后备余量 10cm；适合旋切的出口锯材级	最小直径 26cm；长度后备余量 10cm；工业锯材级	最小直径 10cm；长度余量 10cm；工业用锯材级，适合旋切或造纸	最小直径 10cm；后备长度 10cm；工业用锯材，适合旋切和造纸
质量要求	圆形度	最长径不超过最短径的 1.5 倍		必须是圆形		必须是圆形	必须是圆形
	弯曲度	长度 8.1m 以下的，不超过小头直径的 1/4；8.1m 以上的，不超过小头直径的 1/2	长度 6.1m 以下的原木不超过小头直径的 1/8	最大不超过原木直径的 1/4，适合旋切	最大不超过直径的 1/2，适合旋切		
	节子	小头直径的 1/3，最大 12cm，砍平的最大可以为 15cm；每 4m 长的原木允许 4 个直径超过 10cm 的节子	超过小头直径的 1/3，最大 12cm，砍平的不超过 15cm	3 个最大不超过 15cm 的节子（砍平），余下的评为：U1 级			
	条状节	每 6m 长原木最多允许 1 个直径不超过 10cm 的条状节		不超过 1/4 直径，最大 12cm			
	变色	无变色	木材加工时不允许出现变色	在木材加工时无变色	在木材加工时无变色		在木材加工时无变色
	髓心	在心部，不超过 1/3 直径		无			
	死节		无				
	腐朽	不允许	无	无		无	无
	夹皮		最深不超过原木直径的 1/20	最大 5cm		最大 15cm	
	偏枯等外伤	最深不超过直径的 1/8					

续表

指标要求		A 级	A40 级	K 级	KI 级	KM 级	KIS 级
质量要求	机械损伤		最深不超过原木直径的 1/20				
	开裂	最大 5cm	最大 10cm	最大 5cm		最大 12cm	
	凹槽	最大 5cm	最大 6cm				
	缺损	最大 5cm	无	最大 10cm	最大 10cm	最大 12cm	
	树瘤	1/4 原木直径，最大 10cm	无	最大 10cm	最大 10cm	最大 12cm	

数字内容

★第七章　热带阔叶原木分等规则
　　第一节　尺寸检量方法和要素
　　第二节　缺陷的扣分、分级和检验要素
　　第三节　缺陷的识别和扣分图解
　　第四节　"特殊条款"的检验要素

★第八章　巴布亚新几内亚阔叶原木
　　第一节　尺寸检量和材积计算
　　第二节　缺陷检量和扣尺

★第九章　马来西亚阔叶原木
　　第一节　沙巴原木
　　第二节　沙捞越原木

★第十章　欧洲山毛榉原木
　　第一节　尺寸检量和材积计算
　　第二节　质量分级标准
　　第三节　欧洲山毛榉的有关特性

★第十一章　印度尼西亚阔叶原木
　　第一节　规格检量和材积计算
　　第二节　等级评定

★第十二章　其他国家或地区原木检验标准和技术
　　第一节　亚洲热带阔叶原木分等规则
　　第二节　东南亚阔叶原木分等规则
　　第三节　菲律宾阔叶原木分等规则
　　第四节　南美洲原木
　　第五节　缅甸原木
　　第六节　圭亚那阔叶原木

★第十三章　针叶材原木五大检尺法的相互比较
　　第一节　长度检量方法的比较
　　第二节　长度检量进位方法的比较
　　第三节　直径检量方法的比较
　　第四节　直径检量进位方法的比较
　　第五节　材积计算方法的比较

★第十四章　阔叶材原木四大检尺法
　　第一节　霍普斯检尺法
　　第二节　勃莱尔登检尺法
　　第三节　威廉克莱米检尺法
　　第四节　道莱规则

第四篇

常见进口针叶树原木的宏观和微观特征识别鉴定和最佳用途

导读

第一章 南洋杉科 Araucariaceae ········ 113
 第一节 南洋杉属 *Araucaria* ········ 113

第二章 松科 Pinaceae ········ 115
 第一节 冷杉属 *Abies* ········ 115
 第二节 落叶松属 *Larix* ········ 122
 第三节 云杉属 *Picea* ········ 126
 第四节 松属 *Pinus* ········ 130
 第五节 黄杉属 *Pseudotsuga* ········ 148
 第六节 铁杉属 *Tsuga* ········ 149

第三章 杉科 Taxodiaceae ········ 152
 第一节 柳杉属 *Cryptomeria* ········ 152
 第二节 北美红杉属 *Sequoia* ········ 153

第四章 柏科 Cupressaceae ········ 155
 第一节 扁柏属 *Chamaecyparis* ········ 155
 第二节 柏木属 *Cupressus* ········ 158
 第三节 崖柏属 *Thuja* ········ 160

第一章

南洋杉科 Araucariaceae

第一节 南洋杉属 *Araucaria*

一、南洋杉 *Araucaria cunninghamii*

科属：南洋杉科　南洋杉属

国外商品材名称：Hoop pine, Moreton bay pine

树木形态及分布：乔木，在原产地高达 70m，胸径 1m 以上。树皮灰褐色或暗灰色，粗糙，横裂。原产于大洋洲东南沿海地区。

宏观特征：边材浅黄白或淡黄褐色至黄褐色，心材、边材区别不明显。无特殊气味和滋味。年轮不明显；早材至晚材渐变。树脂道缺乏。横断面特征、树皮和材身特征、宏观三切面特征如图 1-1～图 1-3。

图 1-1

图 1-2

图 1-3

微观特征：早材管胞横切面为多边形、圆形、椭圆形、长方形、正方形等；早材管胞径壁具缘纹孔 1～2 列，少数 3 列；管胞弦壁具缘纹孔存在。轴向薄壁组织未见。木射线单列，高 1～14（多数 3～7）细胞；射线细胞水平壁薄，平滑；端壁节状加厚未见；凹痕未见；射线管胞未见。交叉场纹孔式为南洋杉型，1～12（通常2～5）个，1～4横列（通常2～3横列）。树脂道缺乏。微观三切面特征如图1-4～图1-6。

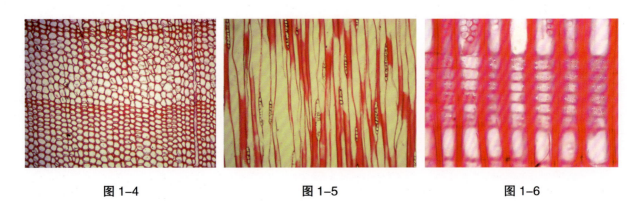

图1-4　　　　　　　　　　　图1-5　　　　　　　　　　　图1-6

木材性质：纹理直；结构细，均匀；强度低。干燥快；耐腐性弱；边材容易防腐处理；切削容易，切面光滑；涂饰和胶合性能中等。

木材用途：适用于胶合板、单板、造纸、房屋建筑、箱盒、农具、家具等。

第二章

松科 Pinaceae

第一节 冷杉属 *Abies*

一、欧洲冷杉 *Abies alba*

科属：松科 冷杉属

国外商品材名称：Silver fir, Whitewood, European silver fir, European silver pine, Common silver fir

树木形态及分布：常绿乔木，高度可达40多米，胸径可达1.8m。原产于欧洲中部和南部，后也分布于在西班牙北部、科西嘉岛、巴尔干半岛、保加利亚直至黑海，由波兰的波兹南向南经过华沙至喀尔巴阡山脉。

宏观特征：木材黄白色至淡黄棕色，心边材区别不明显。年轮明显，早晚材缓变。树脂道缺乏。木材色泽和香气略淡。横断面特征、树皮和材身特征、宏观三切面特征如图2-1～图2-3。

图2-1

图2-2

图2-3

微观特征：早材管胞横切面方形、长方形及多边形；早材管胞径壁具缘纹孔1列，偶见2列或成对；晚材管胞弦壁纹孔明显；螺纹加厚未见。轴向薄壁组织量少，星散状。木射线单列；射线高1～32个细胞；射线薄壁细胞端壁节状加厚明显，凹痕明显；射线管胞未见。交叉场纹孔式为杉木型，1～4（通常为1～2）个，1～2横列。树脂道缺乏。微观三切面特征如图2-4～图2-6。

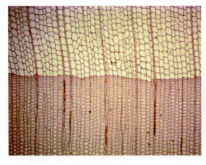
图2-4
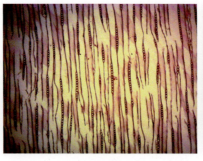
图2-5
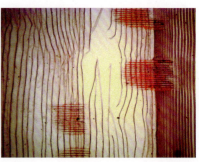
图2-6

木材性质：木材纹理直；结构细致；材质略软；易加工，加工表面光滑；不耐久，防腐处理困难；干燥性和胶合性能良好；涂饰性能良好；握钉力好。

木材用途：适用于纸浆材、单板、胶合板、地板、坑柱、细木工、框架、器具材、包装材、室内装修等。

二、美丽冷杉 *Abies amabilis*

科属：松科　冷杉属

国外商品材名称：Silver fir, Amabilis fir, Cascde fir, Larch fir, Lovely fir, Pacific silver fir, Red fir, White fir

树木形态及分布：常绿乔木，高达40m，胸径可达1m。分布于海拔2000～4000m地带，组成纯林或针阔混交林。

宏观特征：木材黄褐色带红色或淡红褐色，心边材区别不明显。生长轮明显，早晚材渐变。略有松脂气味。树脂道缺乏。横断面特征、树皮和材身特征、宏观三切面特征如图2-7～图2-9。

图2-7

图2-8

图2-9

微观特征：早材管胞横切面方形、长方形及多边形；早材管胞径壁具缘纹孔1列；晚材最后数列管胞弦壁纹孔明显；螺纹加厚未见。轴向薄壁组织极少，星散状。木射线单列；射线高1～17个细胞；射线薄壁细胞端壁节状加厚明显，凹痕明显；射线管胞缺乏。交叉场纹孔式为杉木型，1～4（通常为1～2）个，1～2横列。树脂道缺乏。微观三切面特征如图2-10～图2-12。

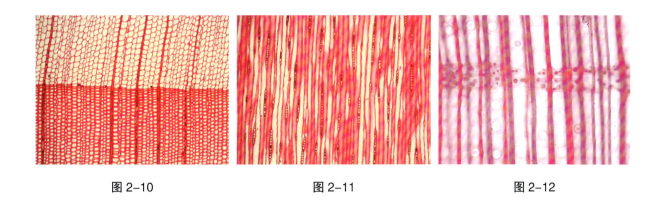

| 图 2-10 | 图 2-11 | 图 2-12 |

木材性质：木材纹理直而均匀；结构中等；干缩中，强度甚低，冲击韧性中等；易干燥，不耐腐，不易防腐处理；易切削，切面光滑，横切面不易刨光；油漆后光亮性差；易胶黏；握钉力弱。

木材用途：适用于纸浆材、箱盒、框架、乐器材、门窗、房顶、柱子、包装材、室内装修等。

三、科（罗拉多）州冷杉 *Abies concolor*

科属：松科　冷杉属

国外商品材名称：Silver fir, White Colorado fir, White balsam, Oyamel

树木形态及分布：常绿乔木，高度可达40多米，胸径可达1.2m。主产于美国科罗拉多州，分布于海拔1830～3355m的地区。

宏观特征：木材浅黄色至浅黄褐色，心边材区别不明显。生长轮明显，早晚材缓变。树脂道缺乏。横断面特征、树皮和材身特征、宏观三切面特征如图2-13～图2-15。

| 图 2-13 | 图 2-14 | 图 2-15 |

微观特征：早材管胞横切面方形、长方形及多边形；早材管胞径壁具缘纹孔1列，偶见2列；晚材管胞弦壁纹孔明显；螺纹加厚未见。轴向薄壁组织稀少，轮界状。木射线单列；射线高1～23个细胞；射线薄壁细胞端壁节状加厚明显，凹痕明显；在射线上下边缘偶见1列射线管胞。交叉场纹孔式为杉木型，1～5（通常为2～3）个，1～2横列。树脂道缺乏。微观三切面特征如图2-16～图2-18。

 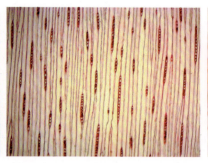 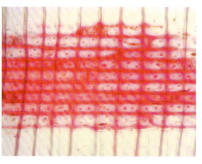

图 2-16　　　　　　　　图 2-17　　　　　　　　图 2-18

木材性质：木材纹理直而均匀；结构中等至粗略；干缩率较大，材质较轻；易加工，加工表面较光滑；不耐久；干燥性和胶合性能良好；染色、磨光、涂漆效果良好。

木材用途：适用于纸浆材、胶合板、细木工、框架、器具材、包装材、室内装修等。

四、日本冷杉 *Abies firma*

科属：松科　冷杉属

国外商品材名称：Japanese fir, Momi fir

树木形态及分布：常绿乔木，高度可达 50 多米，胸径可达 2m。原产于日本，我国多地有引种栽培。

宏观特征：木材浅黄褐色至黄褐色，心边材区别不明显。生长轮明显，早晚材缓变。树脂道缺乏。略有松脂气味。横断面特征、树皮和材身特征、宏观三切面特征如图 2-19 ～图 2-21。

图 2-19　　　　　　　　图 2-20　　　　　　　　图 2-21

微观特征：早材管胞横切面方形、长方形及多边形；早材管胞径壁具缘纹孔 1 列；晚材管胞弦壁纹孔明显；螺纹加厚未见。轴向薄壁组织极少，星散状。木射线单列；射线高 1 ～ 20 个细胞；射线薄壁细胞端壁节状加厚明显，凹痕明显；射线管胞未见。交叉场纹孔式为杉木型，1 ～ 5（通常为 2 ～ 4）个，1 ～ 2 横列。树脂道缺乏。微观三切面特征如图 2-22 ～图 2-24。

图 2-22　　　　　　　　图 2-23　　　　　　　　图 2-24

木材性质：木材纹理直；结构中而均匀；干缩率中，强度低；材质较轻，甚软；易干燥；易加工，加工表面光滑；不耐腐，防腐处理易浸注；胶合性能良好；油漆后光亮性欠佳；握钉力弱。

木材用途：适用于门窗、房顶、柱子、箱盒、纸浆材、细木工、框架、乐器材、包装材、室内装修等。

五、北美冷杉 Abies grandis

科属：松科　冷杉属

国外商品材名称：Silver fir, White fir, Grand fir, Lowland fir

树木形态及分布：常绿乔木，高度可达 30 多米，胸径可达 0.9m。分布于加拿大 BC 省和美国西部，欧洲多个国家都有引种。

宏观特征：木材浅白色至浅棕色，心边材区别不明显。年轮明显，早晚材缓变至急变。树脂道缺乏。无特殊气味和滋味。横断面特征、树皮和材身特征、宏观三切面特征如图 2-25～图 2-27。

图 2-25　　　　　　　　图 2-26　　　　　　　　图 2-27

微观特征：早材管胞横切面方形、长方形及多边形；早材管胞径壁具缘纹孔 1 列；晚材管胞弦壁具缘纹孔明显；螺纹加厚未见。轴向薄壁组织极少，星散状。木射线单列；射线高 1～40个细胞；射线薄壁细胞端壁节状加厚明显，凹痕明显；射线管胞未见。交叉场纹孔式为杉木型，1～4个，1～2横列。树脂道缺乏。微观三切面特征如图 2-28～图 2-30。

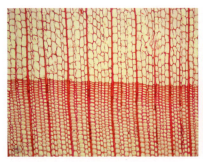 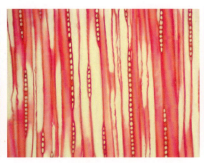 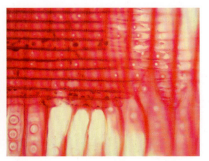

图 2-28　　　　　　　　　图 2-29　　　　　　　　　图 2-30

木材性质：木材纹理直而均匀；结构中至略粗；干缩率较大；材质较轻；易干燥；耐久性低；易加工，不易防腐处理；易染色、涂饰、磨光和油漆；握钉力好。

木材用途：适用于包装箱盒、普通木器、轻结构用材、门窗、纤维生产、纸浆材、细木工、框架、室内装修等。

六、臭冷杉 *Abies nephrolepis*

科属：松科　冷杉属

国外商品材名称：Siberian white fir, Amur fir

树木形态及分布：常绿乔木，高度可达 30m，胸径可达 1.2m。分布于俄罗斯远东地区、朝鲜北部，生于海拔 1000～2700m 的山地。

宏观特征：木材黄褐色或淡红褐色，心边材区别不明显。生长轮明显，早晚材缓变。树脂道缺乏。略有松脂气味。横断面特征、树皮和材身特征、宏观三切面特征如图 2-31～图 2-33。

图 2-31　　　　　　　　　图 2-32　　　　　　　　　图 2-33

微观特征：早材管胞横切面方形、长方形及多边形；早材管胞径壁具缘纹孔 1 列；晚材管胞弦壁纹孔明显；螺纹加厚未见。轴向薄壁组织极少，星散状，薄壁细胞端壁节状加厚明显。木射线单列；射线高 1～18 个细胞；射线薄壁细胞端壁节状加厚明显，凹痕明显；射线管胞未见。交叉场纹孔式为杉木型，1～4（通常为 1～2）个，1～2 横列。树脂道缺乏。微观三切面特征如图 2-34～图 2-36。

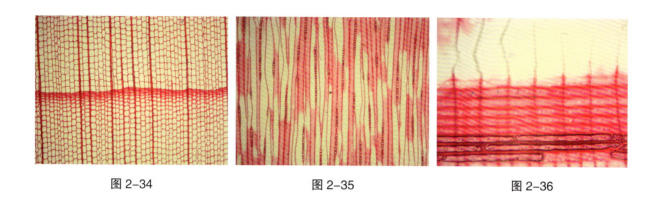

图 2-34　　　　　　　　　图 2-35　　　　　　　　　图 2-36

木材性质：木材纹理直；结构中而均匀；材质轻，甚软，干缩中，强度低，冲击韧性中；易干燥，速度快，但易产生裂纹；不耐腐，但易防腐处理；易加工，切面光滑，横切面不易刨光；胶合性能良好；油漆后光亮性较差；握钉力弱。

木材用途：适用于建筑材料、纸浆材、器具材、门窗、包装材、室内装修等。树皮含芳香树脂，可制成冷杉胶，用于光学工业及生物制片的胶合剂或涂料。

七、库页冷杉 Abies sachalinensis

科属：松科　冷杉属

国外商品材名称：Sachalin fir, Japanese fir

树木形态及分布：常绿乔木，高度可达 30m，胸径可达 0.6m。主产于日本北部。

宏观特征：木材黄白色至淡黄褐色，心边材区别不明显。生长轮明显，早晚材缓变。树脂道缺乏。略有松脂气味。横断面特征、树皮和材身特征、宏观三切面特征如图 2-37～图 2-39。

图 2-37　　　　　　　　　图 2-38　　　　　　　　　图 2-39

微观特征：早材管胞横切面方形、长方形及多边形；早材管胞径壁具缘纹孔 1 列；晚材管胞弦壁纹孔明显；螺纹加厚未见。轴向薄壁组织极少，星散状。木射线单列；射线高 1～28 个细胞；射线薄壁细胞端壁节状加厚明显，凹痕明显；射线管胞未见。交叉场纹孔式为杉木型，1～4（通常为 2～3）个，1～2 横列。树脂道缺乏。微观三切面特征如图 2-40～图 2-42。

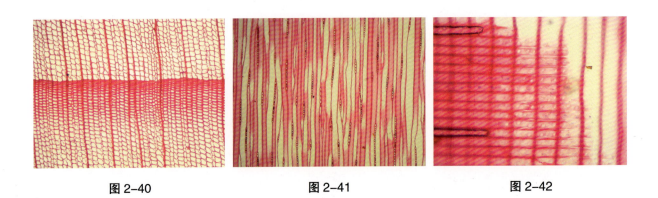

| 图 2-40 | 图 2-41 | 图 2-42 |

木材性质：木材纹理直；结构中而均匀；轻而软，干缩中，强度很低；易加工；干燥性和胶合性能良好；涂饰性能中等；耐磨性和耐腐性较低；握钉力一般。

木材用途：适用于建筑用构造材、纸浆材、坑木、器具材、门窗、包装材、室内装修等。

第二节　落叶松属 *Larix*

一、兴安落叶松 *Larix dahurica*

科属：松科　落叶松属

树木形态及分布：常绿乔木，高度可达 35m，胸径可达 1m。主产于俄罗斯以及我国东北地区，垂直分布于海拔 300～1700m 的地区。

宏观特征：心材黄褐色，边材黄白色，心边材区别明显。生长轮明显，早晚材急变。具有轴向和径向两类树脂道；轴向树脂道放大镜下明显，主要分布于早材带。横断面特征、树皮和材身特征、宏观三切面特征如图 2-43～图 2-45。

| 图 2-43 | 图 2-44 | 图 2-45 |

微观特征：早材管胞横切面方形、长方形及多边形；早材管胞径壁具缘纹孔 1～2 列；螺纹加厚未见。轴向薄壁组织未见。木射线具有单列（偶成对）和纺锤形两类；单列射线高 1～28 个细胞，纺锤形射线高 8～26 个细胞；射线薄壁细胞端壁节状加厚明显，凹痕明显；射线管胞存在于上述两类木射线中，内壁平滑。交叉场纹孔式为云杉型、杉木型，2～8（通常为 4～6）

个，1～2横列。树脂道有轴向和径向两种。微观三切面特征如图2-46～图2-48。

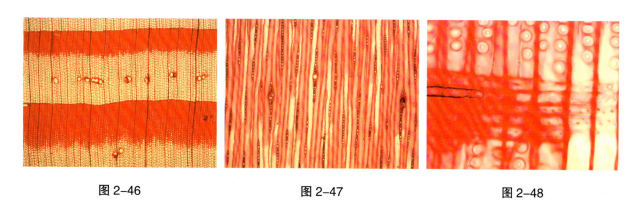

图2-46　　　　　　　　　图2-47　　　　　　　　　图2-48

木材性质：木材结构中至粗，纹理直，密度中，硬度软至中，干缩大，强度中，冲击韧性中。干燥慢，易开裂、劈裂及轮裂；耐腐性强，但立木腐朽极严重，抗蚁性弱；胶合性能中等；握钉力强，易劈裂。

木材用途：适用于坑木、枕木、电杆、木桩、柱子、建筑、车、桥梁和生产木纤维等。

二、欧洲落叶松 *Larix decidua*

科属：松科　落叶松属

国外商品材名称：European larch, Common larch

树木形态及分布：常绿乔木，高度可达40多米，胸径可达1.2m。分布于欧洲及阿尔卑斯山、喀尔巴阡山。

宏观特征：心材浅红棕色，边材浅黄褐色，心边材区别明显。生长轮明显，早晚材急变。具有轴向和径向两类树脂道；轴向树脂道放大镜下明显，主要分布于晚材带。横断面特征、树皮和材身特征、宏观三切面特征如图2-49～图2-51。

图2-49　　　　　　　　　图2-50　　　　　　　　　图2-51

微观特征：早材管胞横切面方形、长方形及多边形；早材管胞径壁具缘纹孔1～2列；螺纹加厚未见。轴向薄壁组织未见。木射线具有单列和纺锤形两类；单列射线高1～32个细胞，纺锤形射线高8～30个细胞；射线薄壁细胞端壁节状加厚明显，凹痕明显；射线管胞存在于上述两类木射线中，内壁平滑。交叉场纹孔式为云杉型、杉木型，2～9（通常为4～6）个，1～3

横列。树脂道有轴向和径向两种,树脂道泌脂细胞壁厚。微观三切面特征如图 2-52 ～图 2-54。

图 2-52　　　　　　　　　　图 2-53　　　　　　　　　　图 2-54

木材性质:木材纹理直,结构细而均匀;密度高,硬度大,强度大;干燥快,但易扭曲;耐久中等;易加工,表面光滑;易染色、涂饰和油漆;钉钉易劈裂。

木材用途:适用于电线杆、柱子、木桩、门窗、栏栅、建筑用材、船身、藤架、室内装修等。

三、落叶松 *Larix gmelini*

科属:松科　落叶松属

国外商品材名称:Dahurian larch

树木形态及分布:常绿乔木,高度可达 30 多米,胸径可达 0.9m。主产于我国以及俄罗斯远东地区、蒙古、朝鲜。

宏观特征:心材黄褐色至红褐色,边材黄白至黄褐色,心边材区别明显。生长轮明显,早晚材急变。具有轴向和径向两类树脂道,横切面上轴向树脂道放大镜下可见,呈浅色斑点,数少,径向树脂道不易见。略有松脂气味,无特殊滋味。横断面特征、树皮和材身特征、宏观三切面特征如图 2-55 ～图 2-57。

图 2-55　　　　　　　　　　图 2-56　　　　　　　　　　图 2-57

微观特征:早材管胞横切面长方形及多边形;早材管胞径壁具缘纹孔 2 列。轴向薄壁组织未见。木射线具单列及纺锤形两类,单列射线高 1 ～ 40 个细胞,纺锤形射线具径向树脂道,高 2 ～ 18 个细胞;射线管胞内壁锯齿未见;晚材射线管胞螺纹加厚偶见;射线薄壁细胞端壁节状加厚明显，凹痕明显。交叉场纹孔式为云杉型和杉木型（少数），1～5（通常为1～2）个，1～2 横列。树脂道缺乏。微观三切面特征如图 2-58～图 2-60。

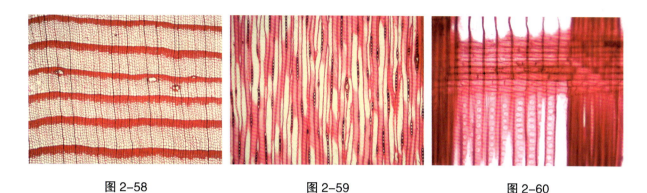

图 2-58　　　　　　　　　图 2-59　　　　　　　　　图 2-60

木材性质：略，同兴安落叶松。
木材用途：略，同兴安落叶松。

四、粗皮落叶松 *Larix occidentalis*

科属：松科　落叶松属

国外商品材名称：Western larch, Montane larch, Rough bark larch, Western tamarack

树木形态及分布：常绿乔木，高度可达 40 多米，胸径可达 1m。分布于加拿大的不列颠哥伦比亚省东南部，美国俄勒冈州北部。

宏观特征：心材黄褐色至浅红褐色，边材黄白色，心边材区别明显。生长轮明显，早晚材急变。具有轴向和径向两类树脂道；轴向树脂道放大镜下明显。横断面特征、树皮和材身特征、宏观三切面特征如图 2-61～图 2-63。

图 2-61　　　　　　　　　图 2-62　　　　　　　　　图 2-63

微观特征：早材管胞横切面方形、长方形及多边形；早材管胞径壁具缘纹孔 1～2 列；晚材最后几列管胞弦壁具缘纹孔明显；晚材管胞螺纹加厚偶见。轴向薄壁组织未见。木射线具有单列和纺锤形两类；单列射线高 1～20 个细胞；射线薄壁细胞端壁节状加厚明显，凹痕明显；射线管胞存在于上述两类木射线中，内壁平滑。交叉场纹孔式为云杉型，1～10（通常为 4～6）个，1～3 横列。树脂道有轴向和径向两种，树脂道泌脂细胞壁厚。微观三切面特征如图 2-64～图 2-66。

| 图 2-64 | 图 2-65 | 图 2-66 |

木材性质：木材纹理直而均匀，结构粗；干缩率大，材质中至硬；易加工，不易磨损工具；因树脂多，有时不易染色、涂饰和油漆；胶合性能良好，钉钉及旋入螺丝钉易劈裂。

木材用途：适用于建筑、枕木、柱子、木桩、天棚、地板、家具、门窗、地板、室内装修等。

第三节　云杉属 *Picea*

一、欧洲云杉 *Picea abies*

科属：松科　云杉属

国外商品材名称：Common spruce，European spruce，Norway spruce，Baltic whitewood，Finnish whitewood，Russian whitewood，White deal spruce，Roumanian pine，Swiss pine

树木形态及分布：常绿乔木，高度可达 60 多米，胸径可达 1.8m。分布于欧洲中部及北部。

宏观特征：心材白色至浅黄色，心边材区别不明显。生长轮明显，早晚材缓变。木射线稀至中，极细，在放大镜下明显。具有轴向和径向两类树脂道，轴向树脂道放大镜下明显。横断面特征、树皮和材身特征、宏观三切面特征如图 2-67 ~ 图 2-69。

| 图 2-67 | 图 2-68 | 图 2-69 |

微观特征：早材管胞横切面方形、长方形及多边形；早材管胞径壁具缘纹孔 1（偶成对）列；螺纹加厚未见。轴向薄壁组织未见。木射线具有单列和纺锤形两类；射线高 1 ~ 25（多为 10 ~ 15）

个细胞，纺锤形射线具有径向树脂道；射线管胞存在于上述两类木射线中，内壁平滑，螺纹加厚未见；射线薄壁细胞端壁节状加厚明显，凹痕明显。交叉场纹孔式为云杉型，2～7个，1～3横列。树脂道有轴向和径向两种，树脂道泌脂细胞壁厚。微观三切面特征如图2-70～图2-72。

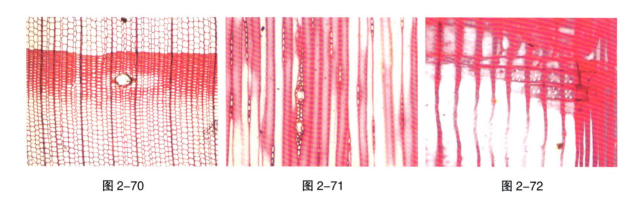

图 2-70　　　　　　　　图 2-71　　　　　　　　图 2-72

木材性质：结构细致，纹理通直；易干燥，会发生开裂；不耐久，不易防护；易加工，加工后表面光滑；胶合性能好，易染色、涂饰和油漆；握钉力好。

木材用途：纸浆、木纤维工艺、单板、胶合板、地板、箱盒、包装箱、食品容器、细木工、室内装修、框架、桅杆、坑柱、脚手架、旗杆、钢琴音箱板、小提琴腹板等。

二、萨哈林云杉 *Picea glehnii*

科属：松科　云杉属

国外商品材名称：Sachalin spruce, Hokkaido spruce

树木形态及分布：常绿乔木。产于俄罗斯萨哈林岛及日本北海道。

宏观特征：木材黄白色至浅黄色，心边材区别不明显。生长轮明显，早晚材缓变。具有轴向和径向两类树脂道，轴向树脂道放大镜下明显，数少；径向树脂道较小，不易见。横断面特征、树皮和材身特征、宏观三切面特征如图2-73～图2-75。

图 2-73　　　　　　　　图 2-74　　　　　　　　图 2-75

微观特征：早材管胞横切面方形、长方形及多边形；早材管胞径壁具缘纹孔1列；螺纹加厚未见。轴向薄壁组织未见。木射线具有单列和纺锤形两类；单列射线高1～16个细胞或以上，纺锤形射线具有径向树脂道，径向树脂道上下射线细胞2～3列，上下端逐渐尖削呈单列，高

3～12个细胞；射线管胞存在于上述两类木射线中，内壁有微锯齿，螺纹加厚偶见；射线薄壁细胞端壁节状加厚明显，凹痕明显。交叉场纹孔式为云杉型，2～6（通常3～4）个，1～3横列。树脂道有轴向和径向两种，树脂道泌脂细胞壁厚。微观三切面特征如图2-76～图2-78。

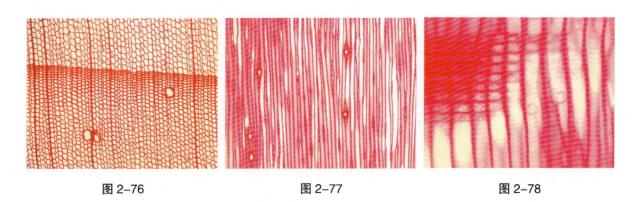

图 2-76　　　　　　　　　　图 2-77　　　　　　　　　　图 2-78

木材性质：结构中而均匀，纹理直，干缩性中，材质轻软，强度中，冲击韧性中。木材易干燥，速度快，有轮裂倾向，干燥后性质稳定；不耐腐，防腐处理难；加工容易，切面光滑，但木节多；胶黏容易，油漆后光亮性中。

木材用途：适用于人造丝、纸张、胶合板、火柴杆、包装箱和盛装食物的器皿等，以及门窗、天花板、柱子等一般房屋结构；多被选为做乐器和飞机用材。

三、鱼鳞云杉 *Picea jezoensis*

科属：松科　云杉属

国外商品材名称：Yeso spruce, Yeddo spruce

树木形态及分布：常绿乔木，高度可达 50 多米，胸径可达 1.5m。产于我国东北地区以及俄罗斯远东地区、日本北海道。

宏观特征：心材浅黄色或带浅红褐色，心边材区别不明显。生长轮明显，早晚材缓变。木射线稀至中，极细，在放大镜下明显。具有轴向和径向两类树脂道，轴向树脂道放大镜下明显，白色空穴状，数少；径向树脂道较小，不易见。横断面特征、树皮和材身特征、宏观三切面特征如图2-79～图2-81。

图 2-79　　　　　　　　　　图 2-80　　　　　　　　　　图 2-81

微观特征：早材管胞横切面方形、长方形及多边形；早材管胞径壁具缘纹孔 1（间或 2）列；螺纹加厚未见。轴向薄壁组织未见。木射线具有单列和纺锤形两类；单列射线高 1～16 个细胞或以上，纺锤形射线具有径向树脂道，径向树脂道上下射线细胞 2～3 列，上下端逐渐尖削呈单列，高 2～18 个细胞；射线管胞存在于上述两类木射线中，内壁有微锯齿，螺纹加厚偶见；射线薄壁细胞端壁节状加厚明显，凹痕明显。交叉场纹孔式为云杉型，2～5（通常 2～4）个，1～2 横列。树脂道有轴向和径向两种，树脂道泌脂细胞壁厚。微观三切面特征如图 2-82～图 2-84。

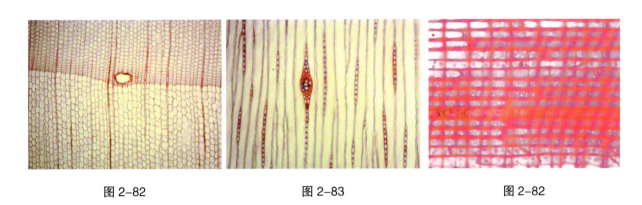

图 2-82　　　　　　　　图 2-83　　　　　　　　图 2-82

木材性质：略，同萨哈林云杉。
木材用途：略，同萨哈林云杉。

四、西加云杉 *Picea sitchensis*

科属：松科　云杉属
国外商品材名称：Coast spruce, Menzies spruce, Silver spruce, Tideland spruce, Sitka spruce
树木形态及分布：常绿乔木，高度可达 60 多米，胸径可达 1.2m。分布于加拿大和美国。
宏观特征：心材黄白色，心边材区别不明显。生长轮明显，早晚材缓变。木射线细，肉眼下不可见，放大镜下略明显。具有轴向和径向两类树脂道。横断面特征、树皮和材身特征、宏观三切面特征如图 2-85～图 2-87。

图 2-85　　　　　　　　图 2-86　　　　　　　　图 2-87

微观特征：早材管胞横切面方形、长方形及多边形；早材管胞径壁具缘纹孔 1 列，极少成对；晚材管胞弦壁具缘纹孔明显；螺纹加厚未见。轴向薄壁组织未见。木射线具有单列和纺锤形两类；单列射线高1~20（主为4~8）个细胞，纺锤形射线具有径向树脂道，径向树脂道上下射线细胞2~3列，上下端逐渐尖削呈单列，高2~6个细胞；射线管胞存在于上述两类木射线中，内壁平滑；射线薄壁细胞端壁节状加厚明显，凹痕明显。交叉场纹孔式为云杉型，1~6个，1~2横列。树脂道有轴向和径向两种，树脂道泌脂细胞壁厚。微观三切面特征如图2-88~图2-90。

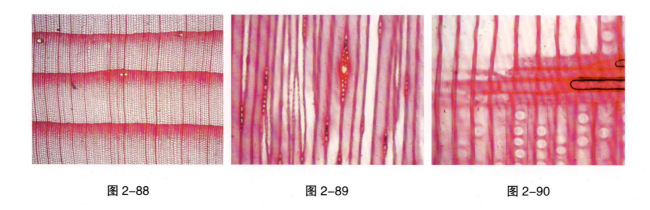

图2-88　　　　　　　　　图2-89　　　　　　　　　图2-90

木材性质：木材结构中等，纹理直；干缩率中等，材质轻软；易加工、胶黏、染色、磨光和油漆；握钉力差。

木材用途：适用于滑翔机、滑行艇、船木浆、橹、赛船、细木工制品、建筑、包装箱、胶合板、制浆材等。

第四节　松属 *Pinus*

一、加勒比松 *Pinus caribaea*

科属：松科　松属

国外商品材名称：Caribbean pitch pine, Cuba pine, Bahamas pitch pine, British Honduras pitch pine, Nicaraguan pitch pine, Slash pine, Caribbean longleaf pitch pine, Pinus, Pitch pine, Pino, Ocote

树木形态及分布：常绿乔木，高度可达40多米，胸径可达1m。分布于中美洲及加勒比海地区，我国已引种栽培。

宏观特征：心材黄褐色至红褐色，边材淡黄褐或灰黄褐色，心边材区别明显。生长轮明显，早晚材急变。木射线少至中，甚细，在放大镜下明显。具有轴向和径向两类树脂道，轴向树脂道大而多，肉眼下明显，分布于晚材带及年轮中部。具较强的松脂气味。横断面特征、树皮和材身特征、宏观三切面特征如图2-91~图2-93。

图 2-91　　　　　　　　图 2-92　　　　　　　　图 2-92

微观特征：早材管胞横切面圆形及多边形；早材管胞径壁具缘纹孔 1 列，稀成对；弦壁纹孔在最后数列管胞可见；螺纹加厚未见。轴向薄壁组织未见。木射线具有单列和纺锤形两类；高 1～15 个细胞或以上；射线管胞存在于上述两类木射线中，内壁具深锯齿或连成网状。交叉场纹孔式为松木型，1～6（通常 2～5）个，1～3 横列。树脂道有轴向和径向两种，树脂道泌脂细胞壁薄。微观三切面特征如图 2-94～图 2-96。

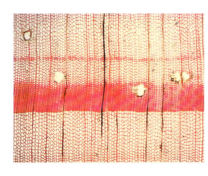 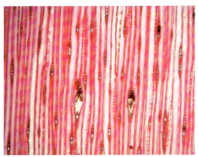 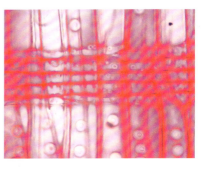

图 2-94　　　　　　　　图 2-95　　　　　　　　图 2-96

木材性质：木材结构粗；纹理直，不均匀；干缩率较大，但径向、弦向差异干缩不大；强度和硬度中等。木材气干稍慢，加工容易，锯解板面有毛糙；心材稍耐腐，边材易蓝变，边材防腐处理容易，心材一般，渗透性较差；胶合性能良好；握钉力佳。

木材用途：适用于大木工件、地板、细木工、电杆、枕木、造船、盆桶、胶合板、制浆和造纸等。

二、扭叶松 *Pinus contorta*

科属：松科　松属

国外商品材名称：Contorta pine, Lodgepole pine, Beach, Shore pine

树木形态及分布：常绿乔木，高度可达 30 多米，胸径可达 0.6m。原产北美洲，欧洲已引种栽培。

宏观特征：心材浅褐色，边材浅黄褐色，心边材区别略明显。生长轮明显，早晚材急变。具有轴向和径向两类树脂道，轴向树脂道大而多，放大镜下明显，分布于晚材带及年轮中部。具较强的松脂气味。横断面特征、树皮和材身特征、宏观三切面特征如图2-97～图2-99。

图2-97　　　　　　　　　　　图2-98　　　　　　　　　　　图2-99

微观特征：早材管胞横切面长方形及多边形；早材管胞径壁具缘纹孔1列；最后数列晚材管胞弦壁具缘纹孔可见；螺纹加厚未见。轴向薄壁组织未见。木射线具有单列和纺锤形两类；高1～18个细胞或以上；射线薄壁细胞端壁节状加厚未见，凹痕未见；射线管胞存在于上述两类木射线中，内壁具深锯齿或连成网状。交叉场纹孔式为松木型，1～6（通常2～4）个，1～2横列。树脂道有轴向和径向两种，树脂道泌脂细胞壁薄。微观三切面特征如图2-100～图2-102。

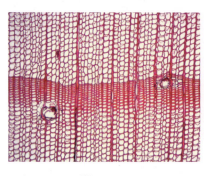
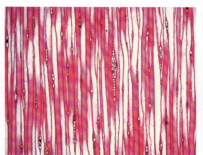
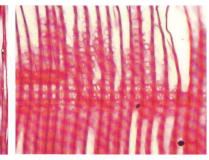

图2-100　　　　　　　　　　　图2-101　　　　　　　　　　　图2-102

木材性质：木材纹理直；结构细致，较均匀；易干燥；材质轻；不耐久，不易防护；易加工，加工后表面光滑；油漆、涂饰、胶合性能良好；握钉力好。

木材用途：适用于箱盒、包装材、矿柱、电线杆、建筑用材、火车卧铺、栅栏等。

三、湿地松 *Pinus elliottii*

科属：松科　松属

国外商品材名称：American pitch pine, Slash pine, Gulf coch pine, Gulf coat pitch pine, Southern yellow pine, Southern pine

树木形态及分布：常绿乔木，高度可达40m，胸径可达1m。原产美国东南部，我国多地引种栽培。

宏观特征：心材浅红褐色，边材浅黄色或黄红褐色，心边材区别明显。生长轮明显，早晚材急变。木材有光泽，松脂气味浓厚，无特殊滋味。具有轴向和径向两类树脂道，轴向树脂道较大，肉眼下明显。横断面特征、树皮和材身特征如图2-103、图2-104。

图2-103　　　　　　　　　　图2-104

微观特征：早材管胞横切面长方形及多边形；早材管胞径壁具缘纹孔1～2列；螺纹加厚未见。轴向薄壁组织未见。木射线具有单列和纺锤形两类；射线管胞存在于上述两类木射线中，位于上下边缘和中部，内壁具深锯齿或呈网状。交叉场纹孔式为松木型，1～5（通常2～4）个，1～2（通常1）横列。树脂道有轴向和径向两种，树脂道泌脂细胞壁薄。微观三切面特征如图2-105～图2-107。

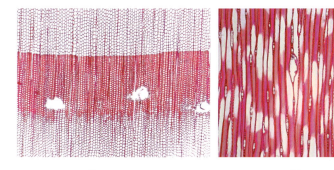

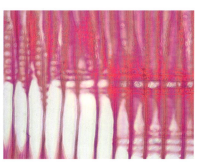

图2-105　　　　　　　图2-106　　　　　　　图2-107

木材性质：木材纹理直或斜；结构粗，不均匀；干缩小；强度和冲击韧性中等；易干燥，易产生裂纹；不耐腐，易处理；不易加工困难，切面光滑；胶合性能一般；油漆后光亮性欠佳；握钉力强。

木材用途：适用于建筑材、房架、电杆、墙板，也是纸浆原料。

四、加州山松 *Pinus monticola*

科属：松科　松属
国外商品材名称：Californian mountain pine, Western white pine, Mountain white pine, Idaho white pine
树木形态及分布：常绿乔木，高度可达30多米，胸径可达1m。分布于加拿大、美国。
宏观特征：心材浅黄白色至浅黄褐色，心边材区别不明显。生长轮明显，早晚材缓变。木射线细，肉眼下不可见，在放大镜下明显。具有轴向和径向两类树脂道。横断面特征、树皮和材身特征、宏观三切面特征如图 2-108～图 2-110。

图 2-108　　　　　　　图 2-109　　　　　　　图 2-110

微观特征：早材管胞横切面方形、长方形及多边形；早材管胞径壁具缘纹孔 1（偶见 2）列；晚材管胞弦壁具缘纹孔明显；螺纹加厚未见。轴向薄壁组织未见。木射线具有单列和纺锤形两类；单列射线高 1～12 个细胞，纺锤形射线具有径向树脂道；射线管胞存在于上述两类木射线中，内壁未见锯齿。交叉场纹孔式为窗格型，1～4 个。树脂道有轴向和径向两种，树脂道泌脂细胞壁厚。微观三切面特征如图 2-111～图 2-113。

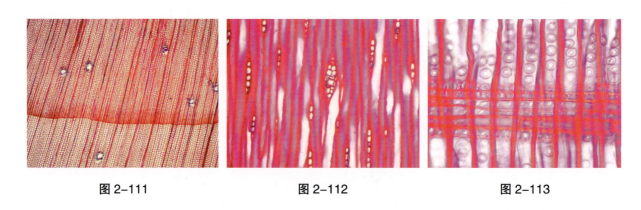

图 2-111　　　　　　　图 2-112　　　　　　　图 2-113

木材性质：木材纹理直而均匀，结构中等至略粗；干缩率中等至较大，材质中等软；易加工，加工后表面光洁；不易染色、油漆；磨光性好；握钉力好。

木材用途：适用于建筑、细木工制品、室内装修、建筑模型、画板、火柴梗、办公用品、胶合板等。

五、加州沼松　Pinus muricata

科属：松科　松属

国外商品材名称：Bishop pine，Obispo pine

树木形态及分布：常绿乔木。分布于美国西南部、墨西哥。

宏观特征：心材浅黄白色至浅黄褐色，心边材区别不明显。生长轮明显，早晚材缓变。木射线细，肉眼下不可见，在放大镜下明显。具有轴向和径向两类树脂道。横断面特征、树皮和材身特征、宏观三切面特征如图 2-114～图 2-116。

图 2-114　　　　　　　　图 2-115　　　　　　　　图 2-116

微观特征：早材管胞横切面方形、长方形及多边形；早材管胞径壁具缘纹孔 1（偶见 2）列；晚材管胞弦壁具缘纹孔明显；螺纹加厚未见。轴向薄壁组织未见。木射线具有单列和纺锤形两类；单列射线高 1～12 个细胞，纺锤形射线具有径向树脂道；射线管胞存在于上述两类木射线中，内壁未见锯齿。交叉场纹孔式为窗格型，1～4 个。树脂道有轴向和径向两种，树脂道泌脂细胞壁厚。微观三切面特征如图 2-117～图 2-119。

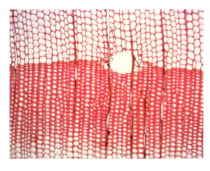 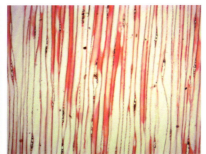 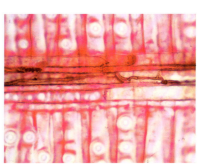

图 2-117　　　　　　　　图 2-118　　　　　　　　图 2-119

木材性质：木材硬度中等、干缩较大。
木材用途：一般用于建筑、枕木、柱、杆等。

六、欧洲黑松 *Pinus nigra*

科属：松科　松属
国外商品材名称：Corsican black pine, Australian pine
树木形态及分布：常绿乔木，高度可达 40 多米，胸径可达 1m。分布于土耳其、欧洲中部及南部。
宏观特征：心材浅黄棕色，边材黄白色，心边材区别明显。生长轮明显，早晚材急变。木射线细，在放大镜下明显。具有轴向和径向两类树脂道，轴向树脂道放大镜下明显。横断面特征、树皮和材身特征、宏观三切面特征如图 2-120～图 2-122。

图 2-120

图 2-121

图 2-122

微观特征：早材管胞横切面多边形；早材管胞径壁具缘纹孔1列；螺纹加厚未见。轴向薄壁组织未见。木射线具有单列和纺锤形两类；高1～15个细胞；射线管胞存在于上述两类木射线中，内壁具深锯齿。交叉场纹孔式为窗格型，1～2（通常1）个，1～2（通常1）横列。树脂道有轴向和径向两种，树脂道泌脂细胞壁薄。微观三切面特征如图2-123～图2-125。

图 2-123　　　　　　　图 2-124　　　　　　　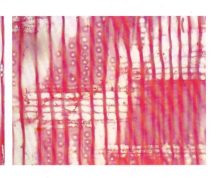
图 2-125

木材性质：木材结构粗，纹理直；干燥迅速，质量好，有时开裂，有树脂溢出，边材易蓝变；不耐腐，但易浸注防腐剂；易加工；握钉力好。

木材用途：适用于房屋建筑、电杆、坑木、细木工、家具、包装箱、胶合板和纸浆材。

七、科西嘉松 *Pinus nigra* var. *corsiana*

科属：松科　松属

国外商品材名称：Corsican pine

树木形态及分布：常绿乔木。分布于地中海科西嘉岛、西班牙东部。

宏观特征：木材浅黄色，心边材区别不明显。生长轮明显，早晚材急变。具有轴向和径向两类树脂道，轴向树脂道放大镜下明显，多分布于晚材带。横断面特征、树皮和材身特征、宏观三切面特征如图2-126～图2-128。

图 2-126　　　　　　　图 2-127　　　　　　　　　图 2-128

微观特征：早材管胞横切面圆形、方形及多边形；早材管胞径壁具缘纹孔 1 列；晚材管胞弦壁具缘纹孔可见；螺纹加厚未见。轴向薄壁组织未见。木射线具有单列和纺锤形两类；高 1～16 个细胞；射线管胞存在于上述两类木射线中，内壁锯齿状加厚。交叉场纹孔式为窗格型，1～3（通常 1）个，1～2（通常 1）横列。树脂道有轴向和径向两种，树脂道泌脂细胞壁薄。微观三切面特征如图 2-129～图 2-131。

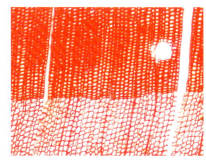  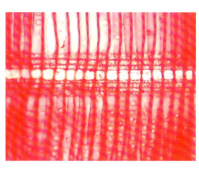

图 2-129　　　　　　　图 2-130　　　　　　　　　图 2-131

木材性质：略，同欧洲黑松。
木材用途：略，同欧洲黑松。

八、高山黑松 *Pinus nigra* var. *maritima*

科属：松科　松属
树木形态及分布：常绿乔木。主要分布于欧洲。
宏观特征：木材黄白色，心边材区别不明显。生长轮明显，早晚材急变，早材占全轮宽度大部分。具有轴向和径向两类树脂道，轴向树脂道放大镜下明显，多分布于晚材带。横断面特征、树皮和材身特征、宏观三切面特征如图 2-132～图 2-134。

图 2-132　　　　　　　　图 2-133　　　　　　　　图 2-134

微观特征：早材管胞横切面多边形；早材管胞径壁具缘纹孔主为 1 列，偶见 2 列；晚材管胞弦壁具缘纹孔可见；螺纹加厚未见。轴向薄壁组织未见。木射线具有单列和纺锤形两类；高 1～13 个细胞；射线管胞存在于上述两类木射线中，内壁锯齿状加厚。交叉场纹孔式为窗格型，1～3（通常 1）个，1～2（通常 1）横列。树脂道有轴向和径向两种，树脂道泌脂细胞壁薄。微观三切面特征如图 2-135～图 2-137。

 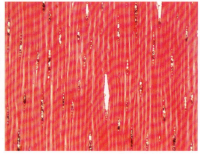 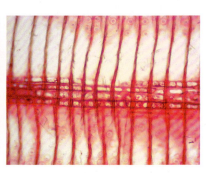

图 2-135　　　　　　　　图 2-136　　　　　　　　图 2-137

木材性质：略，同欧洲黑松。
木材用途：略，同欧洲黑松。

九、展叶松 *Pinus patula*

科属：松科　松属

国外商品材名称：Spreading-leaved pine, Mexican pine, Jelicote pine, Patula pine, Ocote colorado, Pino colorade, Pino, Ocote

树木形态及分布：常绿乔木。主要分布于墨西哥、新西兰。

宏观特征：心材浅黄色，心边材区别不明显。生长轮明显，早晚材缓变。木射线细，肉眼下不可见，放大镜下略明显。具有轴向和径向两类树脂道。横断面特征、树皮和材身特征、宏观三切面特征如图 2-138～图 2-140。

图 2-138　　　　　　　　图 2-139　　　　　　　　图 2-140

微观特征：早材管胞横切面多边形；早材管胞径壁具缘纹孔 1（偶见 2）列；晚材管胞弦壁具缘纹孔可见；螺纹加厚未见。轴向薄壁组织未见。木射线具有单列和纺锤形两类；单列射线高 1～12 个细胞，纺锤形射线具有径向树脂道，中部宽 3～5 个细胞；射线管胞存在于上述两类木射线中，内壁未见锯齿。交叉场纹孔式为松木型，1～7（通常 4～5）个，1～2 横列。树脂道有轴向和径向两种，树脂道泌脂细胞壁厚。微观三切面特征如图 2-141～图 2-143。

 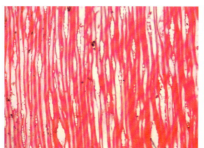 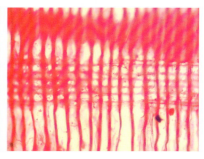

图 2-141　　　　　　　　图 2-142　　　　　　　　图 2-143

十、海岸松 *Pinus pinaster*

科属：松科　松属

国外商品材名称：Seaside pine，Maritime pine，Cluster pine

树木形态及分布：常绿乔木，高度可达 36m，胸径可达 1m 左右。分布于地中海地区，包括西班牙及葡萄牙西部。

宏观特征：心材红褐色，边材黄褐色，心边材区别明显。生长轮明显，早晚材略急变。具有轴向和径向两类树脂道，轴向树脂道大而多，放大镜下明显，分布于晚材带及早晚材交界处。宏观三切面特征如图 2-144～图 2-146。

图 2-144　　　　　　　　图 2-145　　　　　　　　图 2-146

微观特征：早材管胞横切面圆形及多边形；早材管胞径壁具缘纹孔 1 列；晚材管胞弦壁具缘纹孔数少，偶见；螺纹加厚未见。轴向薄壁组织未见。木射线具有单列和纺锤形两类；单列射线高 1～16 个细胞，纺锤形射线高 5～15 个细胞；射线薄壁细胞端壁平滑；射线管胞存在于上述两类木射线中，位于上下边缘，内壁锯齿状加厚。交叉场纹孔式为松木型，1～6（通常 1～3）个，1～3 横列。树脂道有轴向和径向两种，树脂道泌脂细胞壁薄。微观三切面特征如图 2-147～图 2-149。

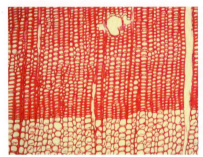 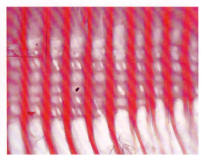

图 2-147　　　　　　　　图 2-148　　　　　　　　图 2-149

木材性质：木材纹理直；结构粗；强度中；耐久中等，不易浸注；易加工，加工表面光滑。

木材用途：适用于建筑用材、采脂、矿柱、细木工板、锯材、纸浆、铁路枕木、电线杆、多种板材、家具、木地板、护壁、支柱、贴板等。

十一、西部黄松 *Pinus ponderosa*

科属：松科　松属

国外商品材名称：British columbia pine，Californian white pine，Bull pine，Western yellow pine，Pino ponderosa，Ponderosa pine

树木形态及分布：常绿乔木，高度可达 60 多米，胸径可达 1.3m。分布于加拿大、美国。

宏观特征：心材浅黄色，心边材区别不明显。生长轮明显，早晚材缓变。木射线细，肉眼下不可见，放大镜下略明显。具有轴向和径向两类树脂道。横断面特征、树皮和材身特征、宏观三切面特征如图 2-150～图 2-152。

图 2-150　　　　　　　　图 2-151　　　　　　　　图 2-152

微观特征：早材管胞横切面多边形；早材管胞径壁具缘纹孔 1（偶见 2）列；晚材管胞弦壁具缘纹孔可见；螺纹加厚未见。轴向薄壁组织未见。木射线具有单列和纺锤形两类；单列射线高 1～12 个细胞，纺锤形射线具有径向树脂道，中部宽 3～5 个细胞；射线管胞存在于上述两类木射线中，内壁未见锯齿。交叉场纹孔式为松木型，1～7（通常 4～5）个，1～2 横列。树脂道有轴向和径向两种，树脂道泌脂细胞壁厚。微观三切面特征如图 2-153～图 2-155。

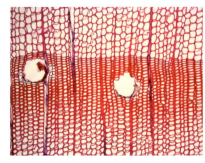 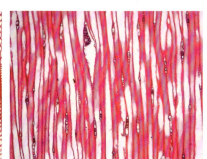 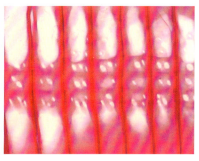

图 2-153　　　　　　　　图 2-154　　　　　　　　图 2-155

木材性质：木材结构中等，纹理直；干缩率较小，材质中等软；易加工，胶合性能、油漆性良好；握钉力较强。

木材用途：适用于模具、家具、旋切制品、包装箱、门扇、室内装修、轻型耐久性的建筑、胶合板和制浆等。

十二、辐射松 *Pinus radiate*

科属：松科　松属

国外商品材名称：Monterey pine, Radiata pine, Insignis pine

树木形态及分布：常绿乔木，高度可达 40 多米，胸径可达 0.7m。分布于新西兰、澳大利亚、西班牙、南非和智利。

宏观特征：心材黄红色，心材窄，边材黄白色，心边材区别明显。生长轮明显，早晚材急变。具有轴向和径向两类树脂道，轴向树脂道大而多，放大镜下明显，分布于晚材带及年轮中部。横断面特征、树皮和材身特征、宏观三切面特征如图 2-156～图 2-158。

图 2-156　　　　　　　图 2-157　　　　　　　　　图 2-158

微观特征：早材管胞横切面圆形及多边形；早材管胞径壁具缘纹孔 1 列，偶成对；晚材管胞弦壁具缘纹孔可见；螺纹加厚未见。轴向薄壁组织未见。木射线具有单列和纺锤形两类；高 1～22 个细胞；射线薄壁细胞端壁节状加厚明显，凹痕明显；射线管胞存在于上述两类木射线中，内壁锯齿状加厚。交叉场纹孔式为松木型，1～3（通常 1～2）个，1～2 横列。树脂道有轴向和径向两种，树脂道泌脂细胞壁薄。微观三切面特征如图 2-159～图 2-161。

 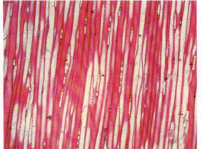 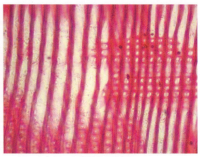

图 2-159　　　　　　　图 2-160　　　　　　　　图 2-161

木材性质：木材纹理直；结构粗而均匀；强度略低；易干燥，但易翘曲；易防腐；易加工，切面光滑，旋切性能好；油漆、染色、胶合性能良好；握钉力好。

木材用途：适用于建筑用材、人造板、纸浆材、家具、电杆、围栏、枕木、工艺品等。

十三、刚松 *Pinus rigida*

科属：松科　松属

国外商品材名称：Pitch pine, Southern yellow pine

树木形态及分布：常绿乔木，高度可达 25m，胸径可达 0.8m。分布于美国东部、新西兰和澳大利亚，我国多地引种栽培。

宏观特征：心材黄红褐色，边材浅黄色，心边材区别明显。生长轮明显，早晚材急变。木材有光泽，松脂气味浓厚，无特殊滋味。具有轴向和径向两类树脂道，轴向树脂道大而多，放大镜下明显，分布于晚材带及年轮中部。宏观三切面特征如图 2-162。

图 2-162

微观特征：早材管胞横切面圆形、方形及多边形；早材管胞径壁具缘纹孔1列，少数成对；晚材管胞弦壁具缘纹孔可见；螺纹加厚未见。轴向薄壁组织未见。木射线具有单列和纺锤形两类；射线管胞存在于上述两类木射线中，内壁锯齿状加厚或成网状。交叉场纹孔式为松木型，1～6（通常3～4）个，1～2横列。树脂道有轴向和径向两种，树脂道泌脂细胞壁薄。微观三切面特征如图2-163～图2-165。

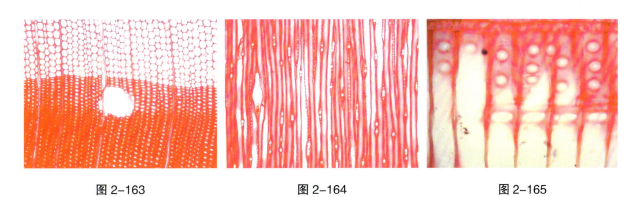

图2-163　　　　　　　　　图2-164　　　　　　　　　图2-165

木材性质：略，同湿地松。
木材用途：略，同湿地松。

十四、西伯利亚红松 *Pinus sibirica*

科属：松科　松属

国外商品材名称：Siberian stone pine, Siberian yellow pine, Manchurian pine

树木形态及分布：常绿乔木，高度可达35m，胸径可达1.8m。我国产于新疆、内蒙古及黑龙江，哈萨克斯坦、蒙古、俄罗斯也有分布。

宏观特征：心材红褐色，边材浅黄褐色至黄褐色带红，心边材区别明显。生长轮略明显，早晚材缓变。具有轴向和径向两类树脂道，轴向树脂道肉眼下呈浅色斑点状，数多。横断面特征、树皮和材身特征、宏观三切面特征如图2-166～图2-168。

图2-166　　　　　　　　　图2-167　　　　　　　　　图2-168

微观特征：早材管胞横切面方形、长方形及多边形；早材管胞径壁具缘纹孔1列；晚材管胞弦壁具缘纹孔数多，明显；螺纹加厚未见。轴向薄壁组织未见。木射线具有单列和纺锤形两类；

单列射线高 1～22 个细胞；射线薄壁细胞端壁节状加厚和凹痕未见；射线管胞存在于上述两类木射线中，位于上下边缘和中部，内壁平滑。交叉场纹孔式为窗格型，偶见松木型，1～4（通常 1～2）个，1（稀 2）横列。树脂道有轴向和径向两种，树脂道泌脂细胞壁薄。微观三切面特征如图 2-169～图 2-171。

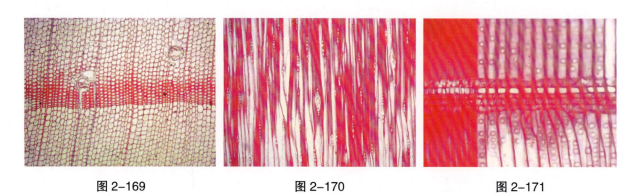

| 图 2-169 | 图 2-170 | 图 2-171 |

木材性质：木材纹理直；结构中等，均匀；强度中；材质轻而软；干缩小至中；强度低；易干燥，不易开裂和变形；耐腐，抗蚁性弱，不易防腐浸注；易加工，切面光滑；油漆后光亮性中等；胶合性能较差；耐磨性差；握钉力弱至中等。

木材用途：适用于房屋建筑、室内装修、包装箱盒、甲板、桅杆、船舱用料、绘图板、木尺、乐器部件、电杆、枕木、造纸、家具、生活用品、运动器材等。

十五、北美乔松 *Pinus strobus*

科属：松科　松属

国外商品材名称：White pine, Weeymouth pine, Eastern white pine, Yellow pine, Cork pine, Pattern pine, Sapling pine, Pumpkin pine, Quebec pine

树木形态及分布：常绿乔木，高度可达 40 多米，胸径可达 1.5m。分布于加拿大、美国。

宏观特征：心材浅黄褐色，边材黄白色，心边材区别略明显。生长轮明显，早晚材缓变。木射线细，肉眼下不可见，放大镜下略明显。具有轴向和径向两类树脂道。横断面特征、树皮和材身特征如图 2-172、图 2-173。

图 2-172　　　　　　图 2-173

微观特征：早材管胞横切面圆形及多边形；早材管胞径壁具缘纹孔 1（偶见 2）列；晚材管胞弦壁具缘纹孔可见；螺纹加厚未见。轴向薄壁组织未见。木射线具有单列和纺锤形两类；单列射线高 1～11 个细胞，纺锤形射线具有径向树脂道，中部宽 2～3 个细胞；射线管胞存在于上述两类木射线中，内壁未见锯齿。交叉场纹孔式为窗格状，1～2（通常 1）个。树脂道有轴向和径向两种，树脂道泌脂细胞壁薄。微观三切面特征如图 2-174～图 2-176。

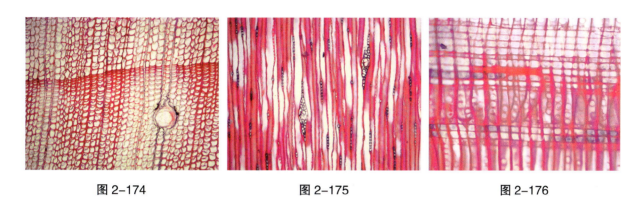

图 2-174　　　　　　　　　图 2-175　　　　　　　　　图 2-176

木材性质：木材结构中等，纹理常直而均匀；干缩率较小，材质中等软；易加工；易胶黏、染色、磨光；油漆性不好；握钉力差。

木材用途：适用于绘图板、门、乐器、家具、造船、建筑、室内装修、火柴杆、工艺品。

十六、欧洲赤松 *Pinus sylvestris*

科属：松科　松属

国外商品材名称：Scotch pine，Scots pine，Common pine，Baltic redwood，Red pine，Red deal，Norway fir，Yellow deal，Redwood，Archangel yellow deal，Baltic yellow deal，Finnish yellow deal，Polish yellow deal，Siberian yellow deal，Swedish yellow deal

树木形态及分布：乔木，高度可达 40 多米，胸径可达 1m 以上。原产欧洲。

宏观特征：心材红褐色，边材黄白或浅黄褐色，心边材区别略明显。生长轮明显，早晚材急变。具有轴向和径向两类树脂道，轴向树脂道肉眼下呈浅色斑点状，数多，主要分布于晚材；径向树脂道小，放大镜下可见，呈浅色斑点。木材具光泽，松脂气味浓，无特殊滋味。横断面特征、树皮和材身特征、宏观三切面特征如图 2-177～图 2-179。

图 2-177　　　　　　　　　图 2-178　　　　　　　　　图 2-179

微观特征：早材管胞横切面为长方形及多边形，径壁具缘纹孔主为1列，少数2列；晚材最后数列管胞弦壁具缘纹孔可见；螺纹加厚未见。轴向薄壁组织未见。木射线具单列及纺锤形两类；单列射线高1～12个细胞，纺锤形射线具径向树脂道，高8～25个细胞；射线管胞存在于上述两类木射线中，内壁具深锯齿或连城网状。交叉场纹孔式为窗格型，1～3（通常1）个，1～2（通常1）横列。树脂道有轴向和径向两种，树脂道泌脂细胞壁薄。微观三切面特征如图2-180～图2-182。

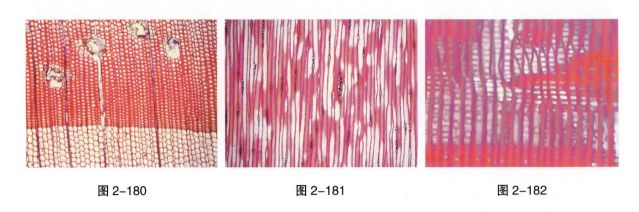

图 2-180　　　　　　　　图 2-181　　　　　　　　图 2-182

木材性质：木材结构中，略均匀，纹理直，干缩性中至大，强度中；干燥迅速，边材易蓝变，耐久性差，易防腐处理；加工性能好，切面光滑；易胶黏、染色和油漆，握钉力好。

木材用途：适用于房屋建筑、电杆、坑木、细木工、家具、包装箱、胶合板和纸浆材。

十七、樟子松 *Pinus sylvestris* var. *mongolica*

科属：松科　松属

国外商品材名称：Mongolian scotch pine

树木形态及分布：常绿乔木，高度可达30m，胸径可达0.7m。我国产于内蒙古和黑龙江，蒙古和俄罗斯也有分布。

宏观特征：心材红褐色，边材浅黄褐色，心边材区别略明显。生长轮明显，早晚材略急变至急变。具有轴向和径向两类树脂道，轴向树脂道肉眼下呈浅色斑点状，数多。横断面特征、树皮和材身特征如图2-183、图2-184。

图 2-183　　　　　　　　　　　图 2-184

微观特征：早材管胞横切面长方形及多边形；早材管胞径壁具缘纹孔主为1列，偶见2列；晚材管胞弦壁具缘纹孔偶见；螺纹加厚未见。轴向薄壁组织未见。木射线具有单列和纺锤形两类；射线薄壁细胞端壁节状加厚和凹痕未见；射线管胞存在于上述两类木射线中，位于上下边缘和中部，内壁具深锯齿。交叉场纹孔式为窗格型，偶见松木型，1～3（通常1）个，1～2（通常1）横列。树脂道有轴向和径向两种，树脂道泌脂细胞壁薄。微观三切面特征如图2-185～图2-187。

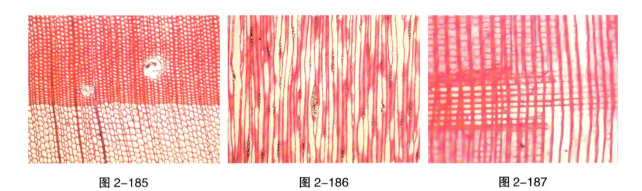

图2-185　　　　　　　　图2-186　　　　　　　　图2-187

木材性质：木材纹理直；结构中，略均匀；材质轻而软；干缩中；强度低至中；易干燥；耐腐，抗蚁性弱，不易防腐浸注；易加工，切面光滑；胶合性能较差；耐磨性差；握钉力弱至中等。

木材用途：适用于房屋建筑、室内装修、包装箱盒、甲板、桅杆、船舱用料、绘图板、木尺、乐器部件、电杆、枕木、造纸、家具、生活用品、运动器材等。

十八、火炬松 *Pinus taeda*

科属：松科　松属

国外商品材名称：Loblolly pine, Torch pine, North Caroline pine, Old field pine

树木形态及分布：常绿乔木，高度可达50多米，胸径可达2m。原产美国东南部。

宏观特征：心材浅红褐色，边材浅黄褐色，心边材区别明显。生长轮明显，早晚材急变。木材有光泽，松脂气味浓厚，无特殊滋味。具有轴向和径向两类树脂道，轴向树脂道肉眼下明显，较大。横断面特征、树皮和材身特征、宏观三切面特征如图2-188～图2-190。

图2-188　　　　　　　　图2-189　　　　　　　　图2-190

微观特征：早材管胞横切面长方形及多边形；早材管胞径壁具缘纹孔1～2列；螺纹加厚未见。轴向薄壁组织未见。木射线具有单列和纺锤形两类；射线管胞存在于上述两类木射线中，位于上下边缘和中部，内壁具深锯齿或呈网状。交叉场纹孔式为松木型，1～5（通常2～4）个，1～2（通常1）横列。树脂道有轴向和径向两种，树脂道泌脂细胞壁薄。微观三切面特征如图2-191～图2-193。

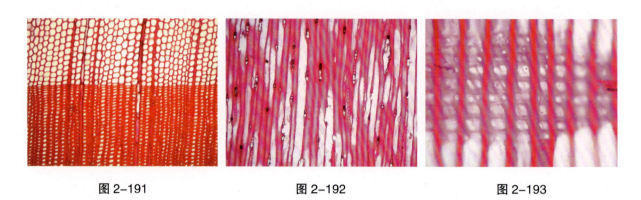

图 2-191　　　　　　　　图 2-192　　　　　　　　图 2-193

木材性质：略，同湿地松。

木材用途：略，同湿地松。

第五节　黄杉属 *Pseudotsuga*

一、北美黄杉 *Pseudotsuga menziesii*

科属：松科　黄杉属

国外商品材名称：Douglas fir, Green Douglas, Common Douglas, British Columbia cedar, Oregon pine

树木形态及分布：常绿乔木，高度可达40多米，胸径可达4m。分布于加拿大西部、美国西部和墨西哥，我国有引种栽培。

宏观特征：心材黄褐色至深红色，边材黄白或灰黄白色，心边材区别明显。生长轮明显，早晚材急变。具有轴向和径向两类树脂道，轴向树脂道肉眼下不可见，放大镜下呈黑点或孔穴，径向树脂道通常在放大镜下看不见。横断面特征、树皮和材身特征、宏观三切面特征如图2-194～图2-196。

微观特征：早材管胞横切面方形、长方形及多边形；早材管胞径壁具缘纹孔主为1列，少数2列；晚材管胞弦壁具缘纹孔明显；螺纹加厚在早材中明显，晚材不明显。轴向薄壁组织轮界状，稀少。木射线具有单列和纺锤形两类；单列射线高1～12个细胞，纺锤形射线具有径向树脂道，径向树脂上下射线细胞2～4列，上下端逐渐尖削呈单列，高1～4个细胞；射线管胞存在于上述两类木射线中，内壁平滑；射线薄壁细胞端壁节状加厚明显，凹痕偶见。交叉场纹孔式为云杉型或杉木型，1～6（通常3～5）个，1～2横列。树脂道有轴向和径向两种，树脂道泌脂细胞壁厚。微观三切面特征如图2-197～图2-199。

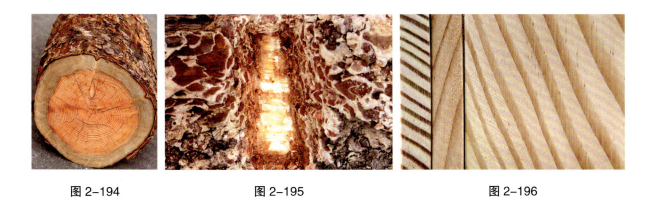

图 2-194　　　　　　图 2-195　　　　　　图 2-196

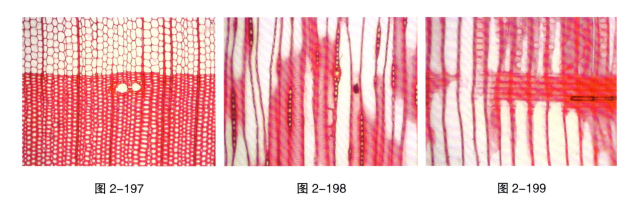

图 2-197　　　　　　图 2-198　　　　　　图 2-199

木材性质：木材结构中至粗，纹理直；干缩中等，强度中至高；易干燥；耐腐性中等；易加工、胶黏、染色；握钉力差。

木材用途：适用于纸浆材、木结构用材、门窗、房顶、地板、细木工制品、建筑、包装箱、单板、胶合板、家具、制浆用材、规格材、柱子等。

第六节　铁杉属 *Tsuga*

一、加拿大铁杉 *Tsuga canadensis*

科属：松科　铁杉属

国外商品材名称：Eastern hemlock, Common hemlock, Canadian hemlock, American hemlock

树木形态及分布：常绿乔木，高度可达 20 多米，胸径可达 0.5m。主分布于加拿大新斯科舍省至上湖地区、魁北克和安大略省南部，美国明尼苏达州东部向南延伸至佐治亚州和亚拉巴马州。

宏观特征：心材浅褐色带有浅红色至褐色色调，边材浅褐色，心边材区别不明显。生长轮明显，早晚材急变。树脂道缺乏。横断面特征、树皮和材身特征、宏观三切面特征如图 2-200～图 2-202。

图 2-200　　　　　　　　　图 2-201　　　　　　　　　图 2-202

微观特征：早材管胞横切面方形、长方形及多边形；早材管胞径壁具缘纹孔 1～2（多数 1）列；晚材管胞弦壁纹孔明显；螺纹加厚未见。轴向薄壁组织稀少，轮界状。木射线单列；射线高 1～12 个细胞或以上；射线薄壁细胞端壁节状加厚明显，凹痕明显；具有射线管胞，内壁平滑。交叉场纹孔式为柏木型，1～5（通常为 3～4）个，1～2 横列。树脂道缺乏。微观三切面特征如图 2-203～图 2-205。

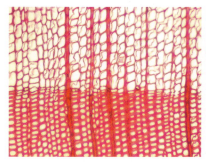 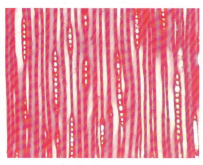 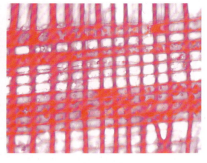

图 2-203　　　　　　　　　图 2-204　　　　　　　　　图 2-205

木材性质：木材纹理交错；结构粗；质软，干缩率较小至中等；材质中等软；强度中；易加工，但由于纤维常交叉排列，会增加加工难度；耐腐性较好，握钉力强。

木材用途：适用于桥梁建筑、混凝土模板、木建筑、粗杆用材、包装箱等。

二、美国异叶铁杉 *Tsuga heterophylla*

科属：松科　铁杉属

国外商品材名称：Western hemlock, Pacific hemlock, White hemlock, Hemlock spruce

树木形态及分布：常绿乔木，高度可达 70 多米，胸径可达 2m。主产于加拿大西部及美国西北部。

宏观特征：心材浅黄褐色微带红色，边材黄白色至浅黄褐色，心边材区别不明显。生长轮明显，早晚材略急变至急变。树脂道缺乏。横断面特征、树皮和材身特征、宏观三切面特征如图 2-206～图 2-208。

图 2-206　　　　　　　　图 2-207　　　　　　　　　　图 2-208

微观特征：早材管胞横切面圆形、长方形及多边形；早材管胞径壁具缘纹孔 1 列；晚材管胞弦壁纹孔明显；螺纹加厚未见。轴向薄壁组织很少，轮界状。木射线单列；射线高 1～28 个细胞；射线薄壁细胞端壁节状加厚明显，凹痕明显；射线管胞存在于射线上下边缘 1～2（通常为 1）列，内壁平滑。交叉场纹孔式为柏木型，1～4（通常为 1～2）个，1～2 横列。树脂道缺乏。微观三切面特征如图 2-209～图 2-211。

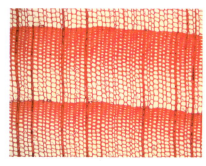 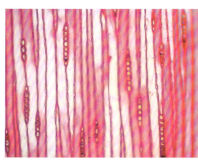 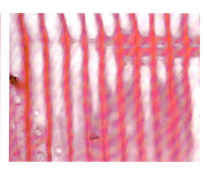

图 2-209　　　　　　　　图 2-210　　　　　　　　　　图 2-211

木材性质：木材纹理直；结构中而均匀；材质软，干缩小或中，强度中；易加工，耐腐性较好，握钉力强。

木材用途：适用于门窗、房屋檩条和椽子、家具、农具、木桶、包装箱、胶合板、纸浆材等。

第三章

杉科 Taxodiaceae

第一节 柳杉属 *Cryptomeria*

一、日本柳杉 *Cryptomeria japonica*

科属：杉科　柳杉属

国外商品材名称：Sugi, Common crytomeria, Japanese cedar

树木形态及分布：常绿乔木，高度可达 40 多米，胸径可达 2m。主要分布于日本，在我国和美国也有种植。

宏观特征：边材黄褐色或浅红褐色，心材红褐或暗红褐色，心边材区别明显。生长轮明显，早晚材缓变。树脂道未见。有杉木香气，无特殊滋味。横断面特征、树皮和材身特征、宏观三切面特征如图 3-1～图 3-3。

图 3-1

图 3-2

图 3-3

微观特征：早材管胞横切面长方形及多边形；早材管胞径壁具缘纹孔 1 列，极少 2 列；晚材管胞弦壁具缘纹孔略明显；螺纹加厚未见。轴向薄壁组织星散状或连成弦向短带状。木射线通常单列，偶见 2 列；射线高 1～24 个细胞；射线薄壁细胞端壁节状加厚未见，凹痕明显；射线管胞未见。交叉场纹孔式为杉木型，1～6（通常2～4）个，1～2横列。树脂道未见。微观三切面特征如图3-4～图3-6。

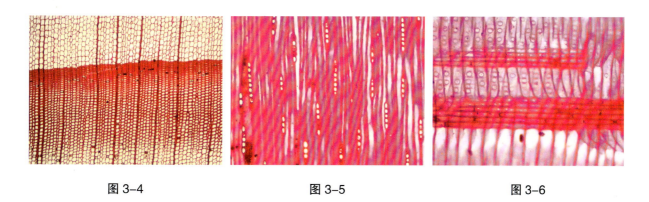

图3-4　　　　　　　　　　图3-5　　　　　　　　　　图3-6

木材性质：结构细至中，纹理直；材质甚轻软；干缩小；强度甚低；易干燥；尺寸稳定；耐腐性和抗蚁性强，易切削；涂饰和胶合性能良好；握钉力弱，不劈裂。

木材用途：适用于纸浆材、包装箱、车辆、家具、农具、民房建筑等。

第二节　北美红杉属 *Sequoia*

一、北美红杉 *Sequoia sempervirens*

科属：杉科　北美红杉属

国外商品材名称：Californian redwood, Coast redwood, Sequoia, Redwood, Mammoth tree

树木形态及分布：常绿乔木，树高可达120m，胸径可达7m。产于美国加利福尼亚州海岸，我国有引种栽培。

宏观特征：心材淡红色至浅红褐色，边材黄白色，心边材区别明显。生长轮明显，早晚材急变。木射线粗，放大镜下可见，径切面上形成细而密的条纹。树脂道缺乏。横断面特征、树皮和材身特征、宏观三切面特征如图3-7～图3-9。

图3-7　　　　　　　　　　图3-8　　　　　　　　　　图3-9

微观特征：早材管胞横切面方形、长方形及多边形；早材管胞径壁具缘纹孔1～3列；晚材管胞弦壁具缘纹孔明显。轴向薄壁组织星散或星散—聚合状，细胞单个或2至数个弦向连接。木射线单列及2列，高1～30个细胞；全由射线薄壁组织细胞组成，偶有射线管胞；射线薄壁细胞端壁平滑。交叉场纹孔式为杉木型，1～5（通常2～4）个，1～2横列。树脂道缺乏。微观三切面特征如图3-10～图3-12。

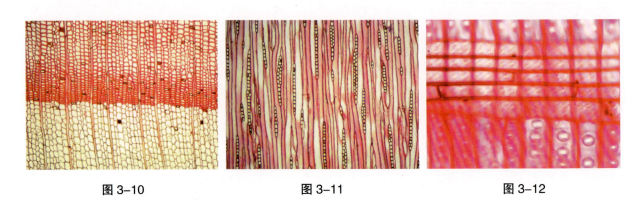

图 3-10　　　　　　　　　图 3-11　　　　　　　　　图 3-12

木材性质：结构粗，纹理直而均匀，木材轻至中等，材质软至中等。干缩率小，易加工，加工时应使用锋利的工具。耐腐性和耐久性良好。

木材用途：适用于制作槽、桶、木管、流水槽、屋顶板，也用于制作招牌、棺木、柱子、室内装修用材，树皮可用于制作过滤材料及绝缘吸附性材料。

第四章

柏科 Cupressaceae

第一节 扁柏属 *Chamaecyparis*

一、美国扁柏 *Chamaecyparis lawsoniona*

科属：柏科　扁柏属

国外商品材名称：Port Orford, Oregon cedar, Lawson cypress

树木形态及分布：常绿乔木，高度可达60多米，胸径可达4m。原产于美国，在我国和英国有引种栽培，在北美洲是珍贵的用材树种。

宏观特征：心材浅红褐色，边材颜色较淡，心边材区别不明显。生长轮明显，早晚材多为缓变，少数略急变。树脂道缺乏。木材略具柏木香气。横断面特征、树皮和材身特征、宏观三切面特征如图4-1～图4-3。

图4-1　　　　　　　　　图4-2　　　　　　　　　图4-3

微观特征：早材管胞横切面长方形及多边形；早材管胞径壁具缘纹孔1列，偶见2列；晚材管胞弦壁具缘纹孔略明显；螺纹加厚未见。轴向薄壁组织明显，星散、切线状及轮界状。木射线单列，偶成对；射线高1～22个细胞；射线薄壁细胞端壁节状加厚不明显，凹痕不明显；射线管胞未见。交叉场纹孔式为柏木型，1～5（主为2～3）个，1～2横列。树脂道缺乏。微观三切面特征如图 4-4～图 4-6。

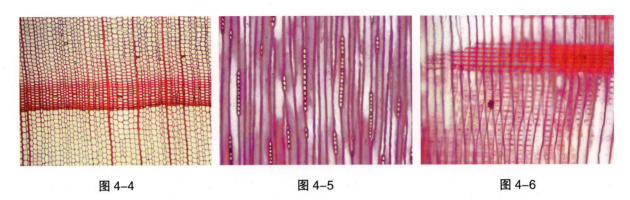

图 4-4　　　　　　　　　　图 4-5　　　　　　　　　　图 4-6

木材性质：结构均匀细致，较易干燥，强度较高；易加工，加工后表面光滑，但刨切会发生撕裂或起毛；易染色、磨光和油漆；耐久性好，握钉力好。

木材用途：适用于小型船只、船桨、家具、细木工、火柴杆及管风琴琴管。

二、黄扁柏 *Chamaecyparis nootkatensis*

科属：柏科　扁柏属

国外商品材名称：Yellow cedar, Alaska yellow cedar, Nootka-false cypress, Pacific Coast yellow cedar

树木形态及分布：常绿乔木，高度可达 20 多米，胸径可达 1m。分布于太平洋沿岸、加拿大及美国阿拉斯加。

宏观特征：心材浅黄褐色，边材浅黄色或黄白色，心边材区别不明显。生长轮明显，早晚材缓变。树脂道缺乏。木材略具柏木香气，但不明显。横断面特征、树皮和材身特征、宏观三切面特征如图 4-7～图 4-9。

图 4-7　　　　　　　　　　图 4-8　　　　　　　　　　图 4-9

微观特征：早材管胞横切面长方形及多边形，少数方形；早材管胞径壁具缘纹孔 1 列；晚材管胞弦壁具缘纹孔明显；螺纹加厚未见。轴向薄壁组织极少，星散状。木射线单列，偶成对；射线高 1～12 个细胞；射线薄壁细胞端壁节状加厚不明显，凹痕不明显；射线管胞未见。交叉场纹孔式为柏木型，1～3（主为 2）个，1～2 横列。树脂道缺乏。微观三切面特征如图 4-10～图 4-12。

图 4-10
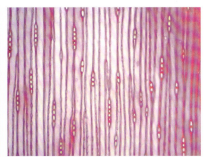
图 4-11
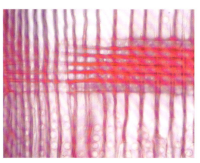
图 4-12

木材性质：木材纹理直；结构细，均匀；干缩率小，干燥性好，强度较低；耐腐性和抗蚁性强；易加工，加工后表面光滑；易油漆、染色、胶合和磨光；不耐磨，握钉力弱。

木材用途：适用于细木工制件、门窗、家具、屋顶板、绘图板、办公用品、船舶、建筑、室内装修、器具等。

三、日本扁柏 *Chamaecyparis obtusa*

科属：柏科　扁柏属

国外商品材名称：Japanese cedar, Japanese cypress, Hinoki-cedar

树木形态及分布：常绿乔木，高度可达 40 多米，胸径可达 3m。生长于海拔 1000m 的地区，原产日本。

宏观特征：心材浅红褐色至鲜红褐色，日久则呈黄褐色略红；边材浅黄褐色或乳白色；心边材区别略明显。生长轮明显，早晚材缓变或略急变。树脂道缺乏。木材略具柏木香气，但不明显。横断面特征、树皮和材身特征、宏观三切面特征如图 4-13 ～图 4-15。

图 4-13

图 4-14

图 4-14

微观特征：早材管胞横切面长方形及多边形，少数方形；早材管胞径壁具缘纹孔 1 ～ 2 列；晚材管胞弦壁具缘纹孔不明显或少见；螺纹加厚未见。轴向薄壁组织明显，略丰富，带状及星散状。木射线单列，偶成对；射线高 1 ～ 15 个细胞；射线薄壁细胞端壁节状加厚多不明显，凹痕不明显；射线管胞未见。交叉场纹孔式为柏木型，1 ～ 5（主为 2 ～ 3）个，1 ～ 2 横列。树脂道缺乏。微观三切面特征如图 4-16 ～图 4-18。

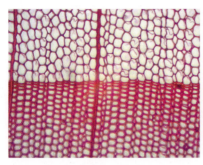
图 4-16

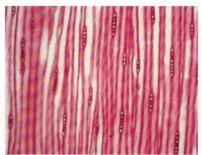
图 4-17

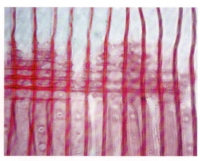
图 4-18

木材性质：木材纹理直；结构细，均匀；干缩率较小，强度低；易干燥；耐腐性和抗蚁性强；耐磨性差；易油漆、易胶黏；握钉力弱。

木材用途：适用于器具、家具、装修、机械、车辆、船舶、土木工程、电杆、枕木、模型、道具、雕刻、木桶、寺庙建筑、蓄电池隔板、圆柱材等。

第二节　柏木属 *Cupressus*

一、葡萄牙柏木 *Cupressus lusitanica*

科属：柏科　柏木属

国外商品材名称：Mexican cypress, Portuguese cypress

树木形态及分布：常绿乔木，高度可达 30 多米，胸径可达 1m。产于墨西哥中部至危地马拉、洪都拉斯山区及葡萄牙，垂直分布于海拔 1300～3300m 的地区。

宏观特征：心材黄褐色微带红色，边材黄白色至浅黄褐色，心边材区别明显。生长轮明显，早晚材缓变。树脂道缺乏。木材柏木香气不浓，触摸有油性感。横断面特征、树皮和材身特征、宏观三切面特征如图 4-19～图 4-21。

图 4-19

图 4-20

图 4-21

微观特征：早材管胞横切面多边形及圆形；早材管胞径壁具缘纹孔 1 列；晚材管胞弦壁具缘纹孔明显；螺纹加厚未见。轴向薄壁组织丰富，星散状，少数切线状。木射线单列，少数成对，偶见2列；射线高1～18个细胞；射线薄壁细胞端壁节状加厚不明显，凹痕明显；射线管胞未见。交叉场纹孔式为柏木型，1～3（通常为1～2）个，1～2横列。树脂道缺乏。微观三切面特征如图4-22～图4-24。

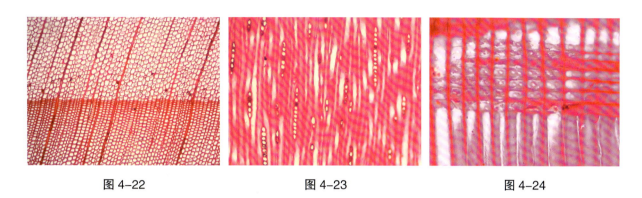

图 4-22　　　　　　　　　图 4-23　　　　　　　　　图 4-24

木材性质：木材纹理直；结构细而均匀；干缩小至中，硬度中至大，强度中；尺寸稳定性好，易干燥；耐腐性和抗蚁蛀能力强；易加工，不劈裂，切面光滑；油漆、胶合性能良好；耐磨性好，握钉力强。

木材用途：适用于房屋建筑、桥梁建筑、室内装修、家具、包装、机械、胶合板、器具等。

二、大果柏木 *Cupressus macrocarpa*

科属：柏科　柏木属

国外商品材名称：Monterey cypress, Cypress

树木形态及分布：常绿乔木，高度可达40m，胸径可达1.5m。产于北美洲东部沿海、大洋洲。

宏观特征：心材浅黄褐色，边材浅黄色，心边材区别不明显。生长轮明显，早晚材缓变。树脂道缺乏。木材具柏木香气，触摸有油性感。横断面特征、树皮和材身特征、宏观三切面特征如图4-25～图4-27。

图 4-25　　　　　　　　　图 4-26　　　　　　　　　图 4-27

微观特征：早材管胞横切面多边形及圆形；早材管胞径壁具缘纹孔1列，偶见对列；晚材管胞弦壁具缘纹孔明显；螺纹加厚未见。轴向薄壁组织丰富，星散状，端壁节状加厚略明显，含颗粒状及树脂状物质。木射线单列，少数2列或成对；射线高1～20个细胞；射线薄壁细胞端壁节状加厚不明显，凹痕明显；部分射线细胞含深色树脂；射线管胞未见。交叉场纹孔式为柏型，1~3（通常为1~2）个，1~2横列。树脂道缺乏。微观三切面特征如图4-28~图4-30。

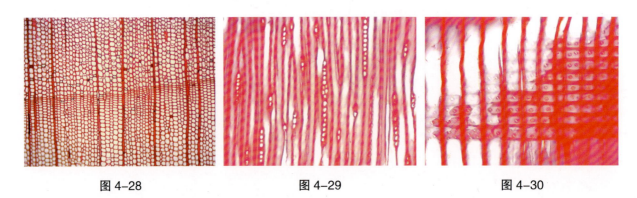

图4-28　　　　　　　　　图4-29　　　　　　　　　图4-30

木材性质：木材纹理直或斜；结构中而均匀；干缩中，硬度及强度中；尺寸稳定性良好，较易干燥；耐腐性和抗蚁蛀能力较强；刨、削、锯等加工性能良好，切削面光洁，有光泽；油漆后光亮性好，易胶黏；耐磨性好，握钉力强。

木材用途：适用于建筑、桥梁、办公及住宅装饰、家具、各种箱盒、铅笔杆、玩具、农具、机模、胶合板等。

第三节　崖柏属 *Thuja*

一、红崖柏 *Thuja plicata*

科属：柏科　崖柏属

国外商品材名称：Western arbor-vitae，Western red cedar，Red cedar，Giant arbor-vitae，Canoe cedar，British Columbia red cedar

树木形态及分布：常绿乔木，高度可达70多米，胸径可达2.5m。产于加拿大西部、美国西北部、北美洲西北部太平洋沿岸。

宏观特征：心材红褐色至红棕色，边材黄白色或浅黄褐色，心边材区别明显。生长轮明显，早材带极宽，占生长轮大部分，早晚材缓变至略急变。树脂道缺乏。木材柏木香气不明显。横断面特征、树皮和材身特征、宏观三切面特征如图4-31~图4-33。

图4-31　　　　　　　　　图4-32　　　　　　　　　图4-33

微观特征：早材管胞横切面长方形及多边形；早材管胞径壁具缘纹孔 1 列，少数 2 列或成对；晚材管胞弦壁纹孔明显；螺纹加厚未见。轴向薄壁组织丰富，星散状。木射线单列，少数成对；射线高 1～21 个细胞；射线薄壁细胞端壁节状加厚不明显，凹痕略明显至明显；射线管胞未见。交叉场纹孔式为杉木型，1～6（通常为 2～4）个，1～3 横列。树脂道缺乏。微观三切面特征如图 4-34～图 4-36。

图 4-34　　　　　　　　　图 4-35　　　　　　　　　图 4-36

木材性质：木材纹理直；结构细而均匀；干缩小，强度小；易加工，干燥性、胶合性能和油漆性能良好；耐腐性和抗蚁蛀能力强，是良好的天然防腐木；耐磨性差，握钉力弱。

木材用途：因耐腐耐久性可做室外用材，适用于护墙板、庭院露台、屋顶、门窗、围栏、隔屏、木棚和庭园家具等，在室内可用于百叶窗、镶板、吊顶、线脚和家具等；也常用于制作原声吉他。

备注：由于太仓港是全国最大的进口针叶材原木和板材的口岸，自 2005 年至 2018 年间，我们收集、制作了全套实物标本（配有宏观和微观照片），是目前全国针叶材树种标本最全的。有需求的请联系电话：13913793546

第五篇

科技和监管是实现腾飞的两翼

导读

第一章	创建检管分离机制 释放监管"六性"潜质	165
	第一节 围绕着保障性和制约性，健全监管机制和制度	165
	第二节 日常监管工作围绕着有效性和针对性	171
	第三节 监管和考核工作围绕着助推性和可追溯性	172
第二章	风险管控着力于强化监管工作的针对性和助推力	173
	第一节 摸清风险点及其分布	173
	第二节 强化执行力和监管力，实施加严检验监管	175
	第三节 多渠道推助风险意识和管控能力的提升	175
第三章	用科技构筑起检验监管和维权的坚实大坝	178
	第一节 创建系统性和专业性的培训体系	178
	第二节 持续培训的社会影响力和推动力	181
	第三节 从木浆中鉴定出树种，引发新检验标准的诞生	189
	第四节 起草多项国家级标准，力推检验技术体系的健全	190
	第五节 借助科技成果，提供预测性服务	191

第四章 磨砺维权利剑,推助木材贸易"双赢"格局 … 192
第一节 摘除维权意识的"有色眼镜" … 193
第二节 连续六年的货主大会及其"蝴蝶效应"和国际影响力 … 195

第五章 太仓港进口木材检验技术水平验证实例 … 201
实例1 "兄弟"之间的较量 … 201
实例2 加拿大三家发货商联合来太仓港跟踪验证25天 … 202
实例3 一封来自俄罗斯的感谢信 … 202

第六章 与时俱进持续创新检验监管模式 … 203
第一节 起草制订《江苏进口木材检验监管办法》 … 203
第二节 搭平台唱响监管主旋律,获助力持续创新监管 … 205
第三节 监管创新产生的影响力和推动效能 … 210

第一章

创建检管分离机制 释放监管"六性"潜质

自2000年开始,太仓出入境检验检疫局(以下简称"太仓国检局")对进口木材实施了共同检验模式。伴随着木材进口量的不断增长,关系到国内外木材贸易商和最终用户合法权益的维护,以及国际贸易顺畅开展的检验工作质量和效率成为太仓国检局关注的重点。

检尺公司是具体实施检尺工作的单位。根据工作需要,太仓国检局在太仓港三大进口木材接卸码头引进和培养了5家检尺单位、200多名专业检尺技术人员,在太仓国检局严密的监督管理和技术指导下具体承担进口木材检验鉴定任务。

如何培养好、管理好和使用好这支检验队伍,确保检验工作质量,确保检验把关成效,无疑是一个非常重要的、值得持续探索的课题。(图1-1)

图1-1

第一节　围绕着保障性和制约性,健全监管机制和制度
——推行"两大落实""八个细化"机制

一、落实组织和人员保障

2008年,太仓国检局建议木材检尺联合会组建"木材检验复查组",这在全省、全国均属首创。复查组首先固定办公场所、固定人员4名、可随时动态抽调6名骨干共同参与。经常组成6～8个组、18～24人实施每船次进口木材的现场检验质量的抽查、复查、复核工作。落实各项检验监管要求、考核评价检验工作质量。(图1-2、图1-3)

图 1-2

图 1-3

二、落实制度和机制保障

创建以"检尺队绩效综合考核和工作量分配关联模式"为主体的系列监管措施，推进细化、差别化监管。

（1）制定和实施检尺单位木材检验技术能力验证要求，设立必要的技术门槛。（图 1-4）

（2）制定和细化木材复查组逐船复查工作流程图。（图 1-5、图 1-6）

（3）制定和落实进口木材检尺量化考评和判定标准。

（4）制定和实施了进口木材检验记录和汇总表质量检查评价标准。

（5）制定和执行现场检尺差错项追溯到个人考核表，类似于驾驶证的12分积分

图 1-4

图 1-5

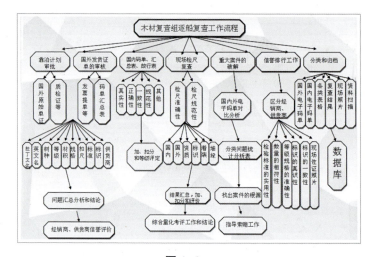

图 1-6

考核。（表 1-1，图 1-7、图 1-8）。

（6）制定和细化实施了"检尺队绩效综合考核和检尺量分配表"。（表 1-2，图 1-9、图 1-10）

表 1-1

根数	加扣分										
	差错项										
	≤ 5%	≤ 7%	≤ 9%	≤ 11%	≤ 13%	≤ 15%	≤ 17%	≤ 19%	≤ 21%	≤ 23%	≤ 25%
20000	1	0.8	0.6	0.4	0.2	-0.2	-0.4	-0.6	-0.8	-1	-1.2
30000	1.2	0.9	0.7	0.5	0.3	-0.3	-0.5	-0.7	-0.9	-1.1	-1.3
40000	1.3	1	0.8	0.6	0.4	-0.4	-0.6	-0.8	-1	-1.2	-1.4
50000	1.4	1.1	0.9	0.7	0.5	-0.5	-0.7	-0.9	-1.1	-1.3	-1.5
60000	1.5	1.2	1	0.8	0.6	-0.6	-0.8	-1	-1.2	-1.4	-1.6
70000	1.6	1.3	1.1	0.9	0.7	-0.7	-0.9	-1.1	-1.3	-1.5	-1.7
80000	1.7	1.4	1.2	1	0.8	-0.8	-1	-1.2	-1.4	-1.6	-1.8
90000	1.8	1.5	1.3	1.1	0.9	-0.9	-1.1	-1.3	-1.5	-1.7	-1.9
100000	1.9	1.6	1.4	1.2	1	-1	-1.2	-1.4	-1.6	-1.8	-2
120000	2	1.7	1.5	1.3	1.2	-1.1	-1.3	-1.5	-1.7	-1.9	-2.1
150000	2.1	1.8	1.6	1.4	1.3	-1.2	-1.4	-1.6	-1.8	-2	-2.2
200000	2.2	1.9	1.7	1.5	1.4	-1.3	-1.5	-1.7	-1.9	-2.1	-2.3

结果处置：

当累计扣分数到 4 分时，需停检学习 1 个月；

当累计扣分数到 6 分时，需停检学习 2 个月；

当累计扣分数到 8 分时，需停检学习 3 个月；

当累计扣分数到 10 分时，作降级处理并停检学习 2 个月；

当累计扣分数到 12 分时，取消资质。

图 1-7　　　　　　　　　　　　　　图 1-8

表 1-2

船名：　　　　　　报检号：

项目	加扣分标准
资质检查	1. 严重不符合省局规定的扣 30～40 分/次 2. 等级比例不符要求的扣 20～30 分/次 3. 标准资质不相符的扣 15～20 分/次
现场复验	现场抽查差错项细化到组、追溯到个人，加扣分标准如下： 1. 60 根以下，差错项≤10%，每下降 1 个百分点，加 1 分（起点分为 2 分） 2. 60 根以下，误差项>10%，每上升 1 个点，加扣 1 分（起点分为 -2 分） 3. 60 根以上，误差项≤5%，每下降 1 个点加 2 分（起点分为 10 分） 4. 60 根以上，5%<误差项≤10%，每下降 1 个点，加 1 分（起点分为 5 分） 5. 60 根以上，10%<误差项≤13%，每上升 1 个点，扣 1 分（起点分为 -4 分） 6. 60 根以上，误差项≥14%，每上升 1 个点，扣 2 分（起点分为 -8 分） 7. 缺陷扣尺率小于国外超过 3% 的扣 5～15 分；与复查误差超过 3% 的扣 10～20 分 8. 其他扣分按照《原木检尺量化考评标准》进行
码单和汇总表复核检查	1. 在码单上调整、更改数据（如扣尺）每发现一处扣 5～10 分 2. 按照《木材检验记录质量检查评价标准》分为优秀级、良好级和一般级别： 　优秀级别的加 4 分，一般级别的扣 4 分 3. 其他扣分按照《原木检尺量化考评标准》进行 4. 未明确合同检验标准擅自检尺的扣 10～20 分 5. 发现代签名、冒充签名的扣 5～8 分并退回补签
验证性考核	按国标验证外标的理论公式： 误差超过 2% 的扣 2 分、超过 2.2% 扣 3 分、超过 2.4% 扣 4 分、超过 2.6% 扣 5 分、超过 2.8% 扣 6 分、超过 3% 扣 7 分、超过 3.2% 扣 8 分，以此类推
检尺成效考核	分进口国别各检尺公司比较： 在平均差错项小于 13% 的前提下，每季度、半年、全年的检尺平均成效同比： 1. 高出 1% 的加 5、7、10 分 2. 高出 2% 的加 7、9、12 分 3. 高出 3% 以上的加 9、11、14 分
日常监管检查	1. 擅自调整、更改结果的扣 30～100 分 2. 未经国检局复核无误透露检验结果或给出检验证据的扣 15～30 分 3. 超速、超常规、抢检、强检等降低检验质量的扣 10～20 分 4. 特殊情况处理、特殊检尺未取得相关方书面证明、未经国检局同意的扣 10～20 分 5. 未完成或及时完成交办任务的扣 5～15 分 6. 未按要求着装、佩带标识的扣 1～2 分/人 7. 无特殊原因超过流程时限的扣 5～15 分 8. 干预或影响检查组工作的扣 5～15 分 9. 重大索赔案件不提供或不及时提供分析报告的扣 3～8 分/次 10. 未及时汇报特殊、敏感性检验监管情况的扣 2～5 分/次 11. 未及时落实或不落实监管人员交办的工作扣 3～8 分/次 12. 检尺队长离开工作岗位事先不请假的扣 3～8 分/次
整体情况照片	1. 欠代表性、欠清晰度的扣 2～4 分 2. 反映不全面的扣 2～4 分 3. 缺少的扣 2～5 分（包括带船名的）
特殊情况照片	1. 提供码头异常作业、异常堆垛等能说明问题报告的加 2～3 分 2. 特殊、特大木材等不报告无照片的扣 2～4 分

续表

项目	加扣分标准		
树种照片齐全	1. 每缺少一个树种扣 1 分 2. 照片不清楚，断面、树皮、材表不清楚的扣 2～4 分		
缺陷照片	1. 照片不清楚扣 2 分 2. 照片代表性不足的扣 2～3 分 3. 无反映整体缺陷状况的扣 3～4 分		
供货商编号照片	1. 无或不清楚的扣 2～3 分 2. 不全面的、每少一个扣 1 分		
检尺编号比例	1. 少于 60% 的扣 15 分 2. 少于 50% 的扣 20 分 3. 少于 40% 的扣 25 分		
标识检查	1. 字迹潦草，看不清楚的扣 0.5 分/根 2. 钉牌标识不规范扣 0.5 分/根 3. 漏钉、漏抄、错抄等扣 1 分/根 4. 钉牌标识管理混乱不相符、不吻合的扣 2～5 分 5. 标识特别清楚规范的加 5～15 分		
取样工作	1. 有新品种不取样的每缺少一种扣 3～5 分 2. 树种有拉丁名的未取样扣 4～6 分 3. 取样不够的扣 2～3 分 4. 外来取样加 3～5 分/种 5. 取样工作做得好而全面的加 4～8 分		
内部监管记录	1. 有记录的加 1～2 分 2. 记录充分、能说明问题、方法好的加 2～4 分		
国外检尺码单	1. 未提供就检尺的扣 2～3 分 2. 未及时提供的扣 1～2 分 3. 不提供的扣 3～4 分		
外标检尺码单	不及时提供备案的扣 1～2 分	外标汇总表	不及时提供备案的扣 1～2 分
国标检尺码单	不及时提供备案的扣 1～2 分	分规格统计表	不及时提供备案的扣 1～2 分
国标检尺汇总表	不及时提供备案的扣 1～2 分	木材放行表	不及时提供备案的扣 1～2 分
理货根数	不及时提供备案的扣 1～2 分	其他需要的	不及时提供备案的扣 1～2 分
公益性活动	1. 积极鼓励货主对外开展索赔并取得成效的加 3～10 分；积极协助维权产生重大影响或取得实效的加加 10～25 分 2. 及时跟踪和反馈索赔情况的加 2～5 分 3. 围绕"7 个关注"提供信息被市级、省级、国家级采纳的分别加 3 分、5 分、8 分 4. 及时提供市场分析报告的加 3～5 分 5. 为科技工作作出贡献的加 5～15 分 6. 对外索赔谈判取得成效的加 5～30 分 7. 抓到害虫的加 1～2 分/种，抓到检疫性害虫的加 3～8 分/种 8. 其他有益性工作加 2～5 分		
外部考评和监督	有检尺或服务质量举报被查实的扣 10～20 分；货主综合测评连续低分的扣 5～15 分		
技术培训和其他加分项	1. 总经理关注检尺工作及时处理和反馈相关信息的加 5～10 分 2. 重视培训工作且有效的加 5～10 分 3. 省、市级培训、现场考试或比武成绩列前 2 名的加 8～15 分		

续表

项目	加扣分标准
结果处理	1. 凡单船次合计扣分大于40分的（或关键性因素扣分大于30分），应停检1船 2. 检尺队之间每月度扣分差异小于15%的，高分的可优先选择1～2船 3. 检尺队之间每月度扣分差异超过15%的，低分的停检1船 4. 检尺队之间季度累计扣分差异超过15%的，低分的停检2～3船 5. 检尺队之间半年度累计扣分差异超过15%的，低分的应停检培训或整顿1个月 6. 检尺队之间年度累计扣分差异超过15%的，低分的需重新回到能力验证阶段 7. 凡违反江苏检验检疫局或所在地检验检疫局相关规定的，按相关规定处理
技术和检尺成效奖励项	1. 省、市级培训考试成绩第一名的加检1～2船 2. 技能比武第一名的加检1～2船 3. 为科技工作作出突出贡献的加检1～2船 4. 结合综合考核，同国别木材半年或全年的检尺成效相比高于2%的检尺队加检2～3船

图 1-9

图 1-10

该分配表以绩效考核为重点，突出全面性、关联性和动态性考核。考核项目大到涉现场检验准确性、日常监管、外部考评和监督检查、公益性服务检查，小到标识、取样、树种和质量照片等各个方面，将检尺队之间的检尺量竞争引导和落实到检尺质量、检验技术和服务效益的竞争上，形成了积极的良性竞争局面和全面提高综合能力与素质的良好环境。（图1-11、图1-12）

图 1-11   图 1-12

（7）制定和细化"木材复查组工作绩效考核评价表"。该考核体现对复查组自身工作的制约性、兑现业绩考核、评价和奖惩机制。明确了公开、公正、全面、及时的复查组工作原则。

（8）制定和落实了"复查组的工作方法"。该方法突出既全面复查，也要有重点、有针对性复查；既要埋头复查，也要抬头抓监管、抓信息、抓把关、抓服务。及时反馈相关信息和分析报告，为相关方提供信息化服务，同时强化了过程监管、助推检尺队持续改进、持续提高。

第二节　日常监管工作围绕着有效性和针对性
——落实"八项检查""六项考核""七大关注"模式

一、日常监管检查环节上突出"八项检查"

"八项检查"即检尺技术人员资质符合性检查、检尺速度检查、标识检查、时限检查、安全性检查等。"八项检查"助推了检尺工作全面性和规范性。

二、日常监管考核环节上突出"六项考核"

"六项考核"即对比各检尺小组进行绩效考核、现场检尺准确性考核、检验码单等证单的质量考核、检验技术考核、验证性考核等。"六项考核"体现的是结果核查,力推检尺单位全面提高工作质量和注重检尺成效。

三、日常检验监管环节突出"七大关注"

"七大关注"即关注对外索赔工作、关注首次到货、关注新品种、关注特殊用途、关注异常木材、关注有重大疫情的木材、关注树种鉴定。

"七大关注"使得监管监控工作目标明确,具有全方位性,力促全面有效监管和完善不合格信息监测工作。(图1-13)

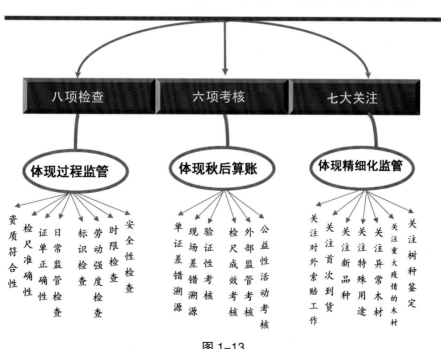

图 1-13

第三节　监管和考核工作围绕着助推性和可追溯性

——创新关联和追溯机制

一、建立关联性考核机制

将上述的“八项检查”“六项考核”“七大关注”等各种监管检查和考核结果关联到检尺单位、追溯到检尺小组和个人。

二、建立业绩考核档案

建立单位、个人绩效考核档案，每隔半年进行综合评比。对不能进行持续改进的单位或人员，将进行停检整顿或培训，直至取消资质。（图 1–14）

上述监管模式的逐步实施，有力地推动了检尺公司管理能力和工作质量的日益提高。例如，现场检尺差错项逐年下降。（图 1–15）

创建可追溯监管监控模式，兑现到公司和个人

——绩效加分制、12分扣分制

2016年现场抽查逐船差错项统计表（正平）					
船名：	大圆艾斯	时间：	2016-02.17	标准：	英制
组员	[illegible]	[illegible]	[illegible]	[illegible]	[illegible]
抽检根数	19	17	17	18	71
外标差错	1	1	0	0	2
差错率	5.26%	5.88%	0.00%	0.00%	2.82%
国标差错	0	2	0	0	2
差错率	0.00%	11.76%	0.00%	0.00%	2.82%
检尺员	曹建华	葛李平 荀新华			
抽查编号	3-3414	11-2996 11-1115			
备注：当累计扣分数到4分时，需停检学习1个月；当累计扣分数到6分时，需停检学习2个月；当累计扣分数到8分时，需停检学习3个月；当累计扣分数到10分时，作降级处理；当累计扣分数到12分时，取消资质；					

图 1–14

现场检尺差错项逐年下降

图 1–15

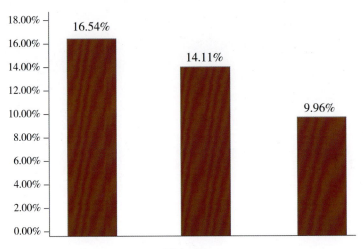

第二章

风险管控着力于强化监管工作的针对性和助推力

第一节 摸清风险点及其分布

进口木材贸易，由于供货商复杂、中间商多、运输距离遥远、备货装载时间间隔长、发货量大、检验时间有限、国外检尺人员常常匮缺等主客观因素，偶尔会出现一些意想不到的问题，如检尺差错、运输过程丢失、船舶仓容不够、装船或多港卸货有误等。（图2-1）

在多年的工作中我们发现，进口木材检验监管出现频次最多的主要是以下8个方面的问题和风险点：

（1）个别发货商或中间商信誉不好、涉嫌欺诈的。

（2）每年信誉排行差又不持续改进的供货商。（图2-2）

图2-1　　　　　　　　　　　　　图2-2

- 173 -

（3）材积短少严重或货物质量差且长期失控的。（图2-3）
（4）单证不符、货单不符、有单无货、有货无单的。
（5）合同和进口单证有虚假嫌疑或不规范、相互矛盾的。
（6）不是按照标准规定检尺、设定系数转换又提供不出有效依据的。
（7）发货明细码单上材积计算差错与发票数不一致的。
（8）提供不出原始检验明细码单或提供编造的码单。（图2-4）

如何抓细节、捕获各方面信息加以对比分析，从而抓住监控这些风险点，也就是抓住了进口木材有效监管监控的关键点。（图2-5）

报检号	日期	船名	报检材积数	材积短少数	索赔金额	短少率
1-628798	1.23	吕松海峡/LUZON STRAIT	7686.6	-875.5	-135611.4	-10.22%
1-457324	1.24	米罗/MILAUBULKER	10585.5	-1174.6	-203374.5	-9.99%
1-2831545	1.3	非洲散运/AFRICAN BULKER	16434.2	-1596.8	-277635.1	-8.86%
1-325879	1.16	伊予海/IYO SEA	2750.2	-207.2	-31882.6	-7.00%
1-407929	1.16	伊予海/IYO SEA	1731.6	-127.8	-14957.6	-6.87%
632758	1.12	江门商人/JIANGMEN TRADER	13393.5	-970.6	-147962.5	-6.76%
1-435819	1.16	伊予海/IYO SEA	1359.3	-82.8	-11070.6	-5.74%
1-748136	1.29	伊娃/EVA BULKER	5919.8	-360.2	-53221.9	-5.74%
290357/58	1.5	灵感湖/INSPIRATIONLAKE	21748.3	-1222.4	-194494.9	-5.32%
776013	1.28	伊娃/EVA BULKER	5783.0	-322.9	-48469.1	-5.29%
1-455382	1.13	帕莫斯科/primorsklesprom	2849.9	-157.9	-32135.5	-5.25%
646101	1.19	冠军/CHAMPION BAY	4194.2	-227.3	-23176.4	-5.14%
		合计	94436.0	-7325.8	-1173991.6	

图2-3

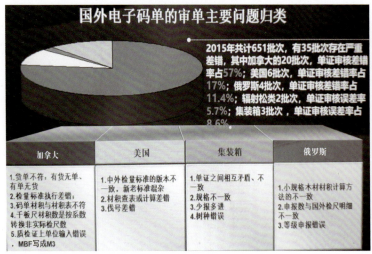

图2-4

图2-5

第二节　强化执行力和监管力，实施加严检验监管

一、应对措施

依据上述 8 个方面的风险情况，我们采取以下应对措施来加强针对性的检验监管工作：

（1）实施钉牌编号标识或二维码标识检尺，提高举证的有效性。

（2）对检验现场加强抽查监管频次和力度；对国外发货检验和国内验收检验明细码单等单证提高复核复查比例。

（3）不提供或少提供特殊放行、分批放行及绿色通道等超前或优质服务。

（4）对发生重大索赔案件的，及时上报上级发警示通报。如，江苏国检局 2015 年发了《关于进口木材检尺不合格情况的风险信息通报》。（图 2-6）

（a）

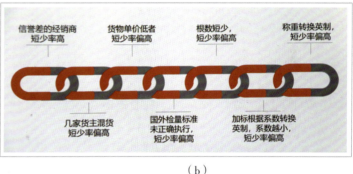
（b）

图 2-6

第三节　多渠道推助风险意识和管控能力的提升

风险意识、风险管控的能力和水平在潜移默化中形成，在日积月累中提高。善于借助外部推力，不仅可以广思集益，更重要的是能整体推进，快速提高。

一、总结分析会常态化

自 2008 年以来，每半年、一年召开一次由 5 家检尺公司总经理和现场检尺队长以及复查组全体成员参加的总结会，全面分析总结各方面成功的、不足的经验教训和分析评判风险管控。（图 2-7）

此外，对现场检尺或码单计算汇总等过程环节中发现的问题，特别是在对外技术谈判或为收货人维权中发现的问题，及时开会分析寻找原因、总结经验教训，有利于下部及时整改提高。（图 2-8）

（a） （b）

图 2-7

图 2-8　　　　　　　　　　　　　　　　　图 2-9

二、借助外力促技术水平上台阶

时常邀请外部专家来太仓港开展检查、抽查现场检验质量、指导检验鉴定技术和开展监管经验交流、建立沟通合作机制。

（1）邀请南京林业大学教授来现场指导检验工作，特别是交流学习树种识别鉴定方面的关键技术和经验。（图 2-9）

（2）邀请国家级检验员来现场抽查检尺工作质量，鼓励多发现问题。（图 2-10）

（3）邀请上海国检局技术专家来太仓港木材码头抽查检尺工作质量、交流检验技术、探索和分享有效检验监管经验和方式方法。（图 2-11）

图 2-10　　　　　　　　　　　　　　　　　图 2-11

三、建立沟通交流、协同合作机制

每年与3家港口码头公司主要就工作安全和工作质量等进行沟通协调,理顺码头公司、代理公司、理货、货主、检尺公司之间的矛盾或问题点,疏通工作渠道。(图2-12)

四、建立学习交流、合作联动机制

每年接待来自全国各地的国检局、检尺公司来参观交流,并就此机会学习人家的先进经验,建立合作联动机制。

(1)安徽局派员来参观交流进口木材检验检疫全过程、木材检验监管模式、实验室建设等。(图2-13)

图2-12

图2-13

(2)与上海局、黑龙江局、湖北局、湖南局、海南局、河北局、天津局、宁波局、连云港局、常熟局、岚山局、莆田局等开展全面工作交流、探讨检验监管模式和建立互动联动机制。(图2-14、图2-15)

图2-14

图2-15

第三章

用科技构筑起检验监管和维权的坚实大坝

太仓国检局木材检验监管人员从完善树种鉴定标准入手,把检验技术培训和科技研究工作融入进口木材检验鉴定、监管和服务工作中,使得检验把关、服务水平和监管成效越来越显著,社会影响力和公认度越来越高。

第一节 创建系统性和专业性的培训体系

一、抓系统性培训

主要是对美国、加拿大、俄罗斯等各国原木检验标准和技术的全面性和系统性培训。一般是每年至少举办一次大规模性培训。课堂培训后再进行木材基本理论知识和有关国家检验标准的考试考核。考试不合格者再进行下一轮的培训考试。(图3-1)

图 3-1

二、抓针对性培训

主要是针对美国、加拿大木材检验中难度较大的缺陷扣尺技术，平时现场检查中发现的薄弱环节、码单汇总和各类报表上存在的问题而进行的培训。

三、抓提高性培训

主要是提高检尺队对进口木材树种鉴定水平和技术，举办对树种取样、制样和对树种宏观、微观等鉴定技术的培训。

管理能力和水平的培训。培训对象主要是各检尺单位的负责人、现场主管人员和省一级检尺员。培训主要内容有：刚性和柔性管理知识及管理体系的建立，突出执行力、强化沟通协调能力、突发事件处治能力；工作质量评价系统的建立；"全过程、全息化进口木材检验监管模式"的建立等。培训后，每人都写了学习心得和体会，建议希望以后多举办此类有针对性、实用性的培训和交流活动。

同时，一年一度的理论培训考试和现场实践操作的技能比武竞赛也是5家检尺单位以赛促学的好时机。（图3-2、图3-3）

图 3-2

图 3-3

四、检尺员对培训活动的感悟

针对进口加拿大扒皮原木材积短少率一直居高不下，扒皮原木无检验标准，与带皮原木的检验存在较大的差异。给检尺员的理解和掌握上带来了难度。太仓检验检疫局举办了一场木材检尺"理论比武+培训"活动，在太仓港从事进口木材检尺业务的5家检尺单位，约150名检尺员参加。这是继2017年6月下旬举办了现场"技能比武"之后的又一次"比武"。两次"比武"活动旨在通过实践到理论，再从理论到实践的实时岗位练兵，提升检尺队伍的业务技能和综合素质。这样的"比武"形式，每年都会在太仓港举办1～2次。

"比武"现场是经过精心组织和安排的，5家检尺队的成员，有序进场、交错落座。试卷发下后，大家仿佛回到学生时代，有的在奋笔疾书，有的在低头思索。试卷内容大都是在日常工作中碰到的问题和难题，怎么答题才能保证答案的准确无误和日后工作中的检尺准确性？

理论考试结束后，主考老师对试卷中的问题作了详细分析和讲解。特别是针对木材检尺中

图 3-4

最难掌握的"缺陷扣尺"和"扒皮原木的检尺"方法等进行了具体、全面的讲解。

心里装着一杆秤,双手才能用好一把尺。"理论比武+培训"活动结束的第2天,检尺员纷纷送来了对这次活动的感想和体会。检尺员荀某说:"所谓的'一杆秤,一把尺'原则,'一杆秤'指的是要做到公平、公正,让供应商认可、货主信服、消费者放心,'一把尺'指的是我们每个检尺人员必须要有扎实的检尺功底、吃透检验标准才能用好手中的尺子。"秦某说:"原本处于困惑中的我们,见到这些通俗易懂、图文并茂的讲解,有一种顿悟的感觉,让我们对以后的工作更有信心和激情了,心中的那杆秤将端得更平稳了。"陆某说:"一名合格的检尺员,不仅仅只是一份工作,也是对自己人生、对公司、对客户的一份责任。说得好不如做得好,只有不断努力学习才能提升自己的综合水平,培训虽然结束了,但思考没有结束,行动更没有结束,通过这次培训,让我能以更宽阔的视野去看待我们的检尺工作,不断更新自己,努力提高自己的综合素质、理论水平和操作能力。学习能让人进步,工作能让人自信。"李某说:"这次考试取得了高分,固然可喜,因为它是过去一个阶段汗水的结晶,但这个成绩不能代表全部,不能代表将来,成功自有成功的喜悦,以成功为动力,一路向前,将成功串联,才能铸就更大的成功,但失败也有失败的魅力,因为暂时未成功,我们便有了期待,在努力中期待,在期待中努力,终究会迎来希望的太阳。"(图 3-4)

五、倡导和支持公司内部培训

老检尺公司从2000年开始就越来越重视对本公司检尺人员的技术培训工作。他们除了按照国检局每年度的培训计划全员参与外,还自己主动开展培训考核工作。培训的形式也是多种多样,如采取自我培训、"请进来、走出去"培训等。(图 3-5)

华美检尺公司培训工作不仅起步早,还邀请南京林业大学教授等讲授木材树种鉴定知识,培养树种鉴定人才,为后来成立树种鉴定实验室打下了基础。

兴业检尺公司特别注重新进人员的培训工作。(图 3-6)

图 3-5

图 3-6

六、走出去培训

木材科技团队（复查组成员与各检尺公司现场负责人）还组织去南京林业大学学习，重点是进口木材的取样、制样技术、木材宏观特征识别经验、微观切片制作技术等，并与南京林业大学建立了长期合作机制，互为本科生、研究生实习基地，互培代培机制等。（图3-7）

图 3-7

第二节　持续培训的社会影响力和推动力

早在1983年，黄卫国从南京林业大学毕业后被分配在连云港商检局工作期间，就十分注重开展对检验员的技术培训工作。

在组建了"陇海线进口木材检验监管协作区"后，培训的足迹横跨陇海线（从连云港到徐州、河南、陕西、青海和新疆各地的30多家木材公司）以及原石油工业部、原兵器工业部、原贸易部等所属进口木材大型国有企业。（图3-8）

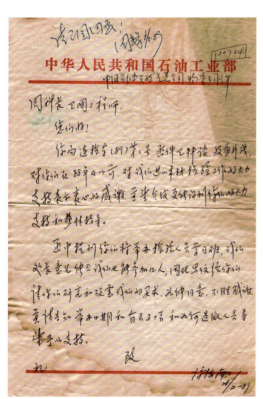

图 3-8　　　　　　　　　　图 3-9

一、国家商检局举办首次技术培训

1987年，原国家商检局在连云港举办了首次全国进口木材检验培训班。全国各地商检局及木材系统约100多人参加了本次培训。培训主要内容包括木材基础理论知识，美国、加拿大、俄罗斯、日本等国家的原木和板材检验标准、检验技术以及现场检验操作。培训后还进行了闭卷考试。（图3-9、图3-10）

图3-10

二、在中国进口木材研讨会上的培训

2004年，笔者应邀在中国进口木材研讨会上讲解木材检验标准和技术。来自国内和国外代表如美国、马来西亚，共60多人参加了研讨、培训和交流。（图3-11、图3-12）

图3-11

图3-12

三、国家质检总局举办首次监管能力培训

2008年10月26—31日，国家质检总局在北京举办"进口木材检验检疫监管能力培训班"。来自全国30多个检验检疫局的80多名代表参加了培训。

在本次培训班中，太仓检验检疫局主要负责《进口非洲、美国、俄罗斯、智利、新西兰木材检验标准和技术》的授课任务，以及《进口木材树种微观鉴定技术》的讲课任务。培训由于采取了技术讲解与案例剖析相结合，与日常监管经验教训分析相结合的授课方式，深受学员们的好评。还应学员的要求，讲解了江苏和太仓口岸进口木材的检验监管措施和具体做法等。（图3-13、图3-14）

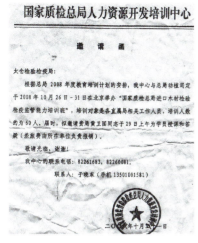

图 3-13

图 3-14

在交流和总结中,大家认为,本次培训班具有全面性、实用性和可操作性,对做好以后的进口木材检验监管工作具有很强的示范作用和指导意义。同时,大家一致认为,本次培训班在全国搭建了一个很好的交流与合作的平台,表示要在进口木材检验监管领域有所作为。

四、在全国木材标准化委员会年会上的培训

笔者作为全国木材标准化委员会委员,应邀在第三次年会上阐述了我国进口木材的现状、政策和问题的应对措施;讲解了我国主要进口木材国家的检验标准和技术、检验监管模式等。(图3-15、图3-16)

图 3-15

图 3-16

五、在"中国木材进口口岸通关法培训班"上的培训

2014年3月19日,笔者应邀在广州召开的"中国木材进口口岸通关法培训班"上讲解"进口木材检验检疫关键控制点的研究"。(图3-17)

图 3-17

以下摘自媒体报道：

> 太仓局应邀为"中国木材进口口岸通关法规培训班"授课
> 供稿单位：江苏局/太仓局/办公室/　｜时间：2014-04-03 14：42：44
>
> 3月18—21日，中国木材与木制品流通协会在广州白云国际会议中心举办了"2014年中国木材与木制品行业大会暨第十六届亚太经济论坛"，约2600名中外代表参加了会议。
>
> 本次会议包括"2014年全国木材市场新闻发布会""红木形势分析会""应对国际市场新规及木材原材料负责任采购培训班""第二届中国整体家居博览会"等主要内容，期间还举办了首届"中国木材进口口岸通关法规培训班"，邀请了海关总署深圳信息处、太仓国检局、国家林业局濒危物种办公室的专家为培训班授课。
>
> 课上，太仓国检局代表以"进口木材检验检疫关键环节和要素的剖析"为主题，从进口木材检验检疫典型案例解析入手，详细讲解了如何做好进口木材检验检疫工作，剖析了进口各国木材发生重大索赔的根源以及如何防范、应对和维权；解析了进口木材检疫政策和报检、报关注意事项等。两个半小时的讲课与答疑受到了与会者的极大好评。

六、江苏商检局举办的首次和连续 20 年的系列培训

原江苏商检局于1998年首次分别在徐州、连云港举办2期进口木材检验标准和检验鉴定技术培训班（图3-18、图3-19）。

随着江苏省各口岸进口木材的树种越来越多，2006年原江苏商检局首次在张家港举办了全省进口木材树种鉴定培训班。（图3-20、图3-21）

图 3-18

图 3-19

图 3-20

(a)

(b)

图 3-21

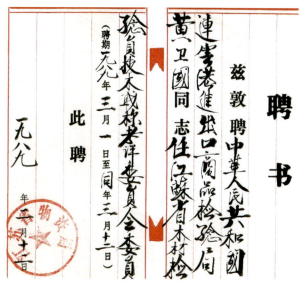

图 3-22

　　早在 1998 年，原江苏商检局还与原江苏物资局联合开展了对全省进口木材检尺单位的资质考核监管，对全省木材检验人员实施培训、考试考核合格后持证上岗制度。（图 3-22）

　　该制度和机制从一开始就非常严格，学员必须通过 9 个国家的木材检验标准、木材相关基础理论知识考试和现场实际操作、运用检验标准的能力考试验证后，方可取得检尺员资格证，从事进口木材的检验工作。（图 3-23）

(a)

(b)

图 3-23

由于通过率很低，加上江苏各口岸进口木材的逐年增多，对检尺员队伍不断壮大的需求也在增加，所以，该类型的培训考试考核一直持续到 2019 年。

正是这种持续培训、持续改进、持续提高的机制，使得江苏省进口木材检验技术水平在全国乃至世界上也处于前沿位置。

七、应邀为兄弟局的技术培训

宁波国检局十分重视对进口木材检尺员的培训工作。从 2004 年开始每年都要对木材检尺技术人员进行理论、标准培训考试和现场操作考核工作。（图 3-24、图 3-25）

天津局、湖北局为适应进口木材检验监管工作的需要，也开展了培训、考试和考核工作。（图 3-26、图 3-27）

图 3-24

图 3-25

图 3-26

图 3-27

岚山局多次举办进口木材检验鉴定培训班。（图 3-28）

泰州局多次举办进口木材检验鉴定培训班。（图 3-29）

图 3-28

图 3-29

连云港局每年举办进口木材检验鉴定培训班。（图 3-30）

张家港局多次开展进口木材检验鉴定培训班，特别是针对进口阔叶木材来源国多、品种多的特点，多次开展木材树种识别鉴定技术培训班。（图 3-31）

图 3-30　　　　　　　　　　　　　图 3-31

莆田局、扬州局、靖江局等也多次举办类似的培训班。

八、为海关人员进行的监管能力培训

原国检局与海关合并后，对新海关人员进行了相关国家进口木材检验鉴定标准、检验技术、检验监管程序和常见进口树种现场识别等技术培训。（图 3-32、图 3-33）

图 3-32

图 3-33

第三节　从木浆中鉴定出树种，引发新检验标准的诞生

2005 年，太仓市一家制酶企业从德国进口了 36t 面粉状阔叶木浆，由上海口岸入境。该批货物是合同上规定的 100% 阔叶材组成吗？收货人对此不敢确定，由于生物制酶的特殊需要，必须是 100% 阔叶材组成而不能含有针叶材部分。此时，他们想到向太仓国检局求助，进行木浆成分的鉴定。而当时货物的形态全为面粉状，木材的形态特征已被损坏，开展树种类型的鉴定十分困难。接到请求后，技术人员想企业之所想，急企业之所急，设法从木材导管分子、纹孔形态、射线细胞的状况等木浆的显微结构上进行鉴定，鉴定出该批货物为阔叶材组成的木浆后，又送样到南京林业大学请有关专家进行复核得到确定。

木浆事件之后，技术人员深深感到，我国进口木材多达几千种，不同树种的价格差异从几百到几千美元不等，而没有鉴定标准就意味着没有检验依据，意味着无法对外出证索赔。于是并向国家质检总局申请了标准立项。经过 3 年努力，完成了标准的研制，并于 2007 年 7 月 1 日在全国颁布执行。这就是一项新行业标准的诞生——《进境世界主要用材树种鉴定标准》。在全国乃至全世界均属首次制定。（图 3-34、图 3-35）

图 3-34

图 3-35

第四节 起草多项国家级标准，力推检验技术体系的健全

木材检验鉴定，不仅是一种权力，更是一种责任和维权行为，最终检验证书充分体现的是国家法律、法规和技术规范的执行与公正。

木材检验要为国内外客户提供木材检验鉴定和性能检测等各类证书，离不开检验标准和检验鉴定技术体系的健全。（图 3–36）

全国木材标准化技术委员会第三届第三次年会暨第三次木材标准研讨会论文集

强化木材技术法规建设 提升进口木材检验和索赔成效

黄卫国

（太仓检验检疫局，江苏太仓 215400）

1997 年,我国实施了天然林保护工程（简称“天保”工程）。1999 年,我国对进口木材实施零关移木材进口。此后,进口木材总量逐年增多,从 2003 年开始，进口量逐步突破 4000 万立方米，平均增率约 15%。进口的国别和地区遍布五大洲，进口的树种品种已超过 400 种。

进口木材形成的两大格局

1 以基础性建设用材为主的进口针叶材原木格局

在该格局中，以进口俄罗斯原木占绝对优势。事实上，俄罗斯原木的进口量要占我国全部进木总量的 60%以上。如 2007 年，我国共进口原木 3710 万立方米，其中，进口俄罗斯原木 2立方米，占全部进口总量的 68.5%。2008 年受金融危机的影响，我国共进口原木 2957 万立方中，进口俄罗斯原木 1867 万立方米，占全部进口总量的 63.4%。二是是从新西兰、澳大利亚等的辐射松针叶原木，从 2008 年开始呈上升趋势。

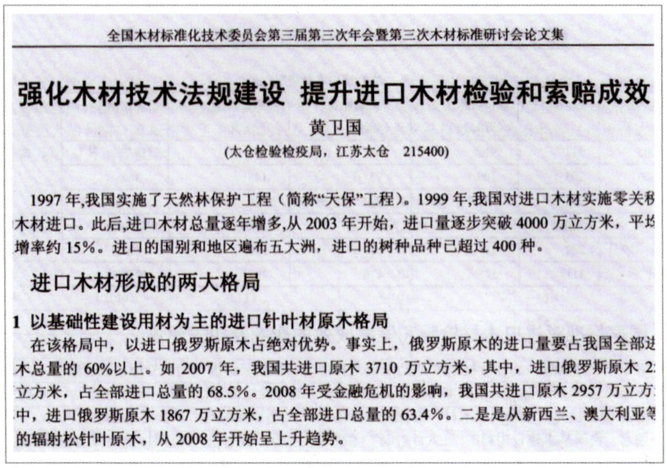

图 3–36

一、检验标准和检验技术问题是瓶颈

进口木材一般都是使用出口国检验标准，往往是根据不同的出口国和地区、区别针叶材和阔叶材的不同用途而使用不同的检验标准。但很多欠发达的国家或地区无检验标准或检验标准体系不健全；而一些发达国家的木材检验标准灵活性又太大、检验项目多、技术复杂，可操作性差。所以能否履行检验鉴定职责，检验标准和技术问题就是瓶颈。

二、解决检验标准和技术问题的措施

（1）我们和张家港国检局陈旭东一起为国家质检总局“全国进口木材检验检疫监管能力培训班”编写教材 65 万字。（图 3–37）

图 3–37

（2）为解决上述难题，我们积极向国家质检总局建议，先后起草了我国进境北美洲、欧洲、非洲、东南亚等国外木材检验技术规程以及检验监管办法或措施。（图 3–38）

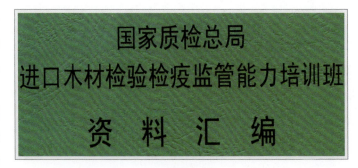

2004—2017 年，完成或已获科技立项 11 项，其中，国家标准 3 个、行业标准 4 个、省市级科研项目 4 个。（图 3–39）

（3）我们为江苏检验检疫局搜集、翻译国外相关木材检验资料 150 多万字，编著了 80 万字的《进出口木材检验鉴定》，涵盖了我国目前从世界各国进口木材的检验标准和技术资料。（图 3–40、图 3–41）

（4）创建全数据化、信息化、专业化和预警性服务体系，助推木材贸易“双赢”格局的形成。

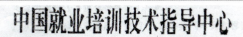

图 3-38   图 3-39

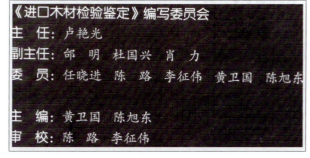
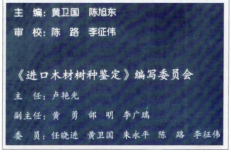

图 3-40   图 3-41

第五节 借助科技成果，提供预测性服务

通过对国外发货明细码单进行数理统计，分析出国外检验的准确性程度，结合我国检验标准的对照分析，计算出本船木材的理论亏损率或升溢率，从而为货主提供决策和选择进口商服务，有效避免亏损事件的发生。

目前，复查组即检验科技团队已经研制进口各国木材电脑程序自动化计算、汇总和合格判定系统；全息化标识扫描和检验结果对比系统；全数据化、全信息化和全影像化的货物数量、质量、树种情况查询比对系统；经销商、供货商的诚信度查询系统；检验标准、检验技术资料和各国检验结果对比查询系统等，从而有效服务于木材贸易。

正因为太仓检验检疫局木材检验科技团队用科技筑起了检验、监管、服务和维权的坚实大坝，国外发货商越来越重视发货质量和数量了，国内木材进口商的安全感正与日俱增。

第四章

磨砺维权利剑，推助木材贸易“双赢”格局

进口加拿大木材，有两个不容否定的事实或定势：一是中国巨大的、长期的木材需求市场和具有太仓港木材处理区的优势；而加拿大有着巨大的木材资源和迫切的出口需求，所以与加拿大的木材贸易定位应该是买方市场，主动权应在中方。做成了买方市场就会有更多的主动权、话语权、定价权。

但由于中方在某个时间段的抢购和无形中的哄抬价格、单打独斗、各自为阵的经验方式，把原本是买方市场做成了卖方市场，于是乎，有些企业上当受骗、亏损严重，甚至不得不倒闭关门。形成了发货商盈利进口商亏本的局面，而不是双赢格局。正如一篇报道中所称道的，在进口木材国际贸易中，中方进口商扮演的只是“木材搬运工”的角色。（图 4–1）

2014年 1-12 加拿大材信誉排行榜

经销商	批次	材积平均短少率	根数平均短少率	主要收
ENCE DEVELOPMENTS LT	3	-12.67%	-0.91%	枣庄新中兴实业
				山东隆盛进出
CO.,LIMITED	1	-7.48%	0.59%	上海心明木
	18	-7.38%	-0.49%	上海导诺实
				上海中涵投资
AI LTD.	2	-7.26%	-0.51%	太仓成源进出
				上海亿盛木
GISTICS DEVELOPMENT(	1	-7.10%	-0.50%	北京森隆木材
AY TRADING CO.,LIMIT	2	-6.81%	-2.32%	上海中捷投资
RESOURCES INC.	6	-6.45%	-2.17%	苏州平成达进出
				日照中兴森工实
OREST PRODUCTS INC.)	5	-6.45%	-0.12%	烟台东翔实
				绥芬河市边境经济合作
ER INC.	1	-5.95%	5.33%	南京泰唐贸

图 4–1

第二个不容否定的事实或定势是：既然进口加拿大木材短少问题较为严重且难以控制，我们就应该想方设法积极应对，维护好自身的合法权益。要重视检验和索赔工作，给对方以筹码和压力，迫使对方不断地改进工作。奉行“和”为贵、“忍”为上的思维模式，或认为维权离自己太遥远的观念都是十分有害的。

在对外维权上，华美木材检验鉴定有限公司作出了积极贡献，起到了很好的示范作用。太仓港进口加拿大原木第一船对外维权工作就是从该公司 2011 年 8 月份进口的“骄阳”轮获赔 16.6 万美元开始的。华美公司不仅打响了对外维权的“第一枪”，其公司总经理季火江还多次去

加拿大官方检验机构、第三方检验机构等了解、反映情况，一定程度地引起了加方的注意，推进了加方检验工作质量的改进。

第一节　摘除维权意识的"有色眼镜"
——让维权不再是"上天无路入地无门"

一、努力构建木材贸易"双赢"格局

（一）震撼木材界的首次货主大会

2012年太仓召开了部分货主座谈会，之后又召开了一次全部货主参加的大会。当时的会议通知如下：

> 各木材进口商、代理单位、检尺单位、码头公司等：
>
> 为了强化太仓木材示范口岸建设，规范进口木材检验检疫工作，提高把关成效、维护贸易有关方合法权益，兹定于2012年5月30日召开"进口木材检验检疫工作会议"。
>
> 探讨构建中加木材贸易"双赢"模式的格局是会议的主要议题。自去年年底至今，连续4船加拿大木材的索赔成功，不仅是经济上获得了300多万美元的赔偿，更重要的是摸清了加拿大木材短少的主要原因是"材积计算公式"的运用问题，这为以后签订有保障力的贸易合同提供了技术支撑。同时，通过一年多来的与加拿大检验公司和商人的谈判、交流，基本探索出如何做好木材贸易、维护自身权益，特别是如何构建中加木材贸易"双赢"格局的模式。会上还将公布近几年来美、加材供货商的信誉排行榜等。
>
> 鉴于本次会议对于指导太仓港进口木材工作、有效维护进口商合法利益的重要作用，特要求各木材进口商的总经理或主要负责人参加，代理单位、检尺单位和码头公司的主要负责人和相关业务人员参加。
>
> 会议地点：郑和大酒店
> 会议时间：2012.5.30 下午14：00

这次大会有木材经销商、进口商、代理单位、码头公司等80多人出席。这次会议在中国木材界引起了极大反响，维权意识普遍有所提高。最后向木材货主发放了测评表，对各家检尺公司的检尺质量、服务态度等5项进行了无记名测评。

（二）震撼加拿大官方的追根溯源方式

为扩大维权成效，2014年我们通过中国驻加拿大某贸易公司的途径向中国驻温哥华总领事馆呈递了我们撰写的一万多字的《中国进口加拿大原木材积短少和质量问题根源的调研和解决方案的建议》，引起了中国驻温哥华总领事馆商务参赞的高度重视，被要求复印5份亲自以工作拜访的方式送到加拿大林业部和国际贸易部。

抓住江苏检验检疫局代表团赴加拿大考察《中加木材双边议定书》执行情况之机，也呈上

了上述报告。太仓国检局顾局长一方面向国家质检总局做了汇报，一方面利用去加拿大公务期间也去当地林业局检验检疫部门反映相关情况。

据反馈的信息，目前加拿大有 20 多家贸易商从事输华原木业务，公司规模和管理水平参差不齐，其中不乏二次、三次转手的贸易商。企业管理混乱，港口作业条件差，难以有效控制出木材质量和数量。但加拿大检验检疫部门也表示，如收到中方的反馈信息（具体批次、植检证号），加方将有能力开展调查和处置工作。

与此同时，江苏木材检尺协会会长季火江专门拜访了加拿大林业部林业与国土资源开发署主任 Paus，全面反映了加拿大出口到中国木材存在的种种问题。并深入林区一线检尺现场，了解、交流检验问题，证实问题根源。（图 4-2、图 4-3）

图 4-2

图 4-3

自那以后，在我方的积极努力和我国总领事馆的督促下，加拿大林业部国土资源与开发署主任亲自督促林业部的检验专家与黄卫国进行了 10 多次的邮件沟通、交流。

2015 年，邀请中国驻温哥华总领事馆商务参赞到太仓港考察，黄卫国以 PPT 的方式作了 50 分钟的汇报，俞参赞说："听了汇报触动很大，你们的团队很专业、很敬业，在维护国家安全和经济利益、把好国门上确实做得很到位，确实非常钦佩。2014 年黄卫国起草的"中国进口加拿大原木材积短少和质量问题根源及解决方案"的调研报告，领事馆以工作拜访的方式分发给加拿大林业部、国际贸易部等。写这样的材料很不容易，无疑是一颗'炸弹'，引起了加方相关部门的重视。刚刚听了黄科的详细介绍，信息量很大。希望把 PPT 材料、特别是建议材料发我一份。领事馆与 BC 省有定期交流、沟通机制；一年一度的副部长级'中加经贸联合会'上，双方会沟通和解决经贸问题。希望你们能多搜集、多提供'炮弹'，比如你们一年一度的木材货主大会上所反映的具有共性的问题，政府最需要来自基层一线的信息。总之，我们的目标是一致的，都是为了维护国家利益、维护企业利益。我们之间多沟通、多交流、多互动，工作就会做得更好。"（图 4-4）

图 4-4

第二节　连续六年的货主大会及其"蝴蝶效应"和国际影响力

一、木材货主大会的主题曲

2012年木材货主大会的主题是"构建中加木材贸易双赢格局的探讨"。（图4-5）

2013年木材货主大会的主题是"构建太仓港公平公正可持续发展的木材贸易新格局"。（图4-6）

图4-5　　　　　　　　　　　　　图4-6

2014年木材货主大会的主题是"磨砺维权利剑、为诚信保驾护航、携手共建双赢格局"。（图4-7）

2015年木材货主大会的主题是"认真检验监管、力促对外维权、维护公平贸易、构建双赢格局"。（图4-8）

图4-7　　　　　　　　　　　　　图4-8

2016年木材货主大会的主题是"大力推进诚信溯源监管模式，不断提升对外维权绩效"。（图4-9）

2017年木材货主大会的主题是"提升贸易水平、维护自身利益"。（图4-10、图4-11）

图4-9

图4-10

（a）

（b）

图4-11

二、在国内外产生的影响力

在谈及会议效果时，WF公司何经理用"三力"概括：震撼力、吸引力、推动力；LD公司魏总经理说："我参加过无数次会议，可没有哪次会议能使大家都如此全神贯注。"而国外发货商则在会议结束的第一时间内多方打听自己公司的信誉排行情况。

一年一度木材货主大会的"蝴蝶效应"越来越显现，在进口木材检验监管上的国际影响力越来越大，来电来函咨询的、登门拜访和交流的国外机构越来越多。

2012年5月，加拿大哥伦比亚大学留学生代表团来太仓港参观学习和调研加拿大出口中国木材相关情况。（图4-12）

图 4-12

2014年8月,加拿大信誉最好的第一大发货商 W 公司的代表主动上门拜访和交流。他说:"信誉高于金钱。我不来还真的不知道我公司也存在这么多的问题。"他回去后,将公司关门整改一个月,在业内产生了震动和积极影响。(图 4-13)

图 4-13

2014—2017年,加拿大第二大发货商 T 公司,本着要做出口中国木材信誉第一的愿望,6次来太仓港沟通交流检验和监管经验、寻找解决问题的钥匙,回去后进行了有针对性的、持续的改进工作,使得木材发货质量和数量越来越有保障。(图 4-14)

图 4-14

2014—2016年，韩国TR公司和加拿大LA联营公司3次来太仓国检局就检验监管模式、检验标准技术等，进行了全面的沟通交流。他们认为"学到了很多东西，有信心配合好国检做好木材出口工作"。而后来的实际结果证明，他们的确说到做到了，而且不仅仅是越做越好，即使哪个环节出了点问题，他们都会认真对待，该赔偿中方损失的，一点也不含糊，体现了极大的贸易诚信。（图4-15）

图4-15

2015年，加拿大某公司两次来到太仓国检局，查询公司出口情况、请教检验监管等问题，认为"找到了根源、抓住了要点，有了改进的方向"。（图4-16、图4-17）

图4-16　　　　　　　　　　　　图4-17

2014—2015年，日本两家公司分别考察我方现场检验、使用的检验标准、码单计算和汇总等全过程，给予了完全认可。（图4-18）

图4-18

2016年7月29日，澳大利亚政府派出农业和水利部国际林业政策研究室主任、澳大利亚大使馆农业参赞等4人，在国家林业局国际贸易研究中心主任的陪同下来到太仓港进行调研。我局代表介绍了太仓港进口木材的发展情况及检疫工作中发现的主要问题等，以及太仓港近2年进口澳大利亚木材的检验情况及发现的6大问题和解决措施的建议等，均受到对方的高度关注。（图4-19）

图4-19

2016年10月31日，日本致函太仓国检局和太仓港方，希望与中方进行木材出口中国相关情况交流。11月21日，日本某县议会议员代表、自由民主党支部联合会、日本中国议员联盟及林政议员联盟一行22人来到太仓港召开座谈会，了解交流日本出口中国木材情况。

黄卫国向日方介绍了近2年太仓港进口日本木材的数量、质量情况、动态走势及存在的问题、解决措施和对日方想扩大出口量的可行性建议等。最后，日方对太仓国检局所做的大量工作深表谢意，对国检局的建议深表赞同并希望保持经常性联系。（图4-20）

图4-20

这期间，国外一些大型林场主、砍伐商和船公司也派人陆续前来学习交流。

三、良性状态的形成

十余年来，外商来太仓港复验谈判和技术交流的越来越多。太仓港进口木材的对外索赔成效越来越高、检验技术和监管水平越来越高，经得住任何方式的检查、复验。

进口原木的根数短少越来越低。例如：根数短少率由 2011 年的 1.24% 下降到了 2015 年的 0.87%，材积短少率也在逐步下降。（图 4–21）

随着“两高一低”局面的逐步形成，以及通过检验出证、技术谈判交流和协助收货人对外维权，太仓港官方检验在国际木材贸易中的话语权不断增加，外方说“NO”的声音在减少，说“YES”的声音在增加。太仓国检局出具的 CIQ 检验证书权威性，已获得美国、加拿大、俄罗斯、新西兰、澳大利亚、日本、韩国等的广泛认可。（图 4–22）

	加拿大			美国		
时间	材积短少	短少率	索赔金额	材积短少	短少率	索赔金额
2014	16.3万M3	5.65%	1120万USD	1.31万M3	1.54%	216.1万USD
2015	13.4万M3	4.10%	693万USD	1.15万M3	1.35%	189.4万USD
减少	2.9万M3	1.55%	427万USD	0.16万M3	0.19%	26.7万USD
	俄罗斯			辐射松		
时间	材积短少	短少率	索赔金额	材积短少	短少率	索赔金额
2014	2.99万M3	3.39%	227.34万USD	1.13万M3	0.58%	111.4万USD
2015	1.89万M3	2.16%	144.8万USD	1.01万M3	0.52%	99.9万USD
减少	1.1万M3	1.23%	82.54万USD	0.12万M3	0.06%	11.5万USD

图 4–21

紧握盾牌保国门

中国质量新闻网　2014-08-27 08:57:3　　本报通讯员 武 超 黄卫国

2001年，第一艘满载俄罗斯原木的货轮缓缓驶入太仓港，揭开了太仓口岸进口木材的序幕。十余年间，世界各地的木材源源不断地涌入太仓口岸，推动着太仓港一跃成为全国海运木材进口第一港。木材贸易的蒸蒸日上为口岸带来了蓬勃生机，作为驻守长江第一口岸的国门卫士，多年来，江苏太仓检验检疫局工作人员在抵御外来有害生物入侵的同时，还高举起保护国内收货人合法权益的利剑。

打起鉴定金招牌

2012年4月，加拿大发货商发来一封致歉信，为其“缺少可信度的业务环境给中方在销售市场上带来的经济和名誉损失深表歉意”，并表示“将严肃对待贵方所反馈的信息和极具建设性的建议，尽快达到尚未实现的目标。希望与贵方建立长期合作关系”。

道歉信的背后，是一场历时30天的马拉松式复验、谈判，以及太仓局检验检疫人员对木材短少真相不遗余力的探求。

2013年7月，在太仓局的检尺结果支持下，国内收货商与加拿大发货方正式签署了赔偿协议，加方在协议最后表示：“同意接受中方的检验数据，收货方由此造成的损失由我司负责。”中方收货人凭借太仓局出具的检验索赔证书，获得了120万美元赔偿款，以及退还的200余万元关税、港杂费等。

2013年11月，面对中方科学准确的检尺结果，有130年悠久历史的美国环太平洋木材检验局局长真诚地表示：“中方的检验是专业的、准确的，你们对美国木材检验标准和技术掌握得如此纯熟，我们希望派人来向你们学习！”

图 4–22

第五章

太仓港进口木材检验技术水平验证实例

实例1 "兄弟"之间的较量

由于俄罗斯原木在太仓港常常被检出材积短少，品质不符等原因引发索赔，2012年8月，国外某发货商为了验证太仓港木材检尺队检尺的准确性，某轮满载4436.92m^3原木在太仓港卸货、太仓检尺公司检尺结束后，发货商又申请了"辽检中心"木材检尺队对全船货物进行检验比对。太仓国检局木材检验监管人员出面索要了两家检尺单位背靠背的检验结果单，进行了对比，结果如下：

（1）"辽检中心"的检验结果为：全船货物为4230.334m^3，比俄方原发检验结果短少206.586m^3。

（2）太仓检尺队的检尺结果为：全船货物为4257.780m^3，比俄方原发检验结果短少179.14m^3。

（3）结论：两家检尺队检验的材积误差为27.446m^3，误差率为0.6%，材积误差均小于国家标准规定的限度。

（4）国检局的验证：那么哪家检尺队的检尺更趋于准确呢？为了进一步验证，太仓国检局监管人员去现场随机抽查70根原木，经过认真仔细的检验得出结果为33.365m^3。

① 70根原木，太仓检尺队的检验结果为33.235m^3，与国检检尺结果误差为0.39%；

② 70根原木，"辽检中心"的检尺结果为33.195m^3，与国检检尺结果误差为0.51%。

通过这次"兄弟"之间的较量，各检尺单位之间有了互相学习、互相切磋的机会，增强了以后工作的自信心，进一步证明了准确检尺的重要性。

两家检尺单位的检验结果之间误差如此小，外商给予了极高的评价。

此船最终因材积短少，品质不符等原因出证索赔4万美元。发货商未提出任何异议、给予了赔偿。

实例 2　加拿大三家发货商联合来太仓港跟踪验证 25 天

图 5-1

加拿大 AL 公司、OL 公司和 TRA 公司三家木材发货商，于 2016 年 4 月 14 日—5 月 10 日来太仓港对 3 条船的卸船实施了 24 小时现场跟踪，见证了卸船、理货、检验、熏蒸和出库上垛等全过程。（图 5-1）

经过 25 天的全过程跟踪和复验验证，发现其中的 2 条船共计短少材积合计 1600m^3。

会谈前，加方用 PPT 向国检局详细汇报了在太仓港跟踪、监督的全过程，充分肯定了太仓港检尺公司检尺的规范性。同时，也指出码头公司的卸船、堆垛、装运等过程中的一些问题及他们的建议。

在会谈中，加方一致高度评价中方的检验技术和监管能力，对短少部分表示给予全额赔偿。（图 5-2）

图 5-2

实例 3　一封来自俄罗斯的感谢信

图 5-3

2017 年 6 月 12 日，太仓国检局收到了一封来自俄罗斯的感谢信，感谢我方公平公正的检验。

事情的经过是：2017 年 5 月 29 日，"帝马"轮所载的 3720.09m^3 俄罗斯原木在太仓港卸货，俄方船公司根据以往的经验和船舶吃水深度，怀疑船上所装载的原木不止 3720m^3，为此申请中方南通华美木材检验鉴定公司给予检验确定。

6 月 6 日，华美公司的检验结果为 4023.969m^3，比提单数多出 303.879m^3（多出率 8.17%）。

华美公司的检验结果是否准确，太仓国检局监管人员去现场进行了抽查复验和比对，确认华美公司的检验结果准确无误。

收货人也去现场进行了验证，认可华美公司的检验结果并补交了关税等相关费用。

为此，俄方船公司认为不仅维护了公司的经济利益，更重要的是维护了本公司和有关方的信誉，兑现了船公司负责任的良好形象。（图 5-3）

第六章

与时俱进持续创新检验监管模式

如果说，科研和技术培训是培养人才和造就一支优秀检验队伍所不可或缺的，那么如何发挥和使用好这支队伍，也就是如何发挥团队作用就应该是管理工作的课题。

要谈管理工作，就应该首先了解被管理者的特点。检尺队员一般来自不同地方、不同省份乃至全国各地，搞小同伙利益就有了条件和可能；队伍的年龄差别大、文化程度高低不一。刚性管理是必须的，但由于检尺工作具有劳动强度大、工作压力大且需要一定的检验技术水平等特点，恰如其分的柔性管理也是不可或缺的。（图6-1）

图 6-1

要谈管理工作就离不开规范、统一和全面，就离不开抓内部管理和外部监管工作的有机结合。

第一节　起草制订《江苏进口木材检验监管办法》

一、三年磨一利剑

1998年在对全省进口木材检验技术人员（1000余人）进行技术培训、逐步推行单位考核备案、检尺技术人员发证上岗制度的同时，制订全省进口木材检验监管规定也迫在眉睫。

在原江苏进出口商品检验局（以下简称省局）检验鉴定处任科长的重视和大力支持下，黄卫国起草了《江苏进口木材检验管理办法（试行）》（以下简称管理办法）提交会议讨论修改。

同时也起草了以下5个配套附件：江苏进口木材检尺单位登记申请表、江苏进口木材检尺单位登记考核细则、江苏进口木材检尺单位登记考核表、江苏省进口木材检尺员考核分级办法、不符合项（待改进项）报告。

省局于1998年8月11日召开全省部分口岸局会议对上述管理办法及其附件进行讨论修改后下发各地广泛征求意见。（图6–2）

二、实施起步阶段

2001年8月29日，省局召开了对上述管理办法及其5个附件的最后一次研讨后，2001年发布了关于印发“江苏进口木材检验监管工作规定”“江苏进口木材检尺单位登记考核细则”等5个附件的通知，下发全省执行。

三、完善阶段

2008年，随着进口木材数量的日益增多，检尺公司的检尺任务越来越重，为适应形势任务发展的需要，省局对上述检验监管规定作了局部修改，主要是对涉及有关检尺工作安全监管方面内容的调整。（图6–3）

管理办法及其5个附件在全省的贯彻执行，极大地规范了全省进口木材检验监管工作，也推动了木材贸易市场的逐步规范，使得江苏省各口岸进口木材量逐年提高。正如木材买主所言，买江苏进口的木材就是放心，不会吃亏上当。买主多了，进口量自然会上升。

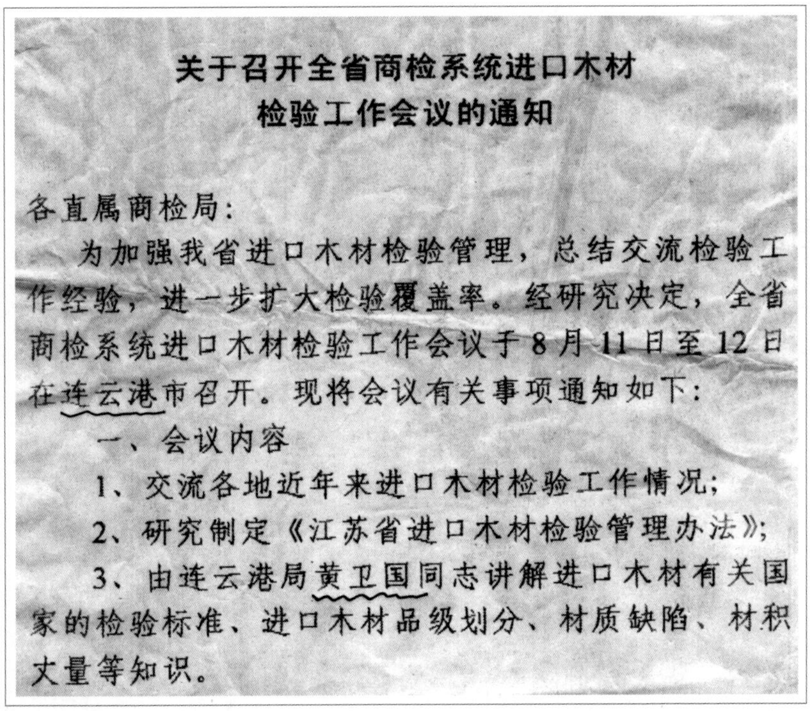

关于召开全省商检系统进口木材
检验工作会议的通知

各直属商检局：

为加强我省进口木材检验管理，总结交流检验工作经验，进一步扩大检验覆盖率。经研究决定，全省商检系统进口木材检验工作会议于8月11日至12日在连云港市召开。现将会议有关事项通知如下：

一、会议内容

1、交流各地近年来进口木材检验工作情况；

2、研究制定《江苏省进口木材检验管理办法》；

3、由连云港局黄卫国同志讲解进口木材有关国家的检验标准、进口木材品级划分、材质缺陷、材积丈量等知识。

图6–2

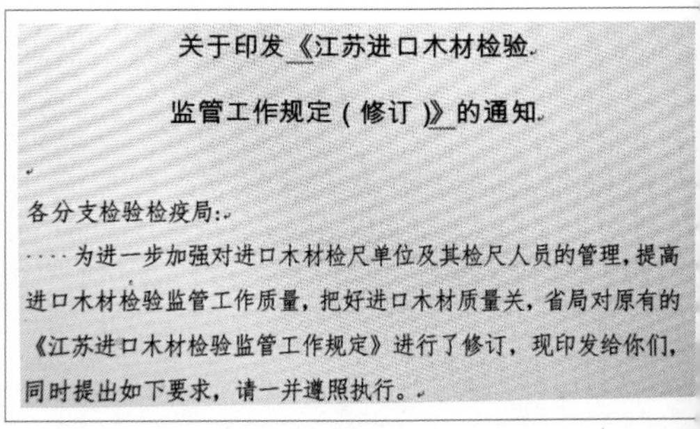

关于印发《江苏进口木材检验监管工作规定（修订）》的通知

各分支检验检疫局：

为进一步加强对进口木材检尺单位及其检尺人员的管理，提高进口木材检验监管工作质量，把好进口木材质量关，省局对原有的《江苏进口木材检验监管工作规定》进行了修订，现印发给你们，同时提出如下要求，请一并遵照执行。

（a）

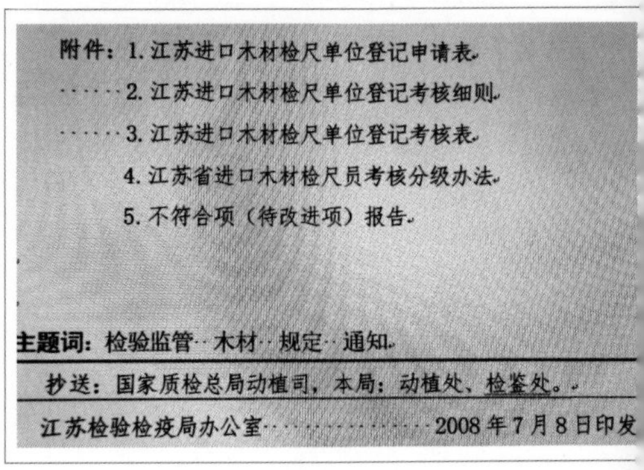

附件：1. 江苏进口木材检尺单位登记申请表

2. 江苏进口木材检尺单位登记考核细则

3. 江苏进口木材检尺单位登记考核表

4. 江苏省进口木材检尺员考核分级办法

5. 不符合项（待改进项）报告

主题词：检验监管 木材 规定 通知

抄送：国家质检总局动植司，本局：动植处、检鉴处。

江苏检验检疫局办公室　2008年7月8日印发

（b）

图6–3

第二节　搭平台唱响监管主旋律，获助力持续创新监管

一、结合太仓港进口木材的具体情况制定监管实施细则（图6-4）

二、配套系列考核制度和监管监控措施（详见第五篇第一章）

三、在全市木材大会上宣贯《江苏进口木材检验监管办法》（图6-5）

图6-4

图6-5

四、邀请局领导参加年终总结会

2011年的检尺公司年终总结会上，各家检尺公司汇报了一年来在进口木材检验工作中所取得的检验成效和在维权上所做的工作，以及下一步的工作计划。监管单位也在会议上提出下一年度监管工作重点等。会上还评出技术精良、工作责任心强、绩效显著的先进集体和个人，有关领导应邀为他们颁发了奖状和证书。（图6-6）

（a）　　　　　　　　　　　　（b）

图6-6

五、召开木材检验监管工作汇报会，邀请主管领导到会指导

图 6-7

图 6-8

2013年4月17日召开了木材检验监管工作汇报会。邀请了省局主管处室（检验鉴定监管处）领导到会。会议主要内容有：观看"太仓局进口木材检验监管和索赔成效"宣传片，2012年原木和板材检验工作总结，各检尺单位检验成效通报，各国原木和板材存在的主要问题分析，木材检查组工作成效和查出问题通报，太仓港首创钉牌标识检尺工作总结，现场比武成绩通报和先进表彰，领导给先进单位和个人颁发荣誉证书，2013年工作计划、整改措施、检尺队考核和检尺量分配办法，工作质量和安全责任书签名仪式。（图6-7、图6-8）

六、召开"推进根深叶茂工程，紧握盾牌保国门"主题汇报会

图 6-9

2015年1月27日，太仓木材检尺协会邀请太仓国检局领导出席了太仓木材检尺协会2014年年终总结汇报会。（图6-9）

会议的议程和主要内容如下：

（1）太仓木材检尺协会会长季火江代表5家检尺公司围绕着"安全和质量是企业的生命线、服务和把关是企业的生存之道、技术和队伍建设是企业的发展保障、助推维权是企业升华价值的途径"4个方面做了总结发言。

（2）木材复查组围绕着"回顾、成长、创新、展望"4个方面做了工作汇报。技术维权、科技维权是复查组2014年重点和亮点工作。

（3）木材主管人员黄卫国以"推进根深叶茂工程，紧握盾牌保国门"为主题，汇报了2014年通过全面加强了进口木材检验监管和技术培训工作，检验成效不断提高、对外出证索赔2600多万美元，加拿大供货商纷纷来太仓港复验谈判，维权活动取得了重大进展。

（4）许副局长在汇报会的总结讲话中说："确实很震撼，确实没有想到，但确实感受到你们做了大量的细致、扎实、到位的工作，"并表示祝贺和感谢。对下一步工作，他提出了2点建议，一是发挥好木材检尺工作的桥梁作用。木材检尺备受各方关注，其检尺结果关系到货主、码头、

海关和国检局等。二是继续推动维权活动和成效。为此,要多加强沟通,发挥好木材流通协会的作用;还要加强宣传力度;加大创新力度。

(5)顾局长在总结讲话中用了"2个明显、1个显著"谈了总体印象。他说:"检验监管成效明显、检尺合作成效显著、对外影响力和品牌效应明显。在加拿大检疫樱桃期间就听到加方对太仓木材检尺的评价。监管人员对检尺工作关爱有加、管理规范、有序。"对下一步工作,他一是要求检验监管人员要结合国际惯例进一步理清木材检尺工作的法理要求,探索深化改革和创新。二是对检尺单位提出4点要求:①提升素质、强化内部管理,做好业务工作、凭本事吃饭;②共同维护好太仓港来之不易的木材市场;③强化安全意识,包括工作安全、质量安全、廉政安全;④认清木材贸易的复杂性,保护好自身。最后,顾局长提出的"构建依法共事平台、创新大检验大检疫大监管模式"的理念无疑为我们今后的检验监管工作搭建了整体框架并指明努力的方向。

七、"协会平台、企业自律、国检监管"的全省进口木材检验监管研讨会在太仓召开

2015年10月22—23日,省局检验鉴定监管处在太仓召开了进口木材检验监管研讨会,来自全省有进口木材口岸的连云港、盐城、扬州、张家港、靖江、常熟局的11名代表汇聚太仓局。

检鉴处邰副处长、李科长主持了研讨会。

太仓局肖巡视员代表太仓局首先致辞并介绍了太仓港进口木材的发展状况、我局检验监管和协助收货人对外维权等情况。

各局代表汇报了近2年进口木材检验监管情况、存在的问题和建议等。黄卫国详细介绍了太仓局进口木材检验监管模式和对外索赔维权工作等。

在新的形势和任务要求下,如何做好进口木材检验监管工作是这次研讨会的主题。

太仓4家检尺公司成立了木材检尺联合会,内设木材检尺复查组,开展相互复查和绩效考核工作,以此作为工作量分配的基础,同时向木材货主发放的工作联系单则体现了征求货主的意见和建议。在讨论中大家普遍认为该方法值得研讨和借鉴。邰处概括为"协会平台、企业自律、国检监管"模式。全省14家检尺公司的总经理也应邀参加了23日的座谈会。(图6-10)

图 6-10

八、召开主题为"全过程监管、彰显把关助推力,全信息化服务助推维权新起色"的工作汇报会

2016年3月4日下午,太仓木材检尺联合会举办了太仓港进口木材检尺工作座谈会。省局

检监处领导、太仓局领导和相关人员参加了会议。会议主要程序和内容如下：

（1）木材检尺联合会会长季火江主持了会议。

（2）木材检尺复查组作了题为"全过程监管、彰显把关助推力，全信息化服务助推维权新起色"的工作汇报。太仓局自2010年起逐步推行"复查组模式"，逐步构建了"协会平台、企业自律、国检监管、共建共守"的进口木材检验监管新格局，而将科技和技术创新运用到全过程监管，运用到对外索赔谈判维权是复查组近年来的重点和亮点工作。

（3）黄卫国从"两升、两降的局面在形成""通过索赔谈判解决的技术难题""在国内外产生的影响力和效果""检验监管模式总结""下步重点工作思路"5个方面，做了详细的汇报。汇报内容以创新检验监管模式为主线、以对外索赔谈判有效维权为核心、以科技和信息服务为重点，结合对各类重大索赔案件的透彻分析，结合大量的图表、大量数据分析及现场照片，充分展示了我局在进口木材检验监管中所取得的显著成效。

（4）检尺联合会代表在发言中说："通过在其他口岸的亲身工作经历，对比中感到太仓局的检验监管工作更全面、规范、严格，复查组有一套全面、细化的检查机制和考核标准，将工作量的分配与考核分数挂钩，对我们检尺队产生了很大压力，但当压力转换成动力的时候，我们的管理水平和技术提高就有了长足的进步。"（图6-11）

图6-11

（5）太仓局许副局长首先肯定了我局监管人员和木材复查组带领大家开拓创新、做了大量的工作，取得了有目共睹的成绩，他提出三点建议：一是要将我局在进口木材检验监管上开创的太仓特色、多项全国第一，进行认真的总结、提炼，以政务专报、信息宣传等形式进行上报，扩大影响面；二是继续强化新技术手段和大数据的运用，积极探索和借鉴新的检验鉴定方式方法；三是主动加强和开展对外交流。汇报中都是外商来我局交流学习，我们也需要主动地"走出去"多学习、交流。

（6）检监处郜副处长在发言中说："一是不虚此行，收获很大；汇报的信息量之大，要好好消化；二是太仓局、复查组做了大量的工作，我想到的和没有想到的，你们都做到了；三是对转变职能、对全省其他产品的监管模式，包括对第三方检验机构的监管，提供了思路和模式。"

（7）朱局长在发言中首先感谢省局检鉴处的领导在周末专程赶来参加会议，二是感谢木材检尺联合会、木材复查组和监管人员做了大量卓有成效的工作、为发展做出了显著的贡献；三是祝贺这次会议的成功举办，祝贺探索创新、对外维权的成果。朱局长说："这些都是长期积累、开展大量工作、付出大量心血所取得的成果。"

朱局长还提出了3点要求和希望：一是要系统梳理。检验监管模式创新的不多、对外有效维权的不多，值得总结提高和宣传。这是太仓局的一个亮点，也是江苏局的一个亮点，要把品牌喊得更响、更广。二是要与时俱进、紧密结合、环环相扣。政府转变职能如何发挥引导和监管作用，如何创新理念、创新服务、创新思路、检验监管机制如何符合时代要求。你们的预测服务帮助贸易方防范风险，你们的发货方信誉评价和排行引起国内外关注，你们的二维码扫描、数据分析等技术创新在检验监管和对外维权中的运用，你们的努力使得太仓国检局的检验数据在国外是最有权威的，具有不可替代的作用，等等，这一切都引起了我们对改革、对创新的思索。三是要做好人才的培养和传承发展。将检验监管技术和模式、将对外索赔谈判和维权的技能等传承下去。

图 6-12

最后，省局和太仓局领导还为4家检尺公司在2015年的检尺技能比武中获奖的单位和员工颁发了奖状。（图6-12）

九、召开"检企联手，搭建三个平台，创新检验监管模式"主题汇报会

2016年4月26日，省局检验鉴定监管处邰副处长、郭科长和江苏检验检疫协会袁秘书长、孙副秘书长一行4人来太仓局调研进口木材检验监管工作。局领导朱局长、许副局长陪同调研。

江苏检验检疫协会检尺分会的会长、副会长、秘书长也应邀出席座谈会。座谈会上，木材检验监管人员黄卫国以"检企联手，搭建三个平台，创新检验监管模式"为主题，围绕着3个平台建设，即"搭建协会平台——唱响自律、监管、共建共守主旋律；搭建公共服务平台——唱响服务、对外维权主旋律；搭建对外交流平台——唱响诚信建设主旋律"，作了详细汇报。

讨论中，邰副处长、袁秘书长充分肯定了我局的做法并希望在江苏木材检尺分会中推广运用。（图6-13）

（a） （b）

（c）

图 6-13

第三节　监管创新产生的影响力和推动效能

随着江苏口岸进口木材检验监管工作的深入开展，检验把关成效也越来越显著，对国内外的影响力也随之增大。来江苏学习取经的兄弟局越来越多，据统计，2014—2019 年，平均每年有 10 多个省、市检验检疫局和相关机构来太仓学习交流进口木材检验检疫技术和监管经验。

同时，也有来自国内外部分经销商发出的另外一种声音，为什么同是国检局，全国各口岸的做法不统一？

其实，早在 2004 年之前，我们就开展了如何创新进口木材检验监管模式方面的研究工作并且取得了一定的成效。（图 6–14 ～图 6–16）

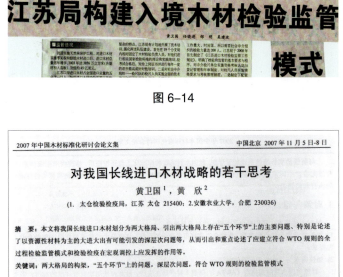

國門時報　本版二审/姜新起　本版审读/陈 成　本版热线：(010)64194024

检疫时空

2004年7月21日　星期三　E-mail:xiaoxi

本版责编/肖秀玲　实习编辑/

抓队伍建设　抓健全制度　抓索赔成效　抓科技兴检

江苏局构建入境木材检验监管模式

黄卫国　任晓进　邵　明　吴建波

■监管透视

我国实施天然林保护工程、对进口木材实施零关税和鼓励木材进口后，进口木材总量逐年增多，2003 年达 3856 万立方米（含锯材和人造板），货值约 45 亿美元。

江苏口岸进口木材占全国进口总量的五

复杂的特点，江苏局有计划地开展了技术培训，强化两支队伍建设。首先在 19 个分支局内相对固定了木材检验负责人员，对他们进行相关国家检验标准的理论和实践培训，经考试合格后，发给上岗证书并进行每年一度的逐步提高或针对性培训。二是对社会中介组织——检尺队的检尺人员实施全面的技术

工作量大、时间紧，所以需要社会中介组织的检验力量达 200 人。江苏局于 2000 年首先制定了《江苏进口木材检验监管工作规定》，明确了检验和监管的基本要求与程序，对中介检尺单位实施资格考核认定与登记管理和年审制度，对检尺人员实施资格要求与考核管理制度。二是制定了配套

图 6–14

2007 年中国木材标准化研讨会论文集　　中国北京 2007 年 11 月 5 日-8 日

对我国长线进口木材战略的若干思考

黄卫国[1]，黄　欣[2]

(1. 太仓检验检疫局，江苏 太仓 215400；2.安徽农业大学，合肥 230036)

摘　要：本文将我国长线进口木材划分为两大格局、引出两大格局上存在“五个环节”上的主要问题、特别是论述了以资源性材料为主的大进大出有可能引发的深层次问题等，从而引出和重点论述了应建立符合 WTO 规则的全过程检验监管模式和检验检疫在宏观调控上应发挥的作用等。

关键词：两大格局的构架，“五个环节”上的问题，深层次问题，符合 WTO 规则的检验监管模式

1997 年，我国实施了天然林保护工程（简称“天保”工程）。1999 年，我国对进口木材实施零关税鼓励木材进口。此后，进口木材总量逐年增多，从 2003 年开始，进口量逐步突破 4000 万立方米（货值约 50 亿美元），进口的国别和地区多达上百个，进口的树种品种已超过 400 种。

目前，我国已接近全球最大的木材进口国。与其同时，在长线进口木材的强势拉动下，我国木制品产业迅猛发展，人造板和木家具出口直逼世界第一出口大国的地位，从 2003 年开始，出口额就超过了 85 亿美元。

图 6–15

表　　号：CG-002
制表机关：科学技术部
批准机关：国家统计局
批准文号：
有效期至：2012 年 12 月

科技成果登记表

（应用技术类成果）

成果名称：海运进境原木检验监管模式的研究

第一完成单位：太仓出人境检验检疫局

（盖章）

研究起始日期：2005 年 01 月

研究终止日期：2011 年 03 月

推荐单位：江苏出入境检验检疫局

批准登记单位：国家质量监督检验检疫总局

批准登记号：G 2011-1026

批准登记日期：2011.12.30

科技成果鉴定专用章

中华人民共和国科学技术部制定

中华人民共和国国家统计局批准

图 6–16

一、向国家质检总局建言献策

上述不同声音的发出也不是没有一定道理的。本着统一全国检验监管做法的想法，我们向国家质检总局提出了建议，并主动去总局动植检司当面作了详细汇报，得到了该司司长的高度重视，当场就指示下级向法规司申报立法项目。

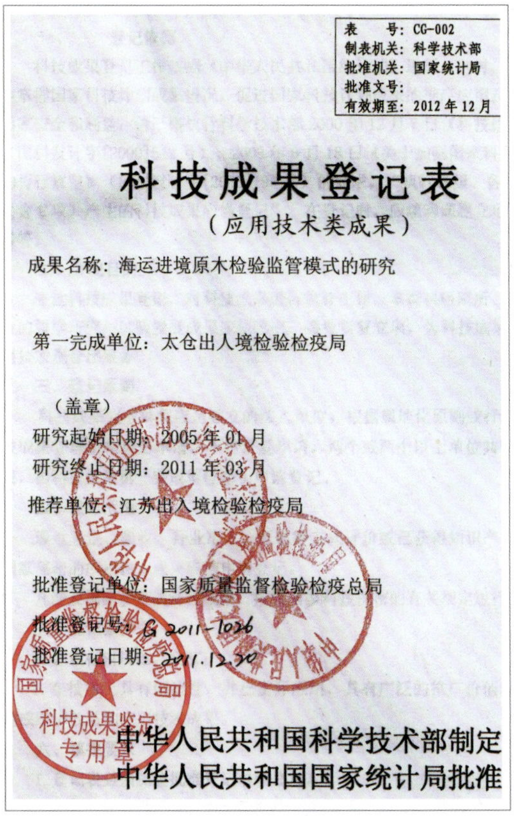

由于全国各口岸的差异，主要一是运输方式的差异，如有海运口岸、陆远口岸，有船运、也有火车、汽车运输；二是贸易方式的差异，如小额贸易、边界贸易等；三是各口岸硬件条件的

差异，如有的口岸无或缺少检疫处理场地、仓库等。

所以该管理办法尽管已取得立法，虽经过多次全国性研讨，争议也在逐步减少，但不同的声音依然存在。

二、《进境木材检验检疫监督管理办法》的审定过程

该管理办法源自 2004 年太仓局提议制订的《进境木材检验检疫监督管理办法》及草案。历经全国调研、征求意见和研讨，国家质检总局动植物检验监管司委托"原木和木质包装检验检疫协作组"（江苏局为牵头单位）进行了补充、修改和完善，形成了《进境木材检验检疫监督管理办法》。

2006 年，广泛征求相关进口木材口岸检验检疫机构意见和建议后，组织相关人员进行再次修改。

2008 年，向口岸木材贸易商、加工商等单位和人员发放调查表，征集其对规范木材检验检疫工作和管理办法的意见。

2009 年 6 月，总局动植司向全国发布征求意见稿，广泛征求各直属局意见。

2009 年 7 月，总局在太仓召开了由全国 20 个直属局及检科院参加的讨论会，再次进行了修改。

2010 年 4 月 26—28 日，总局在江苏召开了《进境木材检验检疫监督管理办法》审定会。来自全国主要进口木材口岸直属局的 23 名代表参加了审定会。总局动植司和法规司的领导出席了会议并作大会指导。（图 6-17、图 6-18）

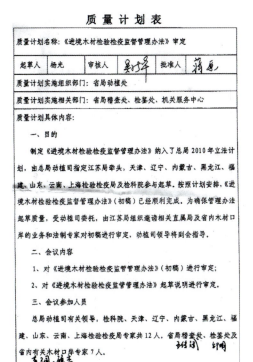

图 6-17

（a）

（b）

图 6-18

三、建立市场化运作的检验监管模式

随着国家改革的发展和对外开放的深入，原国家质检总局对我国进口商品的法定检验目录逐步调整，减少强制性检验项目。

2017 年 10 月 30 日，进口木材数量检验被取消法定检验项目，但保留了质量检验法定项目。

为适应形势任务发展的需要以及监管主体、内容、方式的改变，我们主要做了以下几项工作：

（1）和张家港局陈旭东一起向省局建言并起草了《进口木材品质检验要点》，经过省局开会谈论通过，并发文在全省发布执行。统一、规范了全省的做法。

（2）为江苏木材检尺分会起草了《江苏进口木材检尺单位信用等级分级标准和考核细则》，目的是防范和避免数量法检项目取消后的无序竞争。继续保留以质取胜、优质服务、能者多劳的老传统。（图 6–19）

（3）根据太仓港是全国最大的海运针叶材木材进口口岸等特点，为防范数量法检项目取消后可能产生的混乱局面，书面建言太仓海关，应该采取积极的应对和防范措施。经过海关领导的多次开会研究，认为由港口委扎口监管比较顺和方便。为此，起草了《太仓口岸木材检尺管理办法》，经过太仓港口管理委员会、太仓海关等多次研讨，最终下发文件实施。（详见附录 19）

江苏进口木材检尺单位信用等级分级标准和考核细则（草案）

说明：本考核实行动态考核制，每年考核一次。首次考核采用前3年资料；以下考核项目和内容，凡带有 "*" 号的为严重不符合 项，属于一票否决项目，其余为一般考核项，属于加/扣分项。

被考评对象					法人		综合得分	
考评负责人		被考评期限		至	填表时间		等级	
考核项目	考核具体内容	加分值	扣分值	考核方法	监管部门评分	分会评分	考评得分（取平均值）	备
基本条件	*1．具有独立的法人资格，持有工商营业执照，税务登记证，具有从事木材检尺业务的经营范围。	/	/	查看有效证件				
	*2．严格遵守检验检疫等有关法律法规的规定	/	/	检尺中是否有违法、违规行为，是否有弄虚作假行为，是否有严重质量事故或造成严重后果。走访港务部门和有关收、用货单位有无这方面情况的反映，查看有关记录。				
	3、具有相对固定的工作场所和必备的工作条件，检验鉴定仪器、用具等软硬件设备齐全、有效。	齐全有效的加3分	每缺一项扣3分	查看工作场所、软硬件设备，校验检尺量具和计算器具的精确性、有效性				
	*4．从事进口木材检尺工作：信用AAA级8年以上；AA级5年以上；A级3年以上	/	/	查看档案，记录和证件；做相关调查核实工作				

（a）

搭建协会平台	搭建服务平台	搭建交流平台
强化自律建设	强化对外维权	强化诚信建设

（b）

图 6–19

第六篇

木材贸易的核心环节和证据材料

导读

第一章	进口原木短少的十大类型和发货方确认材料	215
	第一节　材积短少和质量问题的十大类型与原因	215
	第二节　发货商确认材料（诚信之举）	220
	第三节　微案例证明资料（他山之石）	224
第二章	如何遏制材积短少或质量问题	230
	第一节　合同要素要齐全	230
	第二节　合同签的好带来成效高的案例	231
	第三节　合同签不好带来麻烦或损失的案例	232
	第四节　积极对外维权挽回不必要损失	235
	第五节　优秀合同范本解析	236
第三章	进口原木大数据统计分析得出的结论	239
	第一节　太仓港进口原木的发展走势	239
	第二节　国内市场需求量大的针叶树种	240
	第三节　主要出口国出口原木港口情况	241
	第四节　连续六年进口北美原木的价格走势	243

第四章　影响国标检尺材积升溢率的主要因素 ······ 244
第一节　国标升溢率与材积计算方法有关 ······ 244
第二节　国标升溢率与原木规格大小有关 ······ 246
第三节　国标升溢率与检尺和进位方法有关 ······ 246

第五章　超前预测 提前掌控 盈利秘诀 ······ 247
第一节　提前预测国标材积升溢率和国外检尺的准确性 ······ 247
第二节　双向预测验证国外和中方外标检尺的准确性 ······ 251

第六章　"诚信小档案"记载的全过程问题类型及外商的回复 ······ 255
第一节　进口美国原木 ······ 255
第二节　进口加拿大原木 ······ 259
第三节　进口澳大利亚原木 ······ 271

第七章　创新诚信溯源监管模式 提升工作绩效和国际影响力 ······ 272
第一节　诚信溯源监管的功效和做法 ······ 272
第二节　推动双诚信体系建设 ······ 275

第八章　进口木材在国内销售环节上的不当行为和防控措施 ······ 276
第一节　警惕市场销售环节的不当行为 ······ 276
第二节　遏制市场销售环节不当行为的有效措施 ······ 279

第九章　二维码钉牌检尺在对外维权和对内销售环节中发挥的作用 ······ 280
第一节　基于二维码的木材质量监控系统获国家专利 ······ 280
第二节　二维码钉牌检尺力促国外发货商提升工作质量 ······ 281
第三节　二维码钉牌查询系统及发货核算汇总系统使用简介 ······ 282

第一章

进口原木短少的十大类型和发货方确认材料

无论是美国阿拉斯加的原始森林的木材，还是加拿大的高山林地上砍伐下来的木材，无不历经中国采购商与中间商或经销商的贸易洽谈、签约，到林场主向经销商供货、运输、装船等过程。就像林场主有国有、私有和招标租赁经营等方式一样，在经销商的"棋盘"上更是复杂多变的，有美国、加拿大的，也有日本、韩国的，有诚信经营的，也有少数擅长"雕虫小技"盈利的。于是乎，数量上的短斤少两、规格上的偷梁换柱、质量上的滥竽充数、树种上的张冠李戴等，可谓是屡禁不止。更有"高智商者"擅长在签约上使用"软条款"、在检验标准和发货明细码单上玩弄"隐性篡改标准"，如采取"系数转换"法、"取大舍小"法、"大头小尾"法等。

太仓港是全国最大的海运木材进口港，进口木材主要来自美国、加拿大、俄罗斯、新西兰、澳大利亚等国，2012—2016 年进口总量达 2800 万 m^3。5 年来，共检出材积短少 100 万 m^3、质量不符 30 万 m^3，出具各类检验证书 3000 余份、索赔金额 1.5 亿美元。

第一节 材积短少和质量问题的十大类型与原因

根据 30 多年的进口木材检验监管经验，发现进口木材材积短少的主要方式和原因有：数量（根数）短少、称重推算、系数转换、超 1.3 倍问题、货证不符（有货无单、有单无货）、缺陷扣尺、扒皮损耗、规格发错、多港卸货、检量标准用错，等等。

一、根数溢或短

如 2017 年太仓港进口的"雪绒花"轮装 99631 根 4107.480MBF 加拿大原木，经检验发现根数短少 7166 根、材积短少 355.920MBF，短少率为 8.67%。后经太仓国检局出具了检验证书，为收货人挽回了损失。

造成根数溢或短的原因分析如下：

（1）多港卸货。尤其是一家或多家发货商供货、多家收货人同船同舱装货，一旦隔票或标识不清，容易造成误卸、混卸。

（2）散捆装船。有的原木砍伐下山扎排经内河水上运输再装大轮海运出口。在内河运输或装船过程中时常会出现一些散排、散捆，造成有些原木飘走或沉水丢失，特别是铁杉。（图1-1、图1-2）

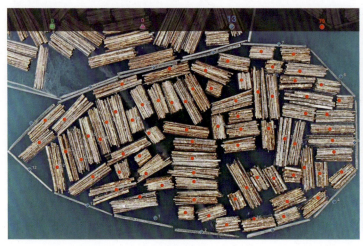

图1-1

图1-2

（3）舱容不够。原木在装船过程中，由于船舶因素或配载不当等造成舱容不够，一些原木没有被装上船，发货方无法确认哪些规格的原木没有被装载上去，无法准确地扣除材积。

（4）货证不符。表现为有货无单（即现场发现带有编号的原木却在发货明细码单上找不到）和有单无货（即发货明细码单上有的、现场却找不到），通常是大径级的原木少发，但小径级的原木多发，虽然根数是多出来了，但材积却少了。

（5）多种综合因素。上述1～4种情况的组合造成。

二、规格检量不准

原木大、小头直径或长度检量或进位方法错误，造成检量结果过大。

三、缺陷扣尺

对部分或全部原木上出现的缺陷，该扣尺的没有扣尺或该多扣的少扣了。

四、整垛漏发

发货时有一个或几个小堆垛漏发了，但检验明细码单上或提单发票上没有扣除。

五、检量标准运用不当或错误

比如使用了老标准、未按照标准规定的方法实施检量或进位、阔叶材使用了针叶材标准等。

六、检验明细码单错误

数据录入差错、单根材积大于材积表上的造成累计材积虚大、材积累计错误等。

七、称重推算

在装船出口前抽检部分原木计算出材积再过磅称重，计算出每吨重材积数，即系数，待整批原木称重结束后乘以该系数得出全批材积数。该方式受限于多种因素，如木材含水率的多变性等。

八、扒皮不当

对于进口的扒皮原木，由于扒皮机械的原因或调校不到位，对原木外表损伤过大，尤其是造成小头部位的凹凸不平带来了检尺不准确，该舍去的没有舍去，不该补圆的补圆了，造成材积虚大。

其实，关键是国外在发货前是带皮检尺的。因为标准规定要在同等条件下检尺。带皮检尺与扒皮后检尺在直径上肯定会有差异。

九、按照船舶舱容和船舶吃水深度来估算原木材积

船舶舱容受到船舱现状、积载系数的影响；而船舶吃水深度受到压载水多少、船舶常数大小、纵横倾斜度等因素的影响，因而用这种方法来计算原木材积，误差肯定是很大的。

十、"系数转换"不准确

（一）何为系数转换

系数转换源于20世纪70年代我国进口美国原木，以平均5.1的系数将英制千板尺转换为公制立方米。2010年后太仓港开始进口加拿大原木，不少中国进口商与加拿大发货商签约约定以美国标准的千板尺为材积单位。但问题是，加拿大原木是按照强制性标准《大不列颠哥伦比亚公制检验规则》（The British Columbia Metric Scale）检验得出立方米材积，大部分发货商是按照不同的系数将立方米材积转换成千板尺的，所选择的系数越小、千板尺材积越大，具有一定的人为随意性或不准确性。表1-1显示我方根据实际检验得出的系数（验证系数）与加方的差距。

表 1–1

船名	英制材积 /MBF	公制材积 /m³	平均材积 /m³	原系数	实检短少材积 /MBF	验证系数	验证材积 /MBF
提马鲁之星	740	4709	0.949	6.364	−30.770	6.664	706.68
繁荣	4368	30521	0.95	5.972	−966.170	6.663	4157.3
贝壳	2140	13103	0.966	6.124	−144.089	6.653	1969.6
环球心	3286	20270	0.967	6.169	−117.550	6.652	3047.2

如表 1–1 所示，整船原木平均材积约 0.95m³ 时，发货方原转换系数在 5.972～6.364 变化，变化范围大。但依据我方实际对比检验得出的系数为 6.652～6.664，变化范围小、更稳定，除"繁荣"轮根数短少严重外，其他船按照我方的验证系数得出的千板尺（MBF）都与实检数很接近。

（二）"系数转换"不准确原因分析

（1）取决于立方米材积的大与小。加拿大立方米材积是检量原木大、小头直径和长度来计算的，当大小头直径检量偏大时，转换成千板尺材积就会虚大。

（2）不同直径范围的原木，其系数大小不一样。

（3）不同长度范围的原木，其系数大小不一样。

（三）"系数转换"不准确的证据

（1）发货商认可证据（见本章第二节）。

（2）发货商沿用系数的多变性：根据对加拿大发往我国原木的检验统计（表 1–2），即使是平均材积相同或接近的情况下，对方的系数变动也较大。

表 1–2

加方植检证号	船名	英制材积 /（K/MBF）	公制材积 /m³	平均材积 /m³	加方系数
2432658/2432667	劳拉	34873/1590	11789	0.338	7.414
2428712/2428728	丛林商船	49065/2255	16727	0.341	7.418
2369110/2369131	凯瑞	12502/582	4442	0.355	7.632
2369190/2369192	凯瑞	7083/348	2654	0.375	7.626
2456711/2456708	非洲天鹅	31479/1514	11929	0.379	7.879
2468863/2468886	丛林商船	29871/1433	11791	0.395	8.228
2370318/2370164	提马鲁之星	8014/1333	8289	1.034	6.218
2468857/2468872	丛林商船	21206/3452	22380	1.055	6.483
2456709/2456710	非洲天鹅	19845/3294	21300	1.073	6.466
2491916	英伦海	28728/5617	33417	1.163	5.949
2412408/2412359	精灵岛	2620/531	3231	1.233	6.083
2407407/2407408	尼尔森角	1250/353	1954	1.563	5.535
2390803	繁荣	397/166	866	2.181	5.217
2369112/2369387	凯瑞	2581/1124	5974	2.315	5.315
2375479	水瓶座	467/334	1557	3.334	4.662
2507969	海洋希望	871/602	2920	3.352	4.85
2461684	繁荣	913/812	3589	3.931	4.42

（3）我方实检得出的验证系数与对方的差距（表1-3）。

表1-3

加方植检证号	船名	英制材积/（K/MBF）	加方公制材积/m³	平均材积/m³	系数	实收材积/溢短/（K/MBF）	国标材积/m³	验证系数
2387363	莫丽	45033/4416	31350	0.696	7.099	−728/+83.343	32845	6.825
2490268	肯瑞	43760/4328	30453	0.696	7.036	−502/−6.150	29466	6.825
2523682	诺德香港	2982/301	2135	0.716	7.093	+159/−17.88	2172	6.812
2425143	繁荣	29567/3202	21203	0.717	6.622	−75/−68.420	21487	6.812
2423091	圣塞雷纳	22180/2596	16881	0.761	6.503	−296/−150.030	17782	6.783
2494089	澳亚上海	9372/1067	7138	0.762	6.69	−240/−83.620	7361	6.783
2441581	太阳宝石	7218/1105	7621	1.056	6.897	−386/+10.670	7676	6.595
2506434	凯美轮	29082/5064	30714	1.056	6.065	−4/−219.460	31481	6.595
2428723	丛林商船	15999/2784	17378	1.086	6.242	−638/+17.940	17516	6.576
2464276	银湖	2681/467	2912	1.086	6.236	−6/+1.86	2998	6.576
2494692	非洲天鹅	6343/2039	10756	1.696	5.275	−230/−88.282	10574	5.685

（4）我方按照不同规格（原木直径），依据实际检验得出的加标立方米数和美标千板尺数，计算得出的转换系数，具有较高的准确率（表1-4）。

表1-4

直径/cm		加标—千板尺		国标—千板尺	
		合计	平均材积	合计	平均材积
10～20	加标/m³	22.179	0.462	3060	64
	英制/BF	3060	64	25.493	0.531
	系数	7.248		8.331	
	根数/根	48		48	
22～30	加标/m³	5992.687	0.672	872420	98
	英制/BF	872420	98	6577.692	0.738
	系数	6.869		7.540	
	根数/根	8917		8917	
32～40	加标/m³	9687	1.212	1608210	201
	英制/BF	1608210	201	10409	1.303
	系数	6.023		6.472	
	根数/根	7989		7989	
42～50	加标/m³	7263.355	1.854	1423230	363
	英制/BF	1423230	363	7743.089	1.976
	系数	5.103		5.441	
	根数/根	3918		3918	
52～60	加标/m³	3573.271	2.608	776280	567
	英制/BF	776280	567	3764.083	2.748
	系数	4.603		4.849	
	根数/根	1370		1370	

续表

直径 /cm		加标—千板尺		国标—千板尺	
		合计	平均材积	合计	平均材积
62 ～ 70	加标 /m³	1367.431	3.552	326380	848
	英制 /BF	326380	848	1433.611	3.724
	系数	4.190		4.392	
	根数 / 根	385		385	

第二节 发货商确认材料（诚信之举）

在进口原木船舶靠港前，对国外每船发货明细码单的几十万个检验数据进行复核，统计分析，对“三单一表一证”做一致性，符合性审核，发现问题后及时与外方沟通、督促外商作出回应说明。诚信度高的发货商或中间商都给予了高度重视和积极的回应，并在以后的工作中给予了有效的改进。正所谓不怕出问题，就怕出了问题不承认、不改进。

下面所列材料，均是太仓港复查组在船舶靠泊卸货前就查找出来的问题。从中可以看出进口原木在装运过程中所发生的无法预料到或难以控制的因素或不为人知状况。同时也可以看出大部分发货商在问题被指出来后，认真查找溯源、积极改进的负责任精神，体现诚信之举。

一、原木未装上船或码单差错的证明材料

在船舶靠泊前，复查组在审核国外检尺电子码单和相关单证后，一旦发现有较大的问题，并及时通知代理公司与国外联系，要求查找原因和给予解释。

（1）加拿大某公司“由于计算机系统出错，丢失了部分数据，所以不能全部提供“BELL BAY”轮所装载原木的检验明细码单，致歉。”（图 1–3）

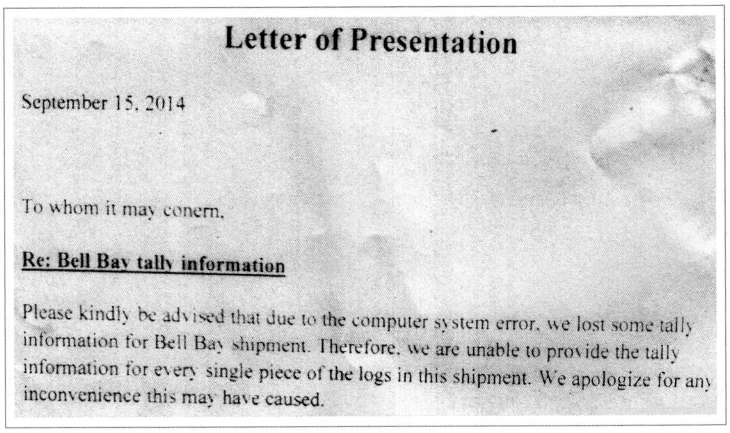
Letter of Presentation

September 15, 2014

To whom it may conern.

Re: Bell Bay tally information

Please kindly be advised that due to the computer system error, we lost some tally information for Bell Bay shipment. Therefore, we are unable to provide the tally information for every single piece of the logs in this shipment. We apologize for any inconvenience this may have caused.

图 1–3

（2）2016 年 7 月，加拿大某公司关于整船原木材积与船运单据不相符，解释如下：

①船运单据与我司的发运单据上的数据必须要完全一致，船运公司才会签发提单。

②由于船舶舱容小装不下检验明细码单上列明的所有货物，我们无法知道什么样的原木没有被装上船或装上了船。对发运单据的调整是按照下面已散捆的 14 个筏（涉及 4202 根原木）、每个筏的平均材积来计算的。但我们相信太仓港官方会运用专业经验出具检验报告。（图 1–4）

（3）2016 年 9 月，再次出现与上述类似的问题。（图 1–5）

图 1-4

图 1-5

（4）2016年7月，台湾某发货商也出现过上述类似的问题，表示"同意太仓港官方检验报告"。（图1-6）

（5）日本某公司"供货商提供不出检验明细码单，只有汇总表，但接受太仓检验检疫局的检验数据"。（图1-7）

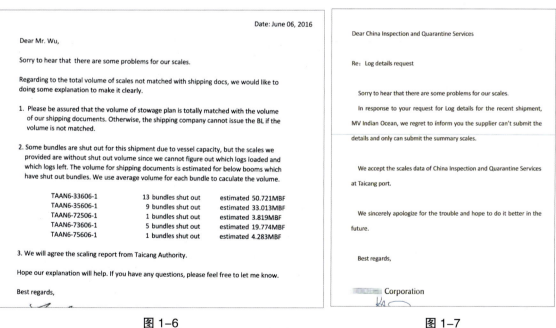

图 1-6

图 1-7

（6）2016年8月，美国发货商承认"由于我方的疏忽大意，造成'岳州'轮发货检验明细码单有误"，并表示"相信太仓港官方会依据检验经验出具报告，我方同意该报告为最终版"。（图1-8）

(7) 2017年3月,美方发货商表示:"'库克海峡'轮由于舱容小,有一票货没有装上船,我们将在下航次补装。"(图1-9)

图1-8

图1-9

(8) 2017年6月,"环球英雄"轮2批货,发票数与原发检验码单相比,根数分别相差1555根和508根,日本公司的说明是"由于水上运输装船,根数和损耗难以控制,我司将认真地考虑贵方建议、尽可能改进工作"。(图1-10、图1-11)

图1-10

图1-11

(9) 2017年8月,阿拉斯加轮合装船根数短少,供货方的解释是"多种原因造成,如装船时散捆(筏)原木没有装上船或整捆(筏)的原木丢失了"。(图1-12、图1-13)

二、按照系数转换的证明材料

（1）对我方质疑该船原木发票列明的千板尺材积，不是实际检尺出来的，而是把加拿大立方米材积按照系数转换而来的。加方发货商的答复是"本船是按照立方米检尺、按照6.7的系数转换成千板尺。但单证操作人员错误地做成了7.1，是根据以往更多的是出口纸浆材的经验，但这次出口的原木要大于以往的"。（图1-14）

（2）加方某发货商"千板尺和立方米之间的转换系数是1∶7.09"。（图1-15）

（3）日本某发货商"千板尺和立方米的转换系数是7～8之间"。（图1-16）

图1-12　　　　　　　　　　图1-13

图1-14　　　　　　　　　　图1-15

　　　　　　　　　　　　　图1-16

（4）美国某发货商"两条船的转换系数都为7.10"。（图1-17、图1-18）

（5）加拿大某发货商承认："转换系数为6.38，但我方接受中方官方的国标检尺结果。"（图1-19）

（6）加方某发货商承认："由于系数转换引起的材积争议是不准确和无效的。"（图1-20）

（7）加方某发货商承认："系数转换得出的材积只能作为参考值，由此引起的材积争议是不准确和无效的。"（图1-21）

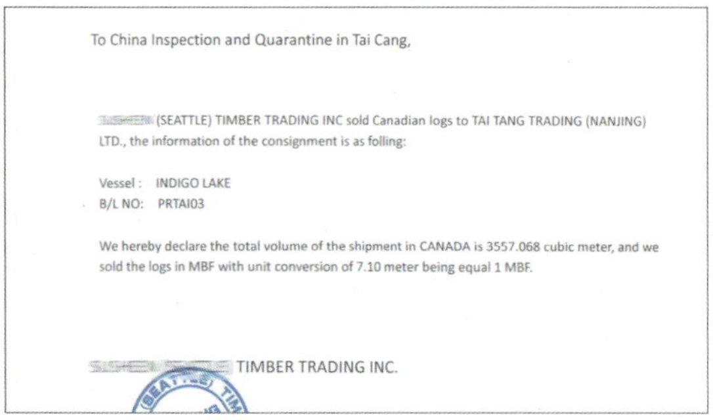

图 1-17

图 1-18

图 1-19

图 1-20

图 1-21

第三节 微案例证明资料（他山之石）

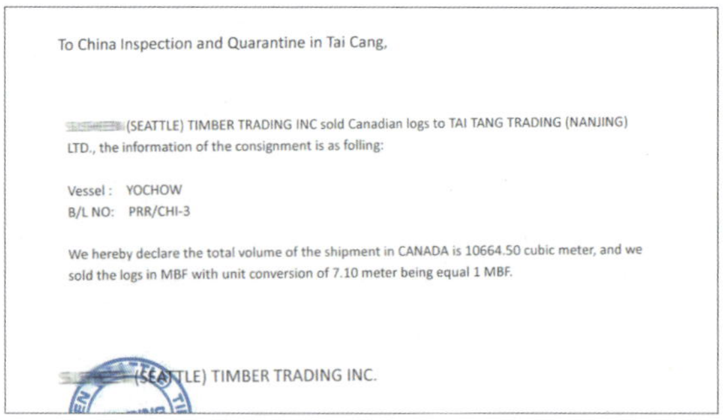

一、美国原木

1. 首次检出进口美国阿拉斯加原木短少 354m³

2004 年太仓港首次进口的 13543 根 1833.52MBF（约合 9453m³）美国阿拉斯加云杉原木，经检验发现原木短少 225 根 69.380MBF（约合 354m³），货值 5.2 万美元。

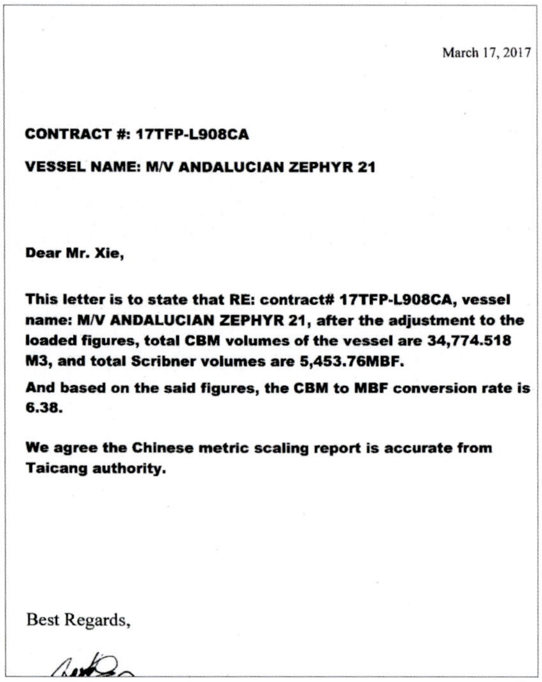

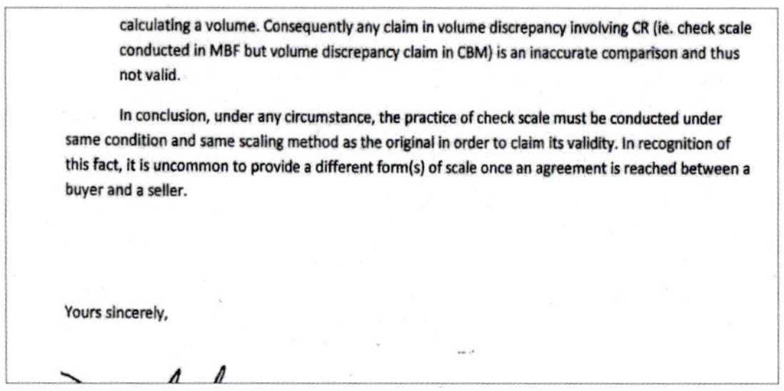

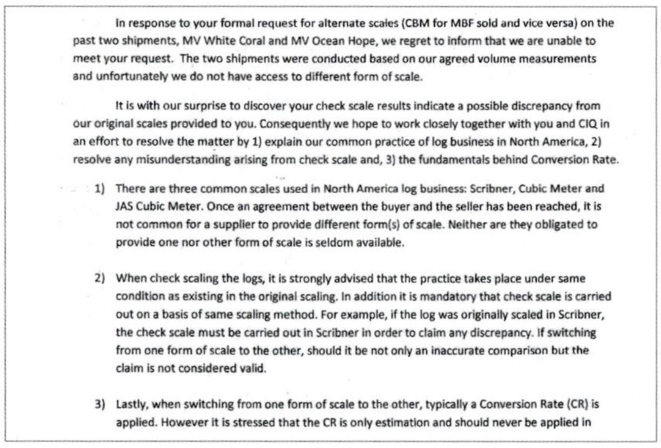

太仓国检局出具检验证书后很快获得了对方的认赔。速度之快的重要原因之一是贸易双方的合同约定很到位，即"货物到达太仓港后 90 天内，如果发现货物短少或质量与合同规定不符，买方有权凭国检局出具的检验证书向卖方提出索赔或退货。由此而产生的一切费用（包括检验费、所退货物的保险费、仓储费、装卸货费等）均由卖方承担"。合同的第 4 条还规定："国检局

的检验证书结果将被视为最终检验结果。"

2. 进口美国原木对外出证索赔2.5万美元

2006年底，上海、江苏和舟山三家经贸公司联合从太仓港首次从美国进口692820BF（约合3533m³）、价值55万美元的阿拉斯加铁杉、云杉、扁柏原木。经检验发现该批货物共计短少34320BF，占整批货物的5%，索赔金额为2.5万美元。应收货人要求，太仓国检局及时对外出具了索赔证书。

为做好该批货物的检验工作，太仓局一是对检验人员事先进行了检验标准的技术培训。二是针对阿拉斯加原木属于原始森林里的木材，原木上的各种缺陷会比较多的特性（按照《美国原木检验官方标准》，要对影响木材出材率的缺陷进行相应的扣尺处理），太仓局检验人员在码头检验现场进行了自始至终的技术指导和检验质量的把关，从而较顺利地完成了首次进口美国原木的分票、分树种检验鉴定工作，并取得了2.5万美元的索赔成效。

3. 太仓港首次进口美国黄松和银杉原木

2010年8月，太仓港进口一船美国原木，共计3.5万m³。主要树种有花旗松、铁杉、云杉、黄松和银杉，其中黄松和银杉是该口岸首次进口的新品种。该船原木经检验，发现货物短少508m³，价值7.5万美元。收货人已申请出证索赔。

二、加拿大原木

1. 首次检出进口加拿大剥皮原木短少1695m³

2010年9月底太仓港首次进口35413根20912m³的加拿大剥皮铁杉、云杉和冷杉原木，经太仓检验发现原木短少1004根1695.590m³，货值23万美元。太仓局出具了检验证书，供收货人办理对外索赔。

2. 首次进口加拿大带皮原木材积短少281m³

2010年9月29日上午，装运着17335m³进口加拿大带皮原木的"凯瑞（KEN REI）"轮顺利靠泊太仓港。这是《关于加拿大BC省原木输华植物检疫卫生要求议定书》修订后太仓港首次进口加拿大带皮原木，标志着太仓港继福建秀屿港后正式成为中国第二个可进口加拿大BC省带皮未处理原木的口岸，开启了进口木材的新通道。

首次进口加拿大带皮原木，货物的质量如何？数量是否短少？树种是否相符？自然成为国内经销商关注的热点。该船原木经检验发现货物质量符合要求，树种为花旗松、铁杉、云杉和冷杉，均与合同规定相符，但材积短少281m³（短少率为1.62%），货值3.3万美元。经收货人申请，太仓局出具了检验证书，供收货人对外办理索赔。

3. "贝克"轮中方获赔10万美元

2014年8月，由"贝克"轮进口的加拿大原木，实检15009根2370.010MBF，检验结果显示：根数短少877根，材积短少98.9MBF。

收货人随即凭据国检局出具的检验证书向发货人日本某发货商索赔，日方随即派2名业务骨干来太仓复验谈判。他们首先在太仓港码头实地察看了中方检尺人员的检尺全过程，向我方了解按照美国标准和加拿大标准检验木材的异同点及如何标识和记录，并拍取了照片。接着，又来到了"木材复查组"，详细查看了解木材记录码单和如何计算、汇总材积等程序。会谈中，他们说，这次是受公司的委托来太仓港调查了解中方的检尺程序、计算汇总过程等情况。他们表示，中方的检验程序和过程是没有问题的，工作是细致的。最后经双方磋商，日方按照短少根数平均材积的70%，赔偿收货人10余万美元。

三、俄罗斯原木

1."塔古"轮原木品质检验对外索赔7万美元

2006年8月，"塔古"轮所载俄罗斯原木7万美元的索赔案中，国外发货方派代表来太仓港看货、复验后，确认该船原木存在严重的质量问题，承认太仓检验检疫局检验的准确性。

事情的经过是，"塔古"轮所载的58071根4914.3m^3的俄罗斯原木，8月5日在太仓港卸货后，经检验发现货物品质存在严重问题。主要是"等外级"原木（废材）共计5159根654.6m^3，占全批货物的13.3%，对外索赔金额7.2万美元，占整批货物总值的17.2%。由于该船原木由4个树种（桦木、杨木、落叶松、白松）组成，分别对应着3组共计12个规格档次，而每个树种的不同规格档次，其价格是不一样的。合同又规定，一旦中方提出索赔，收货人必须在货物卸毕后14天内，出具中国检验检疫机构的分树种、分规格检验证书。我方检验人员克服了时间紧、任务重等困难，加班加点工作，赶在索赔有效期内出具了检验证书，结果表明：在654.6m^3的"等外级"原木（废材）中，桦木占29.3%，杨木占4.7%，落叶松占58%，白松占8%。

国外发货人在收到太仓检验检疫局出具的检验证书后，迅速作出反应。首先通过收货人向检验人员打听、了解我方对相关检验标准和检验技术的掌握情况，特别是"等外级"原木与"纸浆材"的区别。因为，买卖双方在签署合同时规定了该批原木的品质等级为1～3等级和纸浆材。我检验人员就"等外级"原木与"纸浆材"，分别从检验技术标准和出材率的不同上，向对方作了详细解释，消除了对方的疑虑。8月16—17日，发货方派代表来到太仓港码头看货、复验，确认该船原木存在严重的质量问题，承认太仓检验检疫局检验的准确性。我方首次因纯品质问题的对外索赔案取得了较为圆满的结果。

2."微风"轮进口原木短少率高达16%

2006年9月中旬，满洲里一家经贸公司从太仓港进口的3340m^3俄罗斯白松原木，经检验发现材积短少531.244m^3，短少率高达16%，索赔金额为5.8万美元。

如此高的短少率，实属罕见，于是立即建议收货人通知国外发货方来太仓看货、复验。但发货人却出乎预料地表示不来看货了，只要求国检局出具的检验证书。看来对方对自己所发的货物是"心中有数的"。经对比分析发现，造成该批原木如此高短少率的原因有三个：一是国外发货方或中间商有意将总数为22752根原木的每根原木的长度增加5cm，即应为3.6m的原木，全部按3.65m计算材积。按照俄罗斯国家检验标准，每根原木都应该留有3～5cm的后备余量。如实际长度为3.65m的，只能算作3.6m。看来对方是想钻检验标准的空子。二是将部分原木的直径虚增2cm。按照俄罗斯原木检验国际标准的规定：原木直径，以原木小头断面去其皮厚部分的最长径和短径（不需要垂直交叉）之平均值计，直径在14cm以上的原木以偶数，即每2cm为一个增进单位，足1cm和1cm以上的进入相近的偶数级。按此标准，对诸如长、短径分别为17.8cm和16cm的原木，其平均直径为：17.8+16=33.8cm，33.8÷2=16.9cm，计为16cm（该根木的直径）；但俄方在检量时设法将短径增加2mm，即短径变为16.2cm，则该根原木的平均直径就变成了：17.8+16.2=34cm，34÷2=17.5cm，计为18cm（该根原木的直径）。所以，短径增加了2mm，直径就增加了2cm，材积就要增加近7%。三是原发货时少发了1355根原木，造成根数短少。

3. 品质规格严重不符对外索赔10万美元

2007年9月，某进口木材贸易公司从俄罗斯进口了20027根5307.642m³的樟子松原木。经检验发现：该批货物共计短少230根110.967m³，材积短少率为2.1%；规格严重不符的原木为5115根618.922m³，占到货材积的11.7%；品质严重不符的原木为2428根727.384m³，占到货材积的14%。共计对外索赔10余万美元，占货物总值的20%。

该批货物之所以出现如此大的问题，主要是发货方未履行合同约定。一是体现在品质严重不符。双方在合同中约定的原木品质等级应符合俄罗斯国家标准GOST 22298-76中的锯材1～3等级，但实际检验结果为，等外级原木（废材）多达727.384m³。二是体现在规格严重不符。按合同约定，原木的长度应为6m，但却检验出长度为4m的原木5115根618.922m³；同时，合同约定的原木直径应为：14～32cm，但实际检出了10～12cm的原木为213根13.901m³。

4. "泰斯"轮连续短少出证索赔15万美元

2007年10月，某货主从俄罗斯连续进口3船原木，均装载于所租用的同一条船——"泰斯"轮上。经检验发现每条船均短少300余立方米，累计短少材积1000m³，索赔金额15万美元。太仓检验检疫局出具检验证书后，俄方发货人代表来太仓港进行了为期10多天的现场复验，尽管对方采取了随机抽查复验、整垛全部复验和与中方联合复验等方式，均未发现我方检验上的任何差错，表示回去查明原因后按照太仓检验检疫局检验证书上的结果给予赔偿损失。后来据收货人反馈：之所以发生连续3船原木、每条船都短少300余立方米的情况，是因为发货人在发货时是按照船舶舱容和船舶吃水深度来估算原木材积的，从而造成了重大误差。

5. 如此"赢利"有损商业道德

2008年3月底，"副教授"轮所载4829.560m³进口俄罗斯白松原木，经太仓检验检疫局检验，结果为材积短少424.615m³，短少率高达8.8%；品质严重不合格的共计447.788m³，不合格率为9.2%。两项共计造成经济损失12余万美元。该船原木的检验结果一出来后，国内木材经销商及时将检验结果反馈给供货中间商（日方某公司），并提出赔偿要求。日方得知情况后，于近日委托另一家第三方检验机构来太仓港（合同中有此约定），对全船货物进行了复验，复验结果与太仓检验检疫局的误差小于0.2%，远低于标准规定的材积检验误差不大于1%的限度。

在分析该船原木所出现的材积短少的主要原因时发现，对方在发货时将20cm以下的小径级原木（尤其是直径为12cm、14cm、16cm、18cm的）多发了16733根，而将直径为22cm以上的大径级原木（尤其是直径为26cm、28cm、30cm的）少发了17404根（属于典型的以小充大、偷梁换柱行为），从而造成材积短少和货物规格严重不符等。

据有关方反映，出现这种情况的另一个因素是由于自春节后，国内、外木材市场都在涨价，尤其是进入3月份以后，进口俄罗斯原木由于价格上扬、海运租船困难等，造成国内市场货源大幅减少，一反多年形成的买方市场为卖方市场，市场销售价格节节攀升。一些供货商（尤其是通过中间商订货的），觉得在年前签署的销售合同已"吃了亏"，所以就在发货时，甚至在出口单证上做些手脚，以便获取更大的经济利润，与收货人共同分享涨价的"甜果"。

6. 一船进口原木竟然短少3494根

2010年11月间，从太仓港进口的一船俄罗斯原木，经检验发现整船原木竟然短少3494根，占到货总根数的14.6%。其中，落叶松原木短少857根，占到货的7.6%；白松原木短少2637根，占到货的20.9%。根数的短少导致货物材积短少133m^3，索赔金额4.5万美元。

四、澳大利亚原木

1. 太仓口岸首次进口澳大利亚辐射松原木，材积短少456m^3

2009年5月，太仓口岸某进口商首次从澳大利进口一船辐射松原木，共计13160m^3，经检验，发现材积短少456.54m^3，短少比例为3.5%。检验结果出来后，收货人及时向澳方反映了货物短少情况。澳方要求收货人出示检验检疫局的检验证书。太仓局已出具了检验证书，供收货人办理对外索赔工作。

2. 太仓局检出进口澳大利亚原木根数短少7644根

2011年5月，上海某客户从太仓港进口一船澳大利亚辐射松原木，共计104068根18717m^3。经检验发现该批原木根数共计短少7644根，材积短少2437m^3，索赔金额35万美元。

该批原木短少之大，材积短少率超过13%，在太仓港属首次发现。同时，整批原木根数超过10万根，按照合同和检验标准的规定，该批原木依据规格大小和品质状况分为：MP、KM、K、KI、A和A+40六个等级，每个等级的售价各不相同。加上卸货场地等条件的限制，卸货时难以实施有效分票等，都给检验工作带来了巨大的难度。在首次得出检验结果后，由于短少案件之大，太仓局又组织了第二次复核检验，最大限度地避免了错检、漏检等情况的发生，确保了材积检验的正确性和品质等级评定的准确性。

收货人在得知上述情况后十分着急，积极与发货商和海关联系。发货商表示要凭国检局检验证书办理赔偿事宜；海关表示要凭国检局详细的分等级证书办理退税。太仓局已出具了检验证书。

3. 太仓港进口澳大利亚辐射松原木短少15769根3308m^3

2011年9月，太仓港进口2船澳大利亚辐射松原木共计335291根46970m^3。经检验，发现原木共计短少15769根，根数短少率为4.7%；材积短少3308m^3，材积短少率为7%。出证索赔金额为48万美元。

五、太仓港首次进口乌拉圭湿地松原木

2017年5月25日，"长江"轮装2.72万m^3乌拉圭湿地松原木来到太仓港卸货，这是太仓港首次进口乌拉圭湿地松原木。经检验发现原木短少894m^3，短少率3.3%，索赔金额11万美元。太仓国检局出具了检验证书供收货人对外理赔。

六、集装箱进口木材

1. 太仓口岸首次进口美国阔叶树木材，材积短少18.8%

2007年底，太仓港首次进口一批集装箱美国阔叶树木材共计453根54450BF。经检验发现该批木材共有3个树种组成：红橡、白橡和黄杨木。其中，红橡木短少9根7905BF；黄杨木短

少 20 根 2865BF；白橡木多出 520BF。共计短少 29 根 10250BF，短少率为 18.8%，价值 1 万美元。

2. 太仓港一批不合格进口美国原木成功获赔

2008 年 8 月，太仓某进口商从美国进口 10 多个集装箱的铁杉原木，经由上海转运至太仓卸货。卸货时发现，该批原木有很多已出现了初、中期腐朽，特别是白腐菌腐朽较为严重，约占该批原木的 30%，不符合标准规定。收货人随即向发货方提出索赔要求。后经发货方来太仓看货复验后，确认我方提出的索赔要求，同意赔偿 2 万美元。

3. 一批集装箱装运进口加拿大原木短少 15%

2009 年 4 月，由上海港进口、转运太仓口岸收货的 2000m³ 加拿大原木，经收货人验收后发现货物材积短少严重，随即向上海检验检疫局提出出证索赔要求。上海局委托太仓港木材检尺队对全批货物进行了重新检验。由于贸易合同中没有定明检验标准，检尺队分别按照加拿大木材检验标准、日本农林标准、中国国家木材检验标准进行了对比检验，结果为分别短少了：300m³、400m³、303m³。短少率分别为：15%、20% 和 15.2%。

4. 谨防集装箱进口原木材积严重短少

2013 年 1—6 月，太仓港进口集装箱原木 96 批次，货物总值 951 万美元。经太仓检验检疫局检验发现：根数共溢出 5510 根，但材积却短少 2880.5m³。出证索赔 61 批次，索赔金额 44.2 万美元。批次不合格率、材积短少率分别为：63.5%、6.5%。

5. 谨慎进口北美稀有针叶树原木

2013 年 8 月，绥芬河某进出口有限公司进口的 23 个装有美国乔松原木的集装箱到达太仓港卸货。该批货物的发票数量为：1124 根 629.298m³，货值 13.7 万美元。经检验发现原木短少 10 根 34.326m³，索赔金额 0.75 万美元。此外，该批美国乔松原木虽然有美国官方提供的检疫证书（其中有 7 个集装箱的原木产于美国 Berkshire county, Massachusetts），但太仓出入境检验检疫局仍取样分离出了活体松材线虫，即该批美国乔松原木患有松树萎蔫病。该病是松树的一种毁灭性流行病，传播迅速快、致病力强，寄主死亡速度快且常常猝不及防，松树一旦患有该病，通常很难治愈。

6. 集装箱装进口加拿大原木遭遇欺诈

2013 年 11 月份，由上海市某对外贸易公司进口的 650.61m³、价值 40 万美元的加拿大云杉原木装 21 个集装箱运抵太仓港卸货。该批原木为制作乐器面板用材，对木材的规格和质量（如年轮密度）有着很高的要求，平均单价高达 480 美元 /m³，是常规进口木材单价的 2 倍多。按照加拿大木材检验标准，该批木材的质量应该为高等级的 D、E、F 级，但检验发现实到原木的大部分为低等级的 G、H、I、U 级。不仅索赔金额高达 25 万美元，关键是该批木材已不能满足用途目的。

收货人和厂家得知情况后十分着急，经与发货商联系后，加方表示凭国检局的检验证书，择时来太仓看货处理问题。

7. 进口立陶宛板材遭遇欺诈

2017 年春节前夕，太仓市一木材进口商从立陶宛进口 5 个集装箱的白云杉板材共计 220m³，货值 4.63 万美元。经检验发现：一是进口的树种严重不符。合同约定为白云杉板材，但实际到货的树种为落叶松、樟子松、桦木等。二是板材的质量等级严重不符，合同约定为 1～3 级材，但实际到货 90% 以上为等外材（废材）。

检验工作结束后，中方收货人要求退货，但发货方已渺无音讯，至今联系不上，收货人只能自认倒霉。

第二章

如何遏制材积短少或质量问题

进口木材的特点和特殊性决定了木材短少或质量问题时有发生是不可避免的。

如何遏制？首先，要从积极防范开始，不要轻易放弃你可以控制的任何一个环节；其次，一旦发生了，也要积极采取补救措施、不放弃维权，从而达到维护自身合法利益的需要和推动经销商等追溯和改进工作的目的。

第一节 合同要素要齐全

签署完全意义上的公平、公正的木材贸易合同是十分重要的。但笔者30多年来很少能看到这样的合同，大部分都是残缺合同、漏洞合同甚至是无效合同。

贸易的目的并不是为了打官司，但无论打官司与否，合同都一定要签好。应该围绕着合同的约束力、威慑性和执行力签好合约。特别是合同中的技术条款一定要明确、全面，起码要达到不留空子被人钻。为此，要把握以下几点要素。

一、合同要素要全面

到目前为止，几乎所有的针叶原木贸易合同中都未定明原木的品质等级，以及未提出"新伐材"的限制要求，这对容易变色、腐朽的木材尤为重要，如桦木、辐射松等（特别是高价格的无节材）；对高价格的木材也尤为重要。

二、专业要素要到位

除定明树种、规格外，更应该定明等级。如美国针叶原木的锯材等级一般分为1～4级，而4级材事实上就是纸浆材。从规格上来分，3级材是指小头直径在15cm以上，长度在3.65m以上；

2级材是小头直径在30cm以上，长度在3.65m以上。

加拿大针叶原木（沿海标准）一般分为1～7级，而6级材（X）和7级材（Y）事实上是属于纸浆材；5级材（实用级U）是指直径10～14cm；4级材（J）是指直径16～36cm；3级材（I）是指直径38cm以上。

三、制约要素要跟上

比如，定明对方要负责监控装船数量，出现材积短少超过1%的，凭第三方检验鉴定机构出具的证书予以赔偿或从下船中直接扣除；卖方可派员或委托第三方来卸货港监视或共同检尺。

加拿大木材应尽可能使用加拿大BC省公制检验标准《The British Columbia Metric Scale》。使用该标准主要有以下几点优势。

（1）该标准是BC省法定的强制性检验标准，使用它有利于索赔工作和对外维权工作的开展。因为，加方检尺公司一旦出现严重的差错，很担心加拿大林业主管部门会取消其检尺资质。

（2）为确保木材的出口质量，该标准对木材的质量要求很严格，质量条款规定得很细。

（3）该标准虽然是分别检量原木的大小头半径，但一般大头要大于小头4cm以上，加标材积才有可能大于我国国标材积。而且规定了大头直径与小头直径的差值一般不得超过30%，即大头直径不能超过小头直径的1.3倍，超过的就要进行造材后才能进行检尺，以确保检尺结果的准确性。所以在签约时就要注明：整船原木的大头直径不得大于小头的1.3倍。这样既保证了国标的升溢率，又确保了按加标检尺结果不会短少的两全其美的结果。

（4）使用该标准，进口中等规格的原木，材积升溢率保持在7%左右，比较合适且符合国内木材市场需求。

第二节　合同签的好带来成效高的案例

一、两船进口加拿大原木赔回75万美元

（一）简要过程

2012年3—4月，2船进口加拿大原木经检验发现材积短少5278m³。中加双方进行了多次联合抽查复验。

（二）最终结果

2012年4月19日，历时30天的马拉松式的复验、谈判工作终于结束。中、加双方就两船进口加拿大木材短少5278m³（价值75万美元、人民币约470万元）达成了协议，主要内容为："双方最终按中国检验检疫局出具的检验证书上的数量结汇；中方另外扣留加方20万美元以保留对加方未按合同约定数量发货予以进一步追诉的权利；另扣留5万美元弥补加方第二条船因规格不符而给中方造成的损失。

（三）关键经验

合同中"原木数量争议的解决方式"的条款中签署了"国检局检尺数量如与发票差异超过1.5%由HS公司负责"。

二、"艾丽斯港"轮获赔123万美元

2013年6月，"艾丽斯港"轮装进口加拿大原木31343m³，经检验发现材积短少8292.47m³，短少率高达26.5%，索赔金额达123万美元。

（一）简要过程

该轮在加拿大是采取称重抽检的方式来推算整船原木材积的，从而造成了一开始连中方收货人都不相信的大误差。

（二）最终结果

发货方董事长来太仓港抽查复验后，对方同意接受中方的检验结果并签署了赔偿协议。中方获赔123万美元货款和200余万元的海关退税、港杂费用退款等。

（三）关键经验

由于在合同的最后条款中签署了"如果买卖双方的检尺数据有差异，则以买方的检尺数为最终结果"的条款。这样，不仅很快赔付了短少的货款，也退回了海关代征税收、港杂、熏蒸等费用。（图2-1）

图2-1

第三节　合同签不好带来麻烦或损失的案例

一、事件概况

2017年9—11月，上海某公司相继进口的2船加拿大原木，货到太仓港卸毕后发现货物质量差，收货人认为不符合合同约定的一级材（A-SORT）和二级材（B-SORT）标准，将给公司带来300万～400万元的损失，为此申请太仓国检局出具检验证书。

二、交涉过程

（一）国检局出具检验证书

2017年11月1日，国检局出具了品质检验证书。（图2-2～图2-4）

（二）加方否认

11月13日，加拿大发货方给收货人的答复是不认可检验证书，理由是中方弄错了检验标准（图2-5）。同时也发来了该公司林业注册师的质疑和解释。（图2-6、图2-7）

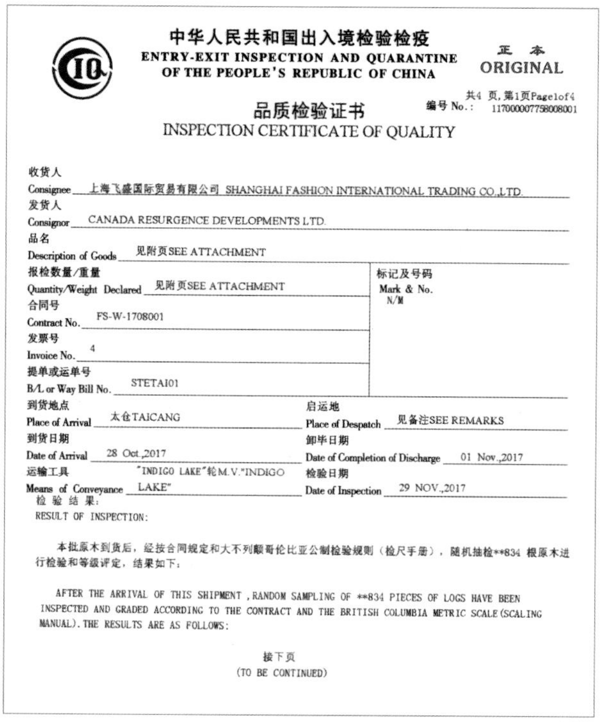

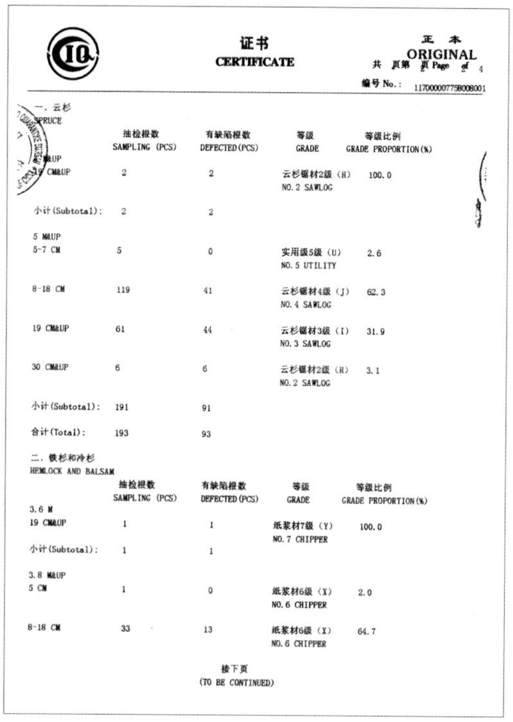

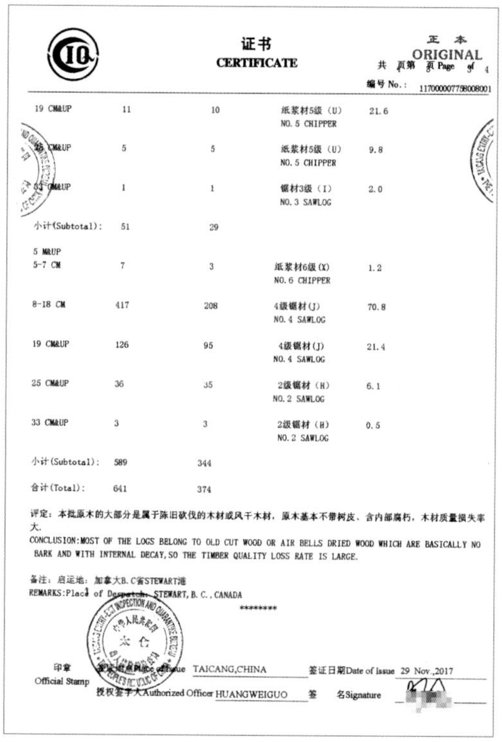

图 2-2

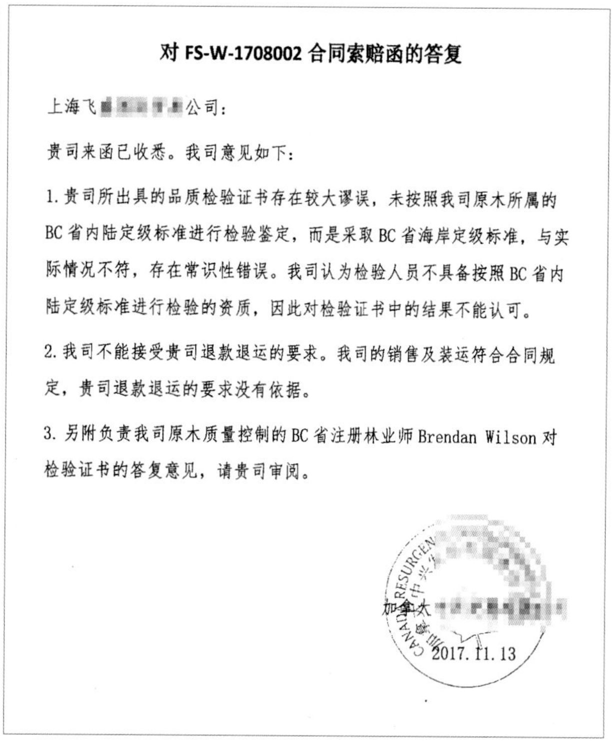

图 2-3

图 2-4

图 2-5

To whom it may concern:

敬启者：

RE: CIQ Inspection Certificate of Quality for CRD Logs on MV Oyster Bay (November 10, 2017)

关于：2017 年 11 月 10 日国检就 CRD 装运在散货船 Oyster Bay 上的原木出具的检验证书

I have completed a review of the above-mentioned report and have the following comments:

我已审阅上述报告，并对其提出以下意见：

1. The report claims to have randomly sampled logs for the inspection. No mention is made regarding whether the logs inspected were CRD A-sort or CRD B-sort. This distinction is important because CRD B-sort logs are sold as having defects. 此报告声称是随机抽检。并未提及被抽检的原木是 CRD 出口的 A 类材或 B 类材。此区分是很重要的，因为 CRD 的 B 类材本身就是作为有缺陷原木出售的。
2. The defect proportions listed in the report are only achievable if most of the logs sampled were B-sort. 只有当被抽检的原木都是 B 类材时，才有可能达到报告中列出的缺陷比例。
3. The report claims the logs in the sample were "inspected and graded according to the Contract." This is clearly not the case as the logs were not sold on BC Scaling Grades. Rather they were sold based on CRD Sort grades (ie. A-Sort, B-Sort). 此报告中声称抽检的原木是"根据合同进行检验和等级评定"的。此描述显然与事实不符，因为原木并非依据 BC 省检尺级别销售，而是依据 CRD 公司的分类标准销售的（即 A 类材，B 类材）。
4. The report claims the logs in the sample were "inspected and graded according to ... ...the British Columbia Metric Scale (Scaling Manual)". When CRD logs are scaled in British Columbia, they are graded under the BC Interior Grading rules. This report attempted to grade the logs under BC Coast Grading rules. I write "attempted to grade the logs under BC Coast Grading rules", because the grades listed in the report are very wrong. It is clear the person who completed the grading has no qualifications with respect to BC Coast grading. Here are the two most obvious examples that the person who completed the report is not knowledgeable of BC Coastal Scaling: 此报告声称被抽检原木是"依据 BC 省公制检验规则（检尺手册）进行检验和等级评定"的。CRD 公司的原木在 BC 省进行检尺时，是按照 BC 省内陆定级规则进行等级评定的。此报告试图以 BC 省海岸定级规则对此批原木进行等级评定。我之所以说"试图以 BC 省海岸定级规则对此批原木进行等级评定"，是因为报告中列出的等级存在很大的谬误。很明显这位进行等级评定的人员不具有 BC 省海岸定级的资质。
   a. There is no mention of "J Grade" logs. If these logs were scaled in BC Coast grades, the overwhelming majority of logs would be "J Grade". 没有提到"J

图 2-6

级"原木。如果原木按照 BC 省海岸规则定级，则绝大多数的原木会被定为"J 级"。

   b. The report lists most Hemlock and Balsam logs as "Y Grade". In fact, the report lists every hemlock/balsam log with a top size between 8-18 cm of radius as "Y-Grade". This is statistically impossible. If the logs were graded in BC Coast grades by a qualified BC Coastal Scaler, there would be no "Y Grade" logs. "Y Grade" logs would not qualify for CRD B-Sort. In fact, "Y Grade" logs would not even make CRD's domestic pulp specifications. 此报告中列出的大多数铁杉和冷杉属于"Y 级"。事实上，此报告中将所有小头半径在 8-18 厘米之间的铁杉或冷杉都列为"Y 级"。这从统计角度是不可能的。如果原木是由有资质的 BC 省海岸检尺员按照海岸规则定级，则根本不会出现"Y 级"原木。"Y 级"原木连 CRD 的 B 类材标准都达不到。事实上，"Y 级"原木连 CRD 的国内浆材标准都达不到。

5. The logs are not from "old cut wood" as the report states. The logs came from recently harvested Cutblocks 155 and 342. Harvesting on these blocks started in June 2017. The logs on the MV Oyster Bay were likely harvested in late July 2017. The logs were scaled between August 1-10, 2017. 这批原木并非像报告中所说的属于"陈旧砍伐木材"。这批木材是出自最近砍伐的 155 砍伐区和 342 砍伐区。这两个砍伐区在 2017 年 6 月才开始砍伐。装到散货船 Oyster Bay 上的这批原木的砍伐时间约为 2017 年 7 月底。这批原木是在 2017 年 8 月 1 日至 10 日间检尺的。

In summary, this report provides no context in terms of which of the logs sampled were CRD A-Sort and which were CRD B-Sort. This information is important because B-Sort logs are sold as having defects. 总而言之，此报告没有提供任何背景信息说明被抽检原木中哪些是 A 类材，哪些是 B 类材。此信息是重要的，因为 B 类材本身就是作为有缺陷的原木出售的。

References to BC Scale Grades are irrelevant in terms of the Contract because the logs were not sold on a BC Scale Grade basis. 其中提及的 BC 省检尺级别与合同无关，因为原木并不是按照 BC 省检尺级别进行出售的。

If the logs were sold on a BC Scale Grade basis, they would have been sold based on BC Interior Scale Grades -- not BC Coast Scale Grades. The report's attempt to categorize logs in BC Coast Grades is not credible because the Grades it lists (and does not list) indicate a fundamental lack of understanding of BC Coast Scale Grades. 如果原木按照 BC 省检尺级别出售，应该按照 BC 省内陆定级规则进行等级评定，而不是按照 BC 省海岸规则。此报告试图将这批原木按照 BC 省海岸级别归类，这是不可信的，因为其中列举的级别（和未列出的）显示出对 BC 省海岸定级标准缺乏基本的理解。

图 2-7

（三）中方的回复

1. 关于检验标准问题

（1）BC 省的检验标准是官方强制性标准，有关方都应遵守。

（2）该批原木官方植检证上写的是产自沿海地区，难道不应该使用沿海地区检验标准吗？难道官方也会造假不成？

（3）所谓的 A 类、B 类标准是什么样的标准？事先是否告知买方该标准的详细条款？强制性检验标准是高于其他标准的。

2. 关于木材质量

（1）大部分原木全材身都不带有树皮（与合同约定不符），且边材、心材腐朽严重，难道不是陈旧砍伐的木材吗？未经详细检验，谁都不会相信木材质量是如此之差。

（2）合同中约定的"以加拿大 BC 省林业系统认证的数量为准"是何意？

（四）加方的举证

2017 年 11 月 23 日，发货方发来了 BC 省林业局、植检局和 BC 省注册职业林业师出具的证明。证明原木应采取内陆标准检验，而非沿海标准。（图 2-8）

BRITISH COLUMBIA

File: FOR-19500-45/A16884

November 22, 2017

Attention: Liguo Sun
Canada Resurgence Developments Ltd.
4893 Mills Avenue
Terrace, British Columbia
V8G1C3

Dear Licensee:

Canada Resurgence Developments Ltd.'s Forest Licence A16884 is located entirely within the Nass Timber Supply Area (TSA). The Interior Appraisal Manual applies to all timber harvested within the Nass TSA. All timber harvested within the Nass TSA is scaled using interior log grades.

Yours truly,

Barry Dobbin, RPF
District Manager
Coast Mountains Natural Resource District
Ministry of Forests, Lands and Natural Resource Operations and Rural Development

图 2-8

三、最终结果

太仓国检局出具了第二条船的检验证书后，收货人决定诉诸法律手段解决问题、力求退货。但为了避免扩大损失，太仓国检局的代表还是建议协商解决。后经多次协商，对方作出让步，解决了问题、化解了矛盾。

四、经验教训

（一）合同中未明确定明检验标准

合同中应该定明使用《大不列颠哥伦比亚公制检验规则（沿海标准或内陆标准）》"The British Columbia Metric Scale（coast grading rules or interior grading rules）"。

（二）等级划分的误导

合同中定明原木的等级为一级材（A-SORT）和二级材（B-SORT）标准，误导了收货人。其实 A-SORT 和 B-SORT，正如 BC 省注册职业林业师 Brendan 在 11 月 13 日回复函件中所说明的，是 CRD 公司的分类销售标准。这就表明了加方发货前的检验并没有按照官方标准检验。

第四节　积极对外维权挽回不必要损失

对外维权不仅仅是遏制材积短少或质量问题、维护自身利益的需要，更是维护和推动公平公正贸易的需要，是建立"双赢"格局的需要。此外，在采购环节应该做到不集中采购、不抬价、不抢购；要求对方钉牌标识检尺（或二维码标识），便于溯源比对。

如 2016 年 7 月份进口一船美国原木，经检验后发现货物短少约 1400m³，同时现场检验中发现了合同中未约定的花旗松带皮原木，在带皮的原木中发现有害虫。收货人坚决要求退货，但考虑到退货的难度和巨额成本，国检局建议双方协商解决，一是要求对方查明原因，二是赔偿货物短少的损失，三是承担熏蒸处理的费用。后经美方查明，由于在装货港货源不足，只好把 1000 多根未经美方检疫的带皮花旗松装上了船。在国检局出具了检验证书后，美方赔偿中方 48 万美元。（图 2-9）

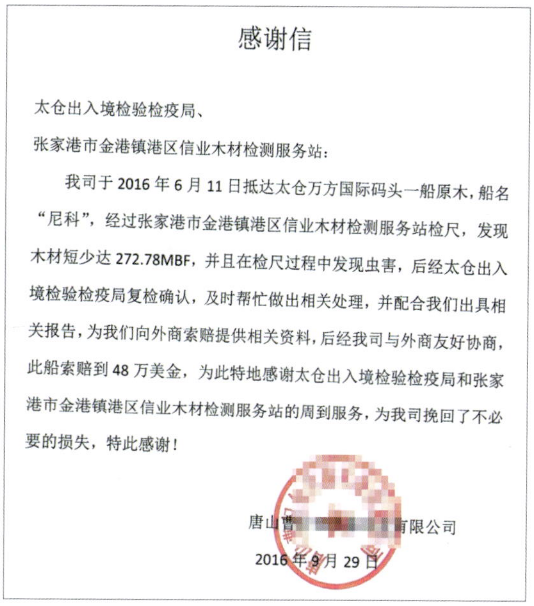

图 2-9

第五节　优秀合同范本解析

一、检验和理赔条款环环紧扣，打造了木材质量和数量的保险锁

1988年11月至1989年1月，原中国土畜产进出口总公司与美国RB公司签署的合同及其2个附件，在涉及木材规格、等级、检验、索赔等条款上体现了全面性、专业性和制约性。特别是直接关系到木材质量的条款尤为重要。

二、品名约定无懈可击

合同约定"美国原产新鲜砍伐铁杉、云杉原木，最多允许3%其他针叶材树种"。

解析：合同里的"新鲜砍伐"至关重要，事实上是对整船木材的总体质量要求和限定，将腐朽木、枯死木、病虫害木等拒之于国门之外。

三、等级约定明确具体

合同约定"2级锯材以上，3级材最多允许不超过20%"。

解析：将3级锯材限制在20%以内是比较合理的。进口原木主要是加工成板材用于不同的场合，按照美国木材检验标准，3级锯材的板材出材率只有33%；而4级锯材一般只能用作纸浆材；等外材一般只是废材而不允许出口。所以，进口原木的主体应该是2级锯材及以上等级。

四、质量和数量保证条款富有约束力

合同第6款约定"装船前，卖方要对木材的质量和数量进行全面的检验，确保装船木材的规格、质量和数量完全符合合同约定"。

解析：以文字形式明确了卖方应尽的义务和履职履责范围，也为买方的下一步验证埋下了伏笔。

五、装船前检验权限明确

合同第7款约定"装船前，买方可以派出代表实施监装，对不符合合同规定品质的木材，监装人员可以建议不装船。卖方应该考虑和接受买方代表的建议"。

解析：明确规定了买方代表的权利和义务，也是对卖方履职履责情况的验证和发运前的质量把关。

六、理赔条款全面

合同第 8 款约定“货到目的港卸毕 45 天内，如果发现货物质量、规格和数量与合同约定不符，除了保险的责任以外，买方有权凭中国商检局的检验证书向卖方提出赔偿，所有的费用（例如检验费和仓储费）均由卖方承担。检验证书是处理理赔的基础”。

解析：明确了一旦卖方履职不到位而成为过失方，将要承担不仅仅是货款的所有费用，其付出的代价是巨大的。无疑是给对方施加压力，将工作做在前面。

七、检尺方法规定明确

合同第 9 款约定“原木检尺和评等官方标准（1982 年 1 月 1 日版），用以对原木的评等和缺陷扣尺。但是该标准封面第 2 页中关于复尺允许正负 5% 误差条款应该去除。1972 年 7 月 1 日出版的斯克莱布诺材积表用于材积的计算”。

解析：不仅对检验标准约定得明确具体，而且将一直争议较大的所谓“5% 误差”排除在外。其实原标准中的“5% 误差”并不是指出口木材允许溢短 5%，而是美国木材检验局的内部规定，适用于内贸。它是指对同一根原木，在同一个地点和规定的时间内由美国木材检验局对原检尺的复检。（图 2–10、图 2–11）

icle 6. Guarantee Quality and Quantity:
Before shipment, the Seller has to make a full inspection of t
quantity and the quality of the logs/sawn timber and guarantee
that the goods shipped are complied with the quality and quant
and specification stipulated in the contract.

icle 7. Quality Inspection:
Before loading, the Buyer may send its representatives to see
the cargo who may suggest the Seller not to load the portion o
cargo of which the quality does not conform with the contract
stipulation. The Seller should consider and accept the proposa
raised by the Buyer's representatives.

图 2–10

Article 8. Claim:
Within 45 days after the completion of unloading the goods at
destination, should the quality, specifications or quantity be
found not in conformity with the stipulation of the contract
and invoice except when the responsibility lies with insurance
company. The Buyer shall, on the strength of the inspection
certificate issued by the China Commodity Inspection Bureau,
have the rights to claim for compensation and all the expenses
(such as inspection charges and storage) shall be borne by the
Seller. The certificate so issued shall be accepted as the
base of a claim.

Article 9. Method of Measurement:
The "Log Scaling & Grading Bureau" published on January 1, 1982
is to be used for log grading, deduction for defects and
interpretation. However the RESCALE regarding the "5% plus
minus" clause in PREFACE of the said Rules in the page 2 shall
be excluded. The "Scribner Volume Table" published on July 1,
1972 is to be used for volume calculation.

图 2–11

八、检疫条款全面、明确,将有害生物拒之国门之外

例如:2009年6月8日厦门某股份有限公司与加拿大供货商签署的合同,对该船木材的检疫要求及其保障等作了全面、具体的要求,体现了政策性、制约性和专业性。这样,起码货物到达卸货港一旦出现了检疫上的问题发生退货或遇到检疫处理的责任划分问题,保护了自身的合法利益。详见下图。(图2-12、图2-13)

> clause of this contract)
>
> 6) Phytosanitary certificate issued by competent authorities in one original, certifying that the products do not carry any harmful organism which is concerned by China government or the products do not carry any harmful organism and so which stipulated in bilateral plant quarantine agreement. And in the case the logs skin is included, then this certificate need to indicate that the products have been treated by special process of getting rid of harmful organism and showing method of treatment, remedy used, dose used, time of processing and relative temperature.
> 7) Certificate of origin in one origin and 2 copies issued by the manufacturer or the Chamber of Commerce.

图 2-12

> 10. Claim:
>   If, within 90 days after the arrival of the goods at the destination, the specification, quality and /or quantity be found not in conformity with the stipulations of the contract except those claims for which the insurance company or the shipping company are liable, the buyers shall, on the basis of the Inspection Certificate issued by the C.I.Q. have the right to claim for replacement or compensation in case of claim, all the relevant expenses(such as inspection charge, freight for returning the goods and for sending the replacement, insurance premium, storage and unloading charges, etc.) shall be borne by the sellers.

图 2-13

合同第6款约定"提供正本官方检疫证书一份,注明本批货物不携带有中国政府关注的任何有害生物,或不携带双边植物检疫协议中规定的任何有害生物。如果原木是带皮的,证书中要注明该批货物业经专业除害处理,并显示处理方法、药剂、处理时间和相应的温度"。

解析:在合同中对检疫条款作如此全面明确的规定是很少见的,但却是非常重要的。检疫工作是政策性很强的工作,涉及国家对有害生物的防控。因而对检疫证书是否规范、对木材是否带有有害生物的检疫验证和对原木带皮率的检查等都是十分严格的。一旦发现有不符,就会关系到货物能否入境,实行部分或全部检疫处理、甚至退货处理等强制性措施,由此而造成的损伤是惨重的。这方面的案例每年都有发生。所以不得不慎重,来不得半点马虎,不能有任何侥幸心理。

第三章

进口原木大数据统计分析得出的结论

对于木材经销商来说,单单是只了解国内木材市场的需求量是远不够的,一个优秀的木材经销商应该要知道什么树种、什么规格、什么等级的木材市场最好销售。从本章大数据统计中,你不难得出答案。

第一节 太仓港进口原木的发展走势

一、进口量统计

太仓港进口木材业务迎来了井喷式的大发展。2009 年,太仓港进口木材 180 万 m^3,比 2008 年爆发式增长 69%;2010 年,太仓港又快速跨过了 200 万 m^3 的关口,达到 257 万 m^3;2011 年突破 400 万 m^3,2013 年突破 600 万 m^3;2014 年突破 700 万 m^3;2015 年超过 800 万 m^3,2017 年突破 1000 万 m^3 大关。

2013—2017 年进口量较大的国家所占比例见表 3-1。

表 3-1

国别	2013	2014	2015	2016	2017	总计比例
加拿大	45.27%	37.86%	32.52%	32.78%	26.59%	36.55%
美国	20.89%	19.89%	16.72%	14.97%	16.26%	18.57%
俄罗斯	20.93%	12.37%	15.15%	17.90%	11.74%	13.12%
新西兰	10.86%	23.45%	24.73%	21.40%	26.69%	21.05%
澳大利亚	1.67%	4.73%	8.56%	10.20%	15.61%	8.67%
日本	0.39%	1.71%	2.09%	2.74%	1.89%	1.67%

第二节　国内市场需求量大的针叶树种

从连续 5 年的已进口原木的统计中，不难看出哪个树种的原木在太仓港销路多、销量大。好销售的木材，自然售价高、销得快、资金回流快。

一、进口加拿大原木

进口加拿大各树种原木所占比例见表 3-2。

表 3-2

树种	铁杉	云杉	花旗松	冷杉	黑松	杨木	黄扁柏	柏木	槭木	桦木
占比	33%	22%	21%	19%	2.56%	1.71%	0.21%	0.07%	0.07%	0.07%

二、进口美国原木

进口美国各树种原木所占比例见表 3-3。

表 3-3

树种	云杉	铁杉	花旗松	冷杉	落叶松	黄松	西部黄松	黄扁柏	银杉	扁柏	其他
占比	27.88%	23.69%	19.69%	16.55%	2.79%	2.26%	1.22%	1.05%	0.70%	0.70%	0.52%
树种	红桤木	杨木	红崖柏	黑松	山松	北美乔柏	加州沼松	密花石栎	西黄松	阿拉斯加扁柏	
占比	0.35%	0.35%	0.35%	0.17%	0.17%	0.17%	0.17%	0.17%	0.17%	0.17%	

三、进口澳大利亚原木

进口澳大利亚原木树种比例见表 3-4。

表 3-4

树种	材积 /m³	比例
桉木	54243.607	2.99%
辐射松	1409111.326	77.69%
花旗松	4928.128	0.27%
加勒比松	254986.517	14.06%
亮果桉	2396.834	0.13%
南洋杉	87989.93	4.85%
杨木	132.723	0.01%

进口量大的原木等级比例见表 3-5。

表 3-5

等级	比例	等级	比例
A	12.95%	KM	3.51%
K	10.31%	KX	18.44%
KIS	15.19%	U1	12.43%

第三节 主要出口国出口原木港口情况

一、加拿大主要出口原木港口、出口比例和航运公司

1. 加拿大线主要出口原木港口

NANAIMO（纳奈莫）、VANCOUVER（温哥华）、NEW WESTMINSTER（新威斯敏斯特港口）、CROFTON（克罗夫顿港口）、PRINCE RUPERT（鲁珀特港）、STEWART（斯图尔特）、ALBERNI（艾伯尼港）、KULTUS COVE（巴斯克湾）、TORONTO（多伦多）、MONTREAL（蒙特利尔）。

2. 港口出口量所占比例

从图 3-1 中可以看出加拿大各主要出口中国原木的港口及出口量所占比例。

3. 主要航运船公司

MSC、NCL、EMC、HPL、APL、ZIM，HMM、YML、HANJIN。

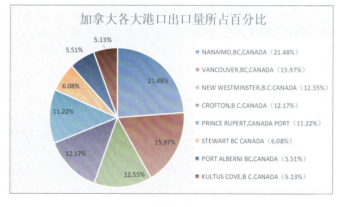

图 3-1

二、美国主要出口原木港口、出口比例

1. 美国线主要出口港口

LONGVIEW. WA（华盛顿州港口）、OLYMPLA. WA（奥林匹亚港口）、KODIAK ISLAND（科迪亚克岛港口）、ASTORIA. OR（阿斯特里亚港口）AFOGNAK（阿佛格纳克港口）、ANGELES. CA（洛杉矶港口）、TACOMA（华盛顿塔科马）、TOLSTOI（托尔斯泰港口）、KLAWOCK（克拉沃克）、ABERDEEN. WA（阿伯丁河港口）、EVERETT（埃弗雷特港口），GRAYS HARBOR. WA（格雷斯港）、COOS BAY. OREGON（俄勒冈州库斯湾）、EUREKA. CA（加利福尼亚州尤里卡港）、TAURANGA（陶兰加港）。

2. 港口出口量所占比例（图 3-2）

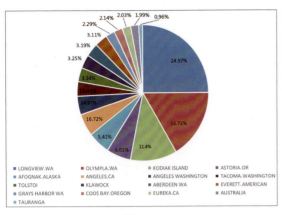

图 3-2

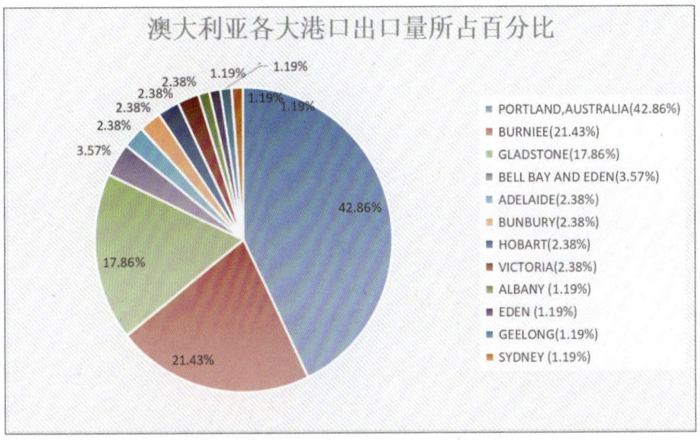

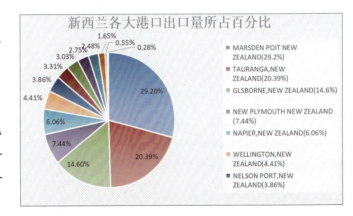

图 3-3

三、澳大利亚主要出口原木的港口、出口比例

1. 主要出口港口

PORTLAND AUSTRALIA、BURNIEE GLADSTONE、BELL BAY AND EDEN、ADELAIDE、BUNBURY、HOBART、VICTORIA、ALBANY、GEELONG

2. 港口出口量所占比例（图 3-3）

四、新西兰主要出口原木港口、出口比例

1. 主要出口港口

MARSDEN POIT NEW、TAURANGA NEW ZEALAND、GLSBORNE NEW ZEALAND、NAPIER NEW ZEALAND、WELLINGTON、NELSON

2. 港口出口量所占比例（图 3-4）

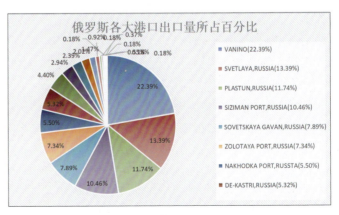

图 3-4

五、俄罗斯主要出口原木港口、出口比例

1. 主要出口港口

VANINO、SVETLAYA、PLASTUN、SIZIMAN、SOVETSKAYA、GAVAN、ZOLOTAYA、NAKHODKA、DE-KASTRI、AMGU、NOVAYA FERMA/NIZNIA、OLGA、RUDNAYA PRISTAN

2. 港口出口量所占比例（图 3-5）

图 3-5

六、日本主要出口原木港口、出口比例

1. 主要出口港

SHIBUSHI、HAKODATE、HOSOSHIMA、YATSUSHIRO、KUSHIKINO、IMARI、RUMOI、SAIKI、OITA、OSAKA、TOMAKOMAI、FUKUSHIMA、HITACHINAKA、NAOETSU、OFUNATO、OMINATO、USHIURA、KOMENOTSU、PLASTUN、SHIMIZU、SHINOMAKI、TOMAKOMAI

2. 港口出口量所占比例（图 3-6）

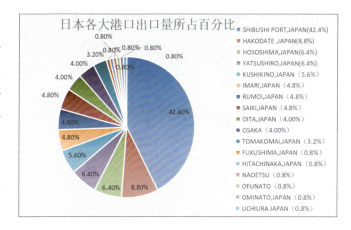

图 3-6

第四节　连续六年进口北美原木的价格走势

进口原木价格的受控因素是取决于多方面的，比如，原木的质量等级，等级越高价格越高；规格大小，规格越大价格越高；以及原木的新鲜度等。

还有一个重要的因素就是受限于出口方的货源供给能力。货源充足则价格相对便宜；货源紧缺则价格高。

这里最需要注意的是，有时候或某个阶段因为国内对某几个树种的销路好、销售快、销价高，经销商会扎堆去采购甚至是抢购，相互抬价，造成一阶段的人为价格暴涨。

表 3-6 主要为进口北美原木 6 年来（2012—2017 年）大致的进口价格情况（仅供参考）。表中的计量单位为：美元/千板尺（USD/MBF）。

由表 3-6 中可以看出 2014 年进口的铁杉和花旗松原木价格涨幅比较大，主要原因可能是进口量大，有些进口商抢购某几个树种所致。

表 3-6　　　　　　　　　　　　　　　　　　　　单位：USD/MBF

年度	铁杉	花旗松	云杉	冷杉	黑松	杨木
2012	817	817	903	813	830	445
2013	985	994	1059	988	991	408
2014	1028	1061	1010	676	974	448
2015	794	929	885	764	846	398
2016	780	788	749	813	707	408
2017	868	885	778	808	815	435

第四章

影响国标检尺材积升溢率的主要因素

进口木材，虽然资源逐渐减少，但是进口量却随着人们生活水平的日益提高而越来越多，质量要求也越来越高。再者，物价、人工费用、装运费用等也在上涨，这些都构成了进口木材的价格上涨的因素。

进口木材，提单和发票上的木材数量是出口商按照出口国检验标准（俗称外标）检尺得出的结果，如材积数、树种、规格、等级等，并以此结果与买方结汇。货物到达国内后，中方收货人是按照"一木双检法"对原木进行逐根检尺、记码和汇总结果，也称验收检尺。

"一木双检"，一是按照贸易合同约定的输出国标准进行检验，一旦发现材积短少或质量、树种不符，可申请官方检验部门出具检验证书供买方办理结汇、理赔等，维护自身合法权益。二是按照我国国家标准实施检验和提供准确的第三方检验结果用于国内木材市场销售、结汇，规范了木材交易、遏制了贸易纠纷、加快了货物和资金流通速度。

之所以要按照国标检尺结果在国内市场销售，主要是因为国标检尺结果一般会大于外标检尺结果，经销商可以获得一定的经济利润。

第一节　国标升溢率与材积计算方法有关

一般来说，每个国家对原木材积的计算方法都不一样或不完全一样。所以，即使是同样规格大小的原木，计算出来的材积也不一样。

一、国家标准对美国官方标准的材积升溢率

进口美国原木按照上述2个标准检尺（一木双检）得出的材积数差异是比较大的。通常，国标升溢率比较高。其主要原因是材积计算方法的不一样造成的。

（1）美国原木的千板尺材积，实际上体现的是该根原木理论上能锯出多少木板的板材材积。

计算中扣除了原木加工成板材时不可避免的损耗,如扣除板边、锯缝等。我们知道原木的板材出材率一般在70%左右。由于受限于加工设备、技术条件、技术能力的影响,还会有上下波动。所以,美国原木的板尺材积是比较接近原木的板材出材率。这也许就是国标的升溢率高的重要原因。

(2)我国国家标准计算原木材积是尽可能把所有的材积都算进去。指导思想是不要浪费可贵的木材资源、鼓励节约用材。因为,我们国家森林资源少,对木材的需求量大。所以计算出来的材积是接近这根原木的真实材积,而不是能出多少板材的材积。

二、国家标准对加拿大官方标准的材积升溢率

(1)加拿大公制立方米材积计算公式用的是"斯马林公式"。需要分别检量原木大、小头的半径。针叶材原木分别检量大小头直径,在世界各国检验标准中还没有见到第二个。之所以这样做,是因为加拿大原木很多是砍伐自高山上。生长在高山上的树木为抵御外界风力等自然因素,根部都会生长得比较粗壮或膨大,树木才能长得高大。所以材积计算公式考虑到这一因素,将检量大头直径的数值纳入材积计算里面。

(2)但值得特别注意的是,"斯马林公式"是建立在原木为抛物状的,对于那些圆锥状、钉子状等尖削度过大的原木,则要求大小头直径的比值不要超过1.3,并给予修正。比值超过了1.3则计算出来的材积就会虚大(这时候的材积就越来越接近圆锥体体积)。从表4-1中不难看出,当原木大头直径超过小头直径30%时(1.3倍),从直径范围22～30cm开始,随着原木直径或尖削度的增大,国标升溢率不仅不升高,反而越来越呈负值。(图4-1、图4-2)

表 4-1

长度/m	大头:小头	直径 14～20cm	直径 22～30cm	直径 32～40cm	直径 42～50cm	直径 52～60cm	直径 62～70cm	直径 72～80cm
6	1.0	51.08%	32.41%	26.01%	22.43%	20.14%	18.56%	17.39%
6	1.1	36.73%	19.83%	14.04%	10.80%	8.73%	7.29%	6.24%
6	1.2	23.84%	8.53%	3.29%	0.35%	-1.52%	-2.82%	-3.78%
6	1.3	12.33%	-1.56%	-6.31%	-8.97%	-10.67%	-11.85%	-12.72%
6	1.4	2.08%	-10.54%	-14.86%	-17.28%	-18.82%	-19.89%	-20.68%
6	1.5	-7.02%	-18.52%	-22.45%	-24.66%	-26.07%	-27.04%	-27.76%

图 4-1

图 4-2

第二节　国标升溢率与原木规格大小有关

国标升溢率还与原木直径的大小、长度的长短有关。一般说来，中径级以下的原木材积升溢率比较高；长度越长的原木升溢率比较高。这在进口原木按照美国官方标准检验得出的结果上体现得最明显。因为，美国标准体现的是原木越小，板材出材率越低。

我国国家标准计算原木材积公式更体现了不同规格对材积的影响，具体内容如下：

（1）长度 10m 以内的原木

①直径 4～12cm 的小径级原木：$V=0.7854L(D+0.45L+0.22)^2/10000$

②直径 14cm 以上的原木：$V=0.7854L[D+0.5L+0.005L^2+0.000125L(14-L)^2(D-100)]^2/10000$

（2）长度超过 10m 的原木：$V=0.8L(D+0.5L)^2/10000$

当原木径级超过中、大径级以后，原木越大，各国检验标准体现的原木材积越来越接近。这是因为原木径级越大，板材出材率越高。

第三节　国标升溢率与检尺和进位方法有关

原木材积是按照原木的检尺长和检尺径来计算的。所以，不同的检尺方法、进位方法都会影响到原木的材积数。

比如，美国原木官方检验标准规定，原木检尺长至少要保留 8in 的后备余量；直径检量和计算过程中，舍去所有不足 1in 的尾数等，这些也是国标材积升溢率高的因素。

又比如，进口辐射松原木，一般采用 JAS 标准实施检尺，当原木检尺径超过 14cm 时，对平均径采用的是"加算直径"。这是和国标检尺最大的不同，也会影响到国标升溢率。

当然，国标升溢率必须建立在 2 个必备前提条件之上：一是国外原检尺比较准确，没有将原木的直径或长度检量过大。检大了，国标材积升溢率就小。二是国内的验收检尺结果也比较准确，没有检大也没有检小。检大了，材积虚长；检小了，升溢率变小。

第五章

超前预测 提前掌控 盈利秘诀

做木材国际贸易最担心的是怕出现严重亏损,最烦忧的是怕吃亏上当、遭遇欺诈。每年都有些贸易公司因此而不得不关门。从大帐上来看,做木材贸易是亏得多、赚得少。赚外国人的钱更是难上加难。

那么,有没有一种既科学又可操作的防范方法或手段?在货物尚没有装船发运前就能预知,从而决策是否进口,答案就在下文。

第一节 提前预测国标材积升溢率和国外检尺的准确性

进口木材,卖方都是依据出口国检验标准实施检验得出结果后与买方进行结汇的。国内木材贸易商、经销商做进口木材业务主要是出于盈利的经济目的,而进口木材盈利的主要方式是通过国标材积的升溢率来实现的(因为国标的检尺结果往往大于外标的)。但并非每船或每批木材都出现国标升溢率,有的是平、有的是降。降,通常发生在外标材积短少到一定比例的时候,国标涨尺数弥补不了外标短少数。这种情况下一旦国内销售行情不佳、销售价不高就会出现大的亏损。

但有一种方法是可以提前预知的,即进口商在决定是否进口该批木材之前(或在合同上约定),要求中间商或发货方先提供该批木材的国外检尺明细码单,我们依据数理统计、大数据预测分析和数学计算公式等多种方式可以预测出该批木材的国标材积升溢率是多少,国外原检尺是否准确等,为决定是否进口该批木材提供极其重要的参考。

多年、多船次的实际运用证明,一般事先预测误差在±1.5%。

同时,如果你决定进口了,这种预测还可以算出整批原木不同规格和等级所占的比例,从而核算进口价格或国内市场销售定价等。

表5-1为对进口21船次加拿大原木的预测情况。

表 5-1

年/月	船名	根数	加标材积 /m³	原检美 /MBF	预测国标 /m³	预测国标升溢率 /%
2016/6	艾丽斯港	31086	25499.13	3847.09	27729.12	7.21
2016/1	云南	26468	21202.82	3181.26	23063.57	7.25
2016/1	印象湾	26204	17756.52	2636.43	18631.68	7.07
2016/1	海豹岛	24629	22509.39	3416.62	24105.09	7.06
2016/1	非洲瑞文	28157	27895.92	4031.14	29527.67	7.32
2016/3	大圆冠军	66806	34632.86	4936.35	38700.56	7.84
2016/5	杰里科海岸	15655	13369.20	1900.76	14354.36	7.55
2016/5	印象湾	20377	11744.83	1756.67	12419.19	7.07
2016/8	杰里科海岸	17765	15970.64	2511.06	17330.99	6.90
2016/11	神田樵夫	33431	21251.98	2976.11	20813.33	6.99
2016/12	卡库斯湾	37107	32449.71	4839.80	35138.06	7.26
2017/1	江门商人	32737	19846.90	2816.49	19998.99	7.10
2017/2	吕宋海峡	7595	10302.46	1678.83	10438.31	6.22
2017/3	深蓝湖	18899	17871.01	2821.48	19525.35	6.92
2017/4	橄榄湾	16185	7068.01	937.16	7304.76	7.79
2017/4	环球发现	25844	9837.74	1234.69	11102.06	8.99
2017/5	奥斯特湾	26370	16446.34	2245.49	15694.26	6.99
2017/6	非洲散运	29597	23697.70	3523.79	25148.93	7.14
2017/7	奥斯特湾	3828	4426.65	663.62	4550.87	6.86
2017/8	飞马座	41555	34078.82	4825.57	36349.24	7.53
2017/9	石锤之星	38750	37369.32	5861.21	40968.61	6.99

从表 5-1 对原木材积国标升溢率的预测结果来看，至少 21 船次的进口不会出现亏损，因为，预测国标升溢率平均在 7% 左右。

一、预测分析该批原木能不能进口、国标升溢率如何

2015 年 5 月，某木材经营中间商发来一船原木国外原检验电子码单，希望我们预测分析下，看看能不能进口？国标升溢率有多少？因为中间商担心被林场主欺骗。

（1）依据国外原检验明细码单，进行分类汇总预测分析见表 5-2：

表 5-2

树种	根数	加标材积 /m³	材积校正 /m³	短少材积 /m³	预测国标材积 /m³	美标毛材积 /BF	美标净材积 /BF
BA	6597	4545	3995	-551	4551	647800	647800
HE	861	610	540	-71	613	88050	88050
SP	6834	6648	5951	-697	6590	1032770	1032770
合计	14292	11804	10485	-1318	11755	1768620	1768620

（2）结论

①计算得出：国外对原木大头直径检量过大造成材积虚增 1318m³。

②预测计算国标材积是 11755m³，小于加标码单材积 11804m³，说明国外对原木小头直径检量也偏大，实检检尺的国标材积肯定小于预测的 11755m³，谈不上国标升溢率，谁买谁亏。

③按照加标的公制检尺直径和长度预测英制千板尺材积肯定也是虚大。千板尺材积虚大必然导致多付运费和码头港杂费，如熏蒸费。

最后，该中间商明智地选择放弃该批原木业务，避免了损失和麻烦。

二、一石三鸟，同时预测和验证双方对美标和国标检验的准确性

（1）2014 年 3 月，"东方峰"轮上一票有特殊用途的进口美国原木，申报美标检尺材积 112.4MBF。我们依据国外提供的原发货检验明细码单，分直径档次预测出该船原木国标材积理论数应该为：693.780m³。（表 5-3）

表 5-3

直径 /cm	根数	毛材积 /MBF	净材积 /MBF	系数	实际根数	实检国标 /m³	预测国标 /m³
22～30	62	10900	10580	7.505	11	11.225	79.403
32～40	237	65990	63370	6.404	255	402.405	405.822
42～56	86	41070	38450	5.424	121	292.445	208.553
合计	385	117960	112400		387	706.075	693.780

（2）验证结果

①事先预测的国标结果 693.780m³。实际检尺结果是 706.075m³，误差 1.7%。说明检尺公司的国标检尺结果的准确性；同时也说明国外美标检尺结果的准确性，因为是用对方检验明细码单进行预测的。

②再一个证明就是本批原木检尺公司按美标检尺，实际检尺结果是 113.38MBF，与申报的 112.4MBF，误差仅仅 0.87%。也证明了国内外检尺公司对美标检尺的准确性。

三、一石二鸟，同时预测和验证国标和加标检尺的准确性

（一）预测国标检尺准确性

2015 年初，太仓港进口一批加拿大某公司的原木，申报加标材积 1606m³。我们依据加方提供的加拿大公制检尺明细码单预测出该批原木的国标理论材积应该是 1685m³（表 5-4），后来检尺公司实检国标材积：1670m³，预测国标与实检国标误差 0.89%，既说明中方国标实际检尺的准确性，同时也验证了加方原检尺的正确性。因为使用的是对方的检尺明细码单。

（二）预测加标检尺准确性

第二个证明就是该船我方按照加方标准检尺材积是 1644m³（其中含超大头/小头直径的 1.3 倍的 53m³），与申报加标材积数 1606m³，误差 38m³。如果校正超 1.3 倍的部分，误差仅 15m³，误差比例 0.93%。再次证明加方原检尺和我方对加标检尺的准确性。

表 5-4

大小头的倍数	根数	原发加标 /m³	矫正后的加标 /m³	短少材积 /m³	预测国标 /m³
<1.300	441	1568	1568	0	1650
1.301～1.399	8	30	30	0	28
1.400～1.499	2	8	7	-1	7
合计	451	1606	1605	-1	1685

四、预测和验证出国外对原木大、小头检尺都偏大，造成短少 3837m³

"海岩"轮装进口加拿大原木，申报 29577m³（加拿大公制检验标准），于 2015 年 3 月 25 日靠泊太仓港卸货。

检尺公司检尺结果为：实检加标材积 25960m³，加标材积短少 3837m³。实检国标材积 28195m³。该轮经预测分析发现以下 2 个方面的问题。

（一）对方对原木大头直径检尺过大，虚增材积 3491m³

对加方提供的检尺明细码单进行预测分析（表 5-5）得出：该轮原木由于大头直径检尺过大（超 1.3 倍）造成虚增材积 3491m³ 是造成实检短少的主要原因。

（二）加方对原木小头直径检量过大是造成短少的又一原因

按照加方检尺明细码单预测国标材积是 29510m³，大于实检国标材积数 28195m³，虚大比例为 4.6%。实检国标材积小于预测得出的国标材积，说明加方小头检量也偏大，因为是按照加方提供的检尺明细以小头直径进行预测的，所以，小头直径检量过大，则预测出的理论材积也大。

表 5-5

大小头倍数	根数	原发加标 /m³	矫正后的加标 /m³	短少材积 /m³	预测国标 /m³
<1.300	10331	10032	10032	0	11369
1.3	638	440	440	0	467
1.301～1.399	5880	5166	4938	-228	5321
1.400～1.499	5130	4129	3647	-483	4123
1.500～1.599	5960	4008	3235	-773	3624
1.600～1.699	2920	2266	1654	-612	1957
1.700～1.799	2462	1401	939	-462	1277
1.800～1.899	1446	1037	640	-397	726
1.900～1.999	186	190	110	-80	112
2.000～2.099	793	531	285	-246	342
2.100～2.199	255	158	77	-82	91
2.200～5.120	271	218	90	-128	101
合计	36272	29577	26087	-3491	29510

五、预测"非洲洛克"轮材积至少短少 1438m³

2015年6月,船名"非洲洛克"轮驶入太仓港一期码头,申报根数及千板尺材积数为37777根 6280.580MBF,公制加标材积为 40421m³。

(一)检尺公司实际检尺结果

(1) 实收外标材积 37778 根 6025.66MBF,短少材积 254.92MBF;

(2) 实检国标材积数 42751m³(国标升溢率 5.76%)。

(二)预测结果及比对

使用加方原发逐根检尺码单分档计算预测出国标材积理论值及国标升溢率(表5-6),结果为:国标理论材积为 42912m³;实检为 42751m³,只相差 161m³,误差率仅0.37%。这说明外方加标小头直径检量是准确的(此时的预测国标材积就会大于加方原发材积);也说明了中方国标检尺的准确性。

(三)材积短少原因

加方原检尺对大头检量过大、超 1.3 倍材积为 1438m³,造成材积短少。

表 5-6

大小头的倍数	根数	原发加标	矫正后的加标	短少材积	预测国标
<1.300	19088	21704	21704		24215
1.3	419	625	625		637
1.301~1.399	11506	11805	11314	−491	12260
1.400~1.499	4319	4048	3571	−476	3843
1.500~1.599	1919	1770	1435	−335	1558
1.600~1.699	384	341	250	−91	297
1.700~1.799	105	92	62	−30	75
1.800~1.899	23	22	14	−8	17
1.900~1.999	7	8	4	−3	5
2.000~2.099	6	6	3	−3	4
2.100~2.199	1	1	1	−1	1
合计	37777	40421	38983	−1438	42912

第二节 双向预测验证国外和中方外标检尺的准确性

进口木材贸易一般都是按照外标检尺结果进行结汇或理赔,一旦外标检尺结果不准确(指原发货前检尺和中方验收检尺)就不可避免地影响到相关方的利益。尽管国标是有升溢率的,但升的不多,比如本该升溢率10%,但现在却只有6%。你或许认为反正我是赚钱了,但你赚的是中国人的人民币，是从左口袋掏到右口袋的关系，而外国人赚的是虚大材积的美元外汇，材积是虚大的，可美元是实的。

如何验证？前章节阐述了多种预测和验证方法。本节只谈依据国标检尺明细来双向预测国外和中方外标检尺的准确性。

我们都知道，因为国标的升溢率缘故，所以利益攸关方都十分重视国标的检尺结果。检小了，卖方利益受到影响，检大了，不好销售，滞销带来的是不可预测的行情变化、银行利息、仓储费用等的增加，得不偿失。加上买卖方都十分熟悉中国木材检尺的国家标准。所以检尺公司绝对不敢马虎。如果不准确，下船次货主就不让你检尺了，孰轻孰重检尺公司是最清楚的。

国标检尺基本都很准确，这也是我们多年得出的结论。因而，依据国标检尺明细码单中每根原木的直径、长度（公制）来预测和验证外标检尺（英制）准确性就非常准确。（表5-7）

表 5-7

年/月	船名	实检根数	国标材积/m³	预测毛材积/m³	实检毛材积/m³	预测/实检误差率
2016/5	雷尼尔山	11290	14855	2344	2346	0.085%
2016/1	大圆艾斯	28274	25498	3584	3584	0.00%
2016/7	詹姆斯湾	21833	25512	3819	3811	0.97%
2016/7	詹姆斯湾	11852	14509	2207	2200	0.32%
2016/11	菲利普港	31052	35843	5509	5490	0.34%
2016/1	阿拉斯加	50052	43354	6320	6279	0.66%
2017/1	美人鱼	37750	35107	5362	5364	0.037%
2017/4	鸣门海峡	11520	15730	2509	2508	0.02%

从表5-7不难看出，以我方检尺公司的明细码单预测出来的外标检尺材积数和自己实际检尺得出的结果几乎没有误差。可想而知，对比国外检尺结果也就验证出国外原检尺的准确性了，因为正确的答案只有一个。

一、将双向预测验证法运用在对检尺公司的考核监管上

从2013年开始，木材复查组依据各检尺公司的国标检尺明细码单对其外标检验准确性开展验证性考核（"以其人之道还治其人之身"法），取得了很好的监管绩效。

考核依据是《检尺队绩效综合考核和检尺量分配表》中的"验证性考核"项。节选如下：

"依据实检国标结果验证外标结果，得出外标材积数的理论值与其实检外标材积数误差值：①误差超过2%的扣2分；②超过2.2%扣3分；③超过2.4%扣4分；④超过2.6%扣5分；⑤超过2.8%扣6分；⑥超过3%扣7分；⑦超过3.2%扣8分；余类推。"

（1）2013年的验证性考核表如图5-1。栏目中的"理论英制"就是依据检尺公司对国标的检尺明细进行预测得出的理论材积（千板尺）。用预测出的外标材积与国外原发和中方验收检尺材积数进行比较，与谁的误差小，谁的外标材积检尺就越准确，如当预测外标材积与实检外标材

积误差小于 2%，但与国外原发数比较却大于 2%，说明我方实检外标材积更准确，外方外标检尺材积数欠准确。

时间	公司	国别	船名	实检根数	国标数	平均材积	国标升检率	理论英制	实检英制	误差率
11.3	华美	美	海乐迪	29392	30769.327	1.047	5.294%	4816.4325	4750.560	-1.37%
11.21	华美	加	环球苍穹	53974	31524.336	0.584	9.464%	4173.5983	4169.080	-0.11%
12.15	华美	美	环球金	11642	12782.013	1.098	4.783%	2063.1365	2014.790	-2.34%
12.13	华美	加	东方贝壳	35073	35924.914	1.024	5.084%	5647.0465	5593.650	-0.95%
12.31	华美	加	澳亚肯布拉（	6903	7320.978	1.061	8.050%	1064.1054	1017.690	-4.36%
12.31	华美	加	澳亚肯布拉（	6257	4802.874	0.768	10.964%	628.12224	604.000	-3.84%
12.5	华美	加	黑森林	24440	21992.427	0.900	7.258%	3210.9117	3147.250	-1.98%
12.23	华美	加	繁荣（环球）	1437	4433.862	3.085	-1.523%	939.81808	942.620	0.30%
12.23	华美	加	繁荣（环球）	32722	29070.459	0.888	5.311%	4519.005	4485.200	-0.75%
11.17	群英	美	库克海峡	11120	14757.001	1.327	5.582%	2295.656	2252.370	-1.89%
10.8	信业	加	科里欧湾	47747	32834.435	0.688	8.016%	4616.269	4569.930	-1.00%
11.15	信业	加	普吉湾	31596	35454.123	1.122	5.745%	5410.9238	5376.460	-0.64%
11.23	信业	美	环球心	43167	35156.593	0.814	6.495%	5217.6338	5178.280	-0.75%
12.6	信业	加	茶朱莉少女	67511	33845.405	0.501	6.902%	4871.9725	4908.530	0.75%
12.28	信业	加	飞马	29837	16465.473	0.552	9.133%	2199.9225	2202.620	0.12%
12.31	信业	加	尼科（汇鸿）	23225	21835.697	0.940	7.489%	3136.5027	3098.160	-1.22%
12.28	信业	加	飞马（成源）	4131	6761.842	1.637	0.463%	1289.5815	1295.280	0.44%
12.28	信业	加	飞马（森工）	6234	4486.983	0.720	9.692%	594.74208	588.780	-1.00%
12.17	信业	加	米罗（心明）	20316	20151.358	0.992	6.348%	3018.2702	2984.890	-1.11%
12.17	信业	加	米罗（导诺）	21385	19913.782	0.931	7.057%	2903.17	2871.230	-1.10%
12.31	信业	加	尼科（中霆）	21663	18837.568	0.870	7.968%	2676.0913	2626.370	-1.86%

图 5-1

（2）2015 年的验证性考核表如图 5-2。

验证性考核	检尺队综合考核和检尺量分配表（2015-8-13 最新） 船名： 报检号：										
	按国标验证外标的理论公式： 1. 误差超过 2.5% 的扣 5 分； 2. 超过 3.5% 的扣 10 分； 3. 超过 4.5% 以上的扣 15 余类推；										
对实检进行验证性考核												
序号	时间	公司	船名	实检根数	国标数	平均材积	理论英制	实检毛材积	理论值	扣分数
1	1.25	华美	米罗（中函	31074	25950.4	0.835	3537.5	3482.7	-1.55%	0
2	1.6	华美	普吉湾	28218	25460.9	0.902	3643.0	3486.8	-4.29%	-10
3	2.13	华美	东方希望	32668	32336.4	0.990	4853.0	4736.0	-2.41%	0
4	2.4	华美	东方之梦	34278	33870.7	0.988	5090.5	5003.8	-1.70%	0
5	3.23	华美	东方之梦	13682	10485.4	0.766	1450.2	1400.5	-3.43%	-5
6	3.8	华美	非洲瑞文（	30408	28305.9	0.931	3940.6	3864.5	-1.93%	0
7	4.1	华美	大圆冠军（	6530	6792.0	1.040	1028.1	1005.8	-2.17%	0
8	4.15	华美	尼科（4家	32251	32803.0	1.017	5139.1	5156.7	0.34%	0
9	4.23	华美	海洋希望（	34234	31913.9	0.932	4765.9	5027.7	5.49%	-15
10	4.24	华美	繁荣	14166	12584.0	0.888	1952.2	1925.5	-1.37%	0
11	4.29	华美	杰维斯湾	48701	36221.2	0.744	4805.9	4703.7	-2.13%	0
12	5.5	华美	东方峰	24476	13290.7	0.543	1701.6	1670.6	-1.82%	0
13	5.9	华美	大圆勇士	25940	22853.5	0.881	3199.3	3121.8	-2.42%	0
合计：										-30

图 5-2

二、与外商共同验证对"繁荣"轮预测的准确性

加拿大 AL 公司、OL 公司和 TRA 公司三家木材发货商，于 2016 年 4 月 14 日—5 月 10 日来太仓港对 3 条原木船的卸船实施了 24 小时现场跟踪，见证了卸船、理货、检验、熏蒸等全过程。

经过 25 天的跟踪和复验验证，发现其中的 2 条船短少合计 1600m^3。

第 3 条船"繁荣"轮没有出现短少。当时的验证情况如下：

（1）发票材积：4937.570MBF（美国标准）。

（2）实检材积：4978.780MBF（美国标准），溢出 41.21MBF+ 0.83%。

（3）实检国标材积：35122.869m^3（国标升溢率：7.05%）。

（4）以国标预测外标材积是：5012.81MBF。与实检材积误差：34.03MBF+ 0.68%；与发票材积误差：75.24MBF+ 1.52%。

假设中方检尺公司的国标检尺不准确，那么按照中方检尺明细码单预测出来的外标检尺结果与实检外标结果差异肯定会很大。这次预测既说明了中方检尺公司对国标和外标检尺的准确性，也证明了国外按照美标检尺的准确性。再次证明，以国标预测、验证外标检尺的准确性是非常准确的。

本章节介绍的预测方法，在对外索赔的技术谈判和我们出具的"诚信小档案"中被广泛应用，也被外商广泛接受，详见本篇第六章。

第六章

"诚信小档案"记载的全过程问题类型及外商的回复

本章节中的"诚信小档案"为2016—2017年国外主要发货商对木材复查组出具的诚信小档案回复的原始材料。

这些原始材料是极其珍贵的。说它珍贵一是从中可以看出进口原木所出现的难以避免的、难以预料的各类问题,进口商应该引以为戒、建立防范意识。二是从中可以看出绝大多数的出口商,其中不乏世界著名的供货商,都是非常重视公司的诚信名誉度的,敢于直面现实问题、寻找问题根源、持续改进检验监管工作。三是及时回复"诚信小档案"体现了尊重事实、信任中方工作的积极态度。四是绝大多数出口商对该小档案给予了极高的评价,有的多次作长篇回复。正如一名出口商在回复中所说的"它将有助于我们出口方在各个环节上改进工作,有助于所有原木出口有关方长期地保持透明度"。

第一节 进口美国原木

(一)"巴斯海峡"轮/BASS STRAIT(2016年4月)

(1)根数短少355根。

(2)原木剥皮处理不当,材表受损严重,影响检尺准确性。

(3)现场抽查103根带编号的原木,对照国外发货原始码单,发现对方直径检量大于我方1in的有37根,占35.9%,造成材积虚大6.62%。

(4)含有一定的缺陷原木。

(5)本案涉及索赔金额39万美元。

(6)外商对诚信小档案的回复:"我们确认CIQ的检验结果"。

(7)诚信小档案。(图6-1)

（二）"石岛"轮 /SHIKOKU ISLAND（2016年6月）

（1）根数短少515根。

（2）材积短少203.96MBF（-3.85%）。

（3）缺陷扣尺问题。

（4）检尺明细码单上发现的问题。

（5）单根材积差错。

（6）本案涉及索赔金额16.9万美元。

（7）外商对"诚信小档案"的回复："我们尊重你们的检验结果，今后我们对检验工作将更加重视。"（图6-2）

（三）"石岛"轮 /SHIKOKU ISLAND（2017年4月）

（1）根数短少458根。

（2）材积短少168.43MBF。

（3）部分原木直径规格不符，小直径原木过多。

（4）外方毛直径检量过大。

（5）本案涉及索赔金额10.7万美元。

（6）外商对"诚信小档案"的回复："报告已读，我们立即检查明细码单。"

（7）诚信小档案。（图6-3）

（四）"大圆卡隆"轮 /DAI WAN KALON（2016年10月）

（1）根数短少379根。

（2）抽查259根，对方毛直径检量大于我方1～5in的占32%。

（3）本案涉及索赔金额16.8万美元。

（4）外商对"诚信小档案"的回复："感谢你们的检验，下次我们会给予注意。"

（5）诚信小档案。（图6-4）

（五）"凯米拉"轮 /CAMILA（2017年2月）

（1）根数短少407根。

（2）部分原木直径规格不符，小直径原木过多。

（3）抽查295根，外方毛直径检量大1～5in占24%。

（4）本案涉及索赔金额30.4万美元。

（5）外商对"诚信小档案"的回复："我们不希望出现差异，考虑到双方的业务关系，我们将追踪问题的根源，解决出现的问题，构建良好和健康的贸易关系。我们承诺将保持追踪和改进我们的管理工作。谢谢！"

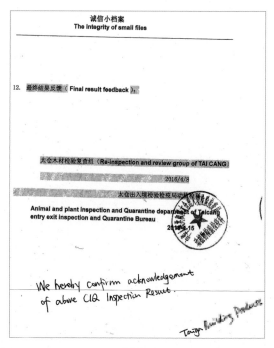

图 6-1

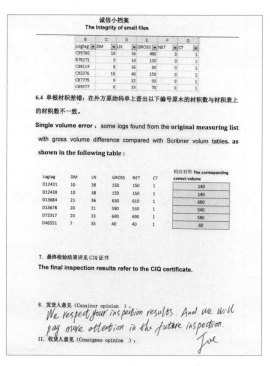

图 6-2

（6）诚信小档案。（图 6–5）

（六）“凯米拉”轮 /CAMILA（2017 年 9 月）

（1）根数短少 322 根。

（2）部分原木规格不符。

（3）毛直径检量差错。

（4）本案涉及索赔金额 14.1 万美元。

（5）外商对“诚信小档案”的回复：“谢谢你们的建议，我们正在解决这些问题，我们将尽最大努力改进工作。”

（6）备注：上述“凯米拉”轮为同一发货人。工作在改进，索赔金额由 30.4 万美元下降到 14.1 万美元。（图 6–6）

（七）“森林商人”轮 /FOREST TRADER（2017 年 5 月）

（1）根数短少 243 根。

（2）部分原木直径规格不符，小直径原木过多。

诚信小档案
The Integrity of small files

抽查 151 根带编号的中美双方的对比 the two sides comparison of 151 logs with tagged number	根数 PCS	外方毛材积 original gross volume	实检毛材积 scaled gross volume	毛材积溢短率 over or short rate
外方直径检量大 3" original measured dia.3"bigger	2	450	700	-55.56%
外方直径检量大 2" original measured dia.2"bigger	4	420	620	-47.62%
外方直径检量大 1" original measured dia.1"bigger	36	8120	9340	-15.02%
双方直径检量一致 Both same measured dia.	88	14220	14200	0.14%
外方直径检量小 1" original measured dia.1"smaller	16	4270	3690	13.58%
外方直径检量小 2" original measured dia.2"smaller	1	140	80	42.86%
外方直径检量小 3" original measured dia.3"smaller	2	330	190	42.42%
合计：summation	151	28400	29520	-3.94%

7. 最终检验结果详见 CIQ 证书

The final inspection results refer to the CIQ certificate.

8 发货人意见（Consinor opinion）：

I have read the report and I will check the packi list meticulously.

图 6–3

诚信小档案
The Integrity of small files

抽查 259 根带编号的中美双方的对比 the two sides comparison of 425 logs with tagged number	根数 PCS	外方毛材积 original gross volume	实检毛材积 scaled gross volume	毛材积溢短率 over or short rate
外方直径检量大 5" original measured dia.5"bigger	1	280	110	-60.71%
外方直径检量大 4" original measured dia.4"bigger	1	190	90	-52.63%
外方直径检量大 2" original measured dia.2"bigger	1	110	70	-36.36%
外方直径检量大 1" original measured dia.1"bigger	80	14490	11630	-19.74%
双方直径检量一致 Both same measured dia.	171	27650	27000	-2.35%
外方直径检量小 1" original measured dia.1"smaller	3	930	1060	13.98%
外方直径检量小 2" original measured dia.2"smaller	1	60	110	83.33%
外方直径检量小 3" original measured dia.3"smaller	1	90	170	88.89%
合计：summation	259	43800	40240	-8.13%

7.最终检验结果详见 CIQ 证书

The final inspection results refer to the CIQ certificate.

8.发货人意见（Consinor opinion）：

Thanks for your inspeition we will look after carefully the next time.

诚信小档案
The Integrity of small files

9. 收货人意见（Consignee opinion）：

感谢国检的细心工作.

在以后的工作当中，我们会极力配合！

谢谢！

10.特别建议：欢迎你或你委托第三方检验机构的代表来太仓港复验抽查

Hot tip：Welcome you or your representative of the third party inspection agency to Taicang port to make re -inspection

11.最终结果反馈（Final result feedback）：

图 6–4

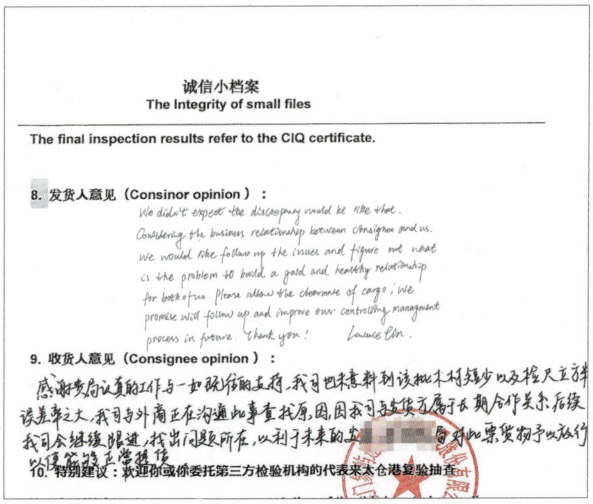

图 6-5　　　　　　　　　　　　　　　图 6-6

（3）外方毛直径检量存在误差。

（4）本案涉及索赔金额 23.4 万美元。

（5）外商对"诚信小档案"的回复："感谢你们的报告，我们也在查找原因，但很难说明具体原因。"

（6）诚信小档案。（图 6-7）

（八）"维斯塔"轮 /SANTA VISTA（2017 年 4 月）

（1）根数短少 216 根。

（2）现场抽查 129 根带编号的原木，对照国外发货原始码单，发现对方直径检量大于我方 1～2in 的有 43 根，占 33.33%。

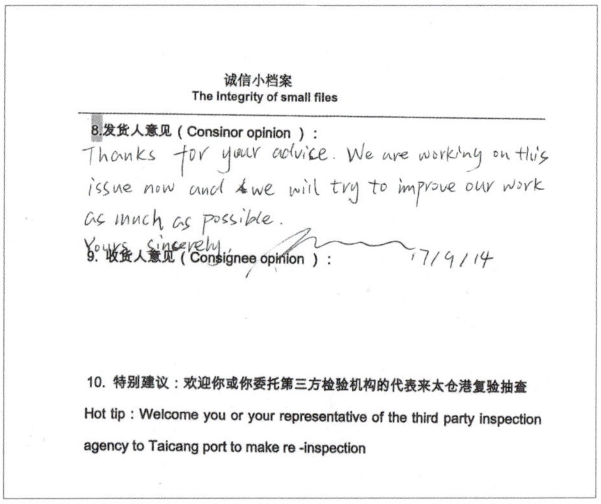

图 6-7

（3）本案涉及索赔金额 12.8 万美元。

（4）外商对"诚信小档案"的回复："我司确认和接受太仓检验检疫局的检验数据。差异是因为原木检尺方法造成的。"（图 6-8）

（九）"飞马"轮 /PORT PEGASUS（2016 年 8 月）

（1）双方毛直径检量差异。

（2）双方净材积差异。

（3）外方单根材积差错。

（4）本案涉及索赔金额 5.9 万美元。

（5）外商对"诚信小档案"的回复："首先表达对你们对 8 月 8 号停泊太仓港的'飞马'轮认真细致检验的真挚感谢。我代表我公司在此表示接受你方的检验，并在以后的工作中给予关注和重视。"

（6）诚信小档案。（图 6-9）

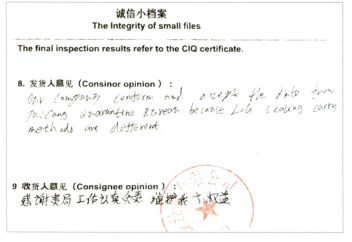

图 6-8

图 6-9

第二节　进口加拿大原木

（一）"杰维斯湾"轮 /JERVIS BAY（2016 年 10 月）

（1）外方毛直径检量过大。

（2）部分原木外方原检英制长度和直径数与公制数不吻合。

（3）原检验部分原木直径规格与我方实检不吻合。

（4）本案涉及索赔金额 18.5 万美元。

（5）外商对"诚信小档案"的回复："认可中方检验检测结果。"

（6）诚信小档案。（图 6-10）

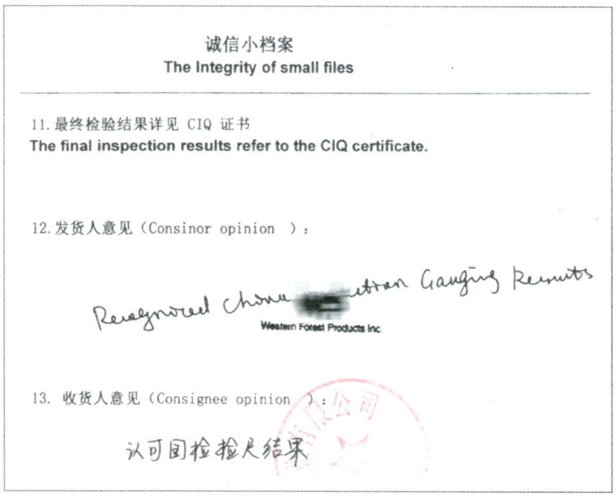

（二）"东方阳光"轮 /ORIENTE SHINE（2017 年 1 月）

（1）根数短少 245 根。

（2）抽查国外检验原始码单，发现有长度高达 25.6m 的原木。

（3）部分原木直径规格不符。

（4）加标大头直径超小头直径 1.3 倍的原木过多，造成立方米材积虚增。

（5）本案涉及索赔金额 8.2 万美元。

（6）外商对"诚信小档案"的回复："承认国检数据。"

（7）诚信小档案。（图 6-11）

（三）"吕松海峡"轮 /LUZON STRAIT（2017 年 2 月）

（1）根数短少 87 根。

（2）国外原始码单上材积计算公式有错。

图 6-10

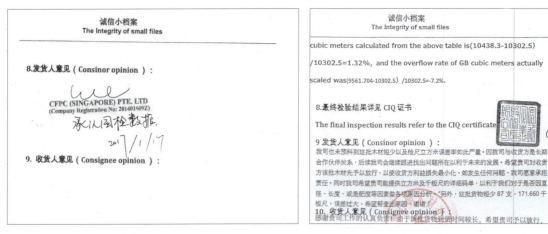

图 6-11　　　　　　　　　　　　　　图 6-12

（3）双方毛直径检量差异。

（4）小直径原木过多（超 1.3 倍问题）。

（5）本案涉及索赔金额 13.6 万美元。

（6）外商对"诚信小档案"的回复："同意 CIQ 检验证书结果。"

（7）诚信小档案。（图 6-12）

（四）"格伦"轮 /GLENPARK（2017 年 9 月）

（1）根数短少。

（2）部分原木直径规格与实检不符。

（3）加标大头直径超小头直径 1.3 倍的原木过多，造成立方米材积虚增。

（4）本案涉及索赔金额 11.7 万美元。

（5）外商对"诚信小档案"的回复："太仓 CIQ：首先谢谢你们的报告。由于你们的辛苦工作，'格伦'轮能顺利放行。我们尽力查找短少的原因，但这对我们来说是有点难度的。"

（6）诚信小档案。（图 6-13）

（五）"美人鱼"轮 /GLOBAL MERMAID（2017 年 4 月）

（1）部分原木直径规格不符，小直径原木过多。

（2）加标大头直径超小头直径 1.3 倍的原木过多。

（3）本案涉及索赔金额 7.2 万美元。

（4）外商对"诚信小档案"的回复："我们非常感谢你们的工作。我们将以实际行动解决上述问题，给你们一个满意的结果，希望保持沟通。"

（5）诚信小档案。（图 6-14）

（六）"美人鱼"轮 /GLOBAL MERMAID（2017 年 5 月）

（1）根数短少 767 根。

（2）材积短少 1329.286m^3（-27.5%）。

（3）部分原木直径规格与实检不符，小直径原木过多。

（4）审单过程中，发现有小头半径为 1cm 的，大头半径为 20cm 的原木。

（5）本案涉及索赔金额 37.4 万美元。

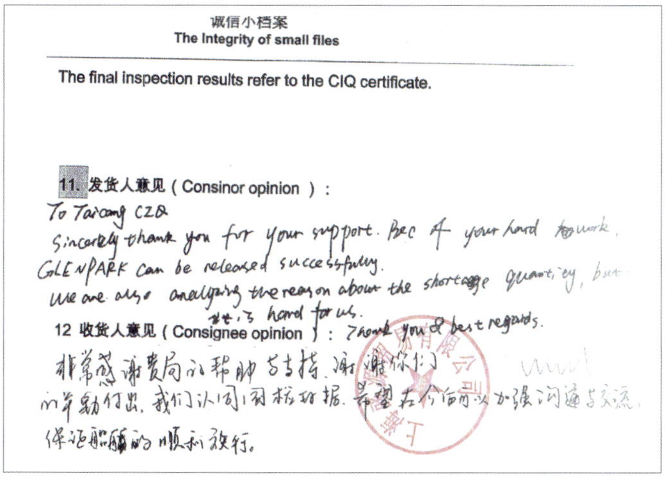

诚信小档案
The Integrity of small files

The final inspection results refer to the CIQ certificate.

11. 发货人意见（Consinor opinion）：
To Taicang CZQ
Sincerely thank you for your support. Bec of your hard work,
GLENPARK can be released successfully.
We are also analyzing the reason about the shortage quantity, but it's hard for us.
12 收货人意见（Consignee opinion）：Thank you & best regards.
非常感谢贵局的帮助与支持，谢谢你们的辛勤付出，我们认同国检数据。希望在今后可以加强沟通与交流，保证船舶的顺利放行。

图 6–13

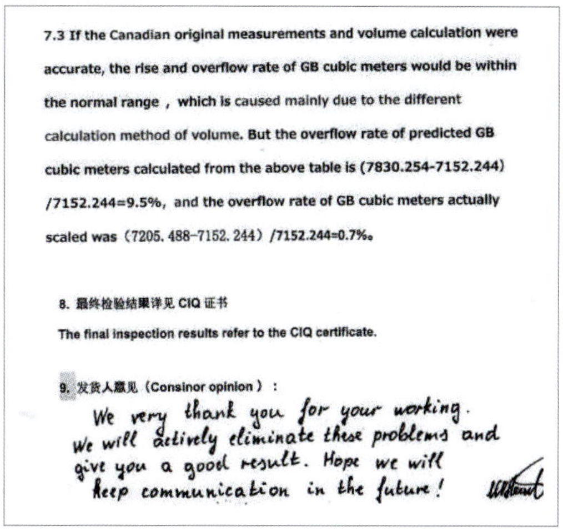

7.3 If the Canadian original measurements and volume calculation were accurate, the rise and overflow rate of GB cubic meters would be within the normal range , which is caused mainly due to the different calculation method of volume. But the overflow rate of predicted GB cubic meters calculated from the above table is (7830.254-7152.244) /7152.244=9.5%, and the overflow rate of GB cubic meters actually scaled was（7205.488-7152.244）/7152.244=0.7%。

8. 最终检验结果详见 CIQ 证书
The final inspection results refer to the CIQ certificate.

9. 发货人意见（Consinor opinion）：
We very thank you for your working.
We will actively eliminate these problems and give you a good result. Hope we will keep communication in the future!

图 6–14

（6）外商对“诚信小档案”的回复：“我们接受你方检尺数据。给你们带来的麻烦表示真诚的歉意，希望以后做得更好。”

（7）诚信小档案。（图 6–15）

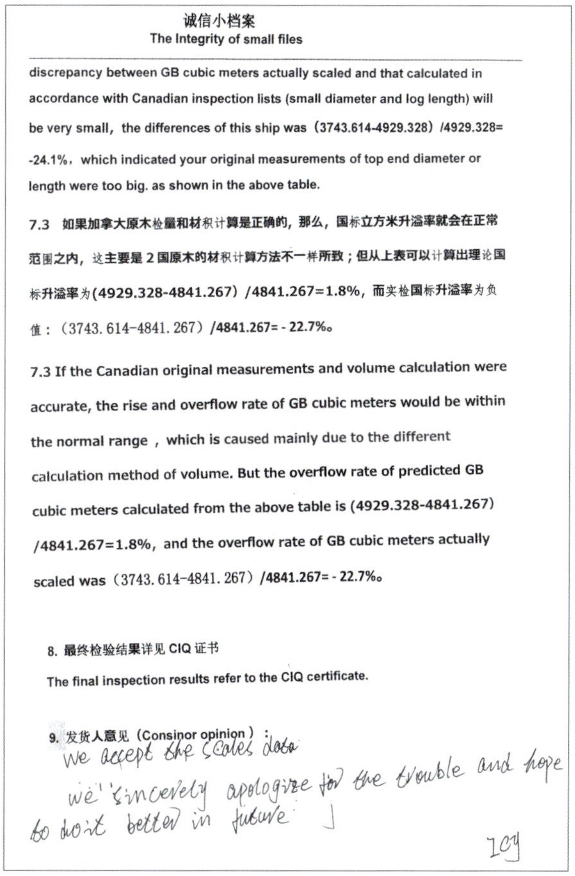

诚信小档案
The Integrity of small files

discrepancy between GB cubic meters actually scaled and that calculated in accordance with Canadian inspection lists (small diameter and log length) will be very small, the differences of this ship was（3743.614-4929.328）/4929.328=-24.1%, which indicated your original measurements of top end diameter or length were too big. as shown in the above table.

7.3 如果加拿大原木检量和材积计算是正确的，那么，国标立方米升溢率就会在正常范围之内，这主要是 2 国原木的材积计算方法不一样所致；但从上表可以计算出理论国标升溢率为(4929.328-4841.267）/4841.267=1.8%，而实检国标升溢率为负值：（3743.614-4841.267）/4841.267= - 22.7%。

7.3 If the Canadian original measurements and volume calculation were accurate, the rise and overflow rate of GB cubic meters would be within the normal range , which is caused mainly due to the different calculation method of volume. But the overflow rate of predicted GB cubic meters calculated from the above table is (4929.328-4841.267) /4841.267=1.8%, and the overflow rate of GB cubic meters actually scaled was（3743.614-4841.267）/4841.267= - 22.7%。

8. 最终检验结果详见 CIQ 证书
The final inspection results refer to the CIQ certificate.

9. 发货人意见（Consinor opinion）：
We accept the scales data
We sincerely apologize for the trouble and hope to do it better in future
ICY

图 6–15

（七）“石锤之星”轮 /ISHIZUCT STAR（2017 年 9 月）

（1）部分原木直径规格与实检不符，小直径原木过多。

（2）双方毛直径检量差异：现场抽查 292 根带编号的原木，对照国外发货原始码单，发现对方直径检量大于我方 1 ～ 5in 的有 130 根。

（3）抽查部分带编号的原木，发现外方原检英制直径数和公制直径数不吻合，一般小 2 ～ 5in。

（4）抽查部分带编号的原木，发现外方原检英制长度数和公制长度数不吻合，一般大 4 ～ 5in。

（5）本案涉及索赔金额 20 万美元。

（6）外商对“诚信小档案”的回复：“认可中方的检验检测结果。”

（7）诚信小档案。（图 6–16）

（八）“橄榄湾”轮 /OLIVE BAY（2017 年 5 月）

（1）根数短少 137 根，小直径原木比例过大。

（2）毛直径检量差异。

（3）超 1.3 倍造成材积虚大 944.905m^3。

图 6-16

（4）本案涉及索赔金额 9.8 万美元。

（5）外商对"诚信小档案"的回复："我们欣赏你们所做的一切，也尊重你们可接受的数据。但是我们对这次的交货数量也很自信，所以我们建议等待货物最后的销售结果。"

（6）诚信小档案。（图 6-17）

（九）"东方闪耀"轮 /ORIENTAL SHINE（2017 年 9 月）

（1）现场抽查 1233 根原木，外方毛直径大于我方 1～9in 的占 39%，导致材积虚大 6.9%。

（2）超 1.3 倍原木 2400m³。

（3）本案涉及索赔金额 21.4 万美元。

（4）外商对"诚信小档案"的回复："谢谢你们辛苦的工作和宝贵的建议，我们也在查找原因，请提供你们 CIQ 的最终检测结果。希望未来我们能有所提高，也希望能继续得到你们在这方面的支持。"

（5）诚信小档案。（图 6-18）

（十）"奥斯特湾"轮 / OYSTER BAY（2017 年 5 月）

（1）部分原木直径规格不符。

（2）超 1.3 倍原木问题过多。

（3）双方毛直径检量差异。

（4）本案涉及索赔金额 11 万美元。

（5）外商对"诚信小档案"的回复："谢谢你们细致的工作，我们同意你们的报告。"

（6）诚信小档案。（图 6-19）

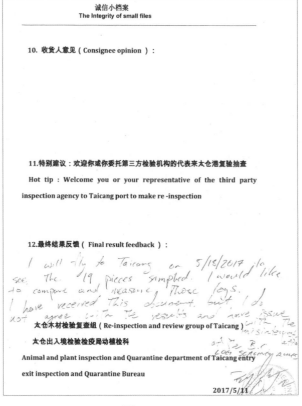

图 6-17

图 6-18

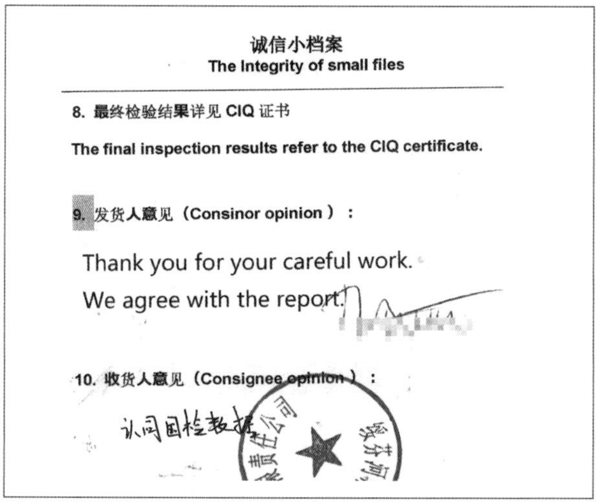

诚信小档案
The Integrity of small files

8. 最终检验结果详见 CIQ 证书
The final inspection results refer to the CIQ certificate.

9. 发货人意见（Consinor opinion）：

Thank you for your careful work.
We agree with the report.

10. 收货人意见（Consignee opinion）：
认同国检数据

图 6–19

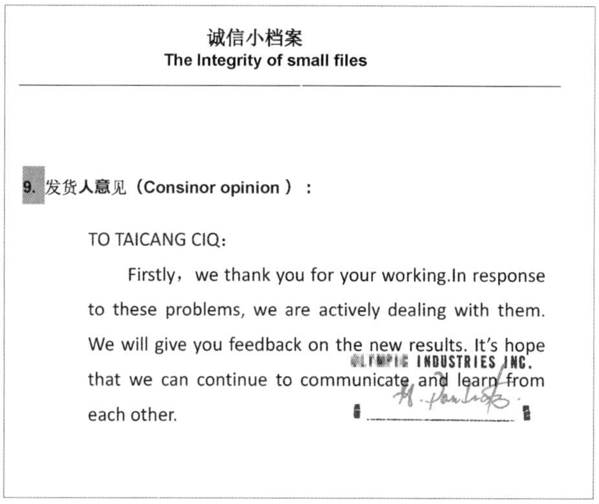

诚信小档案
The Integrity of small files

9. 发货人意见（Consinor opinion）：

TO TAICANG CIQ:

Firstly，we thank you for your working.In response to these problems, we are actively dealing with them. We will give you feedback on the new results. It's hope that we can continue to communicate and learn from each other.

OLYMPIC INDUSTRIES INC.

图 6–20

（十一）"萨拉"轮 / SUPER SARAH（2017 年 3 月）

（1）根数短少 158 根。

（2）部分原木直径规格不符，小直径原木过多。

（3）抽查部分带编号的原木，发现外方原检英制直径数和公制直径数不吻合，一般大 1 ～ 2in。

（4）抽查部分带编号的原木，发现外方原检英制长度数和公制长度数不吻合。

（5）双方毛直径检量差异。

（6）本案涉及索赔金额 17.5 万美元。

（7）外商对"诚信小档案"的回复："致太仓 CIQ，首先，感谢你们的工作，回应报告上的这些问题，我们正在实际地解决这些问题，我们将反馈新的结果。希望我们继续保持沟通，相互学习。"

（8）诚信小档案。（图 6–20）

（十二）"萨拉"轮 /SUPER SARAH（2016 年 4 月）

（1）外方直径检量过大。

（2）原检英制长度和直径数与公制数不吻合。

（3）本案涉及索赔金额 4.9 万美元。

（4）外商对"诚信小档案"的回复："我们确认 CIQ 检验结果"。

（5）诚信小档案。（图 6–21）

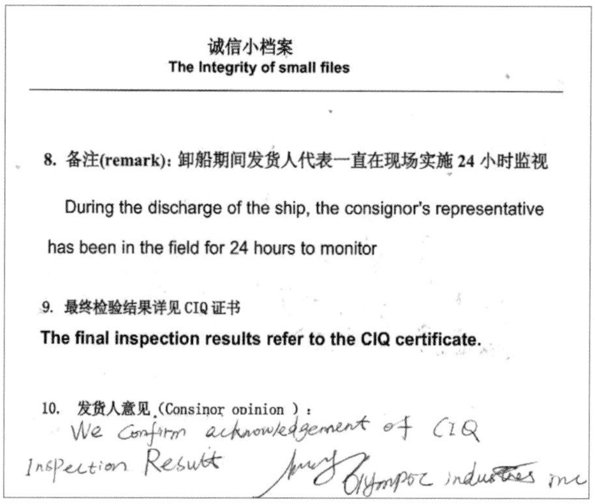

诚信小档案
The Integrity of small files

8. 备注(remark)：卸船期间发货人代表一直在现场实施 24 小时监视

During the discharge of the ship, the consignor's representative has been in the field for 24 hours to monitor

9. 最终检验结果详见 CIQ 证书
The final inspection results refer to the CIQ certificate.

10. 发货人意见（Consinor opinion）：
We Confirm acknowledgement of CIQ Inspection Result Olympic industries inc

图 6–21

（十三）"伊予海"轮 /IYO SEA（2016 年 7 月）

（1）根数短少 328 根。

（2）发现有些票号的原木不是规范地使用美国原木检验官方标准的，材积计算方法不明。

（3）抽查部分带编号的原木，发现外方原

检英制直径数和公制直径数不吻合,一般大 1in。

（4）抽查部分带编号的原木,发现外方原检英制长度数和公制长度数不吻合。

（5）抽查部分票号,如 TAAN6-227P1-3,发现有相同编号的原木。

（6）本批原木由于含有较多的缺陷,如心腐、边腐,造成原木品质等级较低。

（7）本案涉及索赔金额 7.1 万美元。

（8）外商回复主要内容:"我们同意太仓官方检验报告"。（图 6-22）

（十四）"神田樵夫"轮 /KANDALOGGER（2016 年 12 月）

（1）双方毛直径检量差异。

（2）抽查国外原始码单,出现同个编号不同结果。

（3）加标大头直径超小头直径 1.3 倍的原木过多,造成立方米材积虚增。

（4）本案涉及索赔金额 24.2 万美元。

（5）外商对"诚信小档案"的回复:"同意"。（图 6-23）

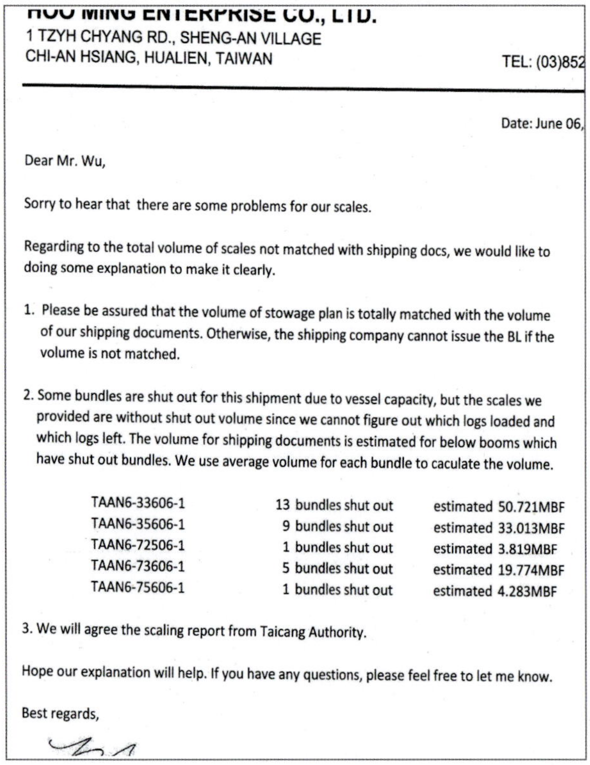

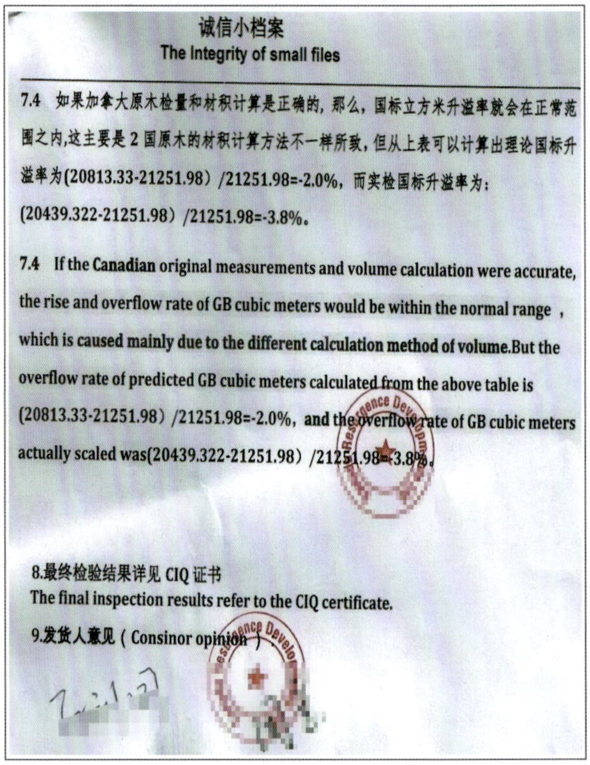

图 6-22

图 6-23

（十五）"橄榄湾"轮 /OLIVE BAY（2017 年 7 月）

（1）根数短少 707 根。

（2）部分原木直径规格不符,小直径原木过多。

（3）超 1.3 倍问题。

（4）本案涉及索赔金额 10 万美元。

（5）外商对"诚信小档案"的回复:"谢谢你们的工作。我们尊重你们可接受的数据。我们试着寻找短少的主要原因,但大家都知道,这是很难的工作。我们总部对这件事情给予了高度重视。相信以后我们不会再给你们带来这样的麻烦。"

（6）诚信小档案。（图6-24）

（十六）"海河"轮/HOY HOW（2016年5月）

（1）根数短少437根。

（2）超1.3倍问题。

（3）本案涉及索赔金额5万美元。

（4）外商回复："我们尊重上述数据，我们会高度重视去修复漏洞，确保更高的升溢率"。

（5）诚信小档案。（图6-25）

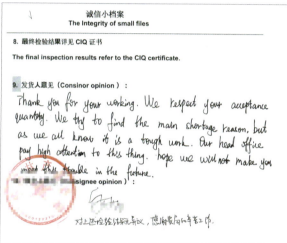

图6-24

（十七）"伊娃"轮/EVA BULKER（2017年2月）

（1）根数短少367根。

（2）电子码单与发票数的差异。

（3）本案涉及索赔金额5.3万美元。

（4）外商对"诚信小档案"的回复："我们欣赏你们的工作，非常感谢你们的支持。关于提单数与原木明细码单数的差异，我们深表歉意。我们会认真地考虑你们的建议，并努力改进我们的工作。"（图6-26）

（十八）"深蓝湖"轮/INDIGO LAKE（2016年11月）

（1）双方毛直径检量差异。

（2）抽查加标国外原始码单，出现同个编号不同结果。

（3）抽查加标国外原始码单，编号325485，原木长度高达91ft（约28m）。

（4）本案涉及索赔金额9.2万美元。

图6-26

（5）外商对"诚信小档案"回复的主要内容："首先回应关于检尺问题，我们抱歉地告知你们，装载在上述船舶上的原木是千板尺材积，原木的长度和直径不是规格材。我们同意太仓港的检尺数据。"（图6-27）

（十九）"东方贝壳"轮/ORIENT BECRUX（2016年10月）

（1）根数短少537根。

（2）部分原木规格不符。

（3）本案涉及索赔金额7.7万美元。

（4）外商对"诚信小档案"回复的主要内容："谢谢你公司，我们马上检查和改进。"（图6-28）

（二十）"江门商人"轮/JIANGMEN TRADER"（2016年11月）

（1）根数短少420根。

（2）外方毛直径检量过大。

（3）抽查部分带编号的原木，发现外方原检英制直径数和公制直径数不吻合，一般大1in。

（4）抽查部分带编号的原木，发现外方原检英制长度数和公制长度数不吻合。

（5）抽查部分码单发现多处编号一样，但检量数据不一致。

（6）本案涉及索赔金额13.5万美元。

（7）外商对"诚信小档案"回复的主要内容："我们收到中国商检局的检验报告，我们同意该检验数据。我们将追溯到加拿大供货商。"（图6-29）

（二十一）"深蓝湖"轮/INDIGO LAKE（2017年1月）

（1）根数短少199根。

（2）部分原木直径规格不符，小直径原木过多。

（3）抽查部分带编号的原木，发现外方原检英制直径数和公制直径数不吻合，一般大1~2in。

（4）本案涉及索赔金额15.5万美元。

图6-27

图6-28

图6-29

（5）外商对“诚信小档案”回复的主要内容：“我们尊重你们可接受的数据。我们也在寻找短少的主要原因。之后我们将找一名中方市场的代表，希望以后有机会进行复验。”（图6–30）

诚信小档案
The Integrity of small files

We respect your acceptance quantity. And we also try to find the main shortage reason, but it is a tough work. Later we will find a representative for China market. Hope for opportunity to make re-inspection in the future.

10. 收货人意见（Consignee opinion）：

图 6–30

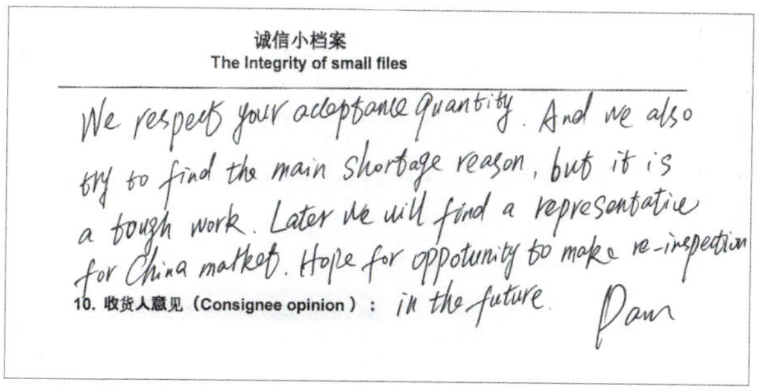

（二十二）“江门商人”轮 /JIANGMEN TRADER（2017 年 2 月）

（1）根数短少 493 根。

（2）原始码单上的合计材积数与发票上的不相符。

（3）现场抽查 320 根带编号的原木，对照国外发货原始码单，发现对方直径检量大于我方 1～5in 的有 126 根，占 39.4%。

（4）本案涉及索赔金额 14.8 万美元。

（5）外商对“诚信小档案”回复的主要内容：“同意”。（图 6–31）

诚信小档案
The integrity of small files

9 发货人意见（Consinor opinion）：

10. 收货人意见（Consignee opinion）：

同意

图 6–31

（二十三）“环球发现”轮 /GLOBAL DISCOVERY（2017 年 5 月）

（1）主要问题见“诚信小档案”。

（2）本案涉及索赔金额 9.2 万美元。

（3）外商对“诚信小档案”回复的主要内容：“我们同意 CIQ 的检尺报告”。（图 6–32）

诚信小档案
The Integrity of small files

The final inspection results refer to the CIQ certificate.

11. 发货人意见（Consinor opinion）：

We agree with the scaling report of CIQ.

图 6–32

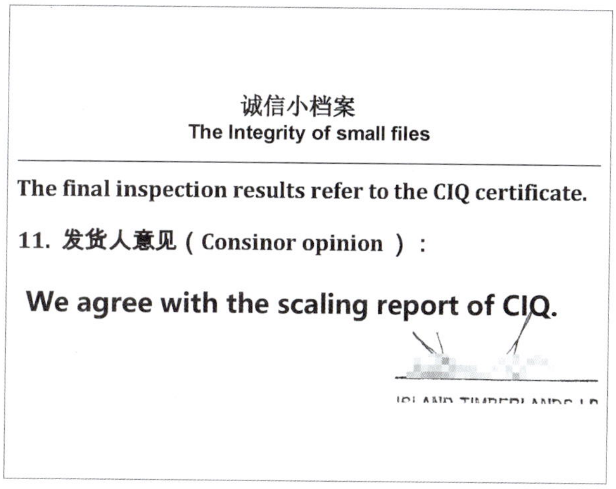

（二十四）“飞马座”轮 /PEGASUS OCEAN（2017 年 8 月）

（1）根数短少 865 根。

（2）检尺公司进行抄牌 447 根，双方毛直径检量差异：对照国外发货原始码单，查出有效根数 375 根对方直径检量大于我方 1～2in 的有 123 根，占 32.8%。

（3）超 1.3 倍，造成材积虚增 2000 多立方米。

（4）本案涉及索赔金额 65.5 万美元。

（5）外商对“诚信小档案”的回复：“谢谢你们的支持，我们正在调查，但这很难找到原因。”（图 6–33、图 6–34）

（二十五）“基韦斯特”轮 /KEY WEST（2017 年 6 月）

（1）部分原木直径规格不符，小直径原木过多。

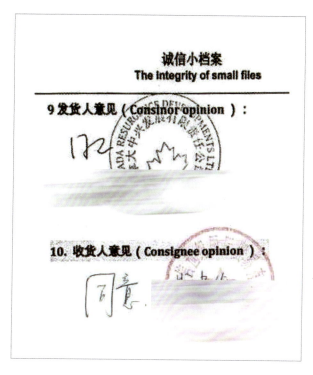

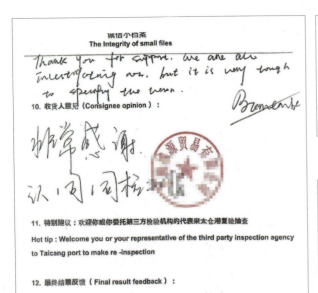

诚信小档案
The Integrity of small files

Thank you for support. We are also investigating now. but it is very tough to specify the reason.

10. 收货人意见（Consignee opinion）：

非常感谢 认同国检

11. 特别建议：欢迎你或你委托第三方检验机构的代表来太仓港复验抽查

Hot tip : Welcome you or your representative of the third party inspection agency to Taicang port to make re -inspection

12. 最终结果反馈（Final result feedback）：

图 6–33

10. 收货人意见（Consignee opinion）：

我司接受检尺数据，非常感谢贵局为了维护我们进口商的利益做出的辛勤工作，我们积极配合贵局向外商交涉。

图 6–34

9. 发货人意见（Consinor opinion）：

We accept the scaling report of China Inspection and Quarantine Services at Taicang port.

For and on behalf of

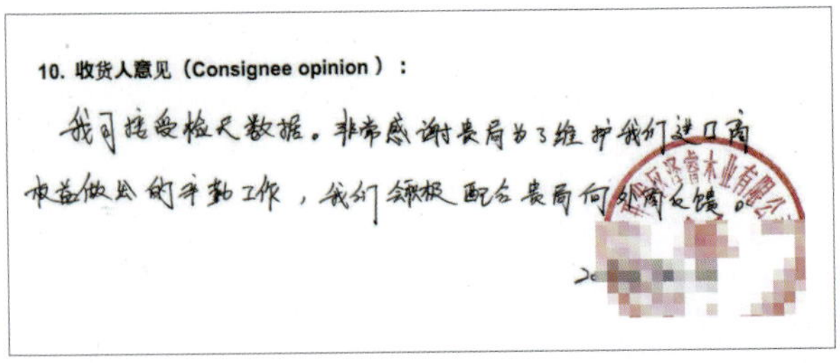

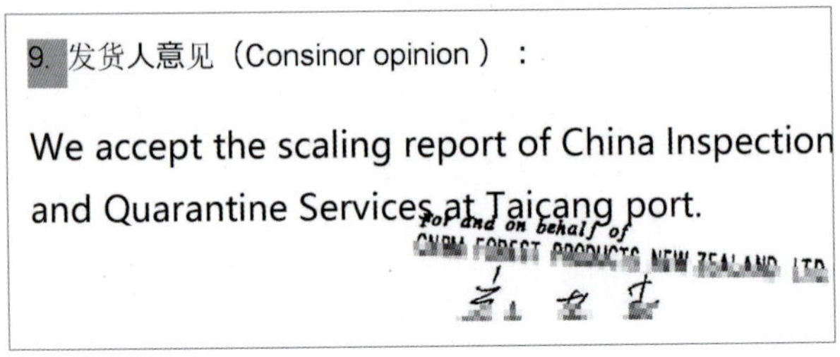

图 6–35

（2）抽查部分带编号的原木，发现外方原检英制直径数和公制直径数不吻合，一般大 1 ～ 2in。

（3）现场抽查 41 根带编号的原木，对照国外发货原始码单，发现对方直径检量大于我方 1 ～ 3in 的有 15 根，占 36.6%。

（4）本案涉及索赔金额 6 万美元。

（5）外商对“诚信小档案”回复的主要内容：“我们接受中国太仓港检验检疫局的报告。”（图 6–35）

（二十六）“朗唯尤樵夫”轮 /LONGVIEWLOGGER（2017 年 6 月）

（1）现场抽查 396 根带编号的原木，对照国外发货原始码单，发现对方直径检量大于我方 1 ～ 2in 的有 157 根，占 39.6%。

（2）单根材积差错：抽查部分原木，发现伐号为 ITF16–128W–018 中部分原木单根毛、净材积与材积表上的不一致。

（3）本案涉及索赔金额 23 万美元。

（4）外商对“诚信小档案”回复的主要内容：“我们已经把报告送到总部。总部很欣赏你们所做的工作，尊重你们可接受的数量，将等待客户的最终销售报告。”（图 6–36）

诚信小档案
The Integrity of small files

GB cubic meters actually scaled was(20598.118-21532.033) /21532.033= -4.3%。

8. 最终检验结果详见 CIQ 证书

The final inspection results refer to the CIQ certificate.

9. 发货人意见（Consinor opinion）：

We have send the files to our head office. They reply that they respect your acceptance quantity. And they would like to wait for the final sales result

Hellen

10. 收货人意见（Consignee opinion）：

图 6–36

（二十七）“环球心”轮 /GLOBAL HEART（2017 年 9 月）

（1）现场抽查 154 根带编号的原木，对照国外发货原始码单，发现对方直径检量大于我方 1 ～ 3in 的有 48 根，占 33.7%。

（2）1.3 倍问题的原木，造成立方米材积虚增 2012.221m^3。

（3）本案涉及索赔金额 20.6 万美元。

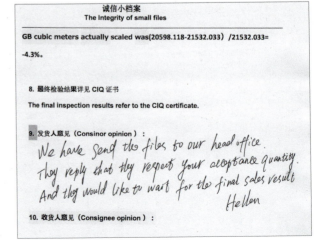

（4）外商对"诚信小档案"回复的主要内容："谢谢你们的工作和关注，这出乎我们的意料，我们将尽最大努力解决这些问题，希望将来会得到改进。"（图6-37）

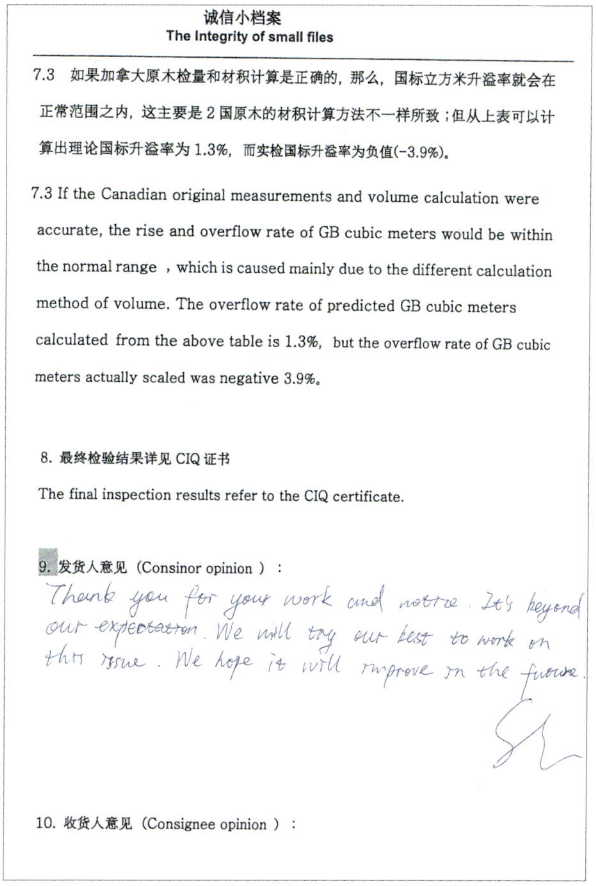

（二十八）"杰里科海岸"轮 / JERICHO BEACH（2016年8月）

（1）抽查部分带编号的原木，发现外方原检英制直径数和公制直径数不吻合，一般大1in。

（2）抽查部分带编号的原木，发现外方原检英制长度数和公制长度数不吻合。

（3）超1.3倍问题。

（4）本案涉及索赔金额21.6万美元。

（5）外商对"诚信小档案"回复的主要内容："除了WFP对我们的检尺员做的日常复查外，我没有其他意见。我们有大量的数据证明我们的检尺误差是在合理的范围之内。这次，我不准备作官方回应。"（图6-38）

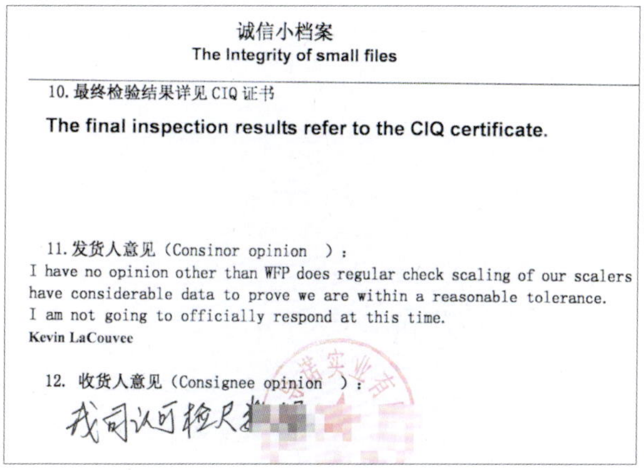

（二十九）"环球发现"轮 /GLOBAL DISCOVERY（2016年7月）

（1）现场抽查67根带编号的原木，对照国外发货原始码单，发现对方直径检量大于我方1～2in的有21根，占31%。

（2）抽查部分伐号，发现在外方原始码单上的材积数与材积表上的不一致。

（3）大头直径超小头直径1.3倍的原木过多，造成立方米材积虚增1007.88m³。

（4）部分原木剥皮处理不当，材表受损严重。

（5）本案涉及索赔金额23.1万美元。

（6）外商对"诚信小档案"的3次长篇回复（见第九篇第九章）。

（三十）"奥斯特湾"轮 /OYSTER BAY（2017年3月）

（1）部分原木直径规格不符，小直径原木过多。

（2）现场抽查215根带编号的原木，对照国外发货原始码单，发现对方直径检量大于我方1～2in的有67根，占31.2%。

（3）本案涉及索赔金额8.3万美元。

（4）外商对"诚信小档案"回复："非常感谢你们的工作和有价值的建议。我们在寻找原因，请给我们CIQ检验证书。希望不久将会得到改进。"（图6-39）

图 6-37

图 6-38

（三十一）“非洲散运”轮 /AFRICAN BULKER（2017 年 3 月）

（1）根数短少 488 根。

（2）材积短少 529.4MBF。

（3）部分原木直径规格不符。

（4）超 1.3 倍的原木过多，造成立方米材积虚增 3075.89m^3。

（5）本案涉及索赔金额 28 万美元。

（6）外商对“诚信小档案”回复：“谢谢你们的信息，让我们给予了关注。我们正在研究这些信息，寻找状态，看看问题出在什么地方，到底是不是根数短少了。”（图 6–40）

（备注：该轮于 2017 年 6 月再次来太仓港卸货，属于同一发货商。我方出具的诚信档案显示：短少 257.430MBF。外方在回复中说：“非常感谢贵局工作，我司将派代表赴太仓码头抽取 2000 ～ 3000 根进行复查。给贵局带来的不便深表歉意。”于是就发生了第八篇第十章中详细记载的过程。）

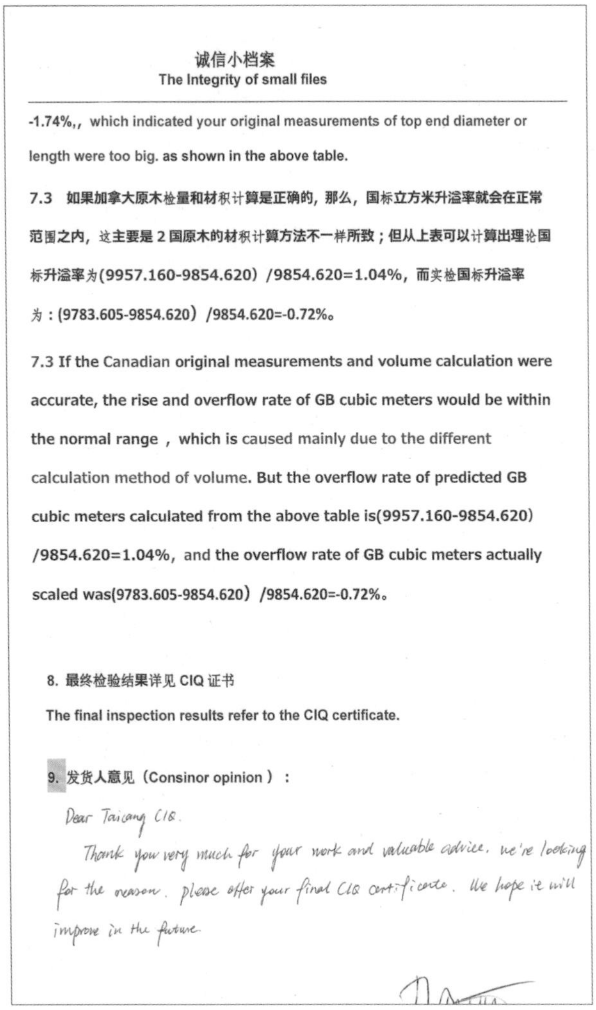

诚信小档案
The Integrity of small files

-1.74%,, which indicated your original measurements of top end diameter or length were too big. as shown in the above table.

7.3 如果加拿大原木检量和材积计算是正确的，那么，国标立方米升溢率就会在正常范围之内，这主要是 2 国原木的材积计算方法不一样所致；但从上表可以计算出理论国标升溢率为(9957.160-9854.620) /9854.620=1.04%，而实检国标升溢率为：(9783.605-9854.620) /9854.620=-0.72%。

7.3 If the Canadian original measurements and volume calculation were accurate, the rise and overflow rate of GB cubic meters would be within the normal range , which is caused mainly due to the different calculation method of volume. But the overflow rate of predicted GB cubic meters calculated from the above table is(9957.160-9854.620) /9854.620=1.04%, and the overflow rate of GB cubic meters actually scaled was(9783.605-9854.620) /9854.620=-0.72%。

8. 最终检验结果详见 CIQ 证书

The final inspection results refer to the CIQ certificate.

9. 发货人意见（Consinor opinion）：

Dear Taicang CIQ.

Thank you very much for your work and valuable advice. we're looking for the reason. please offer your final CIQ certificate. We hope it will improve in the future.

图 6–39

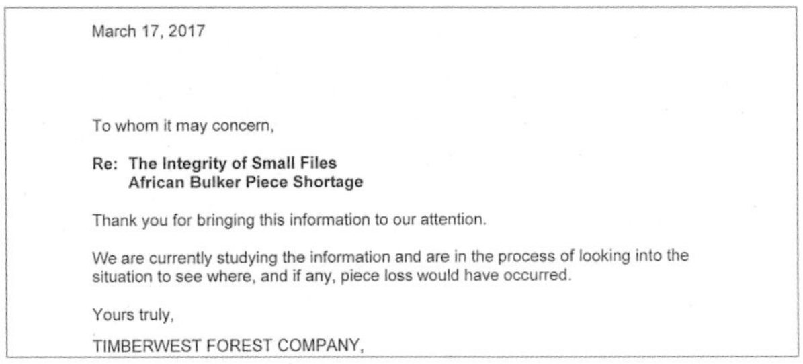

March 17, 2017

To whom it may concern,

Re: The Integrity of Small Files
African Bulker Piece Shortage

Thank you for bringing this information to our attention.

We are currently studying the information and are in the process of looking into the situation to see where, and if any, piece loss would have occurred.

Yours truly,

TIMBERWEST FOREST COMPANY,

图 6–40

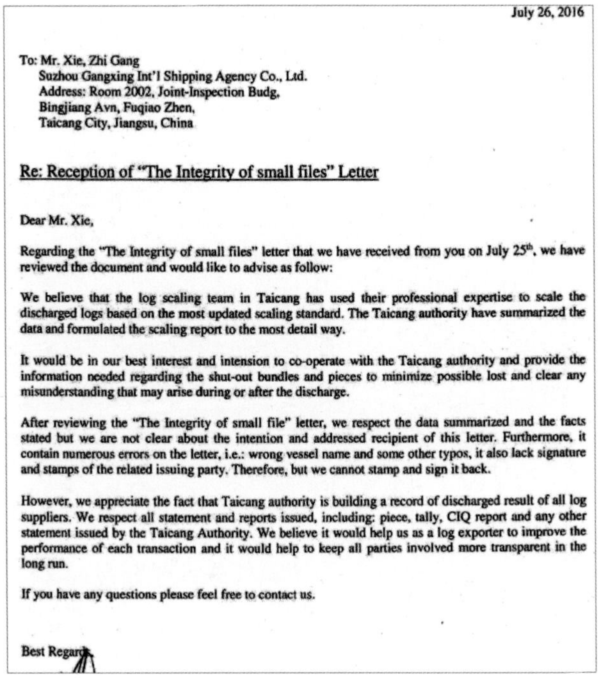

July 26, 2016

To: Mr. Xie, Zhi Gang
Suzhou Gangxing Int'l Shipping Agency Co., Ltd.
Address: Room 2002, Joint-Inspection Budg,
Bingjiang Avn, Fuqiao Zhen,
Taicang City, Jiangsu, China

Re: Reception of "The Integrity of small files" Letter

Dear Mr. Xie,

Regarding the "The Integrity of small files" letter that we have received from you on July 25th, we have reviewed the document and would like to advise as follow:

We believe that the log scaling team in Taicang has used their professional expertise to scale the discharged logs based on the most updated scaling standard. The Taicang authority have summarized the data and formulated the scaling report to the most detail way.

It would be in our best interest and intension to co-operate with the Taicang authority and provide the information needed regarding the shut-out bundles and pieces to minimize possible lost and clear any misunderstanding that may arise during or after the discharge.

After reviewing the "The Integrity of small file" letter, we respect the data summarized and the facts stated but we are not clear about the intention and addressed recipient of this letter. Furthermore, it contain numerous errors on the letter, i.e.: wrong vessel name and some other typos, it also lack signature and stamps of the related issuing party. Therefore, but we cannot stamp and sign it back.

However, we appreciate the fact that Taicang authority is building a record of discharged result of all log suppliers. We respect all statement and reports issued, including: piece, tally, CIQ report and any other statement issued by the Taicang Authority. We believe it would help us as a log exporter to improve the performance of each transaction and it would help to keep all parties involved more transparent in the long run.

If you have any questions please feel free to contact us.

Best Regards

图 6–41

（三十二）“海洋希望”轮 / KEN HOPE（2016 年 7 月）

（1）根数短少 948 根。

（2）现场抽查 76 根带编号的原木，对照国外发货原始码单，发现对方直径检量大于我方 1～2in 的有 23 根，占 30.3%。

（3）部分原木的品质等级较低。

（4）本案涉及索赔金额 20.7 万美元。

（5）外商对"诚信小档案"的主要回复："它将有助于我们出口方在各个环节上改进工作，有助于所有原木出口有关方长期地保持透明度。"（图 6-41）

第三节　进口澳大利亚原木

（一）"樱桃岛"轮 /CHERRY ISLAND（2016 年 11 月）

（1）按照合同约定，小头直径应该在 12cm 以上，但实际检验发现小头直径小于 12cm 的有 515.711m^3，占 2.51%。

（2）等级不完全相符。

（3）以重量来推算材积是极其不正确的。

（4）本案涉及索赔金额 11.5 万美元。

（5）外商对"诚信小档案"的回复："差异的原因是由于我们是使用地磅进行过重测算，从而与实际重量不符造成的，对此给你们带来的不便深表歉意。"

（6）诚信小档案。（图 6-42、图 6-43）

图 6-42　　　　　　　　　　图 6-43

第七章

创新诚信溯源监管模式 提升工作绩效和国际影响力

本着将检验监管的优势、职责和功能发挥到极致,自 2016 年 4 月份以来,我们在进口木材检验监管中探索试行"诚信溯源监管模式"。

该模式是以"诚信小档案"为载体,搭建了国检、复查组、检尺公司与收货人、发货人或中间商之间的信息沟通和技术交流平台。(图 7-1)

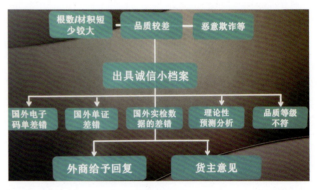

图 7-1

第一节 诚信溯源监管的功效和做法

一、诚信溯源监管的功效和做法

(1)推动了供货林场、发货商、中间商的贸易诚信建设。

(2)有利于把问题溯源到供货商、供货林场、中间商,使"隐形欺诈"暴露于阳光之下,使经销商的合法利益得到维护。

(3)弥补了 CIQ 检验证书只证明我方的检验结果而无法列举对方的差错或问题的缺口。

(4)为理赔谈判或收货人与发货方沟通提供了有力的证据。

(5)大大降低了理赔成本,加快了木材销货、减少了堆存期、加快了货物资金周转,化解了收货人最担心的由于检验或理赔时间长而遭遇市场行情变化带来的风险。真正达到了"压时限、降成本、提效率"的要求。

二、"诚信小档案"的阶段性成效

（1）在第一时间内（甚至船舶还没有靠泊）就获得了国外发货商在"诚信小档案"上签字认可或表达意见、发表看法。同时，也推动了国外经销商对发货林场或中间商的溯源监管，促进对方加强对发货前木材数量、质量的检验监管工作。

（2）国内收货人在第一时间内知道了自己木材的质量和数量情况。通过"诚信小档案"，收货人获得了索赔成效，也越来越重视和支持该项工作。

三、"诚信小档案"的主要程序和内容

（1）利用船舶靠港前证单审核的契机，由代理或收货人要求对方提供每船国外原检验明细码单电子版。

（2）在国外检验明细码单电子版中，对涉及原木长度、直径、树种、等级、材积等多达几十万个数据进行复核、统计和分析，并与发票、装箱单、提单、汇总表、植检证作比对，简称"三单一表一证"的一致性、符合性复核。

（3）边卸船边复查，在现场检验工作刚开始或刚结束就刨根问底找根源，及时去现场进行复查对比、拍照取证，依据相关检验标准的一致性、差异性作出理论分析和比对，以此作为旁证证明。

（4）一旦发现问题立即出具"诚信小档案"，由代理或收货人敦促外方作出回应说明。尽管船舶还没有靠舶卸货或刚刚卸货，但大部分外商都能及时回复表态或直接表达"认可 CIQ 的检验结果"。（图 7-2）

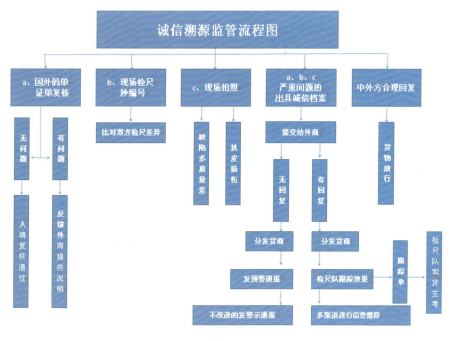

图 7-2

"诚信小档案"的推进，逐步形成了事前"源头可溯、风险可控"，事中"诚信监管、守信便利"，事后"绩效跟踪、去向可查"。（图 7-3、图 7-4）

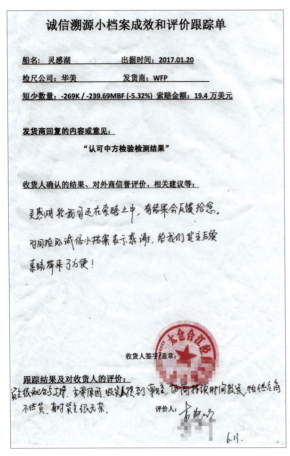

图 7-3

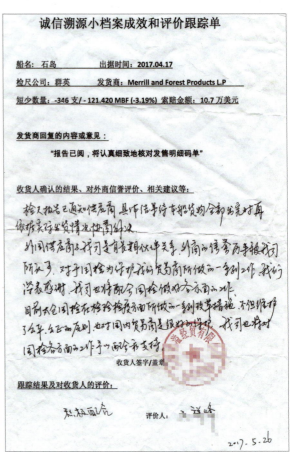

图 7-4

四、对"诚信小档案"发出的不同声音及应对措施

在推行"诚信溯源监管模式"的过程中也遇到一些难题和棘手的问题，主要表现在以下两个方面。

（1）有的国外发货商（特别是小型贸易商）或中间商对我方出具的"诚信小档案"采取拖延甚至置之不理的态度（或许因为被揭开真相了，他们无法面对）。其实，正是这些不诚信、欠诚信的发货商是严重的材积短少、质量案件或涉嫌贸易欺诈的主要制造者。

如果让不诚信的发货商屡屡有空可钻、有利可图，就是对诚信发货商的不公平、不公正，就会越来越助长不诚信经营，所以必需想方设法给予有效遏制。

（2）一些国内经销商或收货人，出于担心得罪对方、唯恐下次订不到货物，自愿放弃自身权益、放弃对外维权。这种行为十分有害于维护公平公正、诚信经营的贸易大环境，有损于贸易双赢格局的形成，应该受到有效遏制。（图 7-5）

图 7-5

第二节　推动双诚信体系建设

自2016年10月份,太仓市木材检尺协会积极探索采取以下两项应对措施。

(1)对不诚信、不守信的国外发货商采取加严检验监管、向国内收货人发预警或警示通报、向国外检验机构或行业协会发情况通报等措施促使其整改。对于涉嫌严重欺诈的发货商,鼓励收货人可申请海事法院给予扣船处理。

(2)在国内经销商、收货人和代理公司内实施诚信溯源监管模式。目前,发现有不诚信行为的主要表现形式如下:

①执行上级和国检局检验监管和相关规定不到位、不全面。

②欠缺社会责任感,申请出具检验证书或出具了"诚信小档案"后无正当理由放弃追溯、放弃对外维权,有损贸易公平度。

③篡改检验结果、明细码单、汇总表或伪造签名等弄虚作假行为。

④提供虚假证明或资料、散布虚假信息等,误导或影响检验监管工作。

⑤无正当理由或事实证据否认检验结果,编造、发布虚假结果,扰乱市场秩序等。

⑥拖欠、少付或拒付相关应付费用、影响检验工作正常开展。

⑦承诺的事做不到。

⑧屡次微违规。

对不诚信或欠诚信的经销商、收货人和代理公司将视程度采取以下制约措施:

(1)严格入境前检验检疫审查复核制度,确保所提供各类证单和证明的真实性、有效性、全面性、一致性,不接受保函。

(2)严格执行检验检疫监管制度和措施,如严格按规定的比例进行现场抽查复验、严格执行放行制度。

(3)不给予积极的优质服务和绿色通道,如特殊检尺、特殊放行、分批放行等。

(4)不给予积极的对外维权和技术支撑服务等。

(5)建议码头公司等相关公司或部门取消优惠待遇等。

(6)其他必要的措施。

双轨制推进诚信溯源监管模式,就是为了建立和保护进口木材长期稳定和公平公正的贸易环境,构建贸易双赢格局,保护有关方的合法权益,就是为了打造太仓品牌和持续提升检验把关成效。(图7-6、图7-7)

图7-6

图7-7

第八章

进口木材在国内销售环节上的不当行为和防控措施

如出一辙,进口木材在国内销售环节上也存着与国外发货商发货类似的问题。木材到达国内后,检尺公司进行的验收检尺,如果没有进行有效标识(编号、标号),一是无法对检尺公司的检尺质量进行比对、监管和溯源;二是一旦发生与买方或消费者的纠纷也很难进行有效举证。其实,最关键的是客观上留下了空隙,让一些弄虚作假行为有了可乘之机。

第一节 警惕市场销售环节的不当行为

进口木材在港口办理完入境手续,获得放行后就进入了国内市场销售、流通环节。购买者的行为多而复杂,有直接的消费者、也有经销商,有一次性购买大批量的、也有只买几车货的,有懂得检尺标准、买货时要抽查检尺情况,也有不很了解标准、凭单买货,等等。

一、主要方式分析

(1)涂改原木端面上的检尺数据,通常是将检尺直径改大,虚增加原木材积数。(图8-1~图8-6)
①图8-1显示:原检直径应该是56cm,被涂改为58cm。
②图8-2显示:原检直径应该是46cm,被涂改为48cm。
③图8-3显示:原检直径应该是40cm或42cm,被涂改为46cm。
④图8-4显示:原检直径应该是52cm,被涂改为62cm。
⑤图8-5显示:通常被改的是,30cm改为32cm;32cm改为34cm;36cm改为38cm;46cm改为48cm等。往往是钻了书写不规范的空子。

⑥图 8-6 显示：原检直径应该是 40cm，被涂改为 46cm。对一些名贵树种，如红崖柏、黄扁柏等，其树木干形本身就不太成圆形，检量本身就容易误差大，所以往往成为被更改的重点货品。

图 8-1　　　　　　　　　　　　　图 8-2

图 8-3　　　　　　　　　　　　　图 8-4

图 8-5　　　　　　　　　　　　　图 8-6

（2）不排除个别检尺公司或检尺员职业操守差，有与有关方串通的可能，有意将检尺直径检大、达到虚增材积的目的；当然，也许是检尺技术不过硬的原因，误将原木的直径检大了。（图 8-7～图 8-9）

①图 8-7 所示的检尺直径，按照标准应该是 48cm。但却算成了 50cm，可能是把树皮也检量进去了。

②图 8-8 所示的检尺直径，按照标准应该是 42cm，而不是 44cm。

③图 8-9 所示的检尺直径，按照标准应该是 44cm，而不是 46cm。

图 8-7

图 8-8

图 8-9

上述方式方法，实质上都没有严格执行国家标准，而是设法将原木的检尺直径尽可能上靠 2cm。

国标规定原木直径的家检量方法是"通过小头断面中心，先量短径，再通过短径中心垂直量取长径，其长短径之差自 2cm 以上，以其长短径的平均数进舍后为检尺径；长短径之差小于上述规定者，以短径进舍后为检尺径。自 14cm 以上以 2cm 为一个增进单位，满 1cm 进位，不足舍去"。

在实际检尺工作中，总会发现一些原木的直径是属于"压线"或"临界值"的，即长短径之差接近 2cm，如 1.8cm 或 1.9cm。这时候，有的检尺员选择了进位上靠，有的选择了舍去不进位。选择进位上靠的，对相差 1mm 左右的，还能说得过去，买主也基本能接受；选择舍去不进位的，则完全符合标准规定的"其长短径之差自 2cm 以上"，才能平均后进位。注意，这里指的是"以上"，也就是说至少要 2cm 才能进位。

那么，2cm 之差会造成多大材积的不同呢？举一例给予说明。如将图 8-8 所示的原木长度设为 6m、直径应该是 42cm，其材积为 1.028m³；但将其直径检成 44cm，则材积为 1.123m³，材积多出 0.095m³，材积虚长 9.24%。这个比例是很大的。所以，买卖双方通常会为这 1～2mm 争论得面红耳赤。因为，他们知道这个 1～2mm 意味着材积 9.24% 的升降。

（3）公司现场个别发货员或记码员与买主勾结，在抄码时有意将部分原木的直径或长度少抄。如，原木端面上明明写的直径是 50cm，抄码的时候记录成 48cm。这样在与买主按照抄码上的材积数结账时，买主自然少付了钱，然后再与发货员或抄码员分成。

这种方式是很隐蔽的，因为对那些不编号、不钉牌编码的原木是无法核查、无法监督溯源的。

（4）收货人公司的现场发货员，以一些原木所谓的缺陷多，如腐朽、开裂等，向公司负责人汇报要求扣尺、让尺，即减少直径或长度数，降低一定的材积数，来满足买方的要求。当然，这种情况也许不是真实的、也许是真实的，但毕竟也是一个可以钻空的途径。

（5）少数情况下，趁天黑或假期现场监管松懈或现场监控死角，在堆垛间隙很密或高堆垛旁边有矮小垛的情况下，即有了遮挡物，一转身就可以将少量的、小规格且树种是一样的原木转移到另外一家货主的堆垛上去了。上述情况也是无从查起的。

（6）其他方法。如直接更改部分检尺明细码单上的数据，调大长度或直径数，导致材积虚大。因为，买卖双方是以检尺码单交接货物和结账的，特别是在一次性购买量大的情况下，尽管在现场抽查一部分，但原木端面上写的数据可能与码单上的不一致，因为没有编号，也无法与码单上的数据一一核对是否货证相符。

笔者曾经应朋友的邀请参加他与一个香港中间商，就购买一船非洲木材的会谈。中间商很爽快地说："首次和你做生意，愿意交你这个朋友，为了长期合作，第一船木材按照供货商的原价卖给你，按供货商检尺明细码单上的材积数结汇。"私下我提醒他，这个明细码单数如果修改部分原木的直径数，那材积就会变大了。果然，检尺结束后发现，2万多立方米的原木，少了1500多立方米。好在他事先听从了我的建议，预留了10%的货款，待全船验收检尺结束后再给付。

第二节　遏制市场销售环节不当行为的有效措施

真实的结果只有一个，但作假的方式方法可以是五花八门，作为供货方要把防范做在前，不预留可钻的空子、尽量堵塞可预见的作假途径或渠道。花少钱保大钱。

一、选择好检尺公司

要选择管理上严格、制度措施健全、保障措施到位、工作认真负责、全方位服务意识强、检验技术过硬的检尺公司承担检尺任务。之前要对检尺公司进行全面的了解，特别是该检尺公司的工作经历、管理体系是否健全有效，尤其是要查看对检尺员奖惩制度的落实记录、对检尺员的培训考核记录等。

二、明确基本检尺要求

（1）与检尺公司签订检尺合同，明确检尺质量、时限等责任要求，附加现场监督等服务项目。

（2）要求检尺公司对每根原木在现场检尺时，起码要做到每根原木有编号、标识清楚、一目了然。（图8-10）

图 8-10

三、使用二维码标识检尺

二维码标识检尺更具有正规性、专业性、可追溯性。不管是检尺员还是现场发货人员都不敢弄虚作假了。公司负责人或主管在办公室就可以随时了解现场情况，处理发货过程中的所有问题。从根本上堵塞了漏洞，遏制了不当行为。

检尺公司也会更有压力，更加认真检尺、不敢马虎，并且遏制了只图进度、不求质量的行为。因为二维码可以溯源到检尺公司和检尺员，随时抽查核对其检验的准确性。

第九章

二维码钉牌检尺在对外维权和对内销售环节中发挥的作用

进口木材，有的国家在发货前检尺时，没有做到或没有完全做到对原木逐根编号，所以即使是提供了逐根检尺明细码单，货到国内后一旦验收检尺发现木材短少或树种、质量等问题，就无法进行比对，无法寻找问题根源和进行有效溯源。

大多数情况是，即使在原木端面上能看到国外对部分原木有贴牌编号的，到在其检尺明细码单上却找不到一一对应的检尺数据。有种可能是发货时发生的差错或装车装船时发生的差错，或者是同一供货商给多家收货人发货、错发，或多港卸货、错卸等，总之，原因多种。

第一节 基于二维码的木材质量监控系统获国家专利

自从2008年二维码技术传入我国以来，二维码以其承载信息量大、易编辑、形式新颖等多重因素为移动网民所喜爱。扫码APP的用户安装量和功能都在急剧增加，通过扫描二维码了解相关信息现已成为大多数移动网民的日常行为习惯。

从2011年开始，我们就在进口木材检验监管工作中逐步研究摸索将二维码技术运用到进口木材检验监管上。通过几年来的摸索和实践，觉得技术基本成熟且使用成本也很低，并申报了国家专利，于2017年获得专利证书。（图9-1）

这样，我们在全国首次将二维码扫描溯源检尺技术运用到进口木材检验监管上。解决了长期以来困扰我们的在对外索赔谈判和维权活动中的举证难、溯源难的问题。（图9-2）

图 9-1

图 9-2

第二节　二维码钉牌检尺力促国外发货商提升工作质量

（1）我方在检尺时敢于使用二维码标识检尺，起码具有两大重要意义。一是说明我方的检尺技术是经得起考验的，检尺结果是经得起追溯的；二是说明中方已经有了有效举证的结果和能力。

我们从 2012 年在太仓港推行钉牌标识检尺后，与未实施钉牌的 2011 年相比，实检原木根数短少率由 2011 年的 1.55% 下降到 0.39%。

（2）同一个发货人装同样的船舶，前后相比，根数短少率显著下降。（图 9-3）

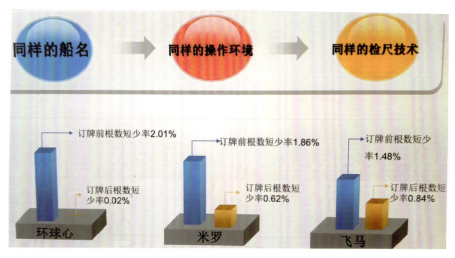

图 9-3

由此可见实施钉牌检尺也推动了国外发货商加强检尺监管工作、不断提高工作质量。

（3）值得反思，同一发货商的4批货，仅其中实施了钉牌的原木不短少。

2017年8月31日，进口加拿大原木装"格伦"轮到港。检尺工作结束后，分类汇总发现，该轮4批货，其中有3批货出现了材积短少，仅有第4批货没有出现短少，分别是：

第1批货：材积短少率 –6.54%；

第2批货：材积短少率 –8.48%；

第3批货：材积短少率 –2.55%；

第4批货：材积溢出率 +0.54%。

同一发货商发来的4批货分别有中方4家收货方。其中仅1批货在国外是实施全部钉牌编号检尺的，货物不短少，反而溢出了+0.54%。是巧合还是别有他因？

第三节　二维码钉牌查询系统及发货核算汇总系统使用简介

该技术在进口木材检尺时使用二维码钉牌标识、手机扫描、二维码采集器、蓝牙移动标签机和PDA移动终端系统，可以将每件、每批木材的检验结果追溯到国外发货商，进行检验结果比对和历史溯源、信誉查询等；移动终端实现采集汇总、同步数具、二维码查询、实时监控，方便了销售过程的监管；蓝牙移动标签机可以实时对每车、每批木材的销售清单进行现场打印，便于木材销售交接，大大节约了销售成本，维护了公平公正贸易。

关于该技术的详细功能和使用方法如图9-4所示及附录三。

图9-4

第七篇

对外开展索赔和维权的方式、方法与成效

导读

第一章　提前掌控及时检验出证 ·· 285
　　　　——挽回损失 30.3 万美元的案例

第二章　以"诚信小档案"为载体及时沟通表达诉求 ···················· 288
　　　　——挽回损失 50 万美元的案例

第三章　扣船后协商解决　挽回损失 16.5 万美元 ························ 290

第四章　木材货物发生货损或短少时的应急处置方案 ··················· 291

数字内容

扫码阅读

★第五章 以财产保全（扣船）为手段维护自身合法利益
——法院判决挽回损失50万美元的案例

第一节 "冰糖"轮被扣押

第二节 "冰糖"轮被扣押的原因

第三节 武汉海事法院对三家检验机构出具的不同检验结果的认定

第四节 武汉海事法院的判决结果

第五节 律师的主要取证内容

第六节 被告上诉于湖北省高级人民法院的14条理由

第七节 湖北省高级人民法院对被告上诉理由的答复

第八节 终审法院对检验机构和检验结果的认定

第九节 湖北省高级人民法院的终审判决书

第十节 "冰糖"轮维权成功的三大关键要素总结

第一章

提前掌控及时检验出证
——挽回损失 30.3 万美元的案例

进口木材由于索赔有效期短、检验所需时间长、理赔渠道复杂、环节多等特点,要做到有效防范或取得实效,做好以下三个方面的工作至关重要。

一是从一开始就应该高度重视,把工作做在前面,特别是对货物有关质量信息应该有一个比较全面的掌握,做到胸中有数。

二是在了解到全面信息的基础上,制定相应的应对措施。特别是要一次性取得准确的检验结果。

三是要发挥好国检证书(CIQ 证书)的权威性和法律效力的作用,对外开展索赔工作,这样才能使得问题在最短的时间内得到最有效的解决,维护自身合法利益。

提前掌控及时检验出证方面的例子很多,这里仅举 4 个案例加以说明。

案例 1

1983 年 12 月 28 日,某公司从连云港进口的 3000m³ 马来西亚原木装"卡特亚艾斯"轮,连云港市商检局检验人员 2 次登轮,从船长和大副那里了解到,该船的部分原木含有空洞、腐朽、裂纹等缺陷,有的原木带有虫子;部分原木已经不是新伐木材;船到之前估计已在水中储存 3 个月,装货时未见到中方监装人员……

了解到这些信息后,商检人员及时反馈给收货人。并组织检尺人员学习了沙捞越检尺法和沙巴分级法,特别是对各类缺陷的扣尺,统一方法,确保检验结果和证书的全面性、准确性。后经收货人将上述种种信息和检验证书反馈给卖方,对方全部认赔中方 3.7 万多美元。(图 1-1)

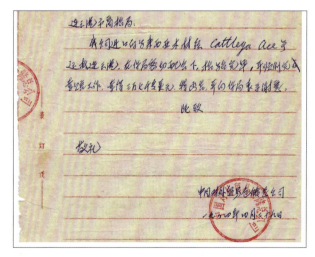

图 1-1

案例2

2016年5月26日，进口的日本柳杉原木不到2500m³，经检验发现短少462.6m³，短少率18%。对于这一异常情况，又进行了第二次复查，确认我方的检验结果是准确无误后通报有关方，经过日方调查发现，该船原木在装货港装船时漏装了一垛原木，造成了短少的主要原因。日方同意以中方的检验结果为结汇依据，从而挽回了5.3万美元的损失。（图1-2）

案例3

1989年5月，中国石油天然气总公司进口一船美国花旗松原木装"海洋幸运"轮，在连云港卸毕后发往新疆油田。当时很多客运火车因故处于停运状态，检尺人员不得不采取分段乘车的方式，从连云港赶到了4000km之外的新疆，在索赔有效期之内完成了检验任务。连云港进出口商品检验局出具了检验证书后，美方公司派出代表前往复验，确认中方的检验结果和商检证书，全部认赔57225美元。（图1-3）

图1-2

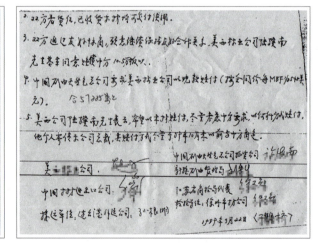

图1-3

案例4

2017年6月，常熟港进口的乌拉圭原木，经常熟出入境检验检疫局及时检验，并出具检验证书，索赔了15.6万美元。（图1-4、图1-5）

第七篇 对外开展索赔和维权的方式、方法与成效

图 1-4

"非洲白鹭"轮木材索赔情况说明

常熟出入境检验检疫局：

  我司自乌拉圭进口一批原木装载于"AFRICAN EGRET"轮，于 2017 年 2 月 3 日靠泊常熟港兴华码头，报检号为：11700000708348，报检品名：湿地松原木、火炬松原木。该轮货物提单数为 32764.180 立方米。经贵局检验实际到货数量为 31336.481 立方米，较提单数短少 1427.699 立方米。

  根据贵局出具的证书按照合同条款与外方协商，挽回我司经济损失 15.6 万美元。

  特此说明

四　　　　　　　公司

图 1-5

第二章

以"诚信小档案"为载体及时沟通表达诉求
——挽回损失 50 万美元的案例

有关诚信档案的详细内容已在第六篇的有关章节中做了全面的介绍。它的最大优势在于能在第一时间内发现问题，第一时间内提交给收货人与发货方沟通交流、溯源。节约了后续的检验出证、外商看货复验谈判等理赔时间和费用，但最主要的是提高了货物的通关放行速度，加快了资金周转，也防范了市场行情变动带来的风险。

不仅仅是这些，还有更重要的是，此举大大推动了有关方的贸易诚信建设。从下面的几个案例就可见一斑。

案例 1

2016 年 7 月，"海洋希望"轮所载加拿大原木，船舶未靠泊之前，木材复查组在复核比对发票与原国外经验明细码单时，发现两者之间存在较大的差异。进一步溯源到发货方，发货方回复说：在装船时由于舱容不够，有 14 筏号 4202 根原木散捆了，装船材积只能按照平均材积估算……7 月 22 日，现场检验工作一结束就出具了"诚信小档案"，随即获得了加方的认可，表示在下船次中扣减 84369 美元。（图 2-1）

2016 年 9 月 16 日"梦之岛"轮的发票中，加方以诚信档案备注（credit note）的方式扣减了 84369 美元。充分体现了该发货商的诚信之举。（图 2-2）

案例 2

这是一起短少 2430m^3 的大案（价值 39 万美元），也是一个索赔难度很大的案例。

因为这船木材是在货物畅销、抢购期间，托关系通过中间商好不容易才买到的，但无论是中间商还是美国发货商在处理"诚信小档案"时都给予了高度重视。在收到我方"诚信小档案"的第二天，就在上面签署了"我公司确认 CIQ 的检验结果"。体现了发货商和中间商不推诿、不扯皮，勇于承认错误、敢于承担责任的勇气和诚信。（图 2-3）

案例 3

详情在下面的表扬信中已有叙述。虽然只是短少 175m^3 的木材，虽然该轮是多家发货商的多批货物同装一船上，又是多港卸货，但在收到中方出具的“诚信小档案”后，该发货商高度重视不惜花时间、费精力作了全过程的调查，出具了调查报告（详见第九篇第七章），回复了“诚信小档案”。这是一个很值得称赞和学习的诚信度极高的发货商。（图 2–4）

感谢信

太仓国检局、复查组、华美检尺公司：

我公司 7 月初进口加拿大原木“海洋希望”轮（合同号：TPF-16026），该轮靠泊前，经木材复查组复核发现发票数与国外检验明细码单不一致，随即要求加方查明原因。加方在回复中确认该轮由于舱容小，装船时有 14 筏号 4202 根原木散捆了，材积只能按照平均材积估算。但加方表示相信，太仓港官方检验机构会作出专业性的检验并出具报告。

7 月 22 日华美检尺公司检验结果表明，该船原木短少 948 根，短少材积 275MBF。贵局和复查组在第一时间去现场复查、拍照取证，在找出短少根源后出具了“诚信溯源小档案”，获得了加方的认可。我司与加方沟通协商后，加方同意在下船原木中扣减单价 15USD/MBF（合计 84369 美元）。

9 月 16 日，我司进口的“梦之岛”轮装 5625MBF 加拿大原木，总值 4218450 美元，在发票中（发票号：ILD-903）加方以诚信备注方式扣减 84369 美元（源自合同号 TPF-16026），弥补了上船次木材短少问题。在此我公司非常感谢太仓国检局，复查组和华美检尺公司认真负责为企业着想的工作精神，正是你们的敬业和高超的检尺技术，为我司挽回了不必要的经济损失！同时“诚信溯源小档案”也获得了加方的高度认同，也加快了我司货物的及时销售，我们非常支持。

特此感谢！

图 2–1

TRI-UNION (H.K.) PULP AND PAPER LTD.,
UNIT F, 6/F, CNT TOWER, 338 HENNESSY ROAD,
WANCHAI, HONGKONG
TEL: (852) 28381568 FAX: (852) 25919767

TRI-UNION TRICELL

SOLD TO:
SUMEC INT'L TECHNOLOGY CO. LTD.,
198 CHANGJIANG ROAD, NANJING, P.R. CHINA
TEL: 86-25-84531132 FAX: 86-25-86640956

Invoice No.: ILG-903
Invoice Date: 31-08-2016
Contract NO.: 16TUP-L903CA
Trade Term: CFR TAICANG, CHINA
L/C NO.: 21000LC1602914

COMMERCIAL INVOICE

PORT OF LOADING	PORT OF DISCHARGE	VESSEL NAME	B/L No.:
NANAIMO, CANADIAN PORT(S)	TAICANG PORT, CHINA	DREAM ISLAND 09	16VCR0434

DESCRIPTION OF GOODS	QUANTITY (MBF)	UNIT PRICE (USD/MBF)	TOTAL AMOUNT
CANADIAN SOFTWOOD ROUND LOGS	5,624.600	USD 750.00	USD 4,218,450.00
CREDIT NOTE: CREDIT OF [illegible]MBF FROM CONTRACT# TPF-16026		-USD 15.00	-USD 84,369.00
GRAND TOTALS	5,624.600		USD 4,134,081.00

DESCRIPTION OF GOODS AND/OR SERVICES
COMMODITY: CANADIAN SOFTWOOD ROUND LOGS
ORIGIN: CANADA
TOTAL QUANTITY: 5,624.600 MBF
TOTAL AMOUNT: USD 4,134,081.00
TRADE TERM: CFR TAICANG, CHINA
PACKING: IN BULK

TRI-UNION (H.K.) PULP & PAPER LTD.,
TRI-UNION (H.K.) PULP & PAPER LIMITED

图 2–2

感谢信

太仓检验检疫局、复查组、华美检尺队：

2016 年 4 月 日，我公司通过中间商定购的一船美国原木约 2.7 万立方米，船名“巴斯海峡” 由华美检尺队跟班检尺，4 月 6 日现场检尺结束。汇总结果显示木材短少 355 根、材积短少 2430 立方米，短少率高达 9%，价值 39 万美元。

在得知如此严重的短少案件后，贵局黄卫国科长十分重视，立即带领木材复查组去现场做复查比对和取证工作，在找出造成该船木材短少的 3 大根源后，向外方出具了“诚信监管档案”供我司与发货商交涉赔偿事宜。由于所提供的证明材料事实清楚、分析到位、证据确凿，美国发货商在收到“诚信监管档案”的第二天，就在上面签署了“我公司确认 CIQ 检验结果”。在我方与美方进行商谈时，对方表示认可并同意赔偿，使我公司的货物及时投在市场销售。

由于该船木材我司是通过中间商定购的，时处货源紧张、市场畅销阶段，所以再通过中间商向美国发货商索赔是十分困难的。但在贵局、复查组的督促和帮助下，中间商、发货商都很重视“诚信监管档案”，使得理赔工作出乎预料的快速完成。

在此，我公司十分感谢贵局、复查组、华美检尺队，急客户所急、想客户所想和工作及其认真负责、细致的高尚精神风格！十分欣佩你们高超的检验技术和把关服务水平！这些都值得我们货主好好学习。

再次感谢贵局、复查组、华美检尺队！

祝贵局各位领导阖家幸福，公务日益昌盛！

图 2–3

感谢信

太仓国检局、木材复查组、群英检尺公司：

9 月 12 日，我司进口的“伊予海”轮加拿大原木，4730 根 / 3510.203 立方米。经过检尺公司检验发现短少 153 根 / 175.021 M3（短少率 4.75 %），货值 2.5 万美元。检验结果出来后，国检局带领木材复查组人员第一时间内去现场做了抽查、核实和取证。9 月 14 日，木材复查组结合对出口商发货明细码单等单证的复核、分析，找出了产生短少的根源，出据了“诚信溯源小档案”。

该轮由于是多家收货人混装、又在亚洲多港卸货，出现货物短少后很难找到责任方，对外理赔的难度可想而知。但贵局和木材复查组出据的“诚信溯源小档案”既有现场抽查比对的证据、又有对整船发货明细码单的全面分析，还依据我国检验标准的结果，做了中、加双方检验结果的一致性、差异性的理论分析和比对，以此作为旁证。

出口商接到“诚信溯源小档案”后从供货商、装船、运输、分港卸货等环节进行了全面的溯源。9 月 21 日外方发来了溯源报告，向中方表示歉意并全部认赔短少木材货款约 2.5 万美元

在此，衷心感谢贵局、木材复查组和群英检尺公司，正是你们忠诚履职、敢于担当、恪尽职守为公平的高贵精神风格，正是你们高超精湛的检验技术为企业挽回了不必要的经济损失。再次表示感谢！

图 2–4

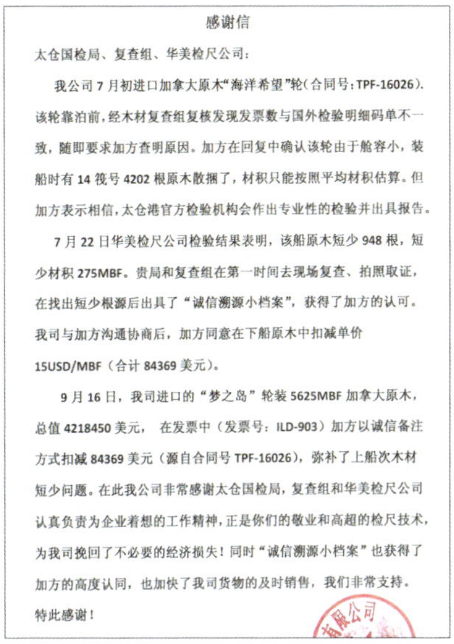

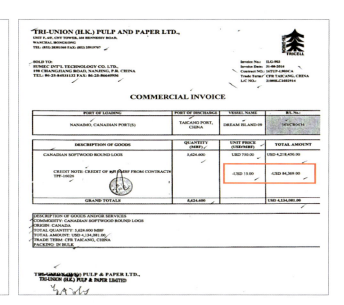

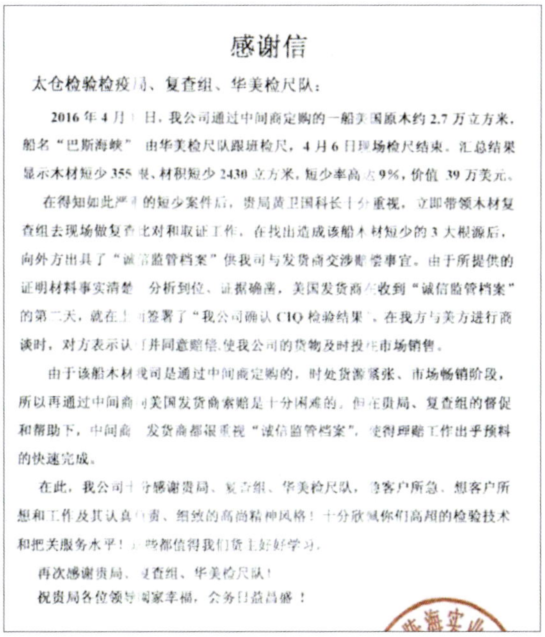

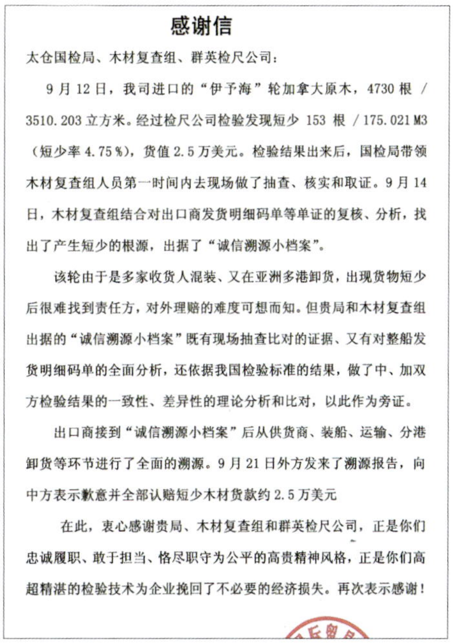

第三章

扣船后协商解决 挽回损失 16.5 万美元

2019 年初,南通某公司进口一船澳大利亚辐射松原木,约 3 万 m³。货物经过卸船、装车转运到码头后方堆场、卸车后区分长度规格堆垛、堆垛上检尺。所有程序正常,但后来发现部分货物质量差、等级低。

检工作尺结束后,汇总全船原木材积发现,不仅仅是部分原木质量差与合同和检验标准不符,而且材积短少严重。

在收集了现场相关证据和出具了检验证书后,收货人向海事法院申请对该轮实施下航次扣船处理。

恰好该轮下航次也是来到江苏某口岸卸原木。2019 年 6 月 21 日法院立案,船舶被扣留。后经过当事人之间多次磋商、交流,双方同意协商解决此案。

2019 年 9 月 18 日,武汉海事法院出具了"民事调解书"(2019)鄂 72 民初 ×× 号,赔付金额为 16.5 万美元。(图 3-1)

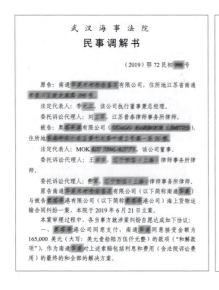
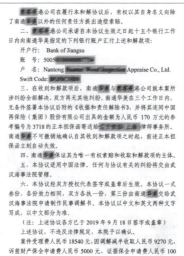

图 3-1

第四章

木材货物发生货损或短少时的应急处置方案

关于木材货物发生货损或短少时的应急处置方案，依据律师的观点，有如下应对和处理方案供选用参考。

一、首先通知保险公司

在卸货过程中，发现货物有损坏或短量情况，首先要即时通知保险公司，由保险公司安排商检或公估到现场进行检验。

二、货主与船公司没有签订租船合同

如果没有买保险，或者保险公司不及时处理的话，收货人需要自行采取措施进行救济。可考虑以下行动：

（1）如果货主没有与船公司签订租船合同，可先与码头协商，尝试停止卸货，委派律师与船东及船东保赔协会联系，迫使船东提供保函，然后继续卸货，同时安排商检进行检验。

（2）如果由于码头作业安排紧张或者船东态度强硬，导致无法在短时间（1～2天）内通过协商方式取得保函的话，就可能需要恢复卸货，也需同时安排商检；在这种情况下，需要考虑是否有必要向海事法院申请扣船。

（3）是否申请扣船需要考虑几个因素：全套正本提单是否都在手上；损失金额的大小；能否提供法院要求的反担保（现金＋银行或其他担保公司的担保）等。

（4）如果扣船成功，即可以取得合适的船东担保或有机会与船东快速和解。

（5）如果当时的情况无法成功扣船的话，可以考虑事后持续跟踪该船的航行动态，待其下次靠泊中国港口时再尝试申请法院扣船或通过协商方式要求保赔协会提供担保。

三、货主与船公司有签订租船合同

由于多数租船合同都有约定船东不负责装卸和数量，且同时有装卸时间和滞期费条款约束货主；因此，如果是货物发生短量，货主难以要求船东承担赔偿责任。但如果是货物发生严重的损坏，可考虑通过律师与保赔协会协商保函或申请法院扣船。

为支持律师与船东或保赔协会协商或申请扣船，货主需要收集并提供以下材料：

（1）理货报告或商检报告，初步报告就行。

（2）相关的货运单证，包括但不限于：提单、海运单、租船合同等。

（3）相关的贸易单证，包括但不限于：信用证、贸易合同、商业发票、装箱单、货款支付凭证等。（图4-1、图4-2）

图4-1

图4-2

数字内容

★第五章　以财产保全（扣船）为手段维护自身合法利益
　　　　——法院判决挽回损失50万美元的案例

第一节　"冰糖"轮被扣押

第二节　"冰糖"轮被扣押的原因

第三节　武汉海事法院对三家检验机构出具的不同检验结果的认定

第四节　武汉海事法院的判决结果

第五节　律师的主要取证内容

第六节　被告上诉于湖北省高级人民法院的14条理由

第七节　湖北省高级人民法院对被告上诉理由的答复

第八节　终审法院对检验机构和检验结果的认定

第九节　湖北省高级人民法院的终审判决书

第十节　"冰糖"轮维权成功的三大关键要素总结

扫码阅读

第八篇

守土有责　敢于担当　打造品牌
——对外索赔谈判经典案例纪实

导读

第一章　从"1英里"到"0"	295
——首次与美商的交锋获赔18.1万美元	295
第二章　中美两家木材检验官员的首次交锋	305
——不仅仅是两万美元的赔款问题	305
第三章　"西方虎"轮运来的智利辐射松	314
——一起与树木生理学家的技术谈判获赔19.5万美元	314
第四章　俄罗斯两个代表团的"满意+放心"	319
——获赔80万元	319
第五章　同一船的"两次索赔案"	324
——获赔10.7万美元	324

第六章　华"三"论"剑"，谁与争"锋" 326
　　——与加拿大检验机构的三次交锋获赔91.6万美元 326

第七章　二十五年后的"对弈" 344
　　——力促美国木材检验局第二次来华获赔50万美元 344

第八章　技术谈判推动了技术进步 351

第九章　一份价超40万美元的中方检验证书 355

第十章　寻因之旅　诚信之举 365
　　——中加双方首次对扒皮原木检验方法的探讨 365

第十一章　人物小传 371

数字内容

★第十二章　"海翠"轮的"最后通牒"
　　　　　——获赔7万美元的案件

★第十三章　精鉴明察　修善为民
　　　　　——"艾丽斯港"轮短少8000m^3特大案获赔124万美元

★第十四章　一次务实寻因　认真细致的复验交流

★第十五章　诚信的价值超过27万美元
　　　　　——一起仅靠邮件沟通了结的案例

进口木材贸易发生纠纷最终的纠缠点往往是围绕着买卖双方对检验标准的理解、掌握和运用上。发货方往往想查明原因,尤其是想查清楚中方对木材检验监管的准确性和有效性情况。而对检验标准的理解和掌握恰恰是贸易双方的弱项。所以,充分的证据和富有说服力的解释就成为解决问题的关键。在此情况下,黄卫国常常被收货人或发货人或国外检验机构邀请为现场复验谈判提供必要的技术指导或作为见证人。

当然,作为出具了检验证书的主任检验员,从提升检验监管有效性和针对性的角度、从维护检验证书尊严的角度,黄卫国也愿意为他们提供必要的技术服务、加强与他们的技术交流和合作。

第一章

从"1英里"到"0"
——首次与美商的交锋获赔 18.1 万美元

时近子夜,中原大地万籁俱寂。窗外静静地飘洒着鹅毛大雪,似乎一切都被严寒封冻了。但西安大厦的一套高级客房内灯火通明,一场唇枪舌剑的争论刚刚结束。一位年过花甲的外商低沉着嗓音缓缓地说:"尊敬的中国同行们,你们提出的理由与我已经看过的事实一样,是不可辩驳的。我除了按你们的要求在协议上签字外,已别无选择。"说罢用颤抖的手,在早已拟好的一份赔偿协议书上签名:罗伯特。两个月来,中国商检局的检验人员与这位具有40多年木材经营和检验技术经验丰富的美商的较量方告结束——为国家挽回损失18万美元。

让人忧心的木材质量

1983年12月4日,美国"佛尔特·保切纳"货轮满载着2万 m^3 原木抵达连云港。这是中国土畜产进出口公司通过香港 FY 公司向美国 SJ 公司订购的,总值为166万美元。货轮靠岸后,中国商检人员黄卫国随即登轮查看货物的品质状况。他围着甲板走了一圈,眉头渐渐紧锁,步伐逐渐沉重起来。看完后他直奔大副办公室。

"你好，你是大副吗？"黄卫国用英语问道。

"是的。"韩国籍大副答道。

"我是中国商检人员，欢迎光临中国连云港。"

"谢谢！"

"我可以看一下装载图吗？"黄卫国提出第一个要求。

"当然可以。"

"此轮是木材专用船，对吗？"黄卫国一边看着装载图一边问道。

"是的。"

"航行多长时间？跑了哪些航线？"

"已航行了三年多，专门从美国承运木材到日本、韩国和中国。"

"啊，那你是木材方面的行家了。"

"谢谢夸奖。"韩国籍大副面带微笑地答道。

"我可以请教几个问题吗？"黄卫国趁机深入问道。

"不用客气，请随便。"大副仍微笑地回答。

"既然贵轮是专门承运木材的，又跑了三年多，你对有关木材品质方面的经验肯定是很丰富。你认为这船木材的品质状况如何？"

"这个——"

"没关系，我只是作一般的了解。"

"凭我的经验，这批货的质量比较差，主要是腐烂的木材比较多。但根据国际海运规则，承运人（船方）对货物的质量是不负责任的。"大副一边解释一边拿出了提货单给黄卫国看。

"坦率地说，这是我三年以来所运载的最差的一船木材。进口美国原木，日本和韩国商人都是派自己的检验人员去挑选品质较好、等级较高的货物。表面看起来，花费要大一些，却是花小钱买大便宜。但中国舍不得花这笔费用，所以经常是将人家挑剩下的货拉了回来。我以前运往上海、青岛、天津的货都是较差的。"大副解除了顾虑后，把他所知道的情况和盘托了出来。

黄卫国拖着沉重的步伐下了船，向自己办公室走去。他一边走一边想，我们国家自1979年以来，进口木材的数量日渐增多，但货物的品质却愈来愈差，平均每年要花费国家外汇十几个亿的美金呀！

首次"西征"吉凶未卜

次日一上班，黄卫国把有关情况向领导做了汇报，并立即给陕西省木材公司王总工程师打电话，表达了自己的所见所闻，提出了解决问题的具体意见和办法。

1983年12月4日，"佛尔特·保切纳"轮所载2万m^3原木在连云港开始卸货，整列整列的火车将原木拉到陕西境内的11个收货点。陕西省木材公司组织了60多名检尺人员经过一个月的奋战，实地验收结果比原发材积短少720m^3，价值6万美元。

1984年1月13日，陕西方面电告连云港商检局，要求立即派人去陕西复验、出证。连云港商检局领导十分重视，当即派笔者承担这一任务。

1984年1月14日，西去的列车呼啸地急驰在陇海线上，车上的黄卫国心情既激动又不安。

激动的是自大学毕业后，经过一年的实习，首次独立执行公务，深感责任重大；不安的是由于"美国木材检验官方标准"的灵活性很大，在实际运用中要掌握得准确，必须有一定的专业知识和实践经验，要经得起外商的现场复验，要取得索赔的成功绝非易事。我国至今尚无一套完整的国外木材检验技术资料，但好在一个月前的北美洲木材检验技术交流会上，他抓住机遇向美国 PS 木材检验局董事长 K 先生索取了一套实用性很强的检验技术资料。他躺在列车卧铺上，一路思索着可能会遇到的种种困难。

排除疑惑，力推复检

火车一到西安，黄卫国就和陕西省公司检验科的娄科长一起到公司的一个货场，亲自抽验了 50 根原木，将每根的编号和检验结果记下，当夜加班将逐根检验结果一一与美国原发记录和陕西省的记录作出比较，结果表明：陕西省的检验在原木长度和直径的检量上符合美国标准中规定的检量和进舍方法，但在对含有缺陷原木的扣尺处理上，扣尺太小，不足弥补质量太差给我方造成的实际损失。如以抽查的 50 根推算，应计扣尺率为 18%，而陕西省的扣尺率为 9.55%，以此推算全船，少扣了 1741m^3；而且缺陷扣尺技术掌握得不稳定，原因是有的收货点扣得严，有的点扣得松，但总的来说扣得偏少。

这一夜，黄卫国怎么也睡不着，感到问题严重。如果仅按现在短少 720m^3 结果对外出证索赔，我方要吃亏 1741m^3；而且即使是按短少 720m^3 对外出证，外商来华复验时，我们的检验技术也未必能经得起推敲，到那时将发生权益和信誉的双重损失。要想保全国家的权益、商检的信誉和收货人的经济利益，只有一个办法，就是全面翻垛，重新检验。

但现实是严峻的，索赔有效期只剩下 13 天了。

1984 年 1 月 16 日一早，他直奔公司经理办公室，阐述了自己的想法和决心，但答复却是"等一等再说"，原因是全省木材系统正在召开年终总结大会。

1 月 17 日，他再也坐不住了，毕竟时间拖不起啊，于是他硬着头皮去找翟总经理，详细地反映了自己的看法，并指出问题的严重性，特别强调了应该共同努力，保护国家外汇免遭不应有的损失。

1 月 18 日，在由各市、区公司领导人和检验科长参加的会议上，他全面地阐明了自己的观点。但讨论是激烈的，客观的困难和主观的抵触情绪应有尽有。黄卫国毕竟是首次独立工作，时间短，阅历浅，人们难免会对他提出的问题和看法，对他的技术水平持怀疑和不信任的态度，个别人对他否定前期的检验工作十分不满。他沉住气，坚定地建议下午大家一起去现场，再实地抽查一批原木，眼见为实嘛！终于争取到与会的 50 多人一起亲临现场。黄卫国与大家一边检尺，一边解释原因，指出那些内部严重腐朽的原木，事实上已毫无使用价值，我方等于是既付了人家的货款又花了运费，却买回了很多废材；有些低劣的原木连美国法律都是规定禁止出口的。事实激起了大家的民族自尊心。

在讨论会上，李工程师说："以前自己对情况了解不够，今天下午是越看越觉得问题严重，越看越气愤，越看越感到全面翻垛重新检验的必要性。"

至此离索赔有效期只有 9 天了。

11 个收货点的检验技术不完全一致，而这批货的缺陷既多且复杂，有很多是综合缺陷，检验人员从未遇见过，如何提高技术水平、统一缺陷扣尺幅度，是最主要的困难。其次是天公不作美，连日来大雪封顶，气温都在零下8～9℃。特别是春节将至，人员、机械的调集和使用都很困难。

但是为了国家的利益不受损失，为了维护我国商检工作的权威性和严肃性，大家还是一致赞同重新翻垛检验。于是，省公司成立了总指挥部，翟总经理任总指挥，负责安排调用全省木材系统的人力和机械配合，解决突发性问题；黄卫国负责全部的技术工作，奔走于各检验现场指导检验工作，解决技术难题；王总工程师和李工程师负责检验码单的分类统计和汇总工作。各市公司成立指挥分部，由各市公司经理任指挥，及时掌握、汇报现场检验进度。并规定，要将问题特别严重的原木单独堆放，便于外商复验时一目了然，以便尽快找出问题的症结；要尽量抄下每根原木上的原有的国外编号，便于外商在复验时从原发码单上找出相应的原检验结果，以利于与我方做对照，确认原检验的错误之处；规定最后完成的期限为1984年1月25日晚12点前，各市县必须将所有的检验码单送到总部汇总。与会者异口同声：保证完成任务。此时，会议室时钟的指针已指向凌晨3:00。

攻坚克难，首出证书

从陕西省木材公司总经理到市、县各公司经理、科长，全部奔赴第一线，尽管外面大雪纷飞，滴水成冰，检验人员个个冻得面红耳赤，手肿脚粗，但是没有一个叫苦叫累。木材垛上盖满了雪，他们就组织后勤人员进行打扫；场地结冰太滑，铲车、吊车无法运行，他们就组织铺扫炭灰，甚至铲冰。

全省11个收货点近百人经过7天7夜的奋战，终于在1984年1月27日下午得到了全部检验结果：美方原发货检验时材积多算822m^3，加上缺陷扣尺少扣了1363m^3，共计材积短少2185m^3，应索赔金额为18.1万美元。黄卫国据此去陕西商检局出具了检验证书。

1月30日，他返回连云港，此时离春节只有两天时间了。

初次交锋，责任重大

1984年2月4日，当千家万户沉浸在春节的欢乐之中时，黄卫国又一次乘上了西去的列车。这次西行，他的任务更重，责任更大。美国SJ公司收到中国商检证书后，董事会决定委派具有40多年木材经营和检验经验的罗伯特到西安来复验和谈判。我方检验能否得到他的认可？要保证技术谈判和商务谈判顺利进行，自己还有哪些工作要做？有可能出现哪些僵局？怎么解决？……他坐在列车上，脑海里不断翻腾着。

研判策略，认真备战

陕西省木材公司组成了谈判小组，其成员由翟总经理、熊副总经理、检验科长、检验总工程师和黄卫国等人组成。晚上谈判小组开会，熊副总经理首先发言："由于我们在外事方面还缺少经验，特别在索赔谈判中接待外商还是首次，请黄同志谈下下一步我们该做哪些工作？"

"如果说我们以前所做的一切是为了取得准确的检验结果，那么，下一步要做的则是为了取得索赔谈判的成功。外商来华复验和谈判的目的和意图就是想否定我方的检验方法和技术，继而推翻我商检的检验结果。而我方则要通过复验谈判，让对方亲眼看到并接受这样一个事实，即对方原来的检验是错误的或部分错误的，检验结果是不准确的。这于对方来说是一个很大的转变，是一个自我否定的过程。我们仅拥有事实还不够，还必须要说得清，让对方看得见、摸得着。各类缺陷和问题分散隐藏在一万多根原木里，不通过一定的方式让它们表现出来，是很难让对方接受的。所以我们事先要做大量的准备工作，要将那些问题特别多的原木挑选出来单独堆放，同时我方对每根原木的检验结果，如长度、径级、等级、缺陷扣尺率等，一一与美国原检验结果做对照，发现差异所在，绘制出各类表格反映各类问题的比例，这就是下一步要做的现场准备工作。针对这批货物的主要问题是缺陷扣尺，即美国扣尺量为403690BF，合2070m^3，扣尺率为9.34%；而我方检验的扣尺量为669350BF，合3433m^3，扣尺率为16.1%，比美方多扣1363m^3，所以技术谈判的焦点将会集中在究竟是哪一家的扣尺方法准确。判断的标准按合同规定的"美国木材检验官方标准"，我们只能按此标准结合实物向对方解释，我方是全面领会和执行该标准的。如果技术谈判实在进行不下去，我们可以选一些缺陷严重的原木让他先作出扣尺评估，再拉到锯木厂实地锯开，看看该缺陷对原木出材率到底有多大影响，以此决定谁家的扣尺技术准确，这就是现场技术谈判的核心问题。我相信，我们有事实、有证据、有能力确保现场技术谈判取得成功。"

"那么，在商务谈判上我们应按什么程序进行呢？还是想听听黄卫国同志的意见。"熊副总经理问道。

"商务谈判就要看在座的各位经理了，我个人认为，技术谈判一旦取得突破，就为商务谈判打下了良好的基础。但这并不等于外商就愿意立即掏钱。他们总要设法解脱，我认为，商务谈判的基本点就是维护商检证书的尊严，不能轻易作出让步，更不能回避证书上所开列的结果，以免引起外商对商检证书总结果的怀疑。必要时，我们可以在运费、加工费、仓储费上做些让步。千万要注意的是，就地看货，就地谈判，就地解决问题，不能同意外商将问题带走的要求。必要时要给对方施加压力。有两个筹码可以在商务谈判时向对方施加心理压力：第一，该批货物的缺陷扣尺量已达3433m^3，占16.1%，即整批货物中有16.1%的废材被拉到西安，这期间在国内发生的废材运费、仓储费、保险费、加工费等，以及严重影响商品使用价值造成的损失，在商检证书上是无法列出的，如果对方不赔偿我方的基本损失，我们要求重新计算；第二，我们可以要求退货，因为这不是我们所要的货物……"

"对，就这么办，事先起草一个看货、复验协议，看一个点谈一个点，商务谈判必须在我西安市全面完成，不留下后遗症。"翟总经理果断地说。为此，成立了谈判领导小组，对现场复验的技术谈判、回答外商的口径、各类材料的准备，以及接待工作都一一做了安排和布置。接着用7天时间，对各大收货现场做了检查布置，重点是将600多根有各类缺陷的原木堆放在一起，只要外商一检量、一对照就会发现他们原始检验的错误之处；将有严重缺陷的原木，特别是那些外表看起来很好，但有严重内腐或"子实体"腐朽的原木堆放在一起（这些原木在检验中材积已被我方扣到零，或是扣尺剩余的材积不足以弥补原木在加工时的费用支出而被列为废材的）。

惊心动魄的"拉锯战"

1984年2月15日,美国SJ公司总裁携夫人在中国土畜产进出口总公司徐处长和魏女士的陪同下前来西安看货复验。2月16日,西安大厦的某会客厅内坐着10个人,气氛是严肃、紧张的,一场"争夺战""拉锯战"即将开始。翟总经理毕竟是军人出身,只见他胸有成竹,干净利索地先给对方一个下马威。他说:"我谨代表省公司,首先欢迎美国客人的光临。我不无遗憾地看到,我们和贵公司做的首笔业务就出现了这么大的问题,这是我没有预料到的。但事实就是如此,我无论如何遗憾也改变不了,我唯一的要求就是在西安看货、复验,在西安解决问题。"

"尊敬的中国先生们,在来中国之前,我仔细审查过合同、发票和发货明细码单,它们当中对货物品质、规格的规定和要求,即各等级原木所占的比例是与信用证相符的,没有问题。至于该批货物缺陷太多,我是承认的,但我公司已作了两个方面的处理:一是压低了售价,每立方米只售85美元;二是美国检验局在检验时已扣除了403690BF。这两个方面加起来是足够弥补一切损失的,希望你们能充分理解。"

不愧为老商人,听起来头头是道,无可挑剔。

"请允许我指出:单证上所列的仅是书面上的,实际的到货并非与单证完全相符。对该批原木的缺陷,尽管已作了扣尺处理,但远远弥补不了给我方造成的损失,为此,中国商检部门已检验并出具了证书。"王总工程师也毫不留情地回复。

"我在没有看到货物究竟是怎样检验之前,仅凭这些照片,我是不能下任何结论的。"罗伯特说的也是实话。接下来,从上午10时到整个下午,罗伯特一共看了两个货场,亲手复验了20根原木。由于争议比较大,复验速度很缓慢,其中有3根原木的缺陷扣尺争论了近两个小时。一根是"腐朽"缺陷我方扣长度10ft,而罗伯特一开始只同意扣2ft,后经我方按"美国木材检验官方标准"反复解释后,才同意扣4ft;另一根是"心裂"缺陷,我方扣直径4in,但罗伯特一开始只同意扣1in,经我方指出此原木加外"边腐"缺陷合并扣4in不为多时,才同意扣3in。在此期间,罗伯特共对货物连拍了3个胶卷的照片,尤其是对那些单独堆放缺陷严重的原木。

遥远的"1英里"距离

1984年2月17日,西安大厦原会客厅的原班人马召开会议,会议以翟总经理的一席话开始:"昨天看货复验后,今天是不是交换一下意见,请罗伯特先生谈谈自己的看法。"

"我不可能否认这批货物的质量是较差的,因事实摆在那里。如果我不亲眼看,是不会相信的。"

"请你谈一谈对我方检验的看法。"王总工程师提醒说。

"我相信并希望你们中国商检已对这批货物作出了公正、准确的检验。"

"既然中国商检的检验是公正、准确的,那么你如何处理材积短少2185m³的检验结果"。翟总经理紧接着说。

"不,我卖东西不可能根据你们的要求来计算,我不能接受材积短少2185m³的检验结果。"罗伯特赶紧说。

"你既然承认了中国商检的检验方法,又有什么理由不接受中国商检的检验结果呢?"翟总经理不解地问。

"我同意也相信中国商检，但也不能否认美国普吉特海峡检验局的检验。尤其是美国木材检验官方标准，是以美国普吉特海峡为主的7家检验局联合制定的。"罗伯特不无自豪地说。

黄卫国总是在关键的时候说上几句，这时他不得不说了。

"罗伯特先生相不相信我们都没有关系，但不可以不相信事实，有实物为证、有美国官方检验标准，你又是专家，只要实地一检验，便不难看出哪家检验是正确的。"黄卫国的话可谓一针见血。

"我相信黄先生已经作了最大的努力。但是否在检尺和缺陷扣尺的判断上有些出入，昨天的事实也证明了这一点，我们之间的距离相隔'1英里'。"罗伯特把谈判距离推向了"1英里"的虚无缥缈中，拿足了讨价还价的架势。

从"1英里"到"1英尺"

不管对方扯上几英里，反正要把对方拖回到事实中来。黄卫国为了防止对方在现场复验时任意解释和改变做法，就抓住对方"判断上有出入"这个话题说："我建议，在再次去现场复验之前，有必要事先对某些检验技术问题达成一致意见。然后由你我共同检验一批，取得一致结果后，再与美国检验局的原检验码单一一对照，看看哪家检验的结果是正确的。"

这个建议不失为一个合理而有效的方法，罗伯特也不好拒绝这种合理的提议。于是，他们就原木直径的检量和取舍进位方法，以及主要缺陷扣尺的技术指标，按美国官方标准的要求一一达成了较为一致的看法。

1984年2月18日再次来到现场，罗伯特与黄卫国又共同检验了50根原木。由于事先双方对检尺方法和缺陷扣尺的尺度已有了口头协议，罗伯特不好再作更大的辩解，但在对"内腐"和"子实体"腐朽严重的原木，我方将其材积扣减到零时，罗伯特仍是不能接受。尤其是"子实体"腐朽，表面上看对木材没有什么大影响，只是在原木端头表现出零星的腐朽，但撕开树皮后，就能发现材身上的腐朽节。这种缺陷是在树木生长过程中产生的，即"子实体"腐朽菌通过树节或从创伤部位侵入，随着树干内水分自下而上的蒸发运动而逐步向上发展，因而在树干内部常形成贯通性腐朽，木材已基本无使用价值。

当黄卫国按"子实体"腐朽的生理学特性向罗伯特作详细解释时，对方仍将信将疑。为了让罗伯特彻底地信服，特意让他自己挑几根木材拉到锯木厂解剖——这确实是一个让人捏着一把汗的试验。但试验结果终于让他否定了自己对这类腐朽"最多只能扣10ft"的判断，接受了我方"全部扣尺"的结论。

当罗伯特第三次走进会客厅坐到谈判桌上最后一次谈判时，翟总经理开了第一炮："请罗伯特先生谈谈昨天看货、复验的看法。"

"美国检验局是检错了不少，我承认这个事实。"罗伯特说。"那么，哪个检验局是正确的？"王总工程师追问道。"中国检验局的检验是很细致的、准确的，对缺陷扣尺技术是很有水平的。认真检验起来，美国是搞错了，我回美国后要告诉美国检验局。"罗伯特已彻底认可了中国商检的检验方法和技术。

"请罗伯特先生谈谈如何处理检验结果？"一直在做翻译的徐处长问了一句。

"请问，材积扣到零的废材有多少根？"罗伯特问。

王总工程师答："有116根。"

"我看没有那么多，大约是25根。我的后半生就靠这116根木材生存了。"罗伯特认为没有那么多。

"总共有11个货场，你并没有全看。如果你不相信可以再看。"翟总经理说。

"不，反正我相信他（用手指指黄卫国），他昨天的解释都比较正确，我俩的距离相隔只有'1英尺'。"罗伯特已将前天的"1英里"距离拉回到"1英尺"。

巧施压力，堵塞推诿

"那就让我们再谈得靠近一点，罗伯特先生如何处理整批货物的检验结果。"徐处长再次提出了这个关键性的问题。

"关于这个问题，我一方面要回去找美国检验局，一方面要去中土公司谈。"罗伯特推辞道。

"找美国检验局是你们内部的事；找中土公司，我就可以代表中土公司。"徐处长堵住了对方的退路。

"但我要回去查一下，部分货物是不符合合同规定的，不应出口，但为什么装上了船？"罗伯特的反问显然想把问题归结到中国监装人员头上去，旁生枝节。

"尽管合同上规定了中国监装人员有权制止装载与合同规定不符的货物，但合同上同时也规定了货到中国后，收货人有权申请中国商检对货物的规格、品质和数量作出检验，如有不符的，可出证索赔。"徐处长反驳道。

"罗伯特先生，不按合同规定出售低质量的木材是相当不讲信用和不友好的，理应承担给我方造成的损失。不能采取这种前面肯定、后面又否定的态度，东扯西拉地推卸责任。我们进口贵公司的木材是为了我国'四化'建设，像这样的木材不是我们所需要的。如果不赔偿我方的基本损失，我们要求全部退货！"翟总经理很严肃地指出。抓住时机向对方施加压力，这一招不失为商务谈判的一记重锤。

尽管气候很寒冷，但此时的罗伯特已是满头大汗，他有点结结巴巴地说："你们的检验结果同检验方法一样都是准确而公正的，我同意赔偿。"

从"1英里"到"0"

在签署认赔协议书时，罗伯特又使用了"我建议赔偿"的字眼；受到我方的拒绝后，又改为"我坚持应该赔偿"。并且解释说："我虽然是公司的总裁，但我的授权有限，只有10万美元的决定权，超过这个部分要经董事会研究才能决定。"

就这个问题，我方谈判小组内部的意见也不尽统一。有的认为可以，有的建议在认赔协议书上对于超过10万美元部分加一个备注，注明这是超过授权范围的。但黄卫国的看法是：授权问题是对方内部的事，不应带到中国来让我们为他考虑。如果对超过10万美元的部分只加批注，这个超过的部分很有可能要不回来，认赔协议书是具有正式法律效力的文书，因而在上面使用"我建议赔偿"这样灵活性的字眼是很不规范的。罗伯特代表的是他的公司，而不应是个人行为。

经过短暂的休息后,继续谈判,在我方理正词严的坚持下,罗伯特颤抖着双手,在协议上签了"我同意赔偿"。至此双方的距离已经缩短为0。(图1-1)

总结会和庆功宴

1984年2月20日,全面的总结会开了一个上午,大家畅所欲言,感触颇多。两个多月来虽然大家吃了不少苦,多花了四五千元的机械费用,但挽回了18多万美元的经济损失,值;更重要的是维护了中国商检公正、准确的信誉,维护了国家的权益,更值。

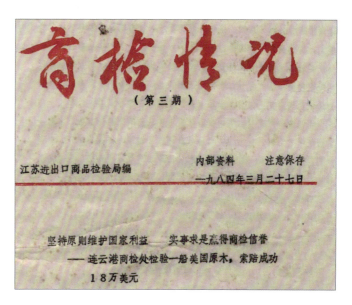

图 1-1

庆功晚宴进行到一半时,主桌上16个人有15个全部趴在饭桌上呼呼大睡,黄卫国支撑着回到房间想泡个热水澡消消疲劳,可躺在浴缸里也呼呼大睡了,直到水凉了才惊醒。

题外话

国内部分

在黄卫国离开西安前,翟总经理专门来到黄的房间,开门见山地说:"小黄,真是对不住你。当时你提出要全省重新翻垛检验,我心里很是抵触你,心想,这么小的毛孩,口气好大,真是不知深浅。所以就把你搁置在宾馆里,不予理会。哎,真是无理了。客观上正好是春节前事情太多,加上公司仓库堆放的核桃离电灯泡太近,夜里起火了,烧掉了2台小车。当时公安部门正在调查取证并要给予我处分。所以心情很不好,怠慢你了……"

索赔事件结束后,翟总经理一行专程去连云港商检局表达谢意。

国外部分

1985年,翟总经理从美国出差回来后,告诉黄卫国说,这个罗伯特说话还真算数。索赔案件结束后,他在离开西安时对我说,下次你到美国,我请你喝酒。

这次在美国恰巧碰见了他,他还真的请我喝酒了。他承认上次发的那船原木是想试探下中国市场能否接受这样的木材。席间,他还问我,像黄卫国这么年轻就如此精通美国木材检验技术的官员,在中国有多少?翟说,我回答是有千万个。

事有巧合,1985年6月19日《连云港日报》以《年轻的胜利者》为标题,报到了这船木材的成功索赔。评论员的评论标题是《需要千万个这样的年轻人》。

媒体报道（图 1–2 ～图 1–5）

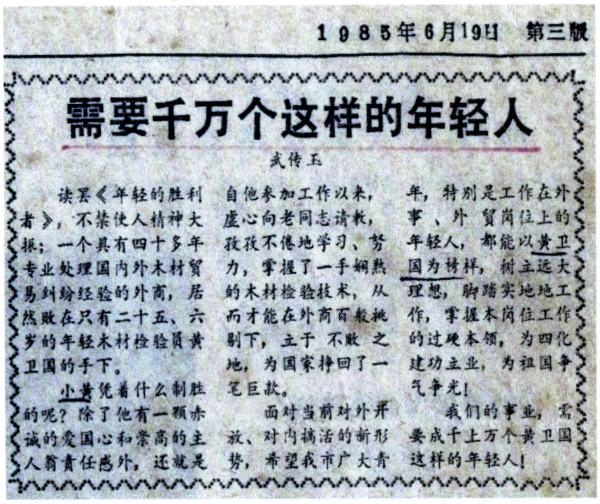

1985年6月19日 第三版

需要千万个这样的年轻人

武传玉

读罢《年轻的胜利者》，不禁使人精神大振：一个具有四十多年专业处理国内外木材贸易纠纷经验的外商，居然败在只有二十五、六岁的年轻木材检验员黄卫国的手下。

小黄凭着什么制胜的呢？除了他有一颗赤诚的爱国心和崇高的主人翁责任感外，还就是自他参加工作以来，虚心向老同志请教，孜孜不倦地学习、努力，掌握了一手娴熟的木材检验技术，从而才能在外商百般挑剔下，立于不败之地，为国家挣回了一笔巨款。

面对当前对外开放、对内搞活的新形势，希望我市广大青年，特别是工作在外事、外贸岗位上的年轻人，都能以黄卫国为榜样，树立远大理想，脚踏实地地工作，掌握本岗位工作的过硬本领，为四化建功立业，为祖国争气争光！

我们的事业，需要成千上万个黄卫国这样的年轻人！

图 1–2

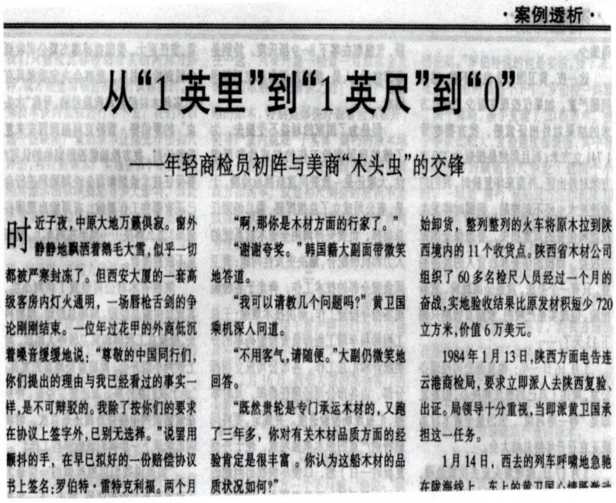

·案例透析·

从“1 英里”到“1 英尺”到“0”

——年轻商检员初阵与美商“木头虫”的交锋

时近子夜，中原大地万籁俱寂。窗外静静地飘洒着鹅毛大雪，似乎一切都被严寒封冻了。但西安大厦的一套高级客房内灯火通明，一场唇枪舌剑的争论刚刚结束。一位年过花甲的外商低沉着嗓音缓缓地说：“尊敬的中国同行们，你们提出的理由与我已经看过的事实一样，是不可辩驳的。我除了按你们的要求在协议上签字外，已别无选择。”说罢用颤抖的手，在早已拟好的一份赔偿协议书上签名：罗伯特·雷特克利福。两个月

“啊，那你是木材方面的行家了。”

“谢谢夸奖。”韩国籍大副面带微笑地答道。

“我可以请教几个问题吗？”黄卫国乘机深入问道。

“不用客气，请随便。”大副仍微笑地回答。

“既然贵轮是专门承运木材的，又跑了三年多，你对有关木材品质方面的经验肯定是很丰富。你认为这船木材的品质状况如何？”

始卸货，整列整列的火车将原木拉到陕西境内的 11 个收货点。陕西省木材公司组织了 60 多名检尺人员经过一个月的奋战，实地验收结果比原发材积短少 720 立方米，价值 6 万美元。

1984 年 1 月 13 日，陕西方面电告连云港商检局，要求立即派人去陕西复验、出证。局领导十分重视，当即派黄卫国承担这一任务。

1 月 14 日，西去的列车呼啸地急驰

图 1–4

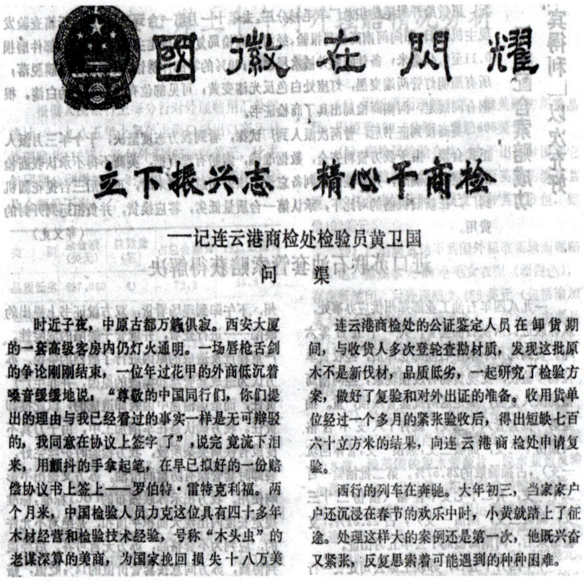

国徽在闪耀

立下振兴志 精心干商检

——记连云港商检处检验员黄卫国

问 渠

时近子夜，中原古都万籁俱寂。西安大厦的一套高级客房内仍灯火通明。一场唇枪舌剑的争论刚刚结束，一位年过花甲的外商低沉着嗓音缓缓地说：“尊敬的中国同行们，你们提出的理由与我已经看过的事实一样是无可辩驳的，我同意在协议上签字了”，说完竟流下泪来，用颤抖的手拿起笔，在早已拟好的一份赔偿协议书上签上——罗伯特·雷特克利福。两个月来，中国检验人员力克这位具有四十多年木材经营和检验技术经验，号称“木头虫”的老谋深算的美商，为国家挽回损失十八万美

连云港商检处的公证鉴定人员在卸货期间，与收货人多次登轮查勘材质，发现这批原木不是新伐材，品质低劣，一起研究了检验方案，做好了复验和对外出证的准备。收用货单位经过一个多月的紧张验收后，得出短缺七百六十立方米的结果，向连云港商检处申请复验。

西行的列车在奔驰。大年初三，当家家户户还沉浸在春节的欢乐中时，小黄就踏上了征途。处理这样大的案例还是第一次，他既兴奋又紧张，反复思索着可能遇到的种种困难。

图 1–3

连载之二

木头官司

● 黄卫国

初阵与美商“木头虫”交锋

时近子夜，万籁俱寂。窗外飘洒着鹅毛大雪，似乎一切都被严寒封冻了。但西安大厦的一套高级客房内却灯火通明，一场唇枪舌剑的争论刚刚结束。罗伯特·雷特克利福用低沉的声音缓缓地说：“尊敬的中国同行们，你们提出的理由与我看过的事实一样，是无可辩驳的。我除了按你们的要求在协议上签字外，已别无选择。”说罢用颤抖的手，在早已拟好的一份赔偿协议书上签了字。两个月来，中国商检人员与这位具有40多年木材经营和检验技术号称“木头虫”的美方的较量方告结束——为国家挽回损失18万美元。

—

1983年12月4日，“佛尔特·保切纳”货轮满载着2万立方米原木抵达连云港。这是中国土畜产进出口总公司向美国森德瑞杰斯公司订购的，总值为166万美元。货轮靠泊后，中国商检人员黄卫国随即登轮检验。看完后，他直奔大副办公室。大副承认这是该轮

不着，感到问题严重。如果仅按现在短少720立方米的结果对外出证，我方要损失1741立方米；而且即使是按短少720立方米出证，外商来华复验时，我方的检验也经不起推敲。要想保全国家权益、商检信誉和收货人的经济利益，只有一个办法，就是全面翻垛，重新检验。但现实是严峻的，索赔有效期只剩

市、区公司领导人和检验科长参加的会议上，他又全面阐明了自己的观点。但讨论是激烈的，客观的困难和主观的抵触情绪应有尽有。黄卫国毕竟是首次独立工作，时间短，阅历浅，人们难免对他的技术水平持怀疑和不信任的态度，个别人对他否定前期的检验工作，还十分不满。但他沉住气，终于争取到与会的50多人一起亲临现场，实地抽查。黄卫国与大家一边检尺，一边解释原因，指出那些内部严重腐朽的原木，事实上已毫无使用价值，我方等于是既付了货款又花了运费却买回了废材；有些低劣的原木连美国法律都是禁止出口的。残酷的事实激起了大家的民族自尊心。

至此，离索赔期只有9天了。但是，由于11个收货点的检验技术不完全一致，而这批货的缺陷又多而复杂，如何统一缺陷扣尺幅度还是个很大的困难。而且天公不作美，连日来大雪封顶。春节将至，人员和机械的调集使用都很困难。可为了国家利益不受损失，为了维护商检工作的权威性和严肃性，大家还是一致赞同重新检验。

那些日子里，从省公司总经理到市、县公司经理，全部奔赴第一线，尽管外面大雪纷

图 1–5

第二章

中美两家木材检验官员的首次交锋
——不仅仅是两万美元的赔款问题

从一封来自大洋彼岸的检验局来信说起：

"上次的中国连云港之行——那是我第一次来到东方这块神秘的国土，给我留下了极深刻的印象。星罗棋布般的货物分布，巨大的工作量，有条不紊的检验、汇总工作，体现出高效能的检验管理模式；一流的检验技术水平和对官方标准全面、准确的理解与掌握，以及这次高比例的索赔案，震动了美国木材检验界。毫无疑问，我们正在采取行之有效的措施和手段——加强发货前的管理和检验工作，尽量杜绝任何类型、任何方式的索赔案件的发生。以后的事实将是对我现在文字承诺的最好答复。我们将以一流的木材质量来架设中美贸易坚实之桥梁。愿我们之间的技术交流不断加强，但不是发生在索赔的时候。"

这是美国第二大木材检验局（仅次于哥伦比亚检验局）——PS 检验局的主任检验员黑腾回国后致函给连云港商检局的黄卫国。

让我们把时光倒回到 30 年前，看一看当时的连云港进口木材贸易是一种怎么样的状况。

时间：1988 年 11 月

背依青山，面向黄海的连云港神州宾馆，素以幽静独特的环境而受中外游人的青睐。寒流的初袭，更使宾馆显得格外庄重和宁静。然而，连日来有两位客人匆匆进出宾馆，经常通宵达旦地伏在办公桌前，进行着大量数据的统计和分析。从他们紧锁的眉头和匆匆赶路的脚步声中，可以猜出，他们遇到了棘手问题……

法眼初识端倪

1988 年 6 月 1 日清晨，一轮红日从东方海平面上冉冉升起，万道霞光顿时倾泻在碧波万顷的海面上。一艘万吨巨轮满载着 3 万多立方米的美国花旗松原木，从美国西海岸历经 18 天的航行，正徐徐驶入中国东方海港——连云港。该批货物为中国石油总公司收货。

金光闪闪的太阳，碧波荡漾的海面，万吨巨轮激起的层层浪花和繁忙的海港，构成了一幅十分美丽壮观的画面。

这艘名为 Salus Navis 的巨轮靠稳泊位,船舶舷梯刚刚放稳,黄卫国即登梯上船,他要赶在开卸货物前向船方了解和掌握有关信息——查看货物整体质量和规格等情况,了解装货和运输等相关信息。从船方得知:该船货物在美国装货港由两家发货人供货,装船时两家货物未分舱,而且舱内货物之间未设隔票。当时的收货人代表上船监装时同意了这种装法。

下船后,黄卫国直奔中国木材公司连云港转运站,详细查阅了美国发货检验明细单、提单、发票等单证,得知该船货物是由中国土畜产进出口总公司分别向美国 WY 公司和 PC 公司订购的,总值 3575430 美元。

回到办公室后,黄卫国反复思索,两家供货方的货物装在同一条船上,货物之间无隔票或其他区分标志,又是同一货种,这种装货方法是不符合国际惯例的,一旦在卸货港发现货物质量或数量问题,其责任究竟归属于何方?这样违规做法是作业者不懂业务,还是有意所为?

矗立在码头船边的两台龙门吊,像巨人似地伸出两条强劲的臂膀,将这些"美籍客人"一一请到早已等在船边的火车车厢里,除 1 万 m^3 货物将在连云港用于港口建设外,其余的 2 万多立方米将乘火车由东向西继续"旅行"到河南省和甘肃省的石油开发基地发挥效用。

6 月 9 日,整船货物全部卸毕,根据对卸货现场的监视和理货公司的报告,由于两家货物之间无隔票,卸货时只能混卸、混发。尽管部分原木带有原发货标签和编号,但大多数原木历经装卸和长途运输后,标签早已脱落,分票检验和汇总几乎是不可能的了。

7 月 23 日,整船货物检验完毕,黄卫国担心的问题终于出现了,材积短少了 198000BF,合 $1000m^3$,价值 10 万美元。

研判对策,二次出证

是谁家的货物短少了,是 PC 公司的?还是 WY 公司的?还是两家的货都少了?向谁家提出索赔呢?为此,商检局召集有关单位开会研究对策。有人提出,这种情况下只有放弃出证索赔权,而无其他选择。但黄卫国的观点是:放弃出证索赔不仅仅是意味着前期检验工作的全盘落空,更重要的是意味着美方蓄谋的"意图"即将得逞;而且显得中国商检的束手无策,只能坐视国家权益的受损。商检局的领导同意黄卫国的观点,要求大家多想办法和对策,通过讨论,决定采取以下措施:

一是针对离索赔有效期的终止只剩下 10 天时间,由商检局出面与中土总公司联系协商,先出具整船总的检验证书,对外保住索赔有效期,然后中土总公司再与美方要求延长检验和索赔期。

二是结合有关单证和前期现场检验所取得的经验,制定了现场分票检验、分别整理记录明细单和汇总表的措施和方法,并立即组织 12 名检验人员赶赴河南和甘肃的堆货点。

这样,从 1988 年 7 月 24 日至 9 月 9 日,历时 40 多天,终于艰难地完成了重新分票检验任务,并结合美方两家货物的平均材积对比分析和材积短少与原发明细单的对照分析,终于确认了该批货物仅美国 PC 公司一家短少了 $1000m^3$,第二次出具了检验证书。

压力巨大，果断决策

自 1988 年 9 月 9 日连云港商检局第二次出具检验证书后，经多次催促，美方于 11 月 9 日回电中土总公司，在长达 4 页的回电声明："美国六大检验局将联合派 4 名专家去连云港花 18 个工作日，对整批货物实施重新翻垛检验，如属你方检验差错所致，由此而发生的一切费用和损失，包括来华人员的工资，都必须由你方承担。"

中土总公司对此"声明"持十分慎重的态度，未敢直接答复美方，而是多次电询黄卫国，能否有把握取胜，现在回绝尚来得及。

这无疑将是一起重大的涉外案件，一旦失误其后果不堪设想，不仅意味着经济损失，更重要的是新闻媒体一报道，将严重地损害中国商检的形象和开局。巨大的精神压力使得黄卫国一整夜不能合眼。不担心是不可能的：3 万多立方米的原木历经两次检验，尤其是第二次分票检验，能否保证准确无误；参加的 20 多名检验员虽然曾多次经商检局培训和考核，但检验水平不尽一致，能否确保检尺技术和缺陷扣尺的判断都经得起美国检验局的推敲？

连云港口岸自 1980 年大量进口美国木材以来，经连云港商检局检验出证索赔达 21 船次，占批次的 39%，索赔总金额超过 400 万美元。不少美国商人来华看货复验后，都表示回去要找美国检验局，解决检验上的问题。真是"山雨欲来风满楼"，两国商检部门官员的直接交锋已不可避免。更为反常的是以前的索赔案件在中国商检出证后，美方很快就来华复验谈判，而这次却拖延了两个月之久。说明对方是作了充分准备整装待发的。

次日一上班，黄卫国即向局长何学忠汇报了自己的想法和打算，认为事关重大，只能背水一战，退则意味着自我否定。何局长十分信任和支持黄卫国的工作，批示他要大胆心细，现场准备充分，谈判机智灵活。于是黄卫国答复中土总公司："请转告美国检验局，欢迎他们早日到来，我方的检验是经得起任何机构采取任何方式复验的。"

两国检验局之间的"较量"

1988 年 11 月 12 日，美国 PS 木材检验局 54 岁的主任检验员黑腾和美国 PC 公司副总裁阿托金斯在中土总公司李副经理的陪同下前来连云港。他们不顾旅途的疲劳，放下行李即来到海边的货场。

此时，正值寒流侵袭港城，零下十几度还伴随着阵阵海风，吹得人们浑身冰凉，但黑腾却脱下外衣，身着单薄的工作服，系上宽皮带，腰挂钢卷尺，手提 1.5m 长的带刻度的解剖铲，做好了复验前的准备工作。

此时，副总裁阿托金斯提议：本次复验由中国商检局和美国检验局两家联合进行。（图 2-1）

图 2-1

PS 木材检验局是美国第二大检验局,已有 80 年的历史,是美国木材检验官方标准的主要起草和修订局。黑腾已担任了 12 年之久的主任检验员。从他那黑黑的、饱经风霜的脸庞上不难看出,他是地道的检验员出身。

一开始检量原木直径时,黑腾设法旋转尺子角度,寻找足以进级的尺寸。因为,标准中规定了直径检量时要舍去所有不足 1in 的小数部分,而以满 1in 进级。黄卫国立即告诉对方,这种量法不太符合美国标准的规定。正确的方法是:先检量短径再垂直检量长径,取其平均值,在检量长、短径和计算平均值中,均应舍去所有不足 1in 的小数部分。黑腾明白了我方已吃透了原标准,只好按标准中规范的方法去检量,以后在遇到特殊形状的原木时,也注意与黄卫国协商确定检验方法。(图 2-2、图 2-3)

图 2-2

图 2-3

依据美国官方标准的规定:根据检量原木的实际长度和直径,先确定原木的毛材积;再对原木做必要的缺陷扣尺,以确定原木的净材积。

在联合复验一开始,黑腾对原木缺陷扣尺总是采取视而不见、避而不谈的方法。黄卫国意识到:如果这样下去,就无法与我方原检验时的 3.4% 缺陷扣尺率相吻合。于是郑重地向对方提出:对木材缺陷应按标准规定予以必要的扣尺。但黑腾的观点是:很多缺陷是在中国境内由于长期堆放遭受日晒和风吹雨打等气候因素造成的;而另一些则是中方在搬运、堆垛时装卸机械造成的,对这些缺陷不能扣尺。黄卫国反驳道:"不能把所有的缺陷都归属于在中国境内形成的,这样对树木因自身生理和病理因素而形成的原始缺陷也一律不予扣尺,既不符合标准规定,也不符合公正、准确、实事求是的原则。"思索片刻后,黑腾向黄卫国提出:"如果你能判断出哪些缺陷是属木材生理和病理缺陷,或是在美国就形成的原始缺陷,我就考虑扣尺问题。"这也难不倒中国商检。在以后的联合复验中,黄卫国运用专业知识,依据树木生理学和病理学的观点,对各种缺陷的较准确的判断,迫使对方不得不认真对待,采取了较为合理的扣尺方法。(图 2-4、图 2-5)

现场联合复验一直持续到第五天,双方共同随机抽验了 645 根原木,占整批到货的 4%。通过对这些原木尤其是特殊形状原木检量方法的共同探讨;对十几种原木缺陷,尤其是对多种综合缺陷扣尺方法的广泛交流后,黑腾宣布:"现场复验已没有必要再持续下去,连云港商检局的专业检验技术水平和英语水平已达到能全面理解和准确运用美国官方检验标准的程度。"(图 2-6、图 2-7)

图 2-4

图 2-5

图 2-6

图 2-7

意外难题，谈判筹码

1988年11月17日，神州宾馆，黑腾住处的房间，灯光彻夜未熄。

我方人员却感到经过数日来的紧张复验，今晚是最轻松的了，因为毕竟黑腾已承认我方的检验方法是准确的，那么对方就应该能接受我方的检验结果。但黄卫国仍是一夜未眠，他想：问题肯定不会那么简单，美商不会很痛快地认赔，何况这次索赔案件还涉及美国检验局的声誉。

11月18日上午，索赔谈判正式开始。黄卫国首先用英语向美方介绍了整船原木我方的检验情况，以及我局一贯采取的确保检验质量的管理措施和监督检查制度，还有检验员培训考核制度等。（图2-8）

黑腾介绍了普吉特海峡木材检验局80年的发展历史、检验程序和管理办法等。并宣布了这次对645根原木的联合复验结果，以及美国原发货检验结果和中国到货后的验收检验结果，分别编列成两个表格，表2-1为645根原木联合复验与美方原检验结果对照分析表、表2-2为整船货物（15956根）美方发货检验与中方验收结果对照分析表。

图 2-8

表 2-1

分项	毛材积	净材积	缺陷扣尺量	扣尺比例
美方原检验	202460BF	196520BF	5940BF	2.9%
联合复验	195260BF	189060BF	6200BF	3.2%
短少量	7200BF	7460BF		
短少比例	3.6%	3.8%		

表 2-2

分项	毛材积	净材积	缺陷扣尺量	扣尺比例
美方原检验	4578140BF	4470770BF	10737BF	2.4%
中方验收	4420650BF	4272770BF	147880BF	3.4%
短少量	157490BF	198000BF		
短少比例	2.4%	4.4%		

黑腾接着说："近几年来，连云港商检局对美材的检验索赔出证率越来越高，在美国木材界引起了较大的反应和震动，已引起了美国六大木材检验局的高度重视。借这次机会，派我来查清原因。通过5天来同连云港商检局的联合复验和广泛的讨论，我感到两家检验局的检验方法是一致的。对原木尺寸的检量都采取了最佳的判断和最合理的扣尺方法；对缺陷扣尺，都采取了专业化的判断、科学化的处理。这些都是令人信服的。"

但问题是，原木已堆放了4个多月。由于气候干燥因素，原木直径已发生了收缩，即"干缩"。

阿托金斯接着说："通过5天来我在现场的观察，我感到连云港商检局检验也是尽力使用公平、合理、科学的方法。本次货物发生短少可能是美国原检验上的差错造成的，也可能是木材发生干燥收缩造成的，不能以本次联合复验的结果来推测美国在2—5月份的发货检验结果。""本次检验645根原木直径之和为10027in，平均直径15.55in，而美国原检验645根直径之和为10196in，平均15.808in，平均每根收缩0.26in，占1in的1/4，收缩率为1.63%。"接着他又以3组数据的比较分析，进一步证明"干燥收缩"现象的存在。

至此，美方的用意已十分清楚，他们是要把这批货物的短少完全归属于木材自然干燥、自然收缩因素。

他们正是抓住了这批货物堆放时间过长的实际情况，利用了发货检验与到货验收的时间差过长的特点。总之，其言下之意都不是美方发货人责任，更不是美国木材检验局的差错。

黄卫国暗暗思量着下一步要彻底说服美方的难度。（图2-9）

图 2-9

科学为凭，绝地反击

利用中午休息时间，黄卫国走访了国家海洋局北海监测站，查阅了有关技术资料，迅速准备着反驳对方的专业性证据。

下午的谈判一开始，黑腾引用木材学关于木材"干缩"的自然属性和许多国家技术标准中关于木材"干缩"现象的客观存在，进一步论证了这批货物发生的材积短少纯属堆放时间过长，自然干燥导致原木直径收缩变小，而并非检验差错的缘故，等等。

这时，黄卫国开始发言了，整个谈判会场鸦雀无声。他指出：把短少 $1000m^3$ 的原木材积都归属于木材"干缩"因素所致，既缺少科学证据，又不切实际。木材自然干缩的属性是客观存在的，但木材干缩的程度是与树种的生物学特性和外部环境密切相关的。

针对本批货物的实际，他指出"干缩"对原木材积的影响是微不足道的。主要有以下4点证据：

第一，黑腾先生刚刚宣布的两组对照表中不难看出，我方验收结果表明：原发毛材积、净材积短少率和缺陷扣尺率分别为 3.4%、4.4% 和 3.4%；现联合复验的结果亦证明：毛、净材积的短少率和缺陷扣尺率分别为 3.6%、3.8% 和 3.2%。这两组结果的基本吻合，既证明了我方验收结果是准确的，又说明了所谓"干缩"现象基本不存在。

第二，根据木材学的理论，新伐木材的含水率均在 70% 以上，而这批货物根据合同规定应属新伐木材。木材因干燥失水直到木材纤维饱和点含水率（30%）以下，木材尺寸才开始有微小的收缩，在这之前的干燥只影响木材重量不影响木材的材积。

第三，根据气象学与木材学的综合观点：处于长期自然干燥状况下的木材，其内部含水量逐步蒸发，直到与当地大气湿度相平衡时，其内部水分蒸发即不再进行。连云港属海洋性气候，大气湿度高。据国家海洋局北海监测站的记载，连云港 6—10 月的大气平均相对湿度分别为 78%、83%、78%、68%、64%，在这种湿度环境下，木材因失水而干缩显然是很微弱的。

第四，根据日本《世界有用木材 300 种》的研究成果表明，花旗松树种的径向收缩率仅有 0.14%～0.17%。这与阿托金斯先生前面所说的 645 根原木的收缩率已达 1.63% 相去甚远，而恰恰与我方验收毛材积短少 3.4%，以及这次联合复验毛材积短少 3.6% 所说明的收缩率只有 3.6%-3.4%=0.2% 基本吻合。

此外，花旗松树种之所以能称得上针叶材树种中的佼佼者而备受中国消费者的青睐，就是因为它有着尺寸稳定、不容易变形和开裂等特点而被广泛用作门、窗、框架料等，甚至用在室外。

黄卫国说完上述4个根据后，谈判会场一片安静。大约持续了 10min 后，阿托金斯向黄卫国一一核实了论证中的数据，问明证据的来处并翻阅了日本《世界有用木材 300 种》的资料。

"你方提供的关于大气温度与木材收缩关系的论证和日本的研究成果，很有科学价值。我提不出否定的理由。同意中国商检关于木材含水率在 30% 以上就不会有显著收缩的观点。"阿托金斯语调极其缓慢地说着。

这时，天色已黑，黑腾说："我的头已膨大，现在需要的是休息和思索……"

不仅仅是两万美元的赔款问题

关于赔偿额的多少，买卖双方经多次协商，美方只同意认赔 2 万美元。

主要理由是：连云港商检局9月9日第二次签发的检验证书，PC公司10月7日才收到，货物已堆放了3个多月，按美国官方检验标准的规定已超过了复验时效，本应不再受理。美国检验局这次派人来华并非只是针对这一船货的索赔，而是通过与中国商检的交流和查明有关情况来加强以后的工作，逐步杜绝以后索赔事件的发生，促进中美木材贸易的顺利发展。

作为买方代表——合同的签署者，中土总公司也承认自己将商检证书晚发美方近一个月的过失。

本着友好协商、着眼未来，收货人——中国石油部的代表，在2万美元认赔协议书上签了字。（图2-10）

图 2-10

花了那么大的力气，打这场没有上公堂的"官司"，结果只赔回2万美元，似乎得不偿失。但是对进口商品实施检验和索赔是维护国家权益的体现，是行使商检职责所需，是把住进口商品质量关和数量关所不可缺少的手段；其次，通过和美国检验局的共同复验与讨论，对美国木材检验技术有了更深的了解与掌握，使中美双方不同程度地找出了各自日常检验和管理工作中存在的问题，为改进以后的工作打下了基础；其三，通过复验、索赔工作，使木材进口单位加深了对商检工作重要性和如何配合商检改进木材进口工作的认识，其意义远远超过了2万美元的价值。

题外话

据说美方曾就赔偿中方多少金额的问题向收货人提出能否给美国木材检验局首次来华一个面子，剩余的将会在以后发货时给予补偿。中方从长远合作和友好关系考虑，答应了对方的请求。

影响力：

1980—1988年（美国检验局首次派员来华之前），连云港口岸进口美国木材量只占全国口岸进口总量的十分之一，但对外出证索赔的数量却占据全国索赔总量的三分之一以上。共组织检验美国木材54船次，100多万 m^3。出证索赔21船次，占总船次的39%；索赔金额已超过400万美元，实际赔回350余万美元，索赔成功率为88%，居全国最高。这期间发生的"七洋"轮所载花旗松原木索赔案，赔回50万美元，"望远"轮赔回35万美元都属于大案件。

1988年以后，即美国检验局派员来华复检、谈判之后到1993年这5年间，连云港商检局共组织检验美国木材15船次，约35万 m^3，出证索赔仅2船次，占总船次的13%，索赔金额只有8万美元，而且美方爽快地凭中国商检证书就直接认赔。

媒体报道（图 2-11、图 2-12）

图 2-11

图 2-12

第三章

"西方虎"轮运来的智利辐射松
—— 一起与树木生理学家的技术谈判获赔 19.5 万美元

```
*RE:THE CLAIM FOR MV.WESTERN TIGER
*TOP URGENT.
*PLS SEND US THE CCIB CERTIFICATE ASAP.
*ACCORDING TO THE CONTRACT, THE CERTIFICATE MUST BE ISSUED BY CCIB
*WITHIN 60DAYS AFTER UNLOADING. AITHOUGH THE CLAIM HAS BEEN SOLVED BY
*SELLER'S COMPENFATION OF USD 195,000, BUT THEY NEED CCIB CERTIFICATE
*FOR GOING THROUGH FORMALITIES OF PAYMENT.
*QUOTE
*89-7-12
*TLX 2617
*ATTN:MR.JIANG HONG
*      MR.QIAN GUANGMING

*AS PER SALES CONTRACT NR.88RMT-DV2001 DATED SEPTEMBER 26TH 1988
*BETWEEN MESSRS. CITIC TRADING INC.(BUYER) AND MESSRS.FORESTAL ARAUCO
*LTDA. AND FORESTAL MININCO S.A.(SELLERS), THE FOLLOWING AGREEMENT HAS
*BEEN REACHED:
*IN VIEW OF BUYER'S CLAIM IN RESPECT OF THE LOGS SHIPPED ON M/V
*WESTERN TIGER, WHICH LOADED ON ABOUT APRIL 10TH,1989, AND AFTER
*SEVERAL MEETINGS AND DISCUSSIONS HELD BETWEEN BUYERS AND SELLERS, THE
*LATTER HEREBY AGREE TO COMPENSATE BUYER WITH THE LUMPSQM OF USD
*195,000.(ONE HUNDRED NINTY FIVE THOUSAND DOLLARS).
*UPON PAYING THIS AMOUNT, SELLERS ARE EXEMPT FROM ANY FURTHER
*RESPONSIBILITY RELATED TO THE LOGS SHIPPED ON THE ABOVE MENTIONED
*VESSEL AND FREE FROM ANY LIABILITY THAT MIGHT ARISE DIRECTLY OR
*INDIRECTLY FROM ABOVE MENTIONED CLAIM.
*-------------------------------------
*89-7-30
*TLX 2863

*ATTN.MR.QIAN GUANGMING
*CHCLEAN CENTRAL BANK IS ASKING FOR THIS CERTIFICATE AND AS WE
*EXPLAINED TO YOU WE HAVE TO OBTAIN FOREING EXCHANGE FROM ABOVE
*MENTIONED AUTHORITY.
*PLS SEND COPY OF THE CERTIFICATE (IN ENGLISH) BY FAX TO OUR OFFICE.
*REGARDS.
*J.GARNHAM
```

图 3-1

时间：1989 年 8 月 1 日

中国国际信托投资公司和连云港进出口物资代理公司收到来自智利 FA 公司的传真，内容如下：

关于"西方虎"（Western Tiger）轮所载智利原木索赔一案，我公司代表虽去连云港看过货，并同意全部赔偿 19.5 万美元，但依据合同规定，中国商检局必须出具检验证书。

由于金额巨大，我公司在办理美元汇付时，智利国家外汇等管理机构和国家中心银行均要求必须出具中国商检局的检验证书，方予办理。（图 3-1）

攻坚克难，履职履责

1989 年 4 月 15 日，满载着 3.1 万 m^3 的辐射松原木的"西方虎"轮由智利的 Liruquen 港启航，横跨太平洋，于 5 月 17 日抵达连云港卸货。

该批货物是由中国国际信托投资公司与智利 FA 签约，由连云港进出口物资代理公司收货，货值 2362489.2 美元。

整船货物于 5 月 31 日卸毕。

在卸货过程中，连云港商检局检验员多次查看和了解货物品质状况。期间发现的异常情况有三点：

一是部分原木被白蒙蒙的一层白霜似的物质所包裹，有可能是白色腐朽菌感染。

二是初步判断部分货物不是合同所规定的"装船前45天内所采伐的新鲜木材"。

三是弯曲原木比较多。少数原木的树皮内发现有虫子，均与合同规定不符。

在进一步的检验中，又发现：合同规定该批货物要按照JAS标准（日本农林标准）检验，而JAS标准中对上述"白色物"和如何区分新伐材、旧伐材及其对原木材质究竟有什么影响，以及如何检验鉴定等一系列问题均无任何规定，也查不到相关的检验鉴定技术资料。

如果克服不了这些困难，解决不了技术难题，那只好放弃上述2个易引起争议的检验项目。

6月8日，连云港商检局召集收货人研究后，采取了下述措施：一是召开了由30多位检验人员参加的检验前会议，做好动员工作，统一认识，学习检验标准，统一做法，统一检验技术掌握幅度和统计汇总要求；二是马上通知智利来人看货商谈。

由于该船载原木总计45019根，已由连云港装火车发运至山东、河南、甘肃、山西、江苏、上海等省（市），检验人员克服种种困难，采取分段乘车、火车汽车交替乘坐等办法，硬是分路赶到了各检验地，立即开展检验工作。

推入"误会"的"陷阱"

1989年6月14日，智利方对中方的要求迅速作出反应。

FA公司派销售部经理Jorge和树木生理学家Gabeiel，在中国国际信托投资公司钱经理的陪同下赶至连云港。

Jorge在会谈开始时说："我公司非常重视你方提出的有关该批货物的品质问题，特意派智利著名的树木生理学家Gabeiel与我一起来连云港处理此事。"

连云港进出口物资代理公司孟经理等向对方介绍了这船货物存在的问题后，树木生理学家Gabeiel单刀直入地提出："你能告诉我这种白色物是什么吗？它并不影响木材的质量，更不影响木材的使用。你方有何证据证明部分原木不是新伐材？至于虫子问题，请告诉我它叫什么名字？它的生物学特性是什么？事实上，这种虫子只吃树皮部分，不蛀木质部分，所以对原木力学强度没有影响，你方不能凭借感觉下结论。"

是的，Gabeiel提出的上述问题是连JAS标准中也未有规定的，何况买方是第一次经营智利辐射松原木，对辐射松原木的生物学特性知之甚少，很难回答Gabeiel的问题。

孟经理等只是强调这样的货物外观状况影响我公司的对外销售速度和销售量。

半天的会谈无实质性进展。最后，销售部经理Jorge对中国国际信托投资公司钱经理说："收货人由于不懂木材学，缺乏专业知识，误认为木材质量有问题，纯属一场误会。"

与收货人的谈判难以进行下去，智利方认为没有必要去现场看货解决"误会"问题。（图3-2）

图3-2

反正有力,跳出"陷阱"

"下一轮会谈由商检局代表直接与智利方进行,其他人一律回避。"钱经理提议。

他事先已征得商检局同意,必要时由商检局技术人员出面直接与智利方进行技术会谈。由于当时的检验工作刚刚开始,商检局尚未出具检验证书,原打算先看看智利方的意图再作打算,不准备过早地介入。至此商检局不得不走上第一线与对方短兵相接了。

1989年6月15日,商检局代表黄卫国与智利方举行了技术会谈,他说:"很高兴这次有机会与智利树木生理学家Gabeiel先生进行交流。树木生理学是我在大学时的必修主课之一。据我所知,辐射松在智利属于大规模的人工造林,其生长速度快、年轮密度大、质地脆、结构松、木材强度低、抗腐朽能力差。正因为这些特性,决定了辐射松采伐后一般不超过45天就要采取防腐处理措施或贮存于水中,木材才不会迅速腐朽。"黄卫国的用意是暗示对方:原木上出现的"白色物"是木材初期腐朽的象征,既然木材发生了初腐,即不是在装船前45天内采伐的新鲜木材,也就违反了合同规定。

"这些白色物不过是木材遭受变色菌的侵袭而发生的物理变化,并不影响木材材质和使用。"Gabeiel解释道。

"我方是严格按合同规定出口新伐木材的。"Jorge补充说。

"我想,作为一名树木生理学家无疑十分清楚变色菌所产生的物理变色与白色腐朽菌所造成变色的本质不同;而作为一名销售部经理也是清楚自己所出口的木材是何时采伐的。"黄卫国含蓄而很有分量地一语道破,使对方无从辩解。

紧接着又说:"我建议下午去现场,结合实物,边看边议。"对方只得同意。(图3-3)

图3-3

证据充分,快速结案

1989年6月15日下午,黄卫国带着Gabeiel和Jorge来到了港口堆放木材的码头。

他首先指着几十根已摔断的原木告诉对方:"由于原木已发生了初腐,木材的力学强度已降低，原木表现出易断性。"

"请问这是什么菌类？"Gabeiel 明知故问，也许是在考考黄卫国。

"这是对木材危害最烈的三种真菌之一的白色屋宇菌（*Pariavapuraria*），属担子菌纲多孔菌科。"黄卫国答道。

他接着找到了一根原木并扒开树皮，里面出现了 2 条体长 2mm 左右的活虫子。

Jorge 连忙解释说："这种虫子只吃原木外皮部分，不吃木质部分。"

"请问这是什么类型的虫子？"Gabeiel 又试探着问黄卫国。

"这是木材蠹类害虫，它们的习性是不侵害活立木或新伐木，而危害旧伐木和枯死木，目前尚处于幼虫阶段而隐藏于树皮内。"黄卫国答道。

他又指着一些木材身上的树皮已残缺不全的原木，告诉对方："这些都是旧伐木。"

"仅靠树皮是否完整来判断旧伐木是不科学的，至少也是不全面的。"Gabeiel 反驳道。

"对了，我们的判断标准是既看树皮的新鲜度和完整性，更要看木质部分的年轮和心、边材的清晰度。为了鉴定区分新伐木、旧伐木以及白腐菌，我们已制作了两套对比标本，按木材的横切面、径切面和弦切面分别制作，从三个切面上全面地鉴定和判断白腐菌菌丝的侵入范围和危害程度，全方位地区分新伐木和旧伐木。"黄卫国说。

Gabeiel 同意回室内看看木材的三个切面标本。

6 月 16 日，Gabeiel 拿出自己特意带来的显微镜和放大镜，反复对比观察 2 套标本的三个切面。

黄卫国指出："白腐菌的菌丝在三个切面上都已有表现，说明木材内的初期腐朽已经开始，很快就会发展成破坏性腐朽，而严重影响木材的物理力学性能，诸如降低木材的抗弯、抗压、抗剪强度，降低弹性模量等。从两组标本的对照观察，清晰地显示出新、旧木材年轮和心材、边材部分的明显差别。而部分原木显现出初腐、虫蛀和易摔断性也从侧面证明了这些原木为非新伐木。这些原木发货前在货场至少已堆存半年之久，与合同要求不符。"

经过 3 个多小时的讨论和观察木材剖面图，Gabeiel 终于承认："黄先生已很了解智利辐射松的生物学特性，对白腐菌和旧伐木的鉴定识别方法是科学的、符合实际的，尤其是利用三个切面的立体观察法。"

Jorge 也承认："该批货物总计 4.5 万多根，要在装船前 45 天内采伐备齐，难度较大。为不影响装船期，我公司只好从仓库里掺进了部分库存原木。但在装船时，连云港进出口物资代理公司的于总经理等 4 名买方监装人员是看过货、同意装船的。"

"但我们对智利辐射松原木的特性是不了解的，也不知道如何检验。"于总经理解释说。

"监装只是一种大致的、粗略的查看。合同中虽有监装条款，并不意味着买方放弃了到货验收权，也就是说，监装检验并不是最终检验。"钱经理指出。

"请商检局代表谈一谈各种有问题货物的比例。"Jorge 终于谈到了大家最关心的问题。

"从一开始卸货那天起，我已十多次来码头抽验、抽验的结果是：腐朽原木约占到货总量的 5%；非新伐原木约占 8%；弯曲原木约占 15%。由于整船检验工作尚未结束，这个数据不一定非常准确，仅供买卖双方协商时参考。"黄卫国说。

"黄先生提出的比例数据，与我在码头看货时估测的基本一致，是比较公正的，我方可以接受。"Jorge 表态道。

双方最后商定将这部分不符合合同规定的货物总体降价 30%（合 19.5 万美元），由卖方补偿给买方。

6月17日，智利客人回国。

8月1日，智利方发来了本文开头所提到的传真。

中国商检局出具证书后，对方果断付款。这是一起完成速度最快的索赔案。

媒体报道（图3-4、图3-5）

图3-4

图3-5

第四章

俄罗斯两个代表团的"满意 + 放心"
——获赔 80 万元

俄罗斯是世界上森林资源最丰富的国家之一，也是世界上主要的木材生产国和出口国之一。

20 世纪 90 年代初，由于一些外在的原因，我国对俄罗斯的进口原木曾一度下降，随着经济的发展，在随后的几年里中国的进口量迅速上升，至 1999 年俄罗斯原木的进口量占我国进口针叶原木的 42.47%，成为我国木材进口的最主要国家之一。

俄罗斯原木以它"产地接近中国，质量优秀，价格优惠"等特点迅速占领中国木材贸易市场接近半壁江山，那么是不是真的像传说中的那样都是"质优价廉""毫无瑕疵"的呢？我们来看看下面几个真实的故事，答案就隐藏在故事里面。（图 4-1）

图 4-1

第一代表团：百分之百的满意

时间：1997 年 12 月

1997 年 12 月 14 日 8 时，连云港市木材批发市场办公室走进了四个人，他们是俄罗斯 18 个林区的出口总代理商毕卡等人，是俄罗斯派来的第一批代表团人员，这次来到连云港是来进行现场复验和交流的。经过翻译简单的介绍，复验前举行了简短的会谈。（图 4-2）

中方收货人代表李经理开门见山地指出："木材质量，是我们在市场经济激烈竞争中谋生存、求发展的关键。而贵方发来的原木，主要存在以下3个方面的问题：一是整车皮的数量不足，主要是根数短少和俄方检量差错所致；少数车皮的根数也有多出的。少的每车一般要少十几根，约8m³，多的每车多出约4m³。二是品质问题，不少原木含有腐朽、节子等缺陷，降低了原木的等级。三是原木规格与到的货不符合，如合同规定原木直径为26cm以上，实际上有24cm以下的。由于上述原因，影响了木材的销售，造成资金周转期加长，影响我方效益。"

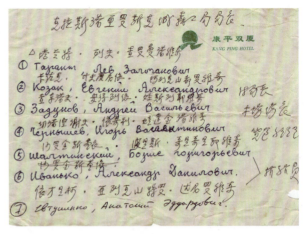

图 4-2

随后，铁路、仓储部门也各自介绍了有关木材的接卸、交接和保管等情况。最后，翻译向商检局代表提出，俄方最关心的问题其实是中国商检是如何控制检验质量的。（图 4-3）

图 4-3

为了消除俄方的疑虑，连云港商检局的代表仔细地给他们讲解起来："我局自20世纪80年代开始对进口木材检验，已有10多年的历史。我方的检验工作多次经美国、苏联、智利和日本商人的复验，均获得了认可，取得了350万美元的成功索赔。对保证检验质量，已有一套比较成熟的做法。主要做法有三：一是通过培训、考核、考试，筛选出一支过硬的检验队伍，未取得检验证的人员无资格承担检验任务；二是到货检验时，商检员到场指导和监督检验；三是出证前进行现场抽查复验和码单复核，确保现场检验准确，码单计算正确。"听完我方的讲解，俄方代表点头表示赞同。

初次交流得到肯定，接下来是到现场复验。

现场复验，俄方采取了分头随机抽验与重点检验的方式，先抽验了3车，将每根原木的抽验结果与我方原检验的对比，未查出我方任何差错。然后，他们又重点选了一车，采取解剖式的检验方法——即把原木从垛上拿出来，铺在地面上一根一根地检验。结果是：123根原木材积复检结果与我原检验的百分之百吻合；而品质不符率却由我方原检验的29.3%上升到32%。

中午，俄方放弃休息，又检验了一车，结果仍是材积检验结果百分之百吻合，品质不符率（包括规格和树种不符）上升了4%。（图4-4）

至此，俄方表示没有必要再复验。在与我商检代表交换意见时，表示百分之百满意中方检验结果，并希望中国商检能去俄罗斯实施装车前检验，并进行检验技术和监管经验交流。（图4-5）

图 4-4

图 4-5

第二代表团：百分之百的放心

第一代表团离开后的两天，即12月16日，俄方森工局局长罗曼诺维奇率队的7人代表团来到连云港市木材批发市场，这是俄方派来的第二代表团。

铁路部门向他们详细介绍了采取整车交接、编制商务记录、各专用线设专人负责等措施，确保了原木不会丢失。仓储部门详细介绍了仓库实行的是封闭式经营，保障了不会丢失一根木头。（图4-6）

商检局代表介绍了商检的检验和管理做法后，俄方森工局副局长卡佐克问："你们是按什么标准检验的？"

"我们对木材缺陷的检验、等级的评定和材积的计算，分别是按俄罗斯2140-81、22298-76和2708-75等国家标准进行的。"商检代表回答道。

"修改后的新标准，你们是从哪里得到的？能出示一下吗？"卡佐克问。

"可以，这些标准是由中国木材标准化委员会或收货人提供的。"商检代表出示标准后答道。（图4-7）

"我还想问一下，在实际检验工作中，你们对一些不好确定的检验问题是如何处理的？"在弄清了我方的检验依据后，卡佐克开始询问实际检验中会经常遇到的一些问题。

"我方的检验原则是：既公正准确，坚持标准，实事求是，又灵活对待，留有余地。因为木材是自然生长物，总有一些原木的形状和缺陷是不规则的，遇到这些特殊情况，无绝对把握时我方不轻易降低原木等级或减少原木材积。"听了商检代表的回答后，卡佐克满意地点点头。

"让我们去现场验证你们所说的。"罗曼诺言维奇提议。

走到原木垛前，卡佐克首先指着几根端头部位上带缺陷的原木问商检代表："这些缺陷，你们平常是如何处理的？"

图 4-6

图 4-7

"按标准规定可以降低原木等级，但均出现在长度余量范围内，所以忽略不计。"卡佐克对商检的回答，放心地点点头。

他们的现场随机抽验结果，未发现我方任何检验差错。（图 4-8）

下午开始了翻垛、解剖式地逐根检验。

回到室内计算出俄方的复验结果是：107 根 /64.917m³，而查出中方原检验结果为：107 根 /64.787m³，材积误差仅 0.2%；但品质不合格率却由原检验的 28% 上升到 32%。

12 月 17 日和 18 日的解剖式复验结果为：原检与复检，在材积上百分之百吻合，品质不合格率则上升至 40%。（图 4-9）

图 4-8

图 4-9

商检代表指出：采取解剖式的检验，检验得越细，发现的问题就越多，品质不合格率就会越高。我方原检验由于受条件限制，如夜间到货，材身缺陷看不清楚，或受场地限制等，部分缺陷看不到就没有检验到。

俄方还在现场查看了整车原木卸货、交接和仓储部门的隔离保管过程，并用手机当场与俄方发货站核对根数等（据说他们是有意安排好的）。

12月19日，俄方在现场观看并用两部摄像机录下了商检代表对新到原木材积、规格和品质检验的全过程。

对商检规范性操作和准确的检验结果深表满意。对我方工作表示百分之百的放心，从而取消了原打算留下两名检验员在连云港彻底查明货物短少和品质不符原因的计划，于19日提前回国。

媒体报道（图4-10、图4-11）

图4-10

图4-11

第五章

同一船的"两次索赔案"
——获赔 10.7 万美元

2012年7月,国内某木材经销商在俄罗斯进口两批原木,经同一个发货商,同一条船分两批次运载至太仓港码头。经太仓港检验后发现,这两批木材都有材积短少、质量不符等问题。

为此,俄方派出代表来华进行长达十多天的现场复验、联合检验……

以小充大,以短充长

由第一船装载的16338根3099.825m³俄罗斯白松和落叶松原木7月20在太仓港卸货。

太仓国检局及时组织检尺公司实施检验。检验结果为17965根2771.014m³,对照提货单、发票,实收的原木根数比原发数多出了1627根,但原木的材积数却比原发的材积数少328.8484m³,短少率达10.6%,品质不符的原木(等外材)1055根140.52m³,共计索赔金额5.2万美元。

太仓国检局出具了检验证书以后,收货人向发货人提出了索赔。俄方也及时地派出了两名代表来太仓,采取现场随机抽查复验,整垛全部复验,和中方举行联合复验等方式,均未发现我方在检验上的任何差错。(图5-1、图5-2)

图 5-1

图 5-2

谈判过程中，我方指出造成此船材积短少的主要原因有两个：

一是俄方将直径范围为8～20cm的小径级、价格低的原木多发，而将直径范围在22～32cm的大径级、高价位的原木少发，导致实收数比原发数多出1627根。

二是对方将14374根实际长度为3.6m的原木算成了3.65m，造成材积虚增，上述两种情况综合起来，导致实收原木虽然多出1627根，而实际上材积却短少328.8485m³。

缺斤短两，品质不符

一个多月后，该轮装载的第二批俄罗斯原木抵达太仓港。此次运载的原木是19296根3093.5855m³的白松和落叶松原木。

如果说俄方对上一船的赔偿还心存疑惑的话，那么这次他们是彻底心服口服了。

在对这一船的检验过程中，俄方工作人员全程参与我方的检验过程，自始至终参与对整船原木的现场检验，码单计数统计及数据的汇总工作，搞清了中方的全部工作流程。（图5-3、图5-4）

图 5-3

图 5-4

最终的结果显示：实发数比原发数短少1020根，材积短少200.3145m³，短少率为6.5%，品质不符的等外材是1923根296.206m³，占10.2%，共计索赔金额为5.5万美元。

对于这次同一条船上发生的两次索赔案，共计检验出材积短少529.163m³，品质不符436.936m³，索赔金额达10.7万美元。俄方对检验结果没有异议，并表示"要以太仓检验局的检验证书作为最后的依据"。（图5-5）

图 5-5

第六章

华"三"论"剑",谁与争"锋"
——与加拿大检验机构的三次交锋获赔 91.6 万美元

太仓港地处长江入海口南岸,拥有丰富的长江岸线资源,已成为华东地区最重要的海运木材集散口岸之一。目前太仓港已与俄罗斯、加拿大、美国、澳大利亚、日本等近 20 个国家和地区开展进口木材业务。

加拿大森林资源极为丰富,木材属该国传统大宗出口商品。2010 年 7 月,国家质检总局和加拿大食品检验署分别代表两国政府签署《关于加拿大 BC 省原木输往中华人民共和国植物卫生要求的议定书》。根据议定书,太仓港成为中国进口加拿大原木的两个指定口岸之一。

世界各地的木材源源不断地涌入太仓口岸,推动着太仓港一跃成为全国海运木材进口第一港。木材贸易频繁,随之而来的贸易纠纷也就日益增多。作为驻守长江第一口岸的国门卫士,多年来,江苏太仓检验检疫局的工作人员在抵御外来有害生物入侵的同时,还高举起保护国内收货人合法权益、维护公平公正贸易的利剑,严密监管、认真检验。

我们来看看,这些坚守在国门的"木头卫士"们是怎样与加拿大的检验机构和出口商展开一次次激烈交锋的。

"骄阳"轮首次索赔案
——获赔 16.6 万美元

2011 年上半年,太仓港共进口加拿大原木 56 万 m^3。经太仓检验检疫局检验,发现货物短少约 1.5 万 m^3,对外出证索赔金额 277 万美元……

8 月 11—16 日,加拿大某第三方木材检尺公司总经理 RI 追随"骄阳"轮所装加拿大原木来到太仓港,了解太仓港进口加拿大原木的检验质量情况,探究加拿大原木短少的真实原因。

(一)现场联合复验

——查看检尺复验结果一个程序也不少

8 月 8 日,"骄阳"轮载加拿大云杉、花旗松和铁杉原木共计 41376 根 20900.616m^3,靠泊太仓码头卸货。

8月10日,加拿大第三方木材检尺公司总经理 RI 抵达太仓。8月11日,RI 在货主的陪同下来到码头卸货检尺现场,查看我方检尺工作程序和所使用的检尺工具,并与黄卫国联合对部分已检尺完毕的木材进行复验。(图6-1、图6-2)

图 6-1

图 6-2

针对加拿大原木根数短少严重及对方所表现的疑惑,黄卫国向 RI 介绍了太仓港对卸货原木的根数实施"双控法",即由检尺队在船边逐根检尺记录后,原木才装车拉到熏蒸处理区,装车时由理货公司再次清点根数,及时与检尺队的根数结果进行核对。

联合复验中,RI 不时地挑选一些形状怪异的原木要求我方检量其直径和长度,选择一些带有缺陷的原木要求检验确定其品质等级或缺陷扣尺数。黄卫国在实施检验的同时,向其介绍了检尺队所使用的检验标准等。(图7-3、图7-4)

图 6-3

图 6-4

8月14日,"骄阳"轮完成了在太仓港的卸货任务。

8月15日,"骄阳"轮卸货完毕,驶离太仓港。检尺队完成了全船原木的现场检尺工作。RI 也完成了联合复验、跟班检验、随机抽验工作。

(二)室内复查

——完全可信任的结果来自复验的准确性

8月11—15日,RI 在太仓码头对进口加拿大原木的现场检尺工作进行了全面的复验,复验内容包括原木长度和直径检量的准确性，缺陷扣尺和等级评定的正确性。

经现场检尺所得出整船原木的各类数据多达25万个，我方是如何输入电脑？分树种、分等级、分规格地计算和统计出各个项目的材积数据，如何确保其准确性？

RI提出要进行复查、核对。

8月16日，RI来到检尺单位办公室，查看了检尺单位的资质证件和工商营业证等。黄卫国向其详细介绍了我方对检尺明细码单的复核、数据输入、分类汇总和再复核的方式方法，为确保各类计算和汇总表的准确性，我方采取"双控法"，即对检尺明细码单和汇总表实施"一人输入、双人复核签名制"，以及配套的"过错责任追究制"；实施传统的人工计算统计与电脑计算统计结果对比的零差错制。工作人员还在电脑上进行了操作演示。（图6-5、图6-6）

RI看后、听后，感慨地说："令人尊敬的做法、完全可信任的结果。"

图6-5

图6-6

（三）技术交流
——对检验标准的探讨和认定双方达成共识

8月16日下午，RI向收货人表达了希望再次与黄卫国就加拿大木材检尺监管和检验技术进行进一步交流。

交流中，黄卫国介绍了在太仓港承担进口木材检尺任务的两家检尺单位的基本情况和太仓检验检疫局对检尺单位实施的二级管理模式。

一是由上级主管部门对检尺单位实施资质考核和备案制，对检尺技术人员实施技术培训、考核和持证上岗制。

二是由所在地检验局对检尺单位实施日常监管。

在太仓港实施的是技术培训制、技能比武制、抽查复核和过错责任追究制。还针对太仓港进口木材到货量大的特点，成立了"进口木材质量检查小组"承担具体的抽查复验任务。

RI说："在加拿大，对检尺人员也是实施资质管理和持证上岗，检尺人员都十分珍惜所取得的证书，因为考证的难度很大，非常强调实践经验。"

黄卫国用PPT向RI展示了每年至少两次的技术培训和考试的程序和内容，重点讲解了加拿大木材检验标准的各项技术指标并配上现场拍取的实物照片。

RI 说："这是一种能让检尺人员掌握木材检量、扣尺、评等和鉴定树种的最快的方法"。（图 6-7）

RI 接着问道："你们抽查的比例和允许的误差是多少？"黄卫国回答说：抽查复核比例是 5%，材积误差比例不得超过 1%。一旦超过误差，检尺单位就得进行第二次检尺，而且面临着责任追究和处罚，严重的要取消资质证书。

RI 说："这是非常严厉的措施，在加拿大允许误差是 3%。"

黄卫国针对进口加拿大木材时常出现同一船木材使用多个检验标准而有多个检验结果的情况提出了疑问。RI 解释说："'哥伦比亚立方制检尺规则'（简称斯马林公式）是加拿大林业法规规定必须要执行的强制性检验标准。'美国原木检验官方标准'和'加拿大板英尺检尺规则'是买卖双方在合同中自行约定的两个检验标准。而'美国原木检验官方标准'事实上是国际性检验标准。"

双方就 3 个检验标准在主要技术指标上的不同点和材积计算、进位上的差异等进行了交流和探讨。（图 6-8）

图 6-7　　　　　　　　　　　　　　图 6-8

最后，RI 风趣地说："这是十分有益、友好的交流。如果说双方对检验标准的理解有什么差异的话，那接近 1cm 了。"

（四）商务谈判

——6 天来 RI 首次露出笑容

鉴于太仓港进口的加拿大原木短少率一直居高不下的局面，黄卫国开始探究其产生的原因。

"有三个问题因涉及到检验技术问题，还想提出来与 RI 探讨。"黄卫国说，"为什么很多船舶到太仓卸货后，都会发生根数短少的情况；第二个问题是，经过我们多船次做过对比，为什么原木端面上的原发编号，有一部分在你们提供的明细码单上找不到相应编号的原木，出现'有号无货'和相应的'有货无号'的情况？"（意味着货证不符）

RI 思索了片刻，回答道："在加拿大，原木经过扎排水上运输到船边后才装上船。不排除部分散捆的情况而导致一些原木下沉到海里而没有装上船的可能。"

"我们认为还有一种可能是，不同的树种由于其生物学特性的不同，其沉水性能是不一样的。比如说，铁杉就比云杉和花旗松树种更容易下沉。就拿'骄阳'轮来说，花旗松只短少了

106根，云杉却多了178根，但铁杉却短少了1469根，短少率高达4%。所以问题就出在铁杉上。另外，铁杉更容易吸水、沉水是有其生物学证据的，尽管铁杉的密度小于花旗松。我们知道，铁杉是不含有正常树脂道的树种，其吸湿性、吸附性能会更强。在木材的加工运用上，常用它能吸收不同的油漆和着色剂的特性，而用作生产效果极为诱人的镶面板。另外，它易于用防腐剂和防火剂进行处理，所以经常被指定用作剧院或大型购物中心等公共建筑的面板。总之，正是因为铁杉具有极好的吸附性和化学处理特性，在需要使用经过处理的高强度和高密度木材时是首选的树种。"黄卫国补充说。

"呵，你们提供了科学性、专业性强的、有事实证明而令人信服的证据。我怎么就没想到呢。"RI感慨地说。

"至于贵方提出的第二个问题尚有待于我回去后进一步查明。可能是多个发货人同时供货，管理上出的差错。"RI补充说。

"第三个问题是，我们常发现加方对原木检尺，其毛材积往往要大于中方的，而这是导致净材积短少的另一个原因。在现场交流中我们发现，加方在检尺中使用的是卡尺，虽然比较方便快速，但毕竟是连树皮都量在内的，尽管考虑了扣除因素，但每根原木的树皮厚度是不尽相同的。所以我们认为，我方用钢卷尺检量原木的直径要比用卡尺准确得多。"黄卫国说。

"这是值得进一步做比较研究的。"RI说。

黄卫国严肃地指出："在监管体系中，我们正在建立加拿大木材出口商的诚信档案，对于长期不诚信的出口商，将实施'黑名单监管'模式，如加严检验检疫、上网公示并建议相关方停止进口等措施。"此时RI的表情看起来也是极其严肃的。

"自8月10日至16日，经过6天来的复验和交流，我想RI对我方全过程的检验工作应该有了全面的了解，希望听听你的看法。"收货人代表感到是转入正题的时候了。

"是的，没有全面了解，我明天就不会走的。尽管加拿大木材检验新标准是英文版的且专业性很强，但你方对标准全面准确的理解和掌握的程度，不经现场复验和交流，我是不可能相信的；数据的录入程序和复核制度确保了汇总结果的正确无误，是令人信服的；你们严格的监管、监控制度，特别是复查制度中误差不得超过1%，都是极其严厉的。"RI回答说。

"针对出口到贵国的木材经常出现短缺，我这次是受发货人的全权委托来太仓全面复验。我来太仓港，一是了解货物的真实情况，二是了解贵国的检验技术状况。对于'骄阳'轮给贵方带来的损失，我深表歉意，发货方会予以全额赔偿的。"RI接着说。（"授权书"见二维码）

授权书

这时收货人将早已拟好的一份"复验事实备忘录"呈现在RI面前。

RI要了计算器，将各类数据和各项费用复核了一遍，共计16.6万多美元。他一边签名一边说，"全权代表正在履行职责和义务。"（"复验备忘录"见二维码）

复验备忘录

"为了长期进口加拿大木材，建立一个良好的木材经营秩序和繁荣的市场，形成双赢的局面，希望双方不断地加强合作与交流，使用同一个标准、同一个尺度、同一个监管模式去做好各方面的工作。中国需要加拿大木材，加拿大木材更需要中国巨大的市场。"黄卫国建议说。

"这正是我所想表达的,也是我首次来中国的主要目的。中国市场对加拿大是非常重要的,具有全世界最大的发展潜力。加拿大有着丰富的、高质量的原始森林木材资源。我回去后要极力向他们宣传,检验要更细致、监管要更到位,要尽全力做好各个环节的工作。我也热忱地希望太仓检验检疫局的检验人员下次去加拿大交流。"RI 兴奋地说。

这是 6 天以来 RI 首次露出满意而放心的笑容。(图 6-9)

图 6-9

"海洋胜利"轮的"双赢"
——中方获 285 万美元的优惠货物

自 2011 年下半年,由于国内采购商的大量"抢购"加拿大木材,导致加拿大木材出口售价从一年前的每立方米不到 130 美元,推涨到了现在的 170 美元,年上涨率达 30%。使得原本是买方市场,逆转为卖方市场。而国内木材市场的售价却从每立方米 1300 元下降到了 900 元。很多经销商都遭遇了 2000 万~8000 万元的巨额亏损。

2011 年 11 月 30 日,加拿大木材砍伐商、经销商和检尺单位代表一行 6 人来到太仓码头,实地察看了木材卸货、检尺、熏蒸和堆垛等全过程。黄卫国在现场向其介绍了我方对木材的检尺和标识方法等。(图 6-10、图 6-11)

图 6-10

图 6-11

（一）技术谈判剔除了对方心存的疑虑

12月1日，中方公司就连续进口2船加拿大木材发生严重短少情况与加方进行了会谈。

谈判中争议的焦点围绕着为什么会发生如此大的短少？在哪个环节上出现的问题？

加方坚持认为：货物从山上砍伐后扎排下水，其全过程都是在严密监控之下而不会发生短少的。特别是前几船，中方都派人实施了现场监管。

而中方坚持认为：我方的检尺数据是准确无误的，与外轮理货公司的数据是一致的。

双方的共识是：货物从山上砍伐后到扎排下水时的数据是准确的，这也是中方多次派代表考察后得出的结论。但中方同时也认为：货物扎排下水后要经过漫长的海上拖排运输，到船边后再装船。一船2万多立方米的木材，多达1300多个拖排，这些是否都装上了船却是无法监控的。（图6-12、图6-13）

图6-12

图6-13

谈判进行到了中午时分，这时"海洋胜利"轮检验结果已出来，共计短少1353根1700m³，根数和材积短少率分别为4.5%和6.4%。

加方认为：加拿大木材检验标准是允许3%误差的。但从贸易长期合作关系出发，他们愿意承担50%的赔偿。

此时，加方检尺单位代表却提出质疑说："在太仓港现场观看中方检尺时发现，检尺并不是把木材铺在地面上一根一根检验的，因为卸船时有重叠堆在一起的情况，漏检木材难免会有发生。另外，这么大的量，你们是如何监管的？（当时看的时候，码头上正好有2条船在同时卸货）发现问题后你们是如何进行复查、复核的？"

谈判到了黄卫国感到非说话不可的时候了。

他说："就此机会想谈四点看法。首先，太仓检验检疫局十分关注中加木材贸易的发展前景。众所周知，为了力促进口加拿大木材，太仓局做了大量的工作，从检疫处理区的建成到允许加拿大木材进境的中国相关协议的签订，无不倾注着检验检疫局的心血和劳动。但是，一年多来，中加木材贸易现在已走入拐点，发展前景不容乐观。一是进口价持续上涨而国内销售价却持续下跌，中方经销商亏损严重，不，应该说亏损惨重；二是木材材积持续短少又得不到合理补偿，经销商越来越失去信心，势必转而改进口其他国家的木材。这与想把进口加拿大木材不断地做大做强的初衷是不相符的。"（图6-14、图6-15）

图 6-14

图 6-15

这时，供货商代表禁不住地说："为了中加木材贸易，太仓检验检疫局做了大量的可尊敬的工作，没有你们的帮助就没有中加木材贸易的今天，这在加拿大是家喻户晓的，加方木材界对太仓检验检疫局尤其怀着不可言语的感激之情。"

"谢谢，我想谈的第二点是回答关于现场检验和我方的监管情况。在卸船现场实施同步检尺，虽然不能全部做到根根铺开来检尺，但绝不会出现漏检情况。因为检尺时要在每根原木的断面上标识国标检验结果，国内经销商正是按照此标识的结果在市场上销售的。一旦出现整船原木的根数短少，国检局出证前都要复查每堆原木是否有漏标识、漏检的情况，这是一目了然的工作。再者，有三个数据结果必须是要经过核对、核实的：一是外轮理货公司与船方会签的数据证明中方收到船方交货的数量；二是码头公司的内理数据表明该公司收到的货物；三是检尺单位一根一根检尺而得出的最准确数据。在上述三个数据基本上是一致的情况下，检验检疫局才开具放行通知，货物才允许运出码头。至于货物是否有错放、错堆垛，一般也不会发生。一是因为现场有收货人自始至终的监督和理货公司在原木上喷不同的颜色加以标识，二是有码头公司的全程监控录像（针对加方怀疑是否有偷货的情况但又不好明说的心理状况）。"

"如果国检局不签字放行，连一块树皮都出不了码头。这船原木刚刚检验完毕，如果有怀疑，建议重新翻堆检尺、彻底验证查明。如果是检尺问题造成的，检尺单位承担所有的费用。"收货人补充说。

"没有必要了，我们是充分相信国检局的。"加方回答。

"我要谈的第三点看法是加拿大木材检验标准允许 3% 误差问题。按照国际惯例，针叶材检验标准中的材积误差一般允许 1%，如'美国木材检验官方标准'允许毛材积误差不超过 1%，净材积不超过 2%；俄罗斯和中国的国家标准规定不允许超过 1%。所以，我们认为允许 3% 的误差既不合理也不符合国际惯例，应该只适用于加拿大国内的木材贸易。"

"我想谈的第四点想法是，基于年底的统计，针对有的发货商长期发货短少而又不能合理地处理纠纷，国检局可将其列入'黑名单'实施诚信管理模式，同时在网站上予以公布。这样做完全是为了维护中加木材贸易的正常秩序。而对于原发货木材端面上标识的编号在发货码单上找不到的事实，的确是个严重的问题，就如同入境的人没有护照、没有户口一样，按照国际惯例是属于货证不符而应拒收或退货的。"

沉默了片刻后，加方表示："支持和赞成太仓检验局采取的'黑名单'管理模式。对于如何有效地标识，会下还得请教您。"（图 6-16）

图 6-16

(二)商务谈判勾勒出中加木材贸易双赢的模式

经过一个上午的技术谈判,商务谈判从下午开始。中方从维护中加木材贸易的大局出发、以长远合作的诚意,搁置了争议点,而把谈判的核心转移到谈如何进行下一步的贸易合作上。

此时加方也表现出了高姿态,同意再发运 2 船木材计 6 万余立方米、以平均每立方米 112.5 美元的价格卖给中方(目前中方定购的平均价在 160 美元),以弥补给中方所造成的损失(按市场价优惠了 285 万美元),同时由加方负责租船和负责在装货港的一切费用(包括装货滞期费用)等。合同一经签订,中方不再追究以前所发生的货物数量差异的相关责任。(图 6-17、图 6-18)

公平、合理的交易价格无疑是长久贸易的前提条件。而只有交易价格回归到了正常、合理的水平,才能谈得上维护公平贸易的环境。

图 6-17

图 6-18

另外一个关键点是在合约中首次明确了如果木材到达中国后,中方检验短少率超过 1.5%,加方将按照国检局的证书给予全额赔偿。对方终于放弃了一直坚持允许 3% 材积误差的理念。这不仅仅是表明了对中国检验检疫局的信任,更重要的是使木材贸易有了合法的保障,增强了中方的贸易信心。

所以,价格的公平、合理和数量、质量有了保障,无疑是构建中加木材贸易"双赢"模式的关键要素。

谈判桌上虽然是面红耳赤,甚至火药味很浓,但一旦达成共识,却是皆大欢喜。(图6-19)

(三)对构建双赢局面的思索和建议

这次激烈的索赔谈判的最终成功,应归功于恰到好处地处理好了以下几个环节。这些都是构建双赢局面所必需的要素。

一是国内收货人执着的要求,将加方代表邀请到收货现场来实地查看事实和面对面地谈判。这与国内多数收货人怕太执着了会惹怒对方、以后不卖货给你的想法形成了鲜明的对比。其实,这是一种对弄清事实真相的执着,对渴求公平的执着。

图6-19

二是收货人重视检验成效和对货物数量、质量的把关工作,珍惜和善于利用好国检局出具的索赔证书,以此作为对外交涉的"导火线",作为商务谈判的筹码。

三是体现在"激烈"上。收货人在谈判中所表现出的"脸红脖子粗"、认真劲和"火药味",让对方真实地感受到了实实在在的、确实承担不起的亏损(2船木材面临着上千万的亏损)。

四是黄卫国从技术层面上完完全全地排除了对方疑惑的心理状态和适时、必要的"高压"手段。

五是收货人所采取的谈判技巧和艺术。在谈判进行到了一定火候的时候,搁置争议谈合作、抛开亏损看长期,完全符合长远发展中加木材贸易的局面和愿望。这种高姿态也迫使对方无颜再纠缠细节。

六是这次签订的合约将木材价格降低到了平均112.5美元,比一年前太仓港首次进口木材的130美元还要低,更比现在的平均160美元的进口价低。虽然说是加方补偿给中方的短少损失,但可预知对方不会是冒着巨大亏损来迁就中方。可不可以认为,加拿大木材的价格维持在120美元以内是比较合理的,而不能像现在"助推"到了160~170美元。形不成"共赢"就必然造成一方严重的亏损。

同时,从这次索赔谈判到合约的签订,可以看出中加木材贸易所孕育着的巨大潜力。但关键是如何从目前"狂热抢购"的局面尽快回归到冷静、理智的状态,才能谈得上构建长期、稳定和共赢的贸易格局。为此建议如下:

一是要开拓新渠道、打开新局面。基于加拿大木材砍伐商一般不愿意直接与中国采购商发生贸易关系而要通过中间商的环节,而中间商又是良莠不齐、信誉不一。所以应鼓励和助推中方贸易公司尽快在加拿大做大做强,也可以联合起来,自己去加拿大直接从砍伐商那里采购,避开中间商,逐步形成给发货商竞争的压力,至少也提高了对进口木材定价的知情权、话语权。在目前的情况下,国内采购方应谨慎选择中间商,至少选择出了问题后能正确处理的中间商。

二是要签署完全意义上的公平、公正的贸易合同。合同要素要全面、技术和专业要素要到位、制约要素要跟上。例如:现在几乎所有的原木贸易合同中都未定明原木的品质等级,以及未提出"新伐材"的限制要求。要明确由对方负责监控装船数量,出现材积短少和质量不符的,要凭国检局的证书予以赔偿或从下船中直接扣除等制约要素。

三是要发挥好木材行业协会的作用。创办"进口木材综合信息"平台，及时动态地分析、预测、反馈市场供求信息，指导经销商的进口工作，避免盲目性；积极做好上下、内外沟通和协调工作；经常开展管理和技术的交流工作；有针对性地邀请国外检验机构和大客户来太仓考察、交流等。关键是要把广大的进口商、经销商团结起来，形成共识、一致对外，最大限度地避免一哄而上、大量抢购货物的局面，避免单打独斗、单枪匹马闯天下的局面。

（四）结语

进口加拿大木材，有两个不容否定的事实或定势：

一是中国巨大的、长期的木材需求市场和有太仓木材处理区的优势，而加拿大有着巨大的木材资源和迫切的出口需求，所以与加拿大的木材贸易应该是买方市场，做成了买方市场就会有更多的主动权、话语权甚至是定价权。所以要团结一致、抱团协作配合、一致对外，乘势而上，把它做成买方市场。

二是不容否定的事实或定势是：既然进口加拿大木材短少的问题难以控制已成事实，我们就应该想方设法积极应对，维护好自身的合法权益。要重视检验和对外出证索赔工作，给对方以筹码和压力，迫使对方不断地改进工作、提高监管工作的针对性和有效性。

刨根问底、揭秘真相的索赔案件
——中方获赔75万美元

2012年4月19日，历时30天的马拉松式的复验、谈判工作终于告一段落。中加双方就两船进口加拿大木材短少5278m³（价值75万美元、约470万人民币）达成了协议。

协议主要内容为：双方最终按中国检验检疫局出具的检验证书上的数量结汇；中方另外扣留加方20万美元货款，以保留对加方未按合同约定数量发货予以进一步追诉的权利；中方另扣留5万美元弥补加方第二条船因规格不符而给中方造成的损失……（"索赔备忘录"见二维码）

索赔备忘录

4月25日，加方发来一封致歉信，对其"缺少可信度的业务环境给中方在销售市场上带来的经济、信誉损失深表歉意！并将严肃对待中方所反馈的信息和极具建设性的建议，将在体系和程序上努力改进，尽快达到尚未实现的目标。希望本着互惠互利的原则，与中方建立长期的合作关系"。（"致歉信"见二维码）

致歉信

（一）"台州先锋"轮引发的刨根问底

依据双方于2011年12月1日签署的合约，中方两家公司联合进口加拿大两船原木6.1万m³，分别于2012年2—3月期间交货。

双方约定"如果货物在太仓港经太仓检验检疫局检验后发现材积短少超过发票数的1.5%，将由发货方承担赔偿"。双方还约定"为维护双方长期稳定的合作关系，发货方可派员或委托SGS来太仓港监视卸船"。

1. 加方可以理解的质疑

2012年3月20日，第一条船"台州先锋"轮载35092根30712m³加拿大原木来太仓港卸货。发货方派了公司副总经理St来太仓港。

3月29日，检尺结果表明：原木短少828根，材积短少2388m³，短少率达7.8%。

当St得知检尺结果后，提出以下三点质疑：

质疑之一：在同步检验时，是否有漏检、漏记？

谈判时，加方副总经理St首先向黄卫国提出："在卸船时，你方并不是把所有的原木都铺平在地上一根一根检尺的，有的压在里面的就没有检尺和标识。"同时出示了在现场抓拍的照片。

黄卫国说："确实有极少数的短原木，如5m长的原木压在12m下面的，港方为了赶卸船期，没有把它们一一铺平检尺。对这种情况，检尺员采取的是根据经验目测检尺并记录结果。由于是随机而少量的，对整船结果不会产生大的影响。"（图6-20、图6-21）

图6-20　　　　　　　　　　　　　　　　图6-21

质疑之二：货物在码头有否丢失？

St紧接着提出的第二个问题："货物会不会未被检验就拉出码头，特别是夜里，会不会有偷拉木材的事件发生。"为澄清这一问题，黄卫国向其解释了我方的检验监管和放行的全过程。其中最主要的是，货物检尺完毕后，检验检疫局要进行现场抽查和复核无误后才开具货物准运单，海关凭检验检疫局的检验结果出具放行单，两单齐全后，码头公司才允许收货人将货物拉出港区。

为让St全面了解事实，我方邀请他一同去码头公司操作部，实地查阅了以前的放货记录并去中控室观看了码头视频监控和录像的全过程。

为让St全面了解我方检尺记码、输电脑、计算汇总等全过程，也邀请他去复查组调阅电脑上的所有材料、核对现场手工记录的明细码单与电脑上输入的码单。（图6-22、图6-23）

为使对方更全面、更深地了解我方的检验监管过程，黄卫国还特意邀请St一起参加了对全船木材的抽查复验工作。

现场抽查的一开始，St首先查看了检尺员的资质证书，询问了检尺员的培训等情况。（图6-24、图6-25）

自己亲自去各堆垛随机抽查复验，并拍摄了大量的我方检尺员现场检尺的照片和录像资料。（图6-26、图6-27）

图 6-22　　　　　　　　　　　　　　图 6-23

图 6-24　　　　　　　　　　　　　　图 6-25

图 6-26　　　　　　　　　　　　　　图 6-27

质疑之三：为什么根数仅短少 828 根，材积却少了 2388m³？

St 重点提出了第三个问题："短少 828 根原木，按整船原木的平均材积计算，短少量不过 725m³，无论如何不可能短少 2388m³，总不可能短少的 828 根原木全部都是平均材积近 3m³ 的大径级原木吧。"

那几天 St 像热锅上的蚂蚁，发了好几封邮件给黄卫国，两次亲自上门索要我方检验明细码单。他应该是想把在现场拍到的我方检验结果（编号、长度、直径等）与他抽查到的进行比对，重点是想看我方有否漏检漏记。

St 仍然想把短少的根源归于漏检、漏记。

回到室内，St 还是不忘提及我方有可能漏检漏记的事情，并出示他所谓的手机照片证据。（图 6-28、图 6-29）

图 6-28

图 6-29

于是，St 提出要对整船木材进行全部翻堆二次检尺，并询问需要多少费用。中方收货人算后说要 10 万美元，St 和总部联系后说："如果翻垛检尺后证明是你们的问题，费用就得由你们承担。"

这确实具有挑战性，但问题是码头上没有这么大的场地用于检尺周转。

于是中方收货人提议："以第二船中加双方共同检验结果来定，如果第二船没有出现短少，连第一船都不要求你方赔偿；但如果出现了短少就得两条船一起赔偿。"St 没有表态。

2. 找到问题的症结是关键

黄卫国非常清楚地感到这是一场难度极大的索赔案件。不找到充足的、有说服力的理由说服对方，就难以改变被动、尴尬的局面。这是由于原木在加拿大检验时没有标识，在发货检验明细码单上也没有编号，我方找不到对方检验上的差错、无法举证对方过错的缘故。

这一夜黄卫国对加拿大原文标准和相关技术资料进行了一整夜的研究，发现了很多问题，但重点在于以下几点：

"加拿大 BC 省立方制检验规则"是加拿大林业部制定的官方、强制性检验标准。该标准规定了使用"斯马林数学公式"计算原木的材积。即根据原木的长度和大、小头的平均断面积来计算原木的材积数。进一步研究发现，该计算公式是建立在原木的形状为抛物线状或圆柱状的基础之上的，而从加拿大原始森林里砍伐的原木，其形状变化很大，如有的呈圆锥形、喇叭形、钉子形等。从"计算方法和原木尖削度对材积增减影响关系曲线图"上可以发现，当原木大头直径是小头直径的 1.3 倍时（大小头直径悬殊 30% 时），按"斯马林公式"计算出的材积会大于实际材积。所以，大头越大的原木算出的材积就越大。加拿大原木特别是高山树木，一般高度都在 35m以上，为了抗衡暴风雪等外界力量，其根部都长得很粗大（尖削度大），形状更是变化多端，如呈膨大型等,对这类原木按大、小头平均面积来计算材积,往往会算大很多。所以标准中规定:"在检尺前要合理造材以确保检尺的准确性、公正性。"

在第二天的会谈中,黄卫国指出了上述问题并得出结论:正是由于加方在对原木实施检尺前未合理造材、在原发货检验时又没有合理扣除,从而造成了材积算大,导致了货物的短少。

"这个问题要问检尺公司 RI,我对检验标准不是专家。"St 沉默后回答说。

(二)"金科冠军"轮引发的揭秘真相

对第一条船"台州先锋"轮载 35092 根 30712m³ 加拿大原木所发生的短少 2388m³,双方基本采取了暂时搁置争议,等第二条船检验完毕后看结果、再谈论的方法。

为了确保检验得更准确,中加双方都去码头公司要求放慢卸船进度,把原木铺平了一根一根检尺。

4月8日,"金科冠军"轮载 42854 根 26652m³ 加拿大原木来太仓港卸货。当晚,加拿大检尺公司 RI 来到太仓港。他顾不得旅途的疲惫,在码头卸船现场监视我方的检尺,一看就是一夜。同时,发货方委托 SGS 的 8 名工作人员进行现场理货工作。(图 6-30)

图 6-30

1. 难以抹去的质疑

4月16日,"金科冠军"轮卸船完毕。中方检尺结果表明:原木溢出 376 根,但材积却短少 2890m³,短少率高达 10.8%,比上船高出 3%。当 RI 得知检尺结果后,提出了以下两点质疑:

质疑之一:是否中方所使用的检尺工具影响了结果的准确性。

RI 认为:"按照加拿大官方检尺规则的 6.2 款,卡尺是检量原木直径的法定工具,而中方所使用的钢卷尺无法把大头直径检量准确。"

黄卫国回答:"标准中也指出了检量直径的两种方法:一是使用特制的卡尺;二是可以使用'判断尖削度正常延长线法'来检量大头直径,而在该方法中使用的就是钢卷尺。"他同时指出,使用哪种检量工具只是一种形式,关键是如何检量准确。不管使用哪种工具都共同面临着如何根据原木的不同形状而选择正确的下尺部位。

质疑之二:大头直径只能是小头的 1.3 倍依据不足。

在谈及"斯马林公式"中关于大头直径超过小头直径 1.3 倍时材积计算就会过大的问题时,RI 则认为,根据他的经验只是在 1.4 倍时才会出现。他说 St 告诉这一问题后,他也发邮件请教过加拿大林业主管部门,并把其答复转发给黄卫国。

"在加拿大林业主管部门的答复中,最后要求阅读标准中的曲线图,并指出对于超标准的原木,林业主管部门要责令其先造材再检尺。"黄卫国一边回答,一边拿出原文标准指给 RI 看,在曲线图的 30% 的地方恰好是材积变化的转折点。

煞费心思的是,黄卫国将太仓港自 2010 年进口加拿大原木以来,凡是没有出现材积短少的船舶专门单列出来,展示加方原发货明细码单给对方看,表明之所以没有短少是因为没有超出

1.3倍的缘故。但无论如何解释，对方仍然坚持上述两个观点不放松。

2. 说服对方的关键还是要以事实说话

鉴于对方始终认为是检尺工具造成的误差和不承认1.3倍的观点。黄卫国不得不向对方下"挑战书"了。他说："事实胜于雄辩，让我们去货场随机拿出100根原木在地上铺平进行背靠背检验，然后在公开场合互看和公布对方的检验结果。"RI欣然应允。

4月13日下午，当抓车把100根原木铺平后，中方检尺队和RI分别各自实施了逐根检验。

在检验前双方对检量工具进行了比对。所不同的是，RI是用从加拿大自带的卡尺检量原木大小头直径，用挂在身上的卷尺量取长度，用手持式电脑记录结果，所有工作均由自己一人完成。（图6-31、图6-32）

约在18:30现场检验完毕，回到办公室后双方把检验结果各自写在小纸条上交给对方，然后当众公开，结果是：RI对100根原木的检验结果是67.693m^3；而中方的是65.51m^3，RI的结果比中方的多2.183m^3，占3.3%。

但详细分析双方的检验结果就不难看出问题的根源。一是在100根原木中，中方检验的原木大头直径大于小头1.3倍的共80根52.9m^3；而外方的是81根53.891m^3，多于中方1.9%；二是如果按照大、小头直径悬殊不能超过30%进行校正，那么100根原木，中方的检验总结果应该是59.86m^3（现场检验是65.51m^3，校正值8.6%），外方的检验总结果应是61.572m^3（现场检验是67.693m^3，校正值9%），外方的检验总结果大于中方2.9%；三是即使是按照RI自己所说的不能超过1.4倍，他自己实际检验超过1.4倍的已达59根34.913m^3，占现场检验材积的51.6%。

图6-31　　　　　　　　　　　图6-32

当黄卫国按统计表向其详细讲解、分析双方检验结果对比后，RI尴尬地说："非常有趣的事情！"（图6-33）

紧接着，黄卫国说："以上事实（特别是大于1.3倍的）同时说明了这样一个事实，那就是双方检尺的准确性都不高，即使RI在加拿大是富有影响力的资深检尺员。同时也看出检量工具不是主要因素，而最关键的是如何准确判断和选择下尺部位来检量直径。显而易见，双方都检量不准的关键和限制因素是：原木大头的形状太多样化、太复杂，膨大、凹凸的原木大头端面导致了无法准确判断下尺检量部位,这就是为什么标准中规定了要在检尺前对原木进行必要、合理的造材,去除不正常的部分。"此时的 RI 已无话可说了。(图 6-34)

图 6-33

图 6-34

(三)找出根源且拿出数据支撑是谈判成功的关键

第一船原木少了 828 根 2388m³;第二船根数多了 376 根,但材积却短少 2890m³。对于如此大的短少量无论是发货方、中间商还是 RI 都觉得不可思议。特别是第二船,对方声称为了不发生短少,还特意多装部分货物。

为了拿出令人信服的数据支撑,中方分别对两条船的国、内外检验明细码单的上百万个数据在最短的时间内做了详尽的分类对比和统计分析,提供了详实的证据。这一点对搞好加拿大木材的索赔工作显得尤为重要,因为加拿大原木断面上没有编号,无法与发货码单相对应、相比照,也就无法举证对方的差错,在对方的脑海里整体产生的印象是"不可思议的事情、难以接受的结果"。

中方收货人说:"'台州先锋'轮短少案,按理论计算有 2 部分组成,一是如下表所示的对方检量过大部分为 1594.468m³,二是根数短少 828 根,按平均材积计算,短少量为 724.5m³,两部分合计为 2319m³,与我方实际检验的短少量 2388m³ 十分吻合;'金科冠军'轮短少 2890m³,一是对方检量过大部分占了 2560.674m³,二是所发来的木材缺陷多、质量差、小径级原木多,平均直径小于合同约定值,所以根数虽然多发了 376 根,但材积并没有增加。"

"对贵方所做的全面、细致和专业性的工作,我深表钦佩,我没有什么过多要说的,我回去后要向加拿大林业主管部门建议修改标准。"RI 说。

(四)尾声

谈判结束、签署了协议后 RI 说:"我回去后要发挥自身在加拿大的影响力,建议林业部主管部门及时修改标准。也建议国检局向加方提出建议,这样,加方会更加重视。在该标准未修改前,我建议使用美国的 Scribner 标准进行检验。"

在谈及加拿大标准中,原木大小头直径悬殊不能超过 30% 时,RI 说:"我不能对加拿大官方标准说三道四,更无资格去否定它。只是该标准在加拿大并没有被完全执行,标准中也有矛盾的地方。但你们做了深入细致和专业性的研究,希望能邀请你们参加加方的相关研讨会。"至于检验前的造材,RI 说:"在实际工作中难以执行,一是费用高、二是时间长的问题难以解决。"

太仓港自 2010 年下半年开始进口加拿大原木以来，共进口 85 船次，经检验发现材积短少的有 65 船次（占 77%），进口材积 170 万 m^3、短少材积 7 万 m^3（短少率 4.2%），货值 1020 万美元（6500 万元）。

至此，两年来一直困扰着中方的进口加拿大木材持续、大量短少的原因终于真相大白。

媒体报道（图 6-35 ～ 图 6-38）

图 6-35　　　　　　　　　　　　　　　图 6-36

图 6-37　　　　　　　　　　　　　　　图 6-38

第七章

二十五年后的"对弈"
——力促美国木材检验局第二次来华获赔50万美元

自1988年美国木材检验局派员来华复检、谈判之后，在黄卫国及他的同事们一起推动下，陇海沿线的商检局与木材进口商成立了"陇海线进口木材检验监管协作区"（主要成员有：连云港商检局、河南商检局、陕西商检局、青海商检局、中国木材总公司连云港转运站、连云港市木材公司、徐州市木材公司、河南省木材公司、陕西省木材公司、青海省木材公司、西北木材一级站及陇海沿线各市级木材公司等35个单位），形成了大商检格局。

检验员们一次又一次、一批又一批的对外索赔，每年为国家挽回几百万美元的经济损失。之后，原国家商检总局推广"陇海线进口木材检验监管协作区"经验，以秦皇岛市牵头成立了第二个"北方片区进口木材检验监管协作区"。

与此同时，国家商检局成立了调研组，李明义任组长，成员有顾息林、柳加虹、黄卫国。通过在江苏调研后，写出调研报告，报总局研究批准后，于1989年将进口木材纳入法定检验商品目录。

本案起因

2013年8—11月，山东某公司先后从美国进口两船云杉原木，经检验发现原木短少2311m^3，索赔金额50万美元。

太仓国检局在进行了抽查、复验后出具了检验证书，并向收货人说明了短少原因：一是美方检尺偏大，二是缺陷扣尺偏少。

收货人得知情况后很是着急，本预计2船木材可盈利50万元，但现在不仅没有了，还要损失50万美元。

黄卫国鼓励收货人说："只要把美方叫过来复验谈判，就有把握取得成功。"

底气何来

该公司进口的第二船美国原木装"海乐迪"轮于10月17号靠泊。

2013年11月3日现场检尺结束,结果为:实检根数29392根,毛材积4750.560MBF,净材4745.940MBF,根数短少66根,材积短少率3.65%。

为了查明短少原因,做到胸中有数,国检局监管人员采取了以下四项措施:

一是要求承担该船检尺任务的检尺公司首先自查。

二是组织复查组复查。

三是和收货人联合复查。

自查和复查内容包括现场检尺的准确性、码单计算和汇总的准确性,以及查找国外电子码单上的问题和差错等。

四是进行相关预测验证分析。

11月11日复查组到现场复查,分4个小组进行,由于场地的缘故,只随机抽查了170根,其中有57根是带国外编号的,并将该57根原木从国外原检尺明细码单上——查找出来,将复查结果逐一与国外、国内原检尺数据相互比较,发现国外检量直径偏大的占15.79%;发现国内检量直径偏小的占8.2%。从而初步认定国外检尺数偏大是造成该船材积短少的主要原因。

11月18日又联合收货人去现场抽查690根原木,对国内外检尺数据进行分析比对,发现有191根原木国外检尺直径大于中方1in,以690根抽查原木的检尺结果推测整船29392根原木(抽查比例为2.3%),得出材积短少率为3.45%,这与国检局出证的短少率3.65%很接近。

对整船检尺数据进行相关预测验证,主要是验证整船原木检尺的准确性。根据我们的研究表明,尽管每个国家的检验标准都不一样,但它们之间有着内在的联系,存在一定程度的关联性,研究它们的差异找出修正系数,就可以从一个标准的检尺结果去验证按另外一个标准的检验结果。

本船我们依据国标检尺明细去计算转化成外标千板尺,即得出整船原木的理论材积为4816.430MBF,与检尺公司实际按照外标逐根检尺得出的材积4750.560MBF,仅仅相差65.87MBF,误差率1.30%,从而验证出我方外标检尺的准确性。

这无疑更加坚信了我方的检尺方法和结果是经得起任何方以任何方式来复查复验的。

棋逢高手冷静应对

对两批原木实施原检验的是美国PR木材检验局,该局已有130年的历史,木材检验技术好、经验丰富。每年经该局检验的木材超过600万m^3,其中有40%销往中国。

美国PR木材检验局是"美国原木检验官方标准"的主要起草局。局长Ga对自己的检验结果非常有信心,来华之前,他对中方表明,如果复验结果证明美方原检验存在问题,美方愿意对两船短少的木材给予一揽子赔偿,但如果证明是中方检验差错,那么美方也将保留追究中方责任的权利。

2013年12月4日上午9时,美国PR木材检验局局长Ga,美国发货方公司总裁、财务总监和经销商K公司总裁共4人,来到太仓港就"海乐迪"和"伊友快帆"轮进口美国原木共计短少2311m^3进行复验谈判。

黄卫国建议在去现场复验前先开见面会。

4日上午，局长Ga等4人来到太仓局港办会议室。国检局动植检科吴科长首先介绍了太仓港进口木材相关情况。黄卫国用PPT展示的方式，一是详细阐述了中方检验美国木材30年的历史及20多起与美国木材检验局和主要发货商复验、谈判、交流的成功经过；二是全面介绍了中方对检尺单位采取的资质管理、质量监控、绩效考核、技术培训体系等；三是阐明了我方对美国原木检验关键技术的理解和掌握。

图7-1

图7-2

美方对上述介绍没有任何意见。应该来说，中方对美国木材检验标准和检验技术的掌握程度和采取的监管措施得到了美方的初步认可。（图7-1）

最后黄卫国指出："我们对美国木材实施检验只有30年历史，与贵局相比还很年轻。但是一直以来，我们在研究"美国原木检验官方标准"核心技术上下了很大功夫，特别是2011年新版标准实施以后，也进行了比较深入的学习和理解。我们注意到，美方是按照老版标准对此船原木进行检验的，在每根原木应留取的后备余量等方面与新标准有所出入，我们初步推定，这也是造成双方检验结果不一致的原因之一。"（图7-2）

现场复验把控方向

见面会结束后，应美方代表要求，中方为他们提供了我方原检验明细码单，并要求码头公司将被美方随机抽到的500余根原木，从堆垛里取出来在码头地面上一字排开，便于中美双方分别对抽样原木开展逐根复验。（图7-3）

在美方复检原木长度时，黄卫国再次对新老两版"美国原木检验官方标准"的差异作出善意提醒，指出按照新标准，每根原木留取的后备余量应由1in变更为8in。

对此，Ga局长表示接受，并将美方原检验差错的部分一一标记在原木上。

其实从表面上看，新老标准就有7in之差，但却意味着诸如实际检量尺寸为36ft至$36\frac{7}{12}$ft的这档次的原木，都只记录为35ft（标准规定检尺长度以1ft为增进单位）。所以，这类长度档次的原木就会每根少1ft，余类似。（图7-4）

随后，黄卫国发现，由于美方现场复验时速度较快，忽视了对木材缺陷的扣尺，而缺陷扣尺率正是影响木材净材积短少率高低的主要因素之一。

因此，黄卫国立即要求美方遵照美国标准，仔细检验原木材身上的缺陷，特别是比较隐蔽的缺陷。对具有腐朽、开裂等严重缺陷的原木一定要予以扣尺。

经过讨论协商,双方对扣尺多少达成了一致。(图7-5)

对于小径级原木(如直径6～8in)的直径检量上,由于美方在原发货检尺时比较疏忽,对比中美双方原检验明细码单发现差异比较大,一般是美方检尺大1in。所以,美方在抽查复验中给予了较大关注,不时与中方有所争议。

但在复验现场的事实面前,美方最终还是确认我方的检尺是正确的。(图7-6)

复验中,局长还饶有兴趣地抽空查看中方检尺员的检尺和记码过程,并与中方检尺员进行简单的交流。(图7-7、图7-8)

图7-3

图7-4

图7-5

图7-6

图7-7

图7-8

复验结果验证出谁对谁错

2013年12月5日下午,美方一行4人带着原木复验结果,第二次来到太仓国检局港办会议室。

大家一直关注的中美双方复验结果即将公布。

应美方建议,由太仓国检局作为见证人,中美双方检尺公司相互交换复验原始记录和汇总表。(图7-9)

图7-9

美方一行将本次抽查情况分长度、直径、等级和缺陷扣尺与美方原发货前检验进行一一比对。

(一)美方对519根原木的复验结果

(1)毛材积92960BF。

（2）净材积91430BF。

（3）缺陷扣尺率1.65%。

（二）中方对519根原木的复验结果

（1）毛材积92010BF。

（2）净材积90670BF。

（3）缺陷扣尺率1.46%。

双方复验毛材积误差率1.02%，净材积误差率0.83%。（图7-10）

图7-10

其实，这种复验结果是用来一箭双雕的。美方一是可以用这次复验的519根原木，查对原检验明细码单，对比美方发货前原检验结果是否准确；二是查对中方原检验明细码单，看看中方原检验的准确性。Ga局长的519根原木复验结果既与中方原检验结果一致，又与中方这次自己复验的519根原木结果相一致，那就只能说明中方原检验是正确的。也就是说，国检局基于中方检尺公司的检验结果出具的检验证书是正确的。

Ga局长心悦诚服地表示："从中美双方的复验结果来看，毛材积误差不超过1%、净材积误差不超过2%，完全符合'美国原木检验官方标准'有关规定。"

在问及对中方检验技术水平的看法时，Ga局长说："中方在木材检验方面的专业性、准确度是有目共睹的！"

证据确凿全部认赔

由于此前美方已经提供了第二船原木在美国原发货时的检验明细码单，太仓局据此查出了美方的原发货检验结果，经与本次中方复验结果比对，净材积短少率为4.39%。黄卫国将这一结果告知了Ga局长，并向他指出，美方原发货检验明细码单中显示，在抽验的519根原木中，美方原发货检验时错把其中10根的大头当成了小头检尺，这就使得在中美双方复验时为6in的原木，在美方原发货码单上却被检定为15in，而这样的错误是检验工作的大忌。

闻言，Ga局长神情严肃地表示，回到美国后，他将对此事严肃处理。（图7-11）

面对中方对"美国原木检验官方标准"全面的掌握和运用，以及中方有效的监管措施和准确的检验结果，具有130年悠久历史的美国PR木材检验局的局长真诚地表示："这次出现的差错是我局百年的耻辱，回去后必须严查原因，开除不负责任的检验员；对尚没有装船出口到中国的货物全部进行第二次检验。"

在谈及中方的检验技术时，美方发货人幽默地说："中方的检验是专业的、准确的，你们对美国木材检验标准和技术掌握得如此纯熟，我们希望派人来向你们学习！"（图7-12）

商务谈判中，中美双方很快签署了"以国检局检验证书上的数据为准，赔偿中方损失"的协议书（合计50万美元）。（图7-13）

图 7-11

图 7-12

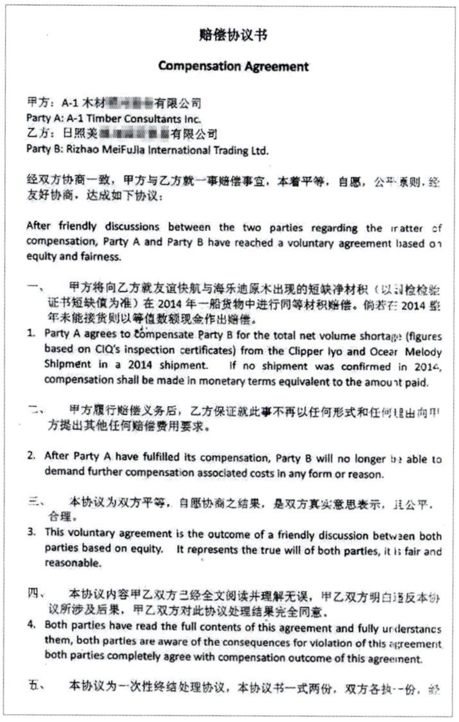

图 7-13

后记：合作共赢

原木材积短少的事件虽然告一段落，但在与美方的交流沟通中，黄卫国建议，在中美两家检验机构、木材商之间建立常态化合作联动和互认机制。通过签署合作备忘录、成立领导小组等方式，建立木材检验监管和技术交流、互培代培检验员机制，以及提前预防、处理贸易纠纷，建立贸易互信互认机制。今后，美方可在木材发运前提前将检验明细码单发给中方，便于中方在卸船检验时与原发检验进行比对，一旦发现问题及时联系沟通，由美方派员来华调查或直接确认中方检验结果，避免全船检验结束后的出证索赔、复验谈判可能导致的贸易纠纷，也有利于中方及时开展销售工作，节约双方在理赔工作中耗费的时间和人力成本。

当时，美方对此建议欣然接受。

中美合作共赢的首航——"波罗的海狐狸"轮

2014年1月，由美国PR木材检验局检验的美国AL公司发到太仓港的"波罗的海狐狸"轮，满载2.55万 m^3 的原木在太仓港卸货。卸货一开始，美方就派代表来太仓港与检尺单位共同检验了553根原木。对比美方的原发检验单，双方的材积误差为1.03%，基本符合美国木材检验标准的要求。该轮在1月5号检验结束后，计算出整船的原木材积短少207m^3。短少率仅为0.806%，完全符合标准规定，在允许的误差范围内。

如此准确的检验结果，也表明了美方继上2船原木在太仓港发生短少索赔案件后开始按照中美协作机制的要求加强了发货前的检验和监管工作。

从这里可以看出，美方对黄卫国提出的建议是表示认可的。双方均认为，建立合作联动、提前处理和互信互认机制有利于提高检验监管工作的及时性和针对性，有利于检验技术水平的提高和问题的及时解决，为中美木材贸易搭建更加顺畅的桥梁。我们相信，在中美双方的努力下，两国之间的木材贸易发展一定会更健康、更长远。

自2014年1月以后，进口的美国木材材积短少率大多在误差范围内。很少发生对该发货商的木材材积短少索赔事件。（图7-14、图7-15）

图 7-14

图 7-15

第八章

技术谈判推动了技术进步

2014年7月23—25日,就"米罗"轮进口原木材积短少3900m³,中方提出索赔事宜,加拿大木材发货商B公司在中方2家收货人的一再邀请下派出销售部和检验部经理来到太仓看货和复验谈判。

可以理解的困惑或质疑

由于案件之大、问题之复杂性,中方收货人恳请国检局给予技术帮助。

7月23日,B公司2位代表来到国检局港办会议室。按照黄卫国的思路,首先必须要让对方了解我方的检验监管过程,特别是与对方就木材检验标准达成一致后才好进行下一步的现场复验和谈判。

听了黄卫国的PPT介绍后,销售部经理反复强调本公司是一个国际性的大公司,在国际木材贸易中可谓享誉全球,所供应的木材覆盖美国、日本、韩国等,从来都没有出现材积短少的情况。出口中国的木材占40%份额,到中国其他港口也没有出现过短少,为什么偏偏到太仓港的木材屡屡出现短少,而且越来越严重,今年的短少率已达到7.6%,我们一直都是这样发货的,从没有改变过,为什么会出现这样的局面?(图8-1)

图8-1

寻差错、找漏洞、抓辫子是谈判的常用手段

上述一番谈话的言下之意是不言而喻的，也不禁让黄卫国想起了加方代表在来华前的一些出乎预料的要求。

国检局出具了检验证书后，向对方提供了本船原木按照"美国原木检验官方标准"的千板尺明细码单和按照"加拿大公制检验标准"检验的立方米检验明细码单。但加方就是迟迟不提供本船原木按照"加拿大公制检验标准"检验的原发货立方米检验明细码单，非要求中方先提供按照"中国国家标准"检验的明细码单才会提供。我方已一再表明按照中国检验标准检验的明细码单只是中方在国内市场销售原木时使用的，与贸易合同规定的标准是两码事。

由于加方一再坚持，考虑到加方原发货检验码单对查明原木短少根源的重要性，我方最后还是提供给了对方国标检验码单。

三种方法都证明货物短少不应该是巧合

由于加方在发货前检验时，没有对每根原木进行编号标识，所以无法将现场复验结果与原发货检验明细码单上的记录进行一一对照，也就发现不了对方发货前检验上的差错，为谈判添置了阻力。

于是，在前期充分准备的基础上，我方木材复查组不得不用以下3种理论计算方法来证明货物短少。

一是用"超1.3倍法（尖削度超过30%）"证明加方将20949根原木的大头直径检量过大，造成材积短少3080m^3。

二是用"国标升溢率法"证明材积短少3131m^3。即按照中国标准和加拿大标准的差异性和关联性分析，按中国标准检验得出的材积一般会升溢10%以上，但是本船原木材积的实际升溢率只有3.7%，远低于升溢率理论计算值12%，造成少升溢材积3131m^3。

三是使用"系数法"证明了材积短少3199m^3。对方以6.04的系数将立方米材积转换成千板尺材积时，所选择的系数过小，而历史上对方使用的是6.67系数（以其人之道还治其人之身法）。但加方坚决不敢承认千板尺材积是按系数转换而来的。于是我方在对对方提供的45482根原木检验明细码单中发现有5940根原木的厘米直径数对应着3个英寸直径数，如1根直径30cm的原木，在与其相对应的英制码单上却出现22in、23in、24in的3个结果，疑似加方在转换时使用对自己更有利的结果。（图8-2）

图8-2

但加方仍然不承认千板尺材积是按照加拿大立方米明细码单转换而来的证据。因为，按照系数转换得来的结果是没有法律效应的。

制定标准与执行标准不见得是一回事

黄卫国感到，与对方就木材检验标准达成一致看法是去现场复验前最为重要的事。特别是依据加拿大检验标准，当原木尖削度大于30%时，按照该标准中的材积计算公式算出的材积要比原木的真实材积大5%～15%。

但加方代表拒不认可。只要我方一谈及检验标准的事，就立即反驳说标准是加拿大官方制定的，你们和官方去谈。黄卫国以PPT讲解的方式、以黑板画图举例的方法证明对方检验员没有很好地执行检验标准的事实，甚至出示了前期加方检验机构在太仓港复验谈判、认可我方检验方法的音像资料作为旁证，可对方仍然坚持说："标准的事，你们去和加拿大官方谈。"（图8-3）

由于无法再谈下去，中方坚持双方去现场实地检验100根原木，比对一下双方的结果。但答复是："我是检验部经理，不会检验木材。"

难道堂堂的检验部经理真的不懂检尺技术吗？可在一开始见面会上的介绍中，销售部经理把他介绍为加拿大著名的检验专家、加拿大全国木材科学研究会理事、加拿大卑诗省木材协会的副董事长等。

但加方却不失时机地提出要我方检尺，他们在旁边观摩。为满足他们的要求，大家一起去了码头现场。（图8-4、图8-5）

回到室内后，中方在问及对我方的检验有何看法时，检尺部经理却说："中方是在作秀、在表演检尺。"

图8-3

图8-4

图8-5

迫不得已，收货人最后的办法

中方货主最后提出，如果对方不认可我方的检验，那么就对全船原木进行翻堆检尺，过错方承担所有的由此而产生的费用，包括延误销售所产生的费用。

加方当场表示同意，但要回去派检尺员过来与中方一起检尺。

在结束一整天的谈判时，加方销售部经理说："感谢国检局代表一天来的陪伴，为我们做了很多的专业性、细致的解释，其各种理论计算方法，我们明天要好好消化一下。"

加方这次来太仓谈判是有着精心准备的。

首先，他们不是来寻找自己的问题，他们深知，即使是有问题，我方也很难举证（因为原发货上没有标识编号）。

其二是避重就轻，不谈也不敢谈实质性的问题就不存在承认事实了。如不谈美国板英尺和加拿大立方米检验标准的问题，更不谈及标准的执行问题。

其三是来寻找我方的检验差错。对方把我方的国标立方米检验明细码单与美国标准、加拿大标准也作了一一比对。但没有发现到我方实质性的、可以摆到桌面上谈的差错。

也许可以理解的是，对方明知自己的不是也不敢承认，因为毕竟还有多家收货人在找他们"讨债"。

在而后2天的商务谈判中，双方表示要放弃全船翻垛检验的想法，避免扩大损失。加方答应中方在货物销售完毕后，依据售出的数据给予中方必要的补偿。

影响力和推动力

激烈的交锋助推了加方观念的改变、拉开了加方技术改进的序幕。

时隔4个月，2014年11月份，B公司副总裁在销售部经理的陪同下专程来到国检局汇报整改情况。副总裁说："自从米罗轮短少事件后，公司认真总结和分析了原因，花了2个月时间研发出'运用红外线识别和照相技术控制发货根数'的系统，确保装船根数的准确性。"（图8-6、图8-7）

图 8-6　　　　　　　　　　　　　　图 8-7

在而后的检尺中，确实发现根数短少率下降到1%以内。证明该公司言而有信，十分注重自己的声誉。

媒体报道（图8-8）

图 8-8

第九章

一份价超 40 万美元的中方检验证书

"经过加拿大第三方检验机构的随机抽查复验和比对双方结果,IP 承认中国的检验结果是极其准确的,并将以最快的速度给予中方赔偿。"

2015 年 2 月 7 日的时钟定格在 12 时,随着备忘录的签订,宣布了这起跨越万里、跨越年度且历时近 3 个月拉锯式的检验、复验、谈判工作的结束。(图 9-1)

时空回顾
——那时、那地、那事

图 9-1

2014 年 11 月 17 日,"艾丽斯港"轮装载进口加拿大花旗松、铁杉和云杉原木 43845 根 26330m³ 来太仓港卸货。

基于该公司 2014 年发往太仓港的木材平均短少率在 5% 以上,中方收货人从一开始就邀请加方派员来太仓港共同检验。

2014 年 11 月 17—23 日,加拿大发货商 IP 公司执行总监和加拿大三联公司原材料部经理来太仓港实施检验抽查。

2014 年 11 月 26 日,中方现场检验工作结束,结果显示材积短少 1875m³(短少率 7.1%),价值 40 万美元。

2014 年 12 月 5 日,太仓国检局出具了检验证书。

2014 年 12 月 10 日,IP 公司执行总监向中方提交抽查报告,否认中方的检验结果。

2015 年 2 月 1—7 日,加方派出第三方检验机构等 4 人来太仓港复验、谈判。

大做文章
——加方执行总监的肯定与否定

2014年12月10日，中方收货人收到了加方长达5页纸的报告和10多页的抽查记录与分析表格。执行总裁报告的主要内容如下：

"艾丽斯港"轮于2014年11月17日开始在太仓卸船并于11月23日卸货完毕。

在卸货的7天里，我们全程抽查并观摩了在太仓港的卸货及检尺程序。目的是希望通过此次参与，深入了解中方卸货检尺全过程，找出中加原木贸易用"美国官方检验标准"即千板尺检量法一直存在根数和材积短少的原因。

此次卸货由外理钉牌标识，并由张家港兴业检尺队进行检尺，我们在卸货的一周时间里，观摩了卸货、钉牌、检尺、熏蒸、转场的操作……

（一）关于钉牌标识流程。我们看到由外理在原木一头进行钉牌、并由码头督导进行监督。共有3个外理工作班进行钉牌，钉牌结束以后由检尺队进行后续检尺。外理和码头的双重监督有很大的作用，而且在检尺结束后装车的环节会将带标签的一头朝车尾，并再一次检查每根是否有标签，进行第三次检查，很大程度上保证了根数的准确性。

尤其在参观了国内其他港口（曹妃甸、岚山、连云港）以后，我们觉得在此环节上太仓港做得非常规范，应属中国国内港口操作的典范。

（二）关于检尺环节。我们在太仓港抽检7天，每天随机到码头2~3次，以确保时效上的随机性。在检查程序上：一方面，观摩兴业检尺队的检验过程。另一方面，对钉牌的原木毛长度及径级进行抽检，这样可以在国检数据出来后进行对比，测验国检数据的准确性。

通过十几次观摩兴业检尺队操作人员进行检验，发现在检尺过程中存在如下现象：由一名检尺员报出长度和直径数据，然后用黑色炭笔写在原木一端。其所报出的数据（并记录下来的）基本上均为国标长度（米）和径级（厘米），并没有检英制单位（英尺和英寸）。我们对此分别三次亲自询问了不同的检尺人员，为什么不检千板尺英制数据。他们均表示因为很简单，以记录的国标数据转换成英制数据就可以了。

通过多次不同时间，对不同检尺工作班的抽查，我们可以总结在太仓检尺队检千板尺的过程中，没有做到真正意义上的"一木双检"，而是绝大部分由国标数据转换而来的。

得到中国国家标准检尺码单以后，我们对国标检尺数据进行分析，将此次在太仓抽检的外标长度、直径信息和中方检尺数据进行对比。

（三）我司对中方检尺电子码单数据分析过程。首先，由于中方检尺队是手工记录并由电脑输入，首先需要确认中方电子码单数据的准确性。为此，我们在现场随机抽样拍照了5张记录员的记录纸，对其用笔记录下来的数据和贵公司发来的电子码单数据进行对比，从而排除数据输入员在手工输入的时候人工操作的失误。通过对比，5张记录纸只有1个数据有1个小数点输入错误。这种误差基本上可以忽略不计，所以我们判定手工输入基本全部正确。其次，由于实际检尺操作过程中，检尺队是用国标长度和径级换算成千板尺数据，而且是分批手工换算并记录，所以我们用公式针对国标立方米数据进行了同样的换算，即长度对长度，径级对径级，然后对比中方检尺队输入的千板尺数据。看是否有所出入，以排除人工换算错误可能性。

通过对比发现误差很大。在径级方面，43797根原木，有8008根原木（占18.3%）中方检尺数据少转换了,而长度方面有1550根(占3.5%)则是多了。

从上述数据中显示太仓检尺队在用国标数据手工转换成英制数据中存在较大失误,有1/4左右的原木或多或少地存在了转换上的错误。造成材积损失在3%。

(四)IP抽检数据与中方电子数据进行对比分析。IP公司根据其现场抽查记录的数据,与中方提供的电子码单数据进行了对比分析。一共抽检原木249根,对比结果显示,抽检毛材积双方差距在10%左右,故加拿大IP公司无法认同太仓检尺队的千板尺检尺结果。

中方首次回复加方
——纠正加方专业性的误会和差错

基于加方在报告中一是认为,中方不是实际按照"美国官方检验标准"即千板尺检量法实施检验,而是按照"中国国家标准"检验的结果进行转换的,由此造成材积损失3%;二是加方以在太仓港实地抽检的249根原木推测双方外标检尺误差在10%,从而不接受中方的美标千板尺检验结果。

中方一针见血地回复道:"首先明确一点,所有的外标(美国标准)都是由现场实检出来,而不是由国标转换出来的。"

信业检尺公司表示,如果是转换出来的,他们将承担所有责任。现场检尺有时之所以未报出外标,是因为检尺员和记码员之间早就形成了默契,也就是与国标检量的长度和直径相对应的常规的外标长度和直径不需要在现场报出来,回去后再补上,这样是中方节约现场时间的惯用做法。

二是加方对中国检验标准不理解造成的误会(中国公制检验标准与美国千板尺检验标准不是一一对应的关系)。一般来说,每个国家对原木的检量和进位方法的规定都不尽相同。中国原木检验国家标准GB/T 144—2003关于原木直径和长度检量与进位的规定:"检尺径自14cm以上,以2cm为一个增进单位,实际尺寸不足2cm时,足1cm增进,不足1cm舍去。"所以加方在表格中列举的诸如国标检尺直径为26cm的,应该为10in,而中方却为9in,中方减少了1in。这种推理是不正确的。因为,按照中国标准实际直径为25cm(对应为9in)的就进位为26cm(对应为10in),所以不能说9in是错的、10in是对的。

关于长度检量,国标规定"检尺长:按0.2m进级,不足舍去。长级公差:允许 $-2 \sim +6$ cm。原木检尺长自8m以上,保留8.5m、9.5m、10.5m、11.5m、12.5m等特殊长度"。例如,40ft长度的,对应国标的可以为:12.4m、12.5m、12.6m。

三是在复核加方提供的、在太仓港抽检249根原木的明细中发现有14根(占5.6%)出现编号抄错。

中方第二次回复加方
——直击要害

在收到中方的首次回复后,加方又提出以下质疑,我方逐一回复。

"IP并不认可中方的千板尺检验结果。经过工作和研究,认为中方国标检尺数据还是比较准确的,千板尺数据中长度部分也是比较准确的。"

我方答复一:中方证书是具有国际法律效力的证书,因而不是随便出具的,也不是买卖双方可以随便否定的。如有异议可以申请复验或行政复议。

"关于断根:请问太仓是怎么检验的,请问是取2根实际的断根测量,还是预估?如是测量,怎样判断径级。我们希望知道太仓测量断根的方式方法。"

我方答复二:断木头大多是在门机或船关从船舱抓木头时造成的。卸到船边码头地面后,检尺员是以断根原木的最小头检量直径;长度是以实际检量2根断根原木后相加计算。

"关于抄错垛号:在我们记录数据的时候,中方没有派人跟踪陪同,请问他们如何判断哪根木头是抄错的,甚至抄错到哪个数据?如果只是按照长度、径级和码单号来估计,那是没有根据的"。

我方答复三:IP代表在太仓码头进行抽查检尺,事先并没有申请中方派员见证,抽查完毕后也没有与中方检尺公司进行核对、告知和交流,纯属单方面行为。关于中方是如何判断哪根木头是抄错及抄错到哪个数据。

首先,按照双方检量得出的原木长度、径级进行比较,如果相差很大,很可能就不是同根原木(此种情况抄错编号的可能性最大)。如判断IP将3-1832编号的原木抄成了2-1832。判定的方法是:从双方检验明细码单查找出:加方2-1832原木的检尺规格是26×5(即长度26ft、直径5in),而该编号对应于信业检尺码单的却是39×10,显然不是同一根原木,但在信业码单上查找出编号为3-1832原木的规格却是26×5。

第二,按照美标和中国国家标准检量的关联性,可判定出中方检尺队检量的准确性。那么剩下的可能要么是IP公司代表检量差错,要么是编号抄错。

需要说明的是,在IP第一次发来的表格中,我们当时分析认为:IFP将3-1832至3-1836的垛号抄成了2-1832至2-1836;将4-1282至4-1285的编号抄成了4-1382至4-1385。

那么实际情况如何?首先表示对执行总监误解的歉意,也感谢你们后来把总监在太仓港抽检时的手工记录码单拍成照片发给我们,对比才发现:当时分析认为是抄错了编号,其实是你方在输入电脑时产生的差错:如,将垛号3输入成了2、将编号4-1282输入成了4-1382。

那么双方差异大的原因何在?

首先,在249根原木中有14根原木明显是IP代表输入电脑时产生的差错。第二,在249根原木中疑似将大头当小头检量的有22根(占8.83%),造成直径虚大2~14in。这从中方的国标检尺结果中可以验证出。如编号为2-670的原木,加方检尺数36×16 = 360BF、中方检尺数为36×8 = 80BF(中方国标检尺数为:11.4m×22cm),由此判断中方是正确的,因为直径22cm不可能对应美标16in。第三,在249根原木中,双方对直径检量完全相等的有105根(占42.2%)、相差1in的有122根(占49%)。最后,如果把上述明显的、可能的差错纠正到正确的数据,那么双方的差距在6%。

基于上述种种问题,我方认为以此249根原木不准确的抽查结果来推测全船并下结论是不科学且缺少说服力的。其二,有证据显示加方对美国标准的理解和掌握程度是值得商榷的。

派出第三方检验机构
——大有"胜券在握"之势

在接到中方的 2 次回复后,加方在回复中表明:"将邀请第三方检验机构 3 人(其中 1 名为主检人员 DT,持有加拿大官方检验证并受过美国政府检验培训、具有 13 年运用'美国木材官方检验标准'的检验经验),IP 公司也派出原木销售和业务部总经理等 2 名观察员于 2015 年 2 月 1—6 日至少复验 1000m³ 的原木(如果时间允许并,我们可以抽检更多,但 1000m³ 是本次行程必需的量)。我们将在港口任意挑选一定材积的原木,所有原木都必须一根根平摊在地上,不得有重叠堆放;每天复检完成后的结果将与中方检尺码单进行核对比照,如果中方有异议,我们将进行讨论,不留问题或争议过夜。上述复验计划,如果中方认可,请给予确认。"

中方理所当然地接受了挑战。

12 月 31 日,中加双方进行了首轮会谈。(图 9-2)

图 9-2

按照黄卫国的思路,首先必须要让对方了解我方的检验监管过程,特别是要与对方就木材检验标准达成一致后才有利于进行下一步的现场复验工作。

于是,黄卫国以 PPT 方式向加方展示了我方对进口木材的检验监管的发展历史、历次外商来太仓复验谈判的过程和结果、我方的监管监控制度和措施、对检验人员所采取的资质认可与系列培训制度等。

现场抽查复验
——颇为艰难的自我否定过程

2015 年 2 月 1 日,加方来到太仓港码头堆场,将他们自己随意挑选的原木堆垛,由铲车将原木取下来一字形排开、铺平放好,逐根检验并抄下原木端面上的编号后与中方原检验结果进行比对。(图 9-3)

2 月 1—3 日,加方共复验 289 根原木,平均每天复验不到 100 根,复验进行得十分细致。

复验中,对其中少数有争议的原木在双方(本船原木是由兴业检尺公司实施具体检尺的)达不成一致意见的情况下,双方同意由国检局技术专家作出裁定。(图 9-4)

图 9-3

图 9-4

晚上，加方将 289 根原木的复验结果与中方原检验数据进行对比，发现复验结果比中方原检验的毛材积少 0.3%，净材积少 4%。

2 月 4 日，加方可能意识到了不利的局面，调整了现场复验策略。

一是对原木长度和直径检量中出现的"临界点"数值采取了有利于自己的"就大不就小"的检尺原则。

二是对木材上的缺陷尽量不扣尺或少扣尺。

三是尽量避开与中方争议点的交流。即使争议也不轻易让步。

这样，2 月 4 日一直在码头复验到天黑，没有留下讨论和处理争议木材的时间。

2 月 5 日一早，加方来到码头后提出要换码头的另外一个场地抽检。但中方检尺队坚持要求把 4 日抽检的 153 根原木中争议较大的 20 多根原木拿出来由国检局验证确认后再行复验，但加方却不表态。

黄卫国指出，按照双方事先约定的"当天的问题当天解决、不留争议到第二天"的方案，应该优先解决争议问题。（图 9-5）

争议的重点之一是体现在对诸如原木的实际检尺径为 10.9in 的应该记录为 10in 还是 9in 上。加方认为应该为 10in，按美国官方标准的规定："以量取原木小头的长、短直径后取其平均值作为该原木的直径；在量取直径或计算平均值的过程中，不足 1in 的小数均舍去不计，但当英寸标记压边时（临界点）即不能舍去"。所以，上或下 1in 是事关木材材积溢或短 6% 的大事，双方自然不会轻易放弃。

尤其是在对不正形的小径级原木的直径检量上。三个人可能会选择 3 个不同的部位，得出 3 个不同的检尺结果。（图 9-6）

黄卫国指出，标准只是在标准情况下的死规定，但原木是自然生长物，小头断面的不规则形状很多，如椭圆形、凹凸不平等，而检量原木的长度和直径的目的就是要计算出该根原木能出多少板材材积，美国标准的千板尺材积是根据原木检尺圆柱体计算得出的，对所有不正形的原木都要首先校正到检尺圆柱体再检量直径。

所以对"临界点"原木直径的检量是升 1in 还是降 1in，还应结合原木检尺圆柱体的"尖削度变化率"来判定。尖削度是逐渐变大的就应该上 1in，逐渐变小或不变的就该下 1in，体现的是既要看平面更要看立体（整体）和变化趋势的原则。

图 9-5

图 9-6

"你才是我的好师兄。"加拿大第三方检验机构代表 DT 幽默地予以肯定。在接下来的复核中双方都予以了采纳。（图 9-7、图 9-8）

图 9-7

图 9-8

争议的重点之二是体现在对原木缺陷的扣尺幅度上。特别是对诸如节子、扭转纹、凹凸不平等材身缺陷的扣尺上。

加拿大原木是属原始森林里的高山树种，受自然因素的影响，材身缺陷比较多，比如根腐、凹凸、尖削度大等。

加方在 4 天的复验中，对中方认为应该扣 8ft 长度的，只同意扣 2ft；对认为应该扣 2ft 长度的却不同意扣尺。（图 9-9）

黄卫国指出："按照美国标准，缺陷扣尺的目的是为了消除该缺陷对木材出材率的影响。原木材身缺陷从表面上看对出材率影响不大，其实恰恰相反，越接近原木外部的缺陷对木材的出材率影响越大，研究表明，原木外部六分之一直径厚度范围占据出材率的 50%，特别是对旋切级、刨切级和高等级锯切级原木，对外部缺陷的限度要求更高。所以即使是同一种缺陷也要区分缺陷所在的部位、缺陷木和缺陷的大小以及缺陷发展的状态等要素作出灵活的扣尺。"（图 9-10）

图 9-9

图 9-10

对黄卫国的一席话，也许是对方找不出什么反驳的理由，也许那就是美国原木检验中缺陷扣尺技术的最高境界或实际情况就是如此吧。

思索片刻后，加方 IP 公司原木销售和业务部总经理说，我同意中方的意见。

2月4日，加方共抽查 153 根原木，复验结果对比表明加方原检验比中方原检验材积还要少 1.5%。现场中加双方检尺公司无大争议。

2月5—6日，加方共抽检 536 根，复验结果比中方原检验材积还要少 2.7%。

2月4—6日，三天现场复验中，双方检尺公司无大争议，皆大欢喜。（图 9-11）

2月7日，加方发给中方总共抽查复验 978 根原木的明细表和结果汇总。

978 根原木加方复验的毛材积为 137.6MBF（约合 700m³）、净材积 134.02MBF、缺陷扣尺 3.58MBF。

而中方原检验 978 根原木的毛材积为 139.5MBF、净材积为 138.22MBF、缺陷扣尺为 1.28MBF。

抽查结果比中方原检验结果，毛材积少 1.4%、净材积少 3%。

即，如果以此次加方第三方检验机构上述的复验结果推算全船的话，则材积短少率更大。（图 9-12）

图 9-11

外商抽查978根与中方原检尺对比表				
	中、外毛直径相等779根	中方毛直径检小的1in的60根	中方毛直径检大1in的139根	总计978
中方毛材积	105070	10820	23610	139500
外方毛材积	104920	12650	20030	137600
比例	-0.1%			-1.4%
中方净材积	104300	10490	23430	138220
外方净材积	102330	12220	19470	134020
比例	-1.9%			-3.1%
中方扣尺率	0.7%	3.0%	0.8%	0.9%
外商扣尺率	2.5%	3.4%	2.8%	2.6%

备注：978根中有38根中方长度检小1ft；有60根中方毛长度检大1ft。

注：图中 ' 表示 ft；" 表示 in。

图 9-12

多年来的索赔谈判经验使黄卫国十分清楚,如果复验时把原木铺开来一根一根地检验,只要是严格按照标准做,就会发现更多的问题。因为,中方在原检尺时实行的是 24 小时跟班、流水线作业模式——原木卸船、码头面铺开、理货钉牌、检尺公司检尺、装车运往熏蒸池。客观条件不允许仔细、长时间的检验。

商务谈判
——闪电式结束

2015 年 2 月 7 日中午,中加双方回到谈判桌上。

IP 公司原木销售和业务部总经理首先发言:"首先感谢中方对这次复验的支持、帮助和指导,感谢中方检尺队的积极配合、认真细致的工作,使我们的复验工作顺利完成,达到了预期的目标。通过对比,我们认为中方的检尺结果是正确的,中方证书是极其准确的,同意签署事实备忘录。"(图 9-13)

图 9-13

黄卫国说:"对加方来华复验,我们一直持欢迎态度。只有查明了根源才能从根本上防范和杜绝短少。中方敢对原木实施逐根钉牌标识检尺就是要把我方的检验结果暴露出来,可溯源查明任何问题,体现的是胆量和技术实力。通过 7 天的复验、交流和探讨,双方收获都很大,DT 对美国标准的理解和掌握很全面、工作认真负责,体现了一名良好检尺员的职业操守。"

DT 说:"在现场发生的争议和讨论是很正常的,在加拿大也是这样。这次来太仓学到了不少东西,回去后要好好消化。"

中方收货人说:"按照这次抽查的短少比例,木材应该少得更多,但还是以中方的证书数据为准。"

黄卫国指出:"按照美国原木检验官方标准,抽查结果允许与原检验毛材积误差 1%、净材积误差 2%。中方由于是 24 小时跟班检尺,夜间对木材缺陷看不清楚,所以缺陷扣尺很少。"

这时,复验备忘录已经起草好,"IP 公司承认中方的检验结果是极其准确的。回去后将以最快的速度给予中方赔偿"。接着,双方交换了签名。(图 9-14)

最后销售和业务部总经理说:"在加拿大不同的供货林场有不同的检尺队,检验技术不尽相同,这船木材就有 6 家供货林场。希望下次把他们带到太仓来参观学习。

最值得一提的是,你们实行的对原木钉牌标识检尺是最有效的溯源方式,这就像人的身份证编号一样。

在没有来太仓之前,听有的发货商来太仓港,回到加拿大后误传中方的检尺是如何的不可信、不靠谱,现在明白了他们是别有用心的。"

后记

2015年5月26日,双方正式签署了赔偿协议书。(图9-15)

媒体报道(图9-16)

图9-15

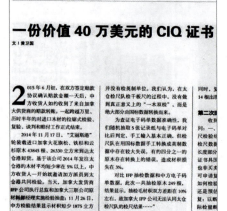

图9-16

第十章

寻因之旅 诚信之举
——中加双方首次对扒皮原木检验方法的探讨

如果说，在带皮原木上所发生的中加检验结果差异的主要原因是双方对检验标准的理解和运用不一致或检验条件所限、检尺不到位所造成的（排除造假因素）。那么，对于扒皮原木这些因素还客观上存在着，对方在对原木实施机械扒皮过程中对原木造成各种很难避免的损伤，特别是对原木的外表损伤，会严重地影响和制约着检尺的准确性。

此外，扒皮原木因为失去了树皮的天然保护层，在装卸或运输过程中也容易造成二次损伤。

从我开始，查寻原因

2017年4月10日，加拿大某出口商亚洲区木材市场销售部经理等2人曾来到太仓港，就该公司连续收到我方出具的5份"诚信小档案"中所列举的导致木材短少问题的六大原因，进行了面对面的回复和交流。（图10-1）

图 10-1

加方代表说："我公司很重视贵方反应的问题，一直在寻找问题根源和解决措施。例如我司研制的控制装船原木根数短少的红外线拍照技术在加拿大是首创，实践证明是非常有效的监控方法。最近我司申请了具有美国40年木材检验工作资历的第三方咨询公司对现场检尺人员的技术水平和能力进行了验证和评估，出具了合格报告。"

当时，加方表示要对下船出口太仓的原木像太仓港一样实施钉牌编号检尺，便于追踪和比对。

发生在"非洲散运"轮上的验证过程

2017年5月31日，"非洲散运"轮检验结果出来后，中方又出具了"诚信小档案"，列举了四大问题和三大分析意见。（图10-2）

加方在回复中表示要派代表来太仓抽查2000～3000根原木，彻底查清根源。

图 10-2

2017年6月21日，加拿大木材发货商B公司和第三方检验机构一行4人专程来到太仓港就"非洲散运"轮出现的木材检验问题与中方5家检尺公司、木材复查组代表们进行了现场复验和座谈交流。应收货人申请，中方木材检验监管人员参加了这次活动。

见面会上，加方副总裁首先感谢中方5家检尺公司和中方对这次活动的重视和支持，接着介绍了此行中的3人分别是在中国市场工作了18年的亚洲区木材市场经理、有25年工作经验的检验主管和有着46年检验经历的第三方检验公司总裁。

在谈及此行的目的时，副总裁说："今年以来我公司陆续收到贵方的'诚信小档案'，每次收到后都召开公司主管会议、邀请专家参与分析、寻找各个环节上的问题。感到费解的是为什么出口到中国其他港口的扒皮原木未出现过类似的问题？所以此行就是为了寻找根源，而不是来评价谁对谁错。"

亚洲区木材市场经理阐明了中方市场的重要性，特别是出口太仓港木材占出口中国的75%。

他说："去年我司出口的带皮原木基本没有收到'诚信小档案'，但自从今年出口扒皮原木就陆续收到了。诚信贸易对各方都是非常重要的，这就是我们此行的目的。客户的成功就是我们各方的成功，中方的客户对我司是满意的。应中方客户的要求，我司花巨资投资了最新款第八代扒皮机进行原木扒皮以扩大出口量，目前也在努力调试，使之进入最佳状态。"

第三方检验公司总裁介绍了检验标准和政府的监管情况。加方检验主管介绍了该船原木在加拿大的检验和抽检情况，他认为：产生差异有可能的原因是扒皮造成了对原木的损伤或双方的检验方法和习惯上的差异导致了近一半原木存在差异。

加方确实是说到做到，这次对"非洲散运"轮装运的29315根约23698m^3的原木在出口前实施了逐根钉牌编号。

应收货人的申请，中方在检尺时逐根抄下了加方原检验的原木编号，方便了双方对检验结果的比对和溯源。（图10-3）

检尺结束后，双方交换了整船原木的检验明细码单，加方查找出其中2000根原木，认为存在有30%的材积误差，并不惜花巨资从多个原木堆垛中挑选出来单独堆放。

6月22日上午，双方来到码头公司现场，首先从2000根原木中拿出212根一字排开、逐根复检。（图10-4）

图10-3　　　　　　　　　　　　　　　图10-4

一开始采取的边讨论边联合复检的方式进行到 26 根时，由于进度太慢，黄卫国提议双方各自复检，最后比对结果，对争议大的原木再到现场进行讨论、核实。

212 根等同于 2000 根原木的结论

2017 年 6 月 22 日下午，加方将复检的 212 根原木比对中、加双方原检验结果，认为已经找到了原因。

212 根原木中，按照加方的意见，去除认为可能牌号有问题的 10 根。加方把本次抽检的结果与加方原检尺进行了比对，国外复验与国外原检直径比对结果见表 10-1、国外原检与国外复验长度比对结果见表 10-2。

表 10-1

误差项目	根数	国外复验	国外原检	毛材积误差率	编号
	2	340	480		8534881
国外原检直径偏大 4in	1	90	200	122.22%	8549509
国外原检直径偏大 3in	1	60	90	50.00%	8545264
国外原检直径偏大 2in	7	1300	1860	43.08%	
国外原检直径偏大 1in	65	7540	9690	28.51%	
直径一致	98	10360	10450	0.87%	
国外原检直径偏小 1in	27	3420	2940	−14.04%	
国外原检直径偏小 2in	3	330	180	−45.45%	
合计	202	23100	25410	10.00%	

表 10-2

误差项目	根数	国外原检	国外复验	毛材积误差率	编号
国外原检长度偏大 14in	1	110	50	−54.55%	8552062
国外原检长度偏大 13in	1	70	40	−42.86%	8543799
国外原检长度偏大 12in	1	50	30	−40.00%	8535576
国外原检长度偏大 8in	1	90	70	−22.22%	8535441
国外原检长度偏大 7in	1	50	50	0.00%	8522907
国外原检长度偏大 6in	1	70	50	−28.57%	8545105
国外原检长度偏大 4in	1	90	80	−11.11%	8557536
国外原检长度偏大 3in	1	90	80	−11.11%	8524479
国外原检长度偏大 2in	1	110	100	−9.09%	8522663
国外原检长度偏大 1in	18	2540	2080	−18.11%	
长度一致	169	21520	19670	−8.60%	
国外原检长度偏小 1in	2	260	310	19.23%	
国外原检长度偏小 6in	1	110	160	45.45%	8545260
国外原检长度偏小 7in	3	250	330	32.00%	
合计	202	25410	23100	−9.09%	

表 10-1 说明：加方原检尺时因为直径检量偏大（一般大 1in），导致原发货毛材积虚大 10%。

表 10-2 说明：加方原检尺时因为长度检量偏大（一般大 1ft），导致原发货毛材积虚大 9.09%。很离谱的是，长度检量大 3~14ft 的竟有 8 根，占抽查根数的 4%。

上述加方抽查的结果与中方出具的诚信小档案中的结果基本一致。（图 10-2）

如果不是加方亲自抽查比对，无论如何也不会相信我方的结论。

总结会上，副总裁说："我司主动对这船原木进行了贴牌编号检尺，使所有检验信息透明、公开和可追溯，这在加拿大是很少有公司能做到的。我们认为在公开透明的环境下进行面对面的交流是发现和解决问题最有效的方法，在我方看来已经找到和明白了产生差距的原因，所以这次行程是成功的。"亚洲区木材市场销售部经理说："经过多年的努力，相信出口到太仓港的带皮原木是没有问题的，主要问题是去皮材，我们公司的宗旨是希望我们的信誉是持续优秀的，像去年我们的目标是做到加拿大信誉最好的供应商，我们对去皮原木也要做到北美信誉最好的供应商。"接着，加方宣布了这次抽查的结果是：去掉 10% 存在大数据误差的原木（疑似抄牌号差错），查出加方原检尺有偏大而中方原检尺有偏小的情况，主要是在对小头直径的检量上。原因是扒皮原木造成了对小头的损伤产生了检尺差异。中方检尺公司承认由于现场作业机械噪音大和夜班作业时光线暗淡，造成少量抄牌、记码的偏差，对一些小头受损伤的原木也很难做到全部复圆检尺。

关于使用哪种工具检量更准确的讨论，加方认为使用卡尺进行复检是最准确的方法，理由是便于对扒皮原木的复圆检量。而中方检尺公司认为钢圈尺才是最准确的检量工具。黄卫国指出：本船原木是按照美国官方标准检验的，该标准明确直尺和钢圈尺是首选的直径检量工具；二是对小头类似于椭圆形或表面不平整的原木，卡尺检量的准确性会受到一些影响；三是卡尺检尺是起源于北美木材的水上检量。当然钢圈尺检量的准确性也受限于判断力的影响。

讨论基本结束，黄卫国应邀发表了 4 点观点和建议：一是双方相互交换现场抽查明细码单，便于进一步核实；二是对 10% 大数据差异的原木不能简单地认为都是抄号错误而全部排除掉，应该到现场进一步核实是否为钉牌、抄号或检尺错误；三是不能把所有的差异都归咎于扒皮造成的，因为扒皮带来的损伤只是一小部分，而其中的一部分中方已做了复圆检尺。四是对不影响出材率的小头扒皮损伤应该给予复圆检量，但部分原木的损伤是出现在材身上，有观点认为应该扣除 1in 直径，理论依据是按照美国官方标准：原木直径外围 1/10 的厚度占据该根原木 35% 的材积，也就是越靠近原木材身外表的缺陷对木材出材率的影响越大。

对上述观点，各方表示基本同意并再次去现场进行了查找、比对。

临结束前，副总裁希望中方能对此次活动给予总结、评价和建议。黄卫国说："一是很赞同贵公司寻根问底的工作精神和务实求真的工作方法，体现了诚信之举；二是此次活动意义重大，彼此都发现了问题的根源，必将有力推动改进工作、提升质量；三是强化了共识、增强了彼此之间的信任度。"

副总裁表态说："回去后要更加严谨地管理，让管理机制符合加拿大官方条例的规定；邀请专家对扒皮机进一步进行评估、调试，尽量减少对原木的损耗；不管是现在还是将来都与贵方一起紧密合作，一如既往地进行研讨和改进。"（图 10-5、图 10-6）

图 10-5

图 10-6

基于副总裁两次咨询如何回复"诚信小档案",黄卫国说:"希望对上面所提出的问题进行实事求是的回答,甚至是反驳意见,对问题进行溯源和提出改进意见。同时,诚信小档案也是搭建彼此交流沟通的平台。为持续推进诚信贸易建设,我们将对诚信度高的贸易商,给予优质服务、绿色通道和通报推荐,而对于欠诚信或不诚信的贸易商,中方将逐步实施加严检验监管、风险预警或警示通报制度。"

副总裁赞同地点点头。

此次活动加方复检了212根原木,比对结果后加方认为主要原因在加方,从而放弃了原先计划复检2000~3000根原木的计划,于次日提前返回加拿大。

这无疑是一次重要的验证和技术交流活动。验证证明加方原检尺上存在的问题和不足,同时也验证出我方在原检尺上还存在较大的改进和提高空间。

技术交流统一了扒皮原木在检尺上很不同于带皮原木的观点,稍有不慎就会造成对原木直径检尺过大,一般来说,直径检量大1in,会造成材积平均虚增6%左右。

媒体报道(图10-7)

图 10-7

第十一章

人物小传

黄卫国 1982 年 8 月毕业于南京林业大学后,被分配到原连云港进出口商品检验局负责进口木材检验监管工作。经过一年的实习后,正式独立开展工作。

受到了副省长的表扬

1983 年底到 1984 年初,首次对陕西省木材公司进口的"佛尔特·保切纳"轮所载美国木材独立开展检验、出具检验索赔证书和以技术主谈人的身份大胆参与外商的索赔谈判工作,最终取得了 18.1 万美元的索赔成效。紧接着不断索赔成功,如"海翠"轮进口美国木材赔回 7 万美元。

1985 年在原江苏商检局(以下简称省局)召开的《江苏省商检工作经验交流会》上,江苏省原副省长张绪武应邀参加了会议并发表讲话。在讲话中,他说:"连云港商检处才工作 2 年的黄卫国同志,在进口木材检验上认真把关优质服务。通过他进行的检验,维护了国家的权益,赔回了很多外汇,挽回经济损失。"(图 11-1)

江苏省先进事迹巡回演讲团核心成员

1985 年 6 月 17 日—7 月 4 日,江苏省局组织了 6 人组的先进事迹巡回演讲团,在省局机关、镇江、苏州、扬州、南通、连云港等地的商检处进行了巡回汇报,召开了座谈会。所到之处引起了强烈反响,特别是年轻的商检人员感触最深、影响最大。(图 11-2)

三部门联合表彰

黄卫国所在的科室,1986 年 3 月受到了国家商检总局、中国土畜产总公司、中国木材总公司的联合表彰。(图 11-3)

在全国性大会上,多次受到原国家商检总局总工程师、副局长吕保英的点名表扬。

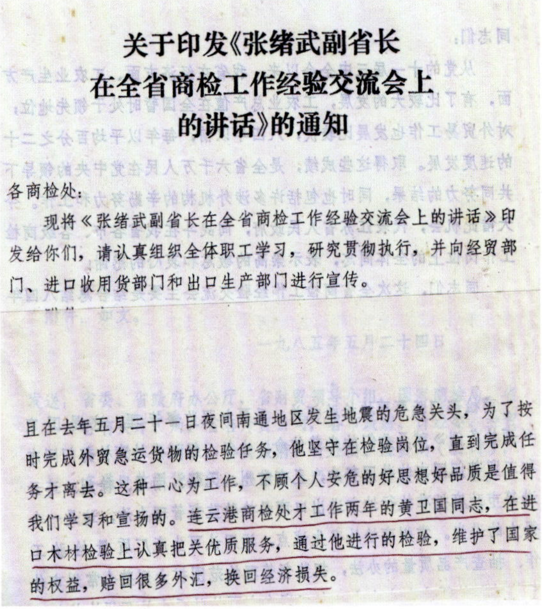

关于印发《张绪武副省长在全省商检工作经验交流会上的讲话》的通知

各商检处：

现将《张绪武副省长在全省商检工作经验交流会上的讲话》印发给你们，请认真组织全体职工学习，研究贯彻执行，并向经贸部门、进口收用货部门和出口生产部门进行宣传。

……

且在去年五月二十一日夜间南通地区发生地震的危急关头，为了按时完成外贸急运货物的检验任务，他坚守在检验岗位，直到完成任务才离去。这种一心为工作，不顾个人安危的好思想好品质是值得我们学习和宣扬的。连云港商检处才工作两年的黄卫国同志，在进口木材检验上认真把关优质服务，通过他进行的检验，维护了国家的权益，赔回很多外汇，换回经济损失。

图 11-1

汇报组日程安排

（1985年全省商检系统先进事迹报告会日程表）

六月十七日：汇报组报到

十八日：上午自由活动　下午预备会

十九日：上午省局机关座谈

下午汇报，晚赴镇江处

二十日：上午汇报，下午座谈

二十一日：上午赴常州处，下午汇报

二十二日：上午座谈，下午赴苏州处

二十三日：星期日（在苏州处）

二十四日：上午汇报，下午座谈

二十五日：上午赴无锡处，下午汇报

二十六日：上午座谈，下午赴南通处

二十七日：上午汇报，下午座谈

二十八日：上午机动，下午赴扬州处

二十九日：上午汇报，下午座谈

三十日：星期日（在扬州处）

七月一日：返连云港处

二日：上午汇报，下午座谈

三日：汇报组小结（连云港处）

四日：返宁

图 11-2

云港商检局公证鉴定科：

在进口木材检验、监督管

工作中成绩显著，特予表

一九八六年三月

图 11-3

媒体报道

（1）央视等电视台多次做了跟踪和现场采访报道。重点报道了太仓检验检疫局在进口木材检验监管上卓有成效的做法和推动收货人积极对外维权、维护有关方合法权益所取得的重大绩效。（图 11-4 ～图 11-6）

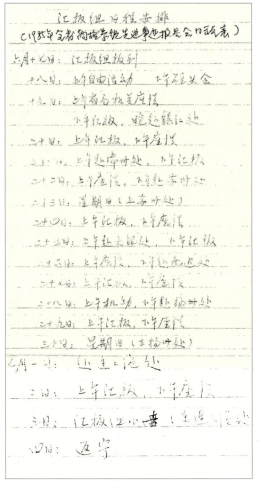

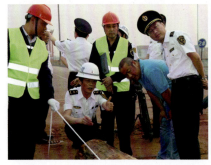

图 11-4

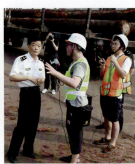

图 11-5

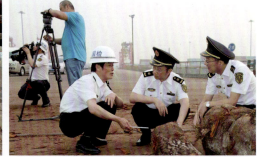

图 11-6

在问及对外维权绩效取得的原因和经验时，黄卫国用“三个重在”和“三个持续”作了概括。（图 11-7、图 11-8）

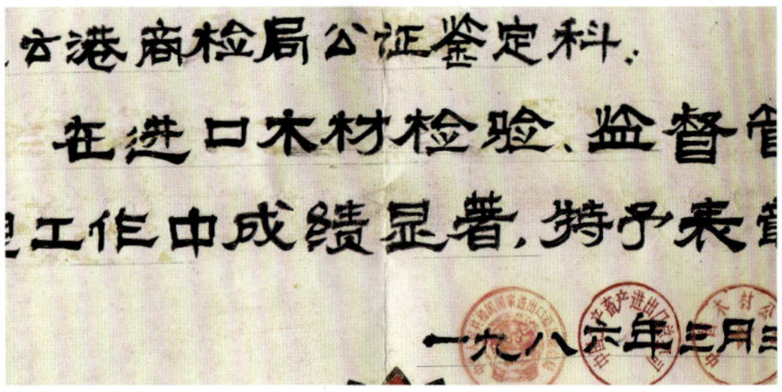

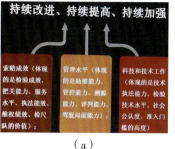
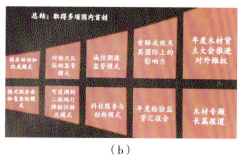

图 11-7　　　　　　　　　　　图 11-8

（2）在国家级和省市级报刊上发表各类宣传报道 100 多篇。其中，最有影响力的是在《中国口岸》杂志和《中国商检报》上刊登了 3 万多字的长篇连载"木头官司"以及近几年在《国门时报》《东方国门》上发表的题为"口岸利剑""紧握盾牌保国门""天地之间有杆秤"等十多篇。（图11-9、图 11-10）

图 11-9　　　　　　　　　　　图 11-10

获得各类荣誉证书和奖状 55 份

（1）1983—2020 年，黄卫国共获得省市级先进工作者荣誉证书和奖状 20 份。（图 11-11～图 11-13）

图 11-11　　　　　　图 11-12　　　　　　图 11-13

（2）1983—2020年，黄卫国共获得省市级"科技兴检先进工作者""优秀科技专家"等科技方面的荣誉证书和奖状35份。（图11-14～图11-16）

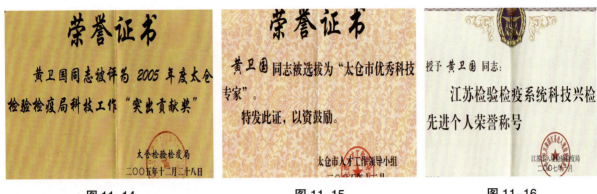

图11-14　　　　　　　　　图11-15　　　　　　　　　图11-16

被破格评为"工程师"

1987年，在江苏省首次职称改革中，27岁的黄卫国因工作成绩显著被破格评为工程师，获得中级职称。（图11-17、图11-18）

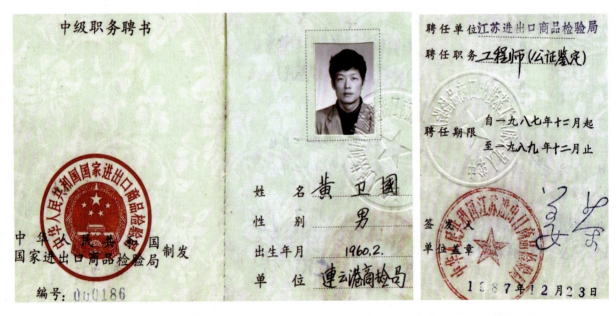

图11-17　　　　　　　　　　　　　　　图11-18

被聘请为行业"两委委员"

2016年，被中国木材与木制品流通协会聘请为"标准化技术委员会委员"和"木材贸易调解委员会委员"。（图11-19～图11-21）

第八篇　守土有责　敢于担当　打造品牌

图 11-19

图 11-20

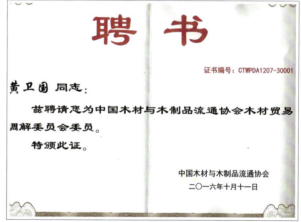

图 11-21

一位年轻检验员的评语

一位参加工作时间不长的公务员罗春阳在看了其中的 2 起对外索赔谈判的文章后，写了如下感想。

"读完了，谢谢黄科。黄科的报告每一次都让人感觉不同，这两篇读的时候，真是给谈判时候的您捏把汗，外方太阴险了，您和木材组的反击也太漂亮了，您的文字给人一种主人翁的强烈自信，让人读了豪气顿生，时不时让人会心一笑。

我想我喜欢您的报告，不仅仅是因为您的文笔和幽默，更多是因为您字里行间体现出的'台前三分钟，台下十年功'。对外方的见招拆招，来自自身的混金不怕火炼，我会努力钻研专业知识，向您学习！"

数字内容

★ 第十二章　"海翠"轮的"最后通牒"
　　　　　　——获赔 7 万美元的案件
★ 第十三章　精鉴明察　修善为民
　　　　　　——"艾丽斯港"轮短少 8000m³ 特大案获赔 124 万美元
★ 第十四章　一次务实寻因　认真细致的复验交流
★ 第十五章　诚信的价值超过 27 万美元
　　　　　　——一起仅靠邮件沟通了结的案例

扫码阅读

第九篇

进口木材索赔谈判和技术交流中英对照

导读

第一章	与美商的技术谈判要点	379
	第一节　见面会上的"火药味"	379
	第二节　第一次现场复验后的谈判	380
	第三节　第二次现场复验后的赔偿谈判	382
第二章	关于木材干缩与材积短少的关系与美国木材检验局等检验机构的首次技术谈判	384
	第一节　中美联合复验后的会谈	384
第三章	与美国PR木材检验局局长的技术谈判	387
	第一节　来华前的声明	387
	第二节　见面会上中方的简介	387
	第三节　现场复尺和结论	391

数字内容

扫码阅读

★第四章 关于辐射松原木遭受白腐菌感染与智利树木生理学家的技术谈判
  第一节 问题的发现
  第二节 复验前的会谈
  第三节 最终结果

★第五章 进口加拿大原木首次技术谈判要点
  第一节 加方的疑虑
  第二节 中方的应对举措和答复
  第三节 加方对中方答复的回应
  第四节 顺理成章的商务谈判
  第五节 中方的建议和加方的回应

★第六章 与加拿大"双料检验机构"的技术谈判
  第一节 加方执行总裁给中方的函和中方的回复
  第二节 与加拿大"双料检验机构"的技术交流
  第三节 备忘录
  第四节 附件：加方来华前发给中方的复验计划

★第七章 加拿大某发货商对原木短少的全过程调查报告
  第一节 背景信息
  第二节 结论
  第三节 建议

★第八章 与美国和加拿大官方及发货商的技术交流
  第一节 发给加拿大官方检验机构的调研报告(节选)
  第二节 与加拿大官方检验机构专家的邮件交流
  第三节 关于加拿大公制检验标准核心技术的交流
  第四节 以诚信小档案为载体与外商的交流沟通
  第五节 关于美国原木检验官方标准的技术交流
  第六节 缺陷扣尺的原则
  第七节 中美木材检验合作备忘录(节选)

★第九章 加拿大某大型发货商对我方诚信档案的三次回复
  第一节 加方对诚信档案的首次回复
  第二节 加方的第二次回复
  第三节 加方的第三次回复
  第四节 黄先生给加方的回复

第一章
与美商的技术谈判要点

CHAPTER I
The key points of technical negotiation with American logs merchants

Section 1 The "smell of gunpowder" at the meet-and-greet

1. The perspectives of American side

(1) Dear Sirs, before I came to China, I have carefully reviewed the contract, invoice and shipping details, The quality, specifications and grades of logs are in proportion to those of the L/C, and no problem found.

(2) As for the goods with many defects, I admitted, but my company has dealt with the two aspects: one is the low price, sold at $85 per cubic meter only; the other is that the Scaling Bureau of American has deducted 403690BF, due to the defects. The above-said two aspects together are enough to make up for all the losses. I hope you can understand them well.

(3) Until I see how the goods have been scaled, I cannot draw any conclusions with these pictures alone.

2. The Chinese rebuttals

Please allow me to point out that the documents listed

第一节 见面会上的"火药味"

一、美方的观点

（1）尊敬的中国先生们，在来中国之前，我仔细审查过合同、发票和发货明细码单，货物品质、规格和各等级原木所占的比例是与信用证相符的，没有问题的。

（2）至于该批货物缺陷太多，我是承认的，但我公司已作了两个方面的处理：一是压低了售价，每立方米只售85美元；二是美国检验局在检验时已扣除了403690BF。这两个方面加起来是足够弥补一切损失的，希望你们能充分理解。

（3）我在没有看到货物究竟是怎样检验之前，仅凭这些照片，我是不能下任何结论的。

二、中方的反驳

请允许我指出：单证上所列的仅是

are only in writing, and the actual arrival is not in conformity with the document totally, although some defects have been deducted, but it is far to make up for the loss to us. For this reason, the China Commodity Inspection Authority has inspected and issued certificate. Chief engineer Wang also mercilessly kicked the ball of problem back to him.

书面上的，实际的到货并非与单证完全相符。对该批原木的缺陷，尽管已作了扣尺处理，但远远弥补不了给我方造成的损失，为此，中国商检部门已检验并出具了证书。王总工程师也毫不留情地把球踢了过去。

Section 2　The negotiation after the first check scale on the spot

第二节　第一次现场复验后的谈判

Because of the large controversy, the speed of site check scale was very slow.

由于争议比较大，第一次现场复验进行得很缓慢。

1. The perspectives of American side

一、美方的观点

(1) I can not deny that the quality of the goods was poor, because the facts are there. If I didn't see it by myself, I won't believe it.

(2) I believe and hope that your China Commodity Inspection Authority has made a fair and accurate inspection of the goods.

(3) "No, I can't sell things according to your requirements to calculate. I can't accept the result of 2185 cubic meters shortage in volume." Robert said quickly.

(4) "I agree, also believing that China Inspection Bureau, but I can not deny the Puget Sound Inspection Bureau. Especially the American official log inspection standard was set by the Puget Sound Inspection Bureau as the main draftsman with another 7 Inspection Bureaus in the United States." Robert said proudly.

（1）我不可能否认这批货物的质量是较差的，因事实摆在那里。如果我不亲眼看，是不会相信的。

（2）我相信并希望你们中国商检已对这批货物作出了公正、准确的检验。

（3）"不，我卖东西不可能根据你们的要求来计算，我不能接受材积短少2185m³的检验结果。"罗伯特赶紧说。

（4）"我同意，也相信中国商检，但也不能否认美国普吉特海峡检验局的检验。尤其是美国木材检验官方标准是以美国普吉特海峡为主的7家检验局制定的。"罗伯特不无自豪地说。

2. The Chinese rebuttals

二、中方的反驳

(1) "Please tell us something about our inspection." Chief engineer Wang reminded.

(2) "Since you have admitted the inspection method of

（1）"请你谈一谈对我方检验的看法。"王总工程师提醒说。

（2）"你既然承认了中国商检的检验

China Commodity Inspection Bureau, why do not you accept the inspection results?" Zhai puzzled.

(3) "Since the inspection of China Commodity Inspection Authority is fair and accurate, how do you deal with the inspection results of 2185 cubic meters shortage in volume." General manager Zhai said shortly afterwards.

3. The views and recommendations of CIQ

Huang Weiguo felt it is a crucial moment for him to say something.

(1) "It doesn't matter whether or not you believe us or not, but we can't deny the facts. Since you're an expert with 40 years experience of timber management, we have a live object and American official log inspection standard in hands, and once you check on the site, you will know who is right." Huang Weiguo's words hit the nail on the head.

(2) "I suggest that it is necessary to reach agreement on certain inspection technical issues prior to re-inspection of logs on the spot, and then you and I will reinspect the same lot of logs to achieve a consistent results which will be compared with the American original inspection lists to see which inspection result is correct." Huang Weiguo said.

this proposal is a reasonable and effective method, so Robert has no reason to reject rationalization proposals of the above-said. As a result, they reached a more consistent view on the measuring, carrying and choicing methods of log diameter, as well as the technical indicators for main defects deduction.

4. The views of American side

"I believe Mr. Huang has done his best, but if there were some discrepancies in the rule of measurement, which have been proved by the facts of yesterday, so, the distance between us is 1 miles away." Robert has pushed the gap of negotiation to 1 miles aeriality and has got enough bargaining posture.

方法，又有什么理由不接受中国商检的检验结果呢？"翟总经理不解地问。

（3）"既然中国商检的检验是公正、准确的，那么你如何处理材积短少 2185m³ 的检验结果。"翟总经理紧接着说。

三、中方的看法和建议

黄卫国总是在关键的时候说上几句，这时他不得不说了。

（1）"罗伯特先生相不相信我们都没有关系，但不可以不相信事实，有实物为证、有美国的官方检验标准，你又是具有40年经营木材经验的专家，只要实地一检验，便不难看出哪家检验是正确的。"黄卫国的话可谓一针见血。

（2）"我建议，再次去现场复验之前，有必要事先对某些检验技术问题达成一致意见。然后由你我共同检验一批，取得一致结果后，再与美国检验局的原检验码单一一对照，看看哪家检验的结果是正确的。"黄卫国补充说道。

这个建议不失为一个合理而有效的方法，罗伯特也不好拒绝这种合理的提议。于是，他们就原木直径的检量和取舍进位方法，以及主要缺陷扣尺的技术指标一一达成了较为一致的看法。

四、美方的观点

"我相信黄先生已经作了最大的努力。但是否在检尺的判断上有些出入，昨天的事实也证明了这一点。我们之间的距离相隔'1英里'。"罗伯特把谈判距离推向了"1英里"的虚无缥缈中，拿足了讨价还价的架势。

Section 3　The compensation negotiations after the second check scale on the spot

1. The views of American side

(1) "The inspection of China Inspection Bureau is very detailed and accurate. It is very standard for the technology of defect deduction made by China Inspection Bureau. In fact, carefully inspecting, we have found out the mistakes by United States, which I will tell them when I return to the United states."

(2) "No, anyway, I believe him (pointing to Mr. Huang). His explanation was all right yesterday. We're only 1 feet apart." Robert has pulled the "1 mile" distance from the day before yesterday back to "1 feet".

(3) "On this issue, on one hand, I have to go back to the United States to ask Inspection Bearu the reasons, and on the other hand, I should go to the China National Native Produce and Animal By-Products Import & Export Corporation."

(4) "But I want to go back to check, some goods are not in conformity with the contract shall not export, but why put on the ship?" Robert asked in reply obviously want to put the problem down to China loading supervision personnel to make a side move.

(5) "Your inspection results are as accurate and fair as those of the inspection methods. I agree to compensate you."

2. The perspectives of China sides

(1) "Mr. Robert talk how to process the inspection results, please?"

(2) "Let's talk a little bit close about how Mr. Robert handled the inspection results of the whole log." Xu, the head of a department, said again raising the key question.

(3) "Asking for the US inspection Bureau is a matter of your own; to find China National Native Produce and Animal By-Products Import & Export Corporation, I can repre-

第三节　第二次现场复验后的赔偿谈判

一、美方的理由

（1）"国检验局的检验是很细致的、准确的，对缺陷扣尺技术是很有水平的。认真检验起来，美国是搞错了，我回美国后要告诉美国检验局。"

（2）"不，反正我相信他（用手指指黄卫国），他昨天的解释都比较正确，我俩的距离相隔只有'1英尺'。"罗伯特已将前天的"1英里"距离拉回到"1英尺"。

（3）"关于这个问题，我一方面要回去找美国检验局，另一方面要去找中国土畜产进出口公司。"

（4）"但我要回去查一下，部分货物是不符合合同规定的，不应出口，但为什么装上了船？"罗伯特的反问显然想把问题归结到中国监装人员头上去，旁生枝节。

（5）"你们的检验结果同检验方法一样都是准确而公正的，我同意赔偿。"

二、中方的观点

（1）"请罗伯特先生谈谈如何处理检验结果？"

（2）"那就让我们再谈得靠近一点，罗伯特先生如何处理整批货物的检验结果。"徐处长再次提出了这个关键性的问题。

（3）"找美国检验局是你们内部的事；找中土公司，我就可以代表中土公司。"徐处长堵住了对方的退路。

sent." Xu blocked his retreat.

(4) "Although the contract stipulated Chinese loading supervision personnel having the right to stop loading logs unconform with the contract, the contract also stipulated that the consignee has the right to apply for China Commodity Inspection authority after the arrival of the goods in China to inspect the specifications, quality and quantity of the goods. In case of discrepancy, the inspection certificate may be applied for settlement of the claim." Xu replied.

(5) "Mr. Robert is quite unreliable and unfriendly to sell the low-quality wood to us, which was not in accordance with the contract, and he should bear the losses. He should not adopt such a positive and negative attitude and shirk responsibility by dragging things around."

(6) "Such wood is not what we need. If you do not compensate us for the basic loss, we require all the goods returned." The general manager pointed out very seriously. To seize the opportunity to put pressure on the opposite side can yet be regarded as a heavy hammer of business negotiation.

(7) But when signing the compensation agreement, Robert used the words "I suggest compensation". After being refused by our party, he changed to the words "I should insist on compensation". And explained: "although I am the president of the company, my license and authorization are limited, and I only have a decision of $100 thousands, and any over this part will be decided by the board of directors."

(8) The issue of authorization is internal of yourself which should not be brought to China for us to consider. If we allow to make an endorsement for more than $100 thousands, the over part will not be likely to come back. The indemnity agreement is a formal and legally binding instrument on which the use of flexibility words "I suggest compensation" is very inappropriate. Robert is the representative of his company, not personal behavior.

(9) After a short break, the negotiations continued, and with our strict insistence, Robert shook his hands and signed the agreement in words "I agree to pay for it." So far, the distance between the two sides has shrunk to 0.

（4）"尽管合同上规定了中国监装人员有权制止装载与合同规定不符的货物，但合同上同时也规定了货到中国后，收货人有权申请中国商检对货物的规格、品质和数量作出检验，如有不符的，可出具检验证书办理理赔。"徐处长反驳道。

（5）"罗伯特先生不按合同规定出售低质量的木材是相当不讲信用和不友好的，理应承担给我方造成的损失。不能采取这种前面肯定、后面又否定的态度，东扯西拉地推卸责任。"

（6）"这样的木材不是我们所需要的。如果不赔偿我方的基本损失，我们要求全部退货！"总经理很严肃地指出。抓住时机向对方施加压力，这一招不失为商务谈判的一记重锤。

（7）但在签署认赔协议书时，罗伯特又使用了"我建议赔偿"的字眼，受到我方的拒绝后，又改为"我坚持应该赔偿"，并且解释说："我虽然是公司的总裁，但我的授权有限，只有10万美元的决定权，超过这个部分要经董事会研究才能决定。"

（8）授权问题是对方内部的事，不应带到中国来让我们为他考虑。如果对超过10万美元的部分只加批注，这很有可能要不回来，至于在认赔协议这个正式的具有法律效力的文书上使用"我建议赔偿"这样灵活性的字眼是很不应该的。罗伯特代表的是他的公司，而不应是个人行为。

（9）经过短暂的休息后，继续谈判，在我方理正词严的坚持下，罗伯特颤抖着双手，在协议上签了"我同意赔偿"。至此双方的距离已经缩短为0。

第二章

关于木材干缩与材积短少的关系与美国木材检验局等检验机构的首次技术谈判

CHAPTER II

The first technical negotiation with inspection agencies such as the log scaling Bureau of United States on the relationship between log dry shrinkage and volume shortage

Section 1　The talk after Sino-US Joint re-inspection

Heaten went on to say:" In recent years, Lianyungang Commodity Inspection Bureau has made more and more inspection certificate of claims for American logs, which caused great reaction and shock in the American wood industry and also attracted the attention of the six timber Inspection Bureau of the United States, which send me here to find out the cause by this opportunity."

" Through the joint inspection and extensive discussion with the Lianyungang Commodity Inspection Bureau over the past 5 days, I feel that the inspection methods of the two inspection bureaus are in line. It is convincing that both of our two parties have measured logs and deducted defects by taking the best judgment and the most reasonable methods. But the problem is that the logs have been piled up for more than 4 months, so the log diameter has contracted due to the drying factor."

Ato Jens followed his words to say:"Through my observation on the spot for 5 days, I felt that Lianyungang Commodity Inspection Bureau also tried to use a fair, reasonable

第一节　中美联合复验后的会谈

黑腾接着说："近几年来，连云港商检局对美材的检验索赔出证率越来越高，在美国木材界引起了较大的反应和震动，已引起了美国六大木材检验局的高度重视。借这次机会，派我来查清原因。"

"通过5天来同连云港商检局的联合复验和广泛的讨论，我感到两家检验局的检验方法是一致的。对原木尺寸的检量和缺陷扣尺都采取了最佳的判断和最合理的方法，这些都是令人信服的。但问题是，原木已堆放了4个多月。由于干燥因素，原木直径已发生了收缩。"

阿托金斯接着说："通过5天来我在现场的观察，我感到连云港商检局检验也是尽力使用公平、合理、科学的方法。本

and scientific method." The shortage of the goods may have been caused by errors in the original inspection of the United States or caused by shrinkage of the wood, so the results of the joint inspection could not be used to extrapolate the results made by the United States 4 months ago. The joint inspection has showed that 645 logs had total diameter of 10027 inches and an average diameter of 15.55 inches, and in the United States, 645 logs were 10196 inches and 15.808 inches average. The average shrinkage of log was 0.26 inches, and accounting for 1/4 of 1 inch, the rate of shrinkage was 1.63%." And then he further proved the existence of "contraction" by comparing and analyzing 3 sets of data.

So far, the intention of the American side has been very clean that they are going to entirely attribute the shortage of log volume to the natural contraction factor of natural drying of logs. They are seizing the actual time of these logs piled up too long, taking the advantage of the time difference between the delivery and the acceptance inspection of the logs. In short, the implication is not the liability of the consignor.

Huang Weiguo pointed out: The shortage of 1000 cubic meters of logs attributed to the "dry shrinkage" factor of the timber lacks neither scientific evidence nor practical truth. The property of natural shrinkage of wood is objective, but the wood dry shrinkage degree is closely related to the biological characteristics of tree species and the external environment. In the view of the actual condition of this lot of goods, the effect of dry shrinkage on log volume is insignificant. There are four main evidences as below:

First, that the shortage rates of gross and net volume and defects deduction of American delivery inspection of 645 logs are 3.4%, 4.4% and 3.4% and respectively, the joint inspection results are 3.6%, 3.8% and 3.2% respectively. The basic agreement between the two sets of results proved that our inspection results are accurate and illustrated the basic absence of the so-called "dry shrinkage" phenomenon.

Second, according to the theory of wood science, the

次货物发生短少可能是美国原检验上的差错造成的，也可能是木材发生收缩造成的，不能以本次联合复验的结果来推测美国在4个月前的检验结果。本次检验645根原木直径之和为10027in，平均直径15.55in，而美国原检验645根直径之和为10196in，平均为15.808in，平均每根原木收缩了0.26in，占1in的四分之一，收缩率为1.63%。"接着他又以3组数据的比较分析，进一步证明"收缩"现象的存在。

至此，美方的用意已十分清楚，他们是要把这批原木的材积短少完全归属于木材自然干燥、自然收缩因素。他们正是抓住了这批货物堆放时间过长的实际情况，利用了发货检验与到货验收的时间差过大的特点，总之，其言下之意都不是美方发货人责任。

黄卫国指出：把短少1000m³的原木材积都归属于木材"干缩"因素，既缺少科学证据，又不切实际。木材自然干缩的属性是客观存在的，但木材干缩的程度是与树种的生物学特性以及外部环境密切相关的。针对本批货物的实际情况，"干缩"对原木材积的影响是微不足道的。主要有以下四点证据：

第一，原发毛材积、净材积短少率和缺陷扣尺率分别为3.4%、4.4%和3.4%；现联合复验的结果亦证明：毛、净材积的短少率和缺陷扣尺率分别为3.6%、3.8%和3.2%。这两组结果的基本吻合，既证明了我方验收结果是准确的，又说明了所谓的"干缩"现象基本不存在。

第二，根据木材学的理论，新伐木材

moisture content of fresh cut logs is above 70%, and the logs of this ship should be fresh cut according to the contract. The wood size begins to contract slightly until wood dried and dehydrated to below the wood fiber moisture content point (that is 30%), before that drying and dehydrated only affects the weight of the wood and does not affect the volume of the wood.

Third, based on a comprehensive view of meteorology and wood science, the water content in wood in a naturally dry condition evaporates gradually until it is in equilibrium with the local atmospheric humidity to stop to evaporate. Lianyungang is an oceanic climate with high atmospheric humidity. According to the Beihai monitoring station of the State Oceanic Administration, the average relative humidity in Lianyungang during June to August was 78%, 83%, 78%, 68%, 64% respectively. In such a high humidity environment, the shrinkage of wood due to water loss is obviously very weak.

Fourth, The radial shrinkage of Douglas fir is only 0.14%~0.17% according to Japan's research on 300 useful timber species in the world, which is a far cry from the shrinkage rate 1.63% of the 645 logs said by Mr. Ato Jens earlier. The radial shrinkage of 0.14%~0.17% by Japan's research is basically consistent with that the difference of gross volume shortage rate between our acceptance inspection and the combined repetition inspection, that is the shrinkage rate was 3.6%-3.4%=0.2% only.

"Your argument on the relationship between atmospheric humidity and wood shrinkage and the results of Japanese studies provided by your side are of great scientific value. I can not say any negative reasons. I agree with China's Commodity Inspection Bureau that there will be no significant shrinkage in wood moisture content of more than 30%." Ato Jens said in a very slow voice.

的含水率均在 70% 以上，而这批货物根据合同规定应属新伐木材。木材因干燥失水直到木材纤维饱和点含水率（30%）以下，木材尺寸才开始有微小的收缩，在这之前的干燥只影响木材重量不影响木材的材积。

第三，根据气象学与木材学的综合观点：处于长期自然干燥状况下的木材，其内部含水量逐步蒸发，直到与当地大气湿度相平衡时，其内部水分蒸发即不再进行。连云港属海洋性气候，大气湿度高。据国家海洋局北海监测站的记载，连云港 6—10 月大气平均相对湿度分别为 78%、83%、78%、68%、64%，在这样的高湿度环境下，木材因失水而干缩显然是很微弱的。

第四，根据日本对世界 300 种有用木材的研究表明，花旗松树种的径向收缩率仅为 0.14%~0.17%。这与阿托金斯先生前面所说的 645 根原木的收缩率已达 1.63% 相差甚远，而恰恰与我方验收的毛材积短少 3.4%，以及这次联合复验的毛材积短少 3.6% 所说明的收缩率只有 3.6%-3.4%=0.2% 的结果基本吻合。

"你方提供的关于大气湿度与木材收缩关系的论证和日本的研究成果，很有科学价值，我提不出否定的理由。同意中国商检关于木材含水率在 30% 以上就不会有显著收缩的观点。"阿托金斯语调极其缓慢地说着。

第三章
与美国 PR 木材检验局局长及其他检验机构的技术谈判

CHAPTER III
The technical negotiation with the director general of PR Log Scaling Bureau of United States and other Inspection Agency

Section 1　The statement before coming to China

第一节　来华前的声明

The director general of PR Log Scaling Bureau of United States is very confident with the results of his inspection. Before coming to China, he told China side if the reinspection results prove that there are problems with the original inspection by the US side, they are willing to give all compensation for the two batch of volume shortage. But if China side is wrong, it should bear the related expenses.

美国PR木材检验局局长对自己的检验结果非常有信心。来华之前，他向中方表明，如果复验结果证明美方原检验存在问题，美方愿意对两批短少的木材给予赔偿。如果是中方搞错了就应该承担相关费用支出。

Section 2　The brief introduction of China CIQ at the meet-and-greet

第二节　见面会上中方的简介

On behalf of Taicang Entry-Exit Inspection & Quarantine Bureau of People's Republic of China. I'd like to say some key points about how we scaling logs and how making supervision.

我谨代表中华人民共和国太仓出入境检验检疫局，谈谈原木检验的关键点和我方是如何进行监管的。

First of all, I'd like to tell you a brief introduction about our history of scaling imported logs. When I graduated from forestry college in 1983, I began to inspect imported logs,

首先简单介绍一下我方检验进口木材的历史。从1983年我毕业于林业大学后，就开始检验进口木材。那时候，我首次翻

and at that time, I translated "*American log scaling and grading rules*" and its supplement, called "*A manual for training log scalers into Chinese*".

Volume shortage due to gross measurement and defects deduction has taken place sometimes, and after giving inspection certificate on the behalf of China Import and Export Commodity Inspection Bureau, I often take part in combined re-inspection with representive from the consignor or scalling bureau.

In China, imported logs belong to legal inspection. We must inspect logs piece by piece at the shipside during the discharging. There are 150 log scalers serving at this port.

(1) In order to obtain the qualification of wood inspection, the scaling company must first pass through the hardware and software examination given by my superior inspection bureau and obtain the certificate of conformity.

(2) The company that applies to Taicang Port to carry out wood inspection work also needs to pass through the confirmation assessment according to "*Taicang imported wood inspection capacity test implementation rules*", formulated by Taicang State Inspection Bureau, which also be carries out for the dynamic management on the scaling company.

(3) All log scalers must be trained and passed through the examination including the written test to show their knowledge of timber science and scaling rules, and the practical test to show their ability in field of application of the scaling rules. All log scalers must acquire the qualification certificate given by my higher authority.

Continuous improvement of inspection quality assurance system, as follows:

(1) To ensure that regulatory work revolves around normative, restrictive, catalytic and traceability, we set up timber inspection validation unit or review panel to carry out daily supervision. Formulated and implemented the "Wood review team ship by ship review work flow chart".

(2) Formulated and implemented the "Inspection company assessment and inspection workload distribution table", focusing on performance appraisal, highlighting comprehen-

译了《美国原木检尺和评等标准》及其补遗，即《训练原木检尺员手册》。

由于毛尺寸检尺和缺陷扣尺的原因，有时候会出现材积短少的现象，代表中国商检出具检验证书后，我经常参与发货人或检验局的联合复验。

在中国，进口原木是属于法定检验。我们必须在卸货期间，在船边实施逐根检验。在太仓港大约有150名原木检尺员服务于检尺工作。

（1）检尺公司要获得开展木材检验工作的资质，必须首先通过上级检验局的硬件和软件考核，取得合格证书。

（2）申请来太仓港开展木材检验工作的检尺公司还要通过太仓国检局制定的《太仓进口木材检尺能力测试实施细则》，太仓国检局还以此细则开展对就尺公司检尺能力的动态管理。

（3）所有的检尺员都必须经过培训并且通过了理论考试，证明他们对木材科学和检验标准的掌握；同时也要通过实践考试，证明他们实践运用检验标准的能力。所有的检尺员必须获得我上级检验主管机构的资质证书。

持续改进的检验质量保障体系，如下：

（1）为确保监管工作围绕着规范性、制约性、助推性和可追溯性在，我们成立了木材检验复查组，实施日常监管工作。制订了"木材复查组逐船复查工作流程图"。

（2）制订和落实了"检尺队考核和检尺量分配表"，以绩效考核为重点，突出全面性、关联性和动态性考核。将检尺

siveness, relevance and dynamic assessment. Guiding the competition of inspection quantity between inspection companies to the competition of inspection quality, inspection technology and service benefit, forms a positive and benign competition situation and a good environment for improving comprehensive ability and quality in an all-round way.

(3) Establishing the performance appraisal system of the log review group, which reflects the restriction on the work of the review group. The first is to clarify the working principles of the review group: Open, fair, comprehensive and timely. The second is to refine the working methods of the review group: highlight not only comprehensive review, but also focus and targeted review; not only to immerge the examination of relevant certificates and documents, but also to pay attention to supervision, information, control, service. Required timely feedback of relevant information and analysis reports strengthens process supervision and promotes continuous improvement of inspection companies. The third is to set up the performance appraisal, evaluation, and reward and punishment mechanism for the review group work.

(4) Having clear objectives in daily supervision work with outstanding effectiveness, pertinence, innovating the linkage, traceability mechanism, implementing reward and punishment system.

① Daily supervision links highlight "5 checks" and "4 examinations": Qualification check, scaling speed check, marking check, time limit check, and safety check. The "5 checks" promote the comprehensiveness and standardization of the scaling works.

② The inspection performance appraisal, on-site inspection quality assessment, inspection code sheet and other certificate sheet quality assessment and inspection technical level assessment. The above-mentioned "4 examinations" push the inspection units to improve the quality of work and inspection performance.

③ Reassociating the inspection and assessment results to units and tracing them to individuals. The inspection detail lists, spot check, supervision effect and so on are traced back to the inspection team and individual, and the performance appraisal file is established, and the comprehensive evalua-

队之间的检尺量竞争引导和落实到检尺质量、检验技术和服务效益的竞争上，形成了积极的良性竞争局面和全面提高综合能力和素质的良好环境。

（3）建立木材复查组工作绩效考核制度，体现对复查组工作的制约性。

一是明确了复查组的工作原则：公开、公正、全面、及时。二是细化了复查组的工作方法：突出既要讲全面复查，也要讲有重点、有针对性复查；既要埋头复查证单，也要抬头抓监管、抓信息、抓把关、抓服务。要求及时反馈相关信息和分析报告，强化过程监管、助推检验公司持续改进工作。三是制订了复查组工作业绩考核、评价和奖惩机制。

（4）日常监管工作目标明确，突出有效性和针对性——创新关联和追溯机制，落实奖惩制度。

①日常监管环节上突出"5个检查""4个考核"——资质检查、检尺速度检查、标识检查、时限检查、安全性检查。"5个检查"助推检尺工作全面性和规范性。

②检尺绩效考核、现场检尺考核、码单等证单质量考核、检验技术考核。"4个考核"力推检尺单位全面提高工作质量和检尺成效。

③将检查和考核结果关联到单位、追溯到个人。把对检验明细码单、现场抽查情况、监管成效等，追溯到检验小组和个人，建立绩效考核档案，每隔半年进行综合评比。对不能进行持续改进的单位或人

tion is carried out every six months. Units or personnel that can not be continuously improved will be closed for rectification or training until qualification is cancelled.

④ To mark the number index or QR code identification on the end of each log is convenient to compare and trace with the original inspection results when check scaling. To take 12 points deduction system is similar to the driver's license for personal qualification certificate.

⑤ Diversified check scale methods. We have adopted various methods of check scales, such as focus check, process monitoring check, random checking and mutual checking, evaluating the accuracy and correctness of the inspection.

⑥ The Double-track System used to promote the Integrity Traceability Supervision Mode. In order to establish and protect the long-term stable and fair trade environment of imported log, constructing the win-win pattern of trade, protecting the legitimate rights and interests of the parties concerned, and promoting the supervision mode of good faith traceability in all aspects of imported logs.

Ongoing technical training mechanism, as follows:

(1) Around comprehensiveness, practicality, pertinence and professionalism. Our bureau always pay great attention to train log scalers in many ways, such as systematic training, specific training, practical training, training on the spot and technological completion.

(2) The effective implementation of the continuous training mechanism has made the inspection technology level of imported logs in Taicang Port recognized by the whole country, at the first class level, and also recognized by many foreign inspection institutions and shippers.

We have been inspecting American logs for only 30 years, and we are young compared with your bureau. However, we have been studying the core technology of the scaling standard, especially after the implementation of the new version of the standard in 2011. We have also carried out a more in-depth study and understanding. We note that the United States inspected the ship's logs in accordance with the old version of the standard, and that there is a discrepancy with the new standard

员，将进行停业整顿或培训，直至取消资质的处理。

④对每根原木实施编号或二维码标识检验，便于复查时与原检验结果的比对和追溯。对个人资格证书，采取与驾照类似的12分扣减制度。

⑤检查方式多样化、多元化。我们采取了多样化、多元化的检查方式，如重点检查、过程监控检查、随机检查和相互检查等，以评价检验的精确性和正确性。

⑥双轨制推进诚信溯源监管模式。为了建立和保护进口木材长期稳定和公平公正的贸易环境，构建贸易双赢格局就，保护有关方的合法权益，在进口木材各个环节中推动诚信溯源监管模式。

持续培训机制，如下：

（1）围绕着全面性、实用性、针对性和专业性，我检验局始终重视对检尺员采取多种方式的技术培训工作，如系统培训、针对性培训、实践培训和技术比武等。

（2）持续培训机制的有效实施，使得太仓港进口木材的检验技术水平获得全国的公认，处于一流水平，也获得国外很多检验机构和发货人的认可。

我们对美国木材实施检验只有30年的历史，与贵局相比还很年轻。但是一直以来，我们在研究检验标准的核心技术上下了很大功夫，特别是2011年新版标准实施以后，我们也进行了比较深入的学习和理解。我们注意到，美方是按照老版标准对此船原木进行检验的，在每根原木应留取的后备余量等方面与新标准有所出

in terms of the reserve trim allowance for each log. This is also one of the reasons for the inconsistency between the inspection results of our two sides by a preliminary presumption.

Section 3　Check scale on the spot and conclusion

After the meeting, China and the United States conduct a live inspection of the sampled logs separately. At the request of the representative of the United States, Taicang inspection Bureau provided them with the inspection details lists, and more than 500 pieces of logs at wharf wagon have been lined up with easy to be reinspected one by one.

A total of 519 sampled logs have been re-inspected.

(1) United States: 92.96 gross MBF and 91.43 net MBF. The defect deduction rate was 1.65%.

(2) China: Gross MBF was 92.01, net MBF was 90.67. The defect deduction rate was 1.46%.

(3) Comparisons of inspection results from two sides: The gross volume variance rate was 1.02%, and the net volume variance was 0.83%.

The director general willingly said:"From the re-inspection results of the two sides, the gross variance was less than 1% and net was less than 2% which were in full compliance with the relevant provisions of the American official log scaling rules."

In the re-inspection sheet lists of 519 logs which compared one by one with the original inspection sheet list of the United States, we found the big ends of 10 logs scaled as a small end diameter. That's why the six-inch-diameter logs were re-checked by both sides at the site, but found 15 inches in the delivery sheet lists of the United States.

Hearing the words, the director said seriously that such a mistake is a big taboo on scaling work. He will deal with the matter seriously after returning to the United States.

Asked about the accuracy of China's inspection, the director said China's professional and accurate inspection of timber is obvious to all.

入，我们初步推定，这也是造成双方检验结果不一致的原因之一。

第三节　现场复尺和结论

见面会结束后，中美双方分别对抽样原木开展现场复验，应美方代表要求，太仓局检验人员为他们提供了检验明细码单，并将500余根原木一字排开，便于逐根复验。

现场共计抽验519根原木，复验结果为：

（1）美方：毛材积92.96MBF、净材积91.43MBF，缺陷扣尺率1.65%。

（2）中方：毛材积92.01MBF、净材积90.67MBF，缺陷扣尺率1.46%。

（3）双方复验毛材积误差率为1.02%，净材积误差率为0.83%。

局长表示："从中美双方的复验结果来看，毛材积误差不超过1%、净材积误差不超过2%，完全符合美国原木检验官方标准有关规定。"

在519根原木的复检码单中，我方在做与美方原发货检验明细码单的对比时发现，美方错把其中的10根原木的大头当成了小头来检量，这就是中美双方在现场复验时直径为6in的原木但在美方原发货明细码单上却是15in的原因。

闻言，局长神情严肃地表示这样的错误是检验工作的大忌，回到美国后，他将对此事严肃处理。

在问及中方检验的准确性时，局长表示中方在木材检验方面的专业性、准确度是有目共睹的。

数字内容

★第四章　关于辐射松原木遭受白腐菌感染与智利树木生理学家的技术谈判
　　第一节　问题的发现
　　第二节　复验前的会谈
　　第三节　最终结果

扫码阅读

★第五章　进口加拿大原木首次技术谈判要点
　　第一节　加方的疑虑
　　第二节　中方的应对举措和答复
　　第三节　加方对中方答复的回应
　　第四节　顺理成章的商务谈判
　　第五节　国检局的建议和加方的回应

★第六章　与加拿大"双料检验机构"的技术谈判
　　第一节　加方执行总裁给中方的函和中国国检局的回复
　　第二节　与加拿大"双料检验机构"的技术交流
　　第三节　备忘录
　　第四节　附件：加方来华前发给中方的复验计划

★第七章　加拿大某发货商对原木短少的全过程调查报告
　　第一节　背景信息
　　第二节　结论
　　第三节　建议

★第八章　与美国和加拿大官方及发货商的技术交流
　　第一节　发给加拿大官方检验机构的调研报告（节选）
　　第二节　与加拿大官方检验机构专家的邮件交流
　　第三节　关于加拿大公制检验标准核心技术的交流
　　第四节　以诚信小档案为载体与外商的交流沟通
　　第五节　关于美国原木检验官方标准的技术交流
　　第六节　缺陷扣尺的原则
　　第七节　中美木材检验合作备忘录（节选）

★第九章　加拿大某大型发货商对我诚信档案的三次回复
　　第一节　加方对诚信档案的首次回复
　　第二节　加方的第二次回复
　　第三节　加方的第三次回复
　　第四节　黄先生给加方的回复

第十篇

国际贸易主要业务中英对照

导读

数字内容

★ 第一章　谈判策略

★ 第二章　贸易术语

★ 第三章　提　单

★ 第四章　海运保险

★ 第五章　国际贸易中的付款

★ 第六章　信用证

扫码阅读

参考文献

[1] 国家认证认可监督管理委员会. 进境非洲原木检验规程：SN/T 1380—2004[S]. 北京：中国标准出版社，2004.

[2] 国家认证认可监督管理委员会. 进境世界主要用材树种鉴定标准：SN/T 2026—2007[S]. 北京：中国标准出版社，2007.

[3] 全国木材标准化技术委员会. 进境原木中废材的判定方法：GB/T 35380—2017[S]. 北京：中国标准出版社，2017.

[4] 杨家驹，等. 国外商用木材拉汉英名称[M]. 北京：中国林业出版社，1993.

[5] 君思慈. 木材品质和缺陷[M]. 北京：中国林业出版社，1990.

[6] ATIBT COMMITTEE V. The grading rules for tropical logs and sawn timbers[Z]. 1982.

[7] Department of primary industry. Log measurement in Pupua New Guinea[Z].

[8] The British Columbia metric scale[Z]. 2011.

[9] Province of British Columbia ministry of Forests. Forest service scaling manual [Z]. 2011.

[10] The Indonesian scaling and grading rules[Z].

[11] Official rules for log scaling and grading[Z]. 2011.

[12] Supplement to official log scaling and grading rules (a mannual for training log scalers)[Z].

[13] International trade English[M]. 天津：天津大学出版社，1994.

附 录

一、进口原木检验索赔证书类型和格式

（一）美国原木
1. 数量/树种证书（附录1，2）

（二）加拿大原木
2. 品质证书（附录3～5）
3. 数量/树种证书（附录6）

（三）俄罗斯原木
4. 数量/树种/规格证书（附录7～9）
5. 等级/数量证书（附录10）

（四）澳大利亚
6. 数量/等级/规格证书（附录11～13）

（五）日本
7. 数量/树种/规格证书（附录14～15）

（六）巴西
8. 数量证书（附录16）

（七）乌拉圭
9. 数量/规格证书（附录17～18）

附　录
（扫码阅读）

二、管理办法

《太仓口岸木材检尺管理办法（试行）》（附录19）

三、二维码钉牌查询系统及发货核算汇总系统使用简介（附录20）

图书在版编目（CIP）数据

进口木材贸易、检验、监管和维权：36年实录 / 黄卫国著. ——北京：中国林业出版社，2022.4
ISBN 978-7-5219-1425-2

Ⅰ.①进… Ⅱ.①黄… Ⅲ.①木材—进口贸易—研究—中国 Ⅳ.① F752.652.4

中国版本图书馆 CIP 数据核字 (2021) 第 242906 号

策划编辑：杜　娟
责任编辑：杜　娟　陈　惠
出版咨询：(010) 83143553

出版发行：中国林业出版社（100009　北京市西城区刘海胡同 7 号）
网　　站：http://www.forestry.gov.cn/lycb.html
印　　刷：河北京平诚乾印刷有限公司
版　　次：2022 年 4 月第 1 版
印　　次：2022 年 4 月第 1 次印刷
开　　本：889mm×1194mm　　1/16
印　　张：25.5
字　　数：976 千字（含数字内容）
定　　价：768.00 元

版权所有　侵权必究